高等学校测绘工程系列教材

普通高等教育"十一五"国家级规划教材

武汉大学规划教材建设项目资助出版

（第二版）

现代海洋测绘

Modern Marine Surveying and Charting

主　　编　赵建虎

参编人员　暴景阳　王爱学　柯　灏　张立华　黄德全

　　　　　陈义兰　周丰年　陈　刚　吴永亭

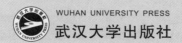

WUHAN UNIVERSITY PRESS

武汉大学出版社

图书在版编目(CIP)数据

现代海洋测绘/赵建虎主编 . —2 版.—武汉:武汉大学出版社,2023.9
普通高等教育"十一五"国家级规划教材　高等学校测绘工程系列教材
ISBN 978-7-307-23869-5

Ⅰ.现… Ⅱ.赵… Ⅲ.海洋测量—高等学校—教材 Ⅳ.P229

中国国家版本馆 CIP 数据核字(2023)第 141448 号

审图号:GS(2023)3184 号

责任编辑:鲍　玲　　　责任校对:李孟潇　　　版式设计:马　佳

出版发行:**武汉大学出版社**　(430072　武昌　珞珈山)
(电子邮箱:cbs22@whu.edu.cn 网址:www.wdp.com.cn)
印刷:武汉科源印刷设计有限公司
开本:787×1092　1/16　印张:19.75　字数:478 千字
版次:2007 年 12 月第 1 版　　　2023 年 9 月第 2 版
　　2023 年 9 月第 2 版第 1 次印刷
ISBN 978-7-307-23869-5　　　定价:59.00 元

前　　言

因测量环境的特殊性和复杂性，海洋测绘有其测量方法的独特性和先进性，测量对象和测量过程的动态性、时变性和不可视性，采用的深度基准的区域性，测量内容的综合性以及测量成果综合展示的专业性，这就决定了海洋测绘学必须与航海学、海洋科学、声学、水文学、环境科学、地质学等相关学科交叉渗透，与传感器技术、自动控制技术深度融合。随着相关学科和技术的快速发展和我国"海洋强国""海上丝绸之路"等倡仪实施过程中对海洋测绘的极大需求和促进作用，海洋测绘学又表现出新兴边缘学科与多技术集成的特点。也正是因为其重要性和特色日益突显，海洋测绘学与同属测量科学与技术一级学科中的二级学科分支在基础理论、方法等方面虽联系紧密，但又在测量、数据处理和信息表达理论和方法等方面具有独特性，目前已成为人类认识、开发、利用和保护海洋资源的重要支撑学科。

本书是普通高等教育"十一五"国家级规划教材《现代海洋测绘》的修订版，是由武汉大学、大连舰艇学院、中山大学、中国地质大学（武汉）、国家海洋局第一海洋研究所、长江水利委员会水文局多年从事海洋测绘教学、科研和生产的一线老师和科研工作者，结合海洋测绘的发展历史以及近十年的发展现状撰写而成的。本书在强调海洋测绘学科体系完整性的同时，突出基础理论和方法，凸显现代海洋测绘技术的立体化、自动化和智能化特点。全书共 9 章：

第 1 章　海洋与海洋测绘，由赵建虎、暴景阳撰写。本章介绍了海洋、海洋与人类的关系以及海洋测绘等内容，给出了海洋测绘的定义、特点、任务及内容，搭建了海洋测绘学科体系，明晰了海洋测绘学科的独特性。

第 2 章　水声学基础，由王爱学和赵建虎撰写。本章根据海洋测量采用的仪器设备和数据处理理论和方法，介绍了水声学的基础理论和技术，主要包括水声基本概念、水声传播理论和水声技术。

第 3 章　海洋大地测量，由暴景阳、赵建虎、柯灏撰写。本章主要介绍了海洋大地测量的起源和发展、海洋平面基准网的建立、海洋垂直基准面模型的建立及相互转换、海洋重力测量及重力场模型的建立、磁力测量及地磁场模型的建立，为整个海洋测绘提供了完整的参考基准。

第 4 章　海洋导航与定位，由赵建虎、陈义兰、吴永亭和陈刚撰写。本章介绍了海洋导航发展历程、导航定位基础、惯性导航、GNSS 导航与定位、水下声学导航与定位、匹配导航、SLAM 导航定位技术以及组合导航等内容，为海洋测绘提供了无缝位置服务技术体系。

第 5 章　海洋水文观测，由柯灏、周丰年、暴景阳、陈义兰、赵建虎和陈刚撰写。本章介绍了海洋水文观测的发展历史，重点介绍了与海洋测绘相关的海水温度、盐度、密度、水色、透明度、潮汐、海洋波动、流速、流量等水文要素的观测和数据处理方法，为海洋声速、海洋遥感、海洋垂直基准、海洋工程等测量提供参数和测量方法。

第 6 章　潮汐、潮流分析及海洋垂直基准，由柯灏、暴景阳、周丰年、陈义兰和陈刚撰写。本章主要介绍了平衡潮理论、长期/中期/短期潮汐/潮流分析及预报、海洋垂直基准确定以及传递和推估等理论和方法，为了解当地潮汐性质、建立局域海洋垂直基准体系提供理论基础。

第 7 章　海底地形地貌测量，由王爱学、赵建虎、陈义兰和陈刚撰写。本章主要介绍单(多)波束测深及水下地形测量、海底地形反演、声呐成像及海底地貌图像测量、浅地层剖面测量、海底底质声学探测等内容，为高精度、高分辨率海底地形地貌信息获取提供技术和方法。

第 8 章　海洋工程测量，由黄德全、赵建虎撰写。本章主要介绍海岸港口工程、航道与水库、海底管线、预制结构体与平台等典型海洋工程测量以及水下目标探测与检测等内容，为认识、开发利用和保护海洋资源而开展的海上施工测量提供技术支撑。

第 9 章　海图制图与海洋地理信息系统，由张立华撰写。本章主要介绍海图、海图制图、海洋 GIS、海洋 GIS 模型、海洋 GIS 的主要技术方法等基础理论和方法，为海洋测量成果的管理、表达、应用提供了基础理论和完整的方法体系。

本书的部分内容取材于国家"863"项目报告、国家重点研发专项报告、国家自然科学基金报告、其他项目工程报告以及博士和硕士论文，部分实例数据来自工程项目。在书稿的撰写过程中，张全印、黄绪洲、马金叶、宗在翔等同学为书稿的编辑作出了贡献，在此一并表示感谢。

本书可作为海洋测绘或相关专业本科生和研究生教材，也可作为从事海洋测绘或相关工作和研究人员的参考用书。

由于涉及内容较多，加之编者水平有限，书中难免会存在缺点和错误，敬请读者批评指正。

编者

2022 年 2 月于武汉

目　　录

第1章　海洋与海洋测绘

1.1　海　　洋

海洋是地球表面包围大陆和岛屿的广阔的连续含盐水域，由作为海洋主体的海水水体、溶解和悬浮其中的物质和海洋生物所构成。广义而言，海洋的描述和研究还包括海面上空的大气、作为水体侧边界的海岸和海底，以及海底以下的岩石圈。

1.1.1　全球海洋分布

地球表面海洋和陆地分布极不平衡。地球表面总面积约为 $5.10×10^8 km^2$，其中海洋面积约为 $3.62×10^8 km^2$，占地球总面积的 70.8%；陆地面积约为 $1.49×10^8 km^2$，占地球总面积的 29.2%；海陆面积之比为 2.5∶1。

对比南、北半球，海洋和陆地的分布比例极不均衡。南、北半球海洋和陆地占全球面积的比例见表 1-1，可以发现南半球被海水覆盖的面积约为 4/5，北半球被海水覆盖的面积略多于 3/5(见图 1.1)。

表 1-1　　　　　　　　　　　　　南北半球海陆面积的比例

	海洋比例(%)	陆地比例(%)
北半球	60.7	39.3
南半球	80.9	19.1

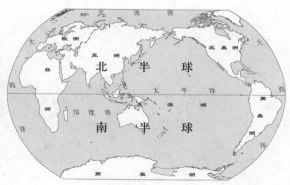

（a)海洋与陆地比例　　　　　　　　　（b)北半球与南半球

图 1.1　地球上的海陆分布

若不以地理纬度规定的南北半球划分，而在地球的球近似下找到另外对称的"两极"，使得所划分的其中一个半球水域面积最大，则地球表面又可划分为水半球和陆半球，这两个半球分别以(178°28′E，47°13′S)、(358°28′E，47°13′N)为中心(极)。水半球集中了全球海洋的63%，海洋占水半球总面积89%，陆地仅占11%；陆半球集中了全球陆地面积的81%，即使这样，海洋面积(占52.7%)仍大于陆地面积(占47.3%)。

在地理学上，通常将地球表面划分为七大洲和四大洋。四大洋按面积大小排列分别是太平洋、大西洋、印度洋和北冰洋(见图1.2)。太平洋位于亚洲、大洋洲和美洲之间。北起白令海，南到南极的罗斯海，东至巴拿马，西至菲律宾的棉兰老岛。太平洋的西部经马六甲海峡与印度洋相通，东面由巴拿马运河与大西洋相连接，是地球上最大和岛屿最多的大洋。

大西洋位于欧洲、非洲和美洲之间。南临南极洲、北连北冰洋，并与太平洋和印度洋的水域相通，是地球上的第二大洋。大西洋形状细长，呈"S"形，两头宽中间窄，在四大洋中南北长度最长；东南宽度最窄，在赤道附近宽度仅有1500n mile左右。

印度洋位于亚洲、非洲、大洋洲与南极洲之间，形状呈扁平形。东西长，南北短，大部分洋区在赤道附近，是一个热带洋。

北冰洋位于欧、亚和北美大陆之间，基本上以北极为中心，是地球上四大洋中面积最小、温度最低的寒带洋，终年被巨大的冰层所覆盖。

就整个地球而言，海洋储存着大约$1.37\times10^{10}\,km^3$的海水，海洋平均深度为3794m。各大洋的面积、体积和平均深度见表1-2。

表1-2　　　　　　　　　　　　**四大洋面积、体积和平均深度**

四大洋	面积($\times10^3\,km^2$)	体积($\times10^3\,km^3$)	平均深度(m)
太平洋	179680	723700	4028
大西洋	93360	338523	3626
印度洋	74910	291924	3897
北冰洋	13100	15720	1200
总面积、总容积和平均深度	361050	1369918	3794

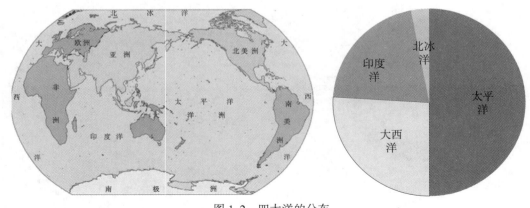

图1.2　四大洋的分布

尽管太平洋、大西洋、印度洋面积相差较大，但平均深度相近，且与全球海洋平均深度也相近。北冰洋不仅面积小，水深也明显浅于其他三个大洋。

海洋与陆地在不同纬度上的分布也是不均匀的。除了 45°N～70°N 之间，以及南纬高于 70°S 的南极洲地区陆地面积大于海洋面积外，其余大多数纬度上，海洋面积均大于陆地面积。而在 56°S 至 65°S 之间，几乎没有陆地，地球这部分的表面，海洋是东西贯通的。鉴于围绕南极大陆的连续水域在海洋动力学特征、海洋大气行为的特殊性，在海洋科学和大气科学中有时也将该条带洋域称为南大洋。

1.1.2 海底地貌及其特征

一个半世纪以前，人们普遍认为海底基本是平坦的，且推测最深区域应位于海洋的中央。海底地形测量、跨洋电缆铺设作业等实践表明，大尺度的海底地貌(地势)与陆地有相似之处，同样存在山脉、盆地、平原、沟壑和峡谷等，特别是在太平洋、大西洋、印度洋三大洋的中轴线附近，存在连绵的巨大隆起——洋中脊。

海洋地质学家分析海底地貌时，认识到特定的地貌不仅表征了海底的历史，也表征了地球的历史。海底地貌与陆地地貌一样，同样存在山脉、盆地、平原、沟壑和峡谷等(见图 1.3)，是内营力和外营力共同作用的结果。海底地形通常是内营力作用的直接产物，与海底扩张、板块构造活动息息相关(见图 1.4)。大洋中脊轴部是海底扩张中心。深海洋底缺乏陆上那种挤压性的褶皱山系，海岭与海山的形成多与火山、断裂作用等有关。外营力在塑造海底地貌中也起一定作用。较强盛的沉积作用可改造原先崎岖的火山、构造地形，形成深海平原。海底峡谷则是浊流侵蚀作用最壮观的表现，但除大陆边缘地区外，在塑造洋底地形过程中，侵蚀作用远不如陆上重要。波浪、潮汐和海流对海岸和浅海区地形有深刻的影响。海底地形通常包括大陆边缘、大洋(深海)盆地和大洋中脊三大类地质单元(见图 1.5)。

图 1.3　海底地貌(以大西洋为例)

1. 大洋中脊

大洋中脊是地球上最长最宽的环球性洋中山系，占海洋总面积的 33%。大洋中脊可分为脊顶区和脊翼区(图 1.6)。脊顶区由多列近于平行的岭脊和谷地相间组成。脊顶为新生洋壳，上覆沉积物极薄或缺失，地形崎岖。脊翼区随洋壳年龄增大和沉积层加厚，岭脊和谷地间的高差逐渐减小，有的谷地可能被沉积物充填成台阶状，远离脊顶的翼部可出现较平滑的地形。

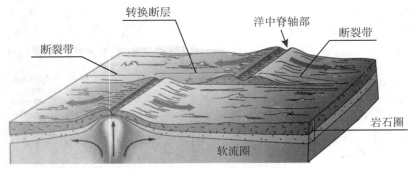

图 1.4　地壳变化引起的海底地貌变化

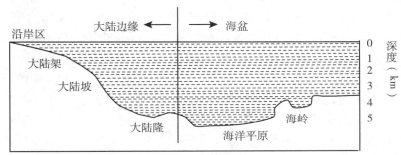

图 1.5　海底地形

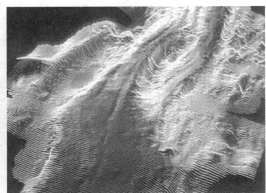

图 1.6　大洋中脊

2. 大洋盆地

大洋盆地位于大洋中脊与大陆边缘之间，一侧与大洋中脊平缓的坡麓相接，另一侧与大陆隆或海沟相邻，占海洋总面积的45%（见图1.7），包括海盆、海槽、海丘、海隆、海台等特征地形。大洋盆地被海岭等正向地形分割，构成若干外形略呈等轴状、水深在

4

4000～5000m 的海底洼地，称为海盆。宽度较大、两坡较缓的长条状海底洼地，叫海槽。海盆底部发育深海平原、深海丘陵等地形。长条状的海底高地称海岭或海脊，宽缓的海底高地称海隆，顶图面平坦、四周边坡较陡的海底高地称海台。

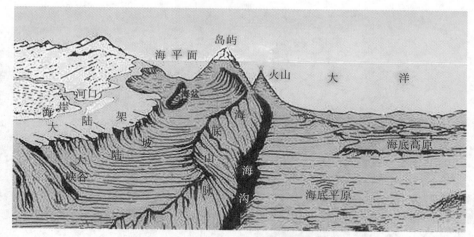

图 1.7　大洋盆地及海底高地、海山、海盆等

3. 大陆边缘

大陆边缘为大陆与洋底两大台阶面之间的过渡地带，约占海洋总面积的 22%（见图 1.8），通常分为大西洋型大陆边缘（又称被动大陆边缘）和太平洋型大陆边缘（又称活动大陆边缘）。前者由大陆架、大陆坡、大陆隆 3 个单元构成，地形宽缓，见于大西洋、印度洋、北冰洋和南大洋周缘地带。后者陆架狭窄，陆坡陡峭，大陆隆不发育，而被海沟取代，又可分为两类：海沟-岛弧-边缘盆地系列和海沟直逼陆缘的安第斯型大陆边缘（见图 1.9），主要分布于太平洋周缘地带，也见于印度洋东北缘等地。

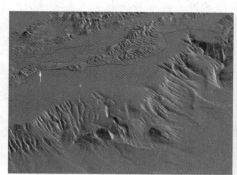
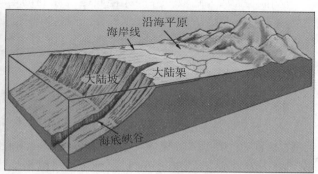

图 1.8　大陆边缘（大陆架、大陆坡和大陆隆（大陆基））

大陆架是大陆在海面下向海洋的延伸，又叫"陆棚"或"大陆浅滩"。在国际法上，是沿海国对大陆架享有某些主权权利的理论根据，其范围是从低潮线起以极其平缓的坡度延伸到坡度突然变大的陆架外缘为止。全球大陆架平均坡度约为 0.1°，平均深度为 132m，

最深为500m，平均宽度75km，最宽达1000km。大陆架的沉积物主要是来自大陆的泥沙，在海底形成的阶状海底面，其上为一些水下沙丘或丘状起伏的地貌形态；大陆架水域水文要素季节性变化明显，风浪、潮流及海水混合作用强烈，海水营养盐及氧丰富，易形成良好渔场。

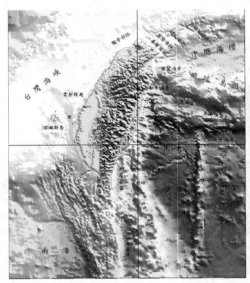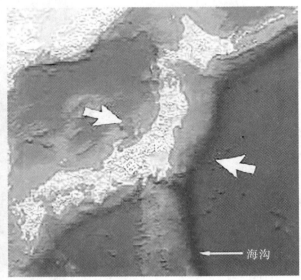

图1.9　大陆隆(左)和海沟(右)

　　大陆坡也称陆坡(见图1.8)，是大陆架外缘陡倾的全球性巨大斜坡，其下限为坡度突然变小的地方。其主要特点是，坡度较陡，平均为3°~7°，最大坡度在斯里兰卡海岸外达到了35°~45°。大陆坡的宽度从几海里到几百海里不等。大陆坡的表面极不平整，而且分布着许多巨大、深邃的海底峡谷。大陆坡水域离大陆较远，水文要素分布较稳定。

　　大陆隆是从大陆坡下界向大洋底缓慢倾斜的地带，又称大陆基或大陆裙(见图1.9)，主要特点是：表面坡度平缓，水深在2500~4000m；沉积物深厚，形成深海扇形地貌，富含有机质，蕴藏有巨大的海底油气资源。

1.1.3　洋与海

1. 洋与海的特性比较

　　人们一般习惯于将海和洋统称为海洋，其实海和洋是两个不同的概念。海洋的中心部分称为"洋"，边缘部分称为"海"。海与洋在特性上的区别见表1-3。海和洋的差异相对明显，海作为陆地与大洋的中间过渡地带，受陆地、大洋环境的共同影响显著；洋中的海洋要素则基本相对独立，自成系统。

　　海，一般理解为大洋四周的边缘部分，濒临大陆，也称"近海"。根据统计，各大洋的附属海见表1-4。

2. 海的分类

　　根据与陆地、大洋的关系，海又可以分为边缘海、地中海、内陆海。另外，还有海湾和海峡之分。图 1.10 描述了海、陆和大洋间的地理分布关系及边缘海、陆间海（地中海）、内陆海、海湾和海峡。

表 1-3   海与洋在特性上的区别

内容	海	洋
面积	面积小，占海洋总面积的 11%	面积大，约占海洋总面积的 89%
水深	平均水深较浅，一般小于 3000m，有的只有几十米深	深度大，平均水深一般在 2000m 以上
潮汐潮流	受大洋流系和潮汐的支配；近岸的潮汐潮流比较显著	独立的洋流和潮汐系统；潮汐变化较小
水文要素	受大陆影响大，海洋水文要素随季节变化大，海水透明度较差	受陆地影响小，水温、盐度等要素比较稳定，海水的透明度大
板块	是陆壳向海域的延伸具有陆壳性质	独立板块具有洋壳性质

表 1-4   各大洋及其附属海

四大洋	数量	附 属 海 名
太平洋	28	白令海、鄂霍次克海、日本海、渤海、黄海、东海、南海、苏禄海、苏拉威西海、马鲁古海、哈马黑拉海、斯兰海、爪哇海、巴厘海、弗洛勒斯海、萨武海、班达海、阿拉弗拉海、俾斯麦海、珊瑚海、所罗门海、塔斯曼海、罗斯海、阿蒙森海、别林斯高晋海、阿拉斯加湾、加利福尼亚湾、帝汶海
大西洋	20	波罗的海、北海、爱尔兰海、比斯开湾、地中海、利古里亚海、第勒尼安海、亚得里亚海、爱奥亚尼海、爱琴海、马尔马拉海、黑海、亚速海、加勒比海、墨西哥湾、圣劳伦斯湾、哈德孙湾、几内亚湾、斯科舍海、威德尔海
印度洋	9	红海、波斯湾、阿拉伯海、孟加拉海、安达曼湾、萨式海、帝汶海、阿拉弗拉海、大澳大利亚湾
北冰洋	10	格陵兰海、挪威海、巴伦支海、白海、喀拉海、拉普帖夫海、东西伯利亚海、楚科奇海、波弗特海、巴芬湾

一边以大陆为界，一边以岛屿、半岛为界，与大洋分开的海为边缘海，如我国周边的黄海、东海和南海等。边缘海的水文状况受陆地、海洋、岛屿的综合影响。

陆间海及内陆海是介于大陆之间的海，如欧、亚、非大陆之间的地中海；深入到大陆内部的海称为内陆海，如我国的渤海。陆间海和内陆海，均为地中海，其水文状况主要受陆地的影响。

7

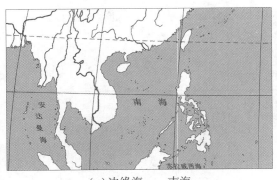

（a）边缘海——南海　　　　　　　　　（b）陆间海和内陆海——地中海

图 1.10　边缘海、陆间海和内陆海

　　海湾为海岸线的凹进部分或海洋的突出部分，三面环陆一面为海，有"U"形及圆弧形等形状，其深度向岸逐渐减小（见图 1.11）。海湾中海水的性质与其相近的洋或海水的状况相似。由于海湾朝向陆地不断变窄、变浅，因此容易发生大的潮汐。

　　海峡是海洋中相邻水域之间宽度较窄的水道（见图 1.11）。该地区海洋状况的最大特点是潮流速度很大。海峡有深有浅、有宽有窄，是连接洋与洋、洋与海、海与海的咽喉。如马六甲海峡是太平洋与印度洋的通道，直布罗陀海峡是地中海与大西洋之间的要冲。据统计，全世界有上千个海峡，其中著名的约 50 个，另外人们为了交通上的方便，还开挖了苏伊士运河和巴拿马运河，也具有类似于海峡的功能。

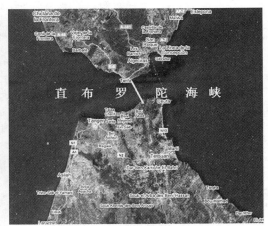

海湾　　　　　　　　　　　　　　　海峡

图 1.11　海湾与海峡

3. 海岸带

　　海岸，笼统地讲就是陆地与海洋相互作用、相互交界的地带。海岸可分为海、陆之间现今正在相互作用着的现代海岸，和过去曾经相互作用过的古代海岸两种（见图 1.12）。

　　海岸线是多年平均大潮高潮的痕迹所形成的水陆分界线，可根据海岸植物边线、土壤、植物的颜色、湿度、硬度和流木、水草、贝壳等冲积物来确定。在地图上用一条界线把海洋和陆地截然分开，这条界线称为"海岸线"。

图 1.12　海岸、海岸带和海岸线

海岸带是海岸线向陆地、海洋扩展一定宽度的带状区域，是海洋与陆地互相作用的地带(见图 1.13)。海岸带包括：①海岸部分，指海岸线(平均大潮高潮面对应的水陆分界的痕迹线)以上 2km 沿岸陆地的狭窄地带；②干出滩(海滩或潮间带)部分，指介于海岸线以下至 0m 等深线之间的潮浸地带；③潮下带部分，即水下岸坡，通常指 0m 等深线至 15m 等深线(或波浪的作用深度，"波基面")之间的下限地带。这里既是波浪、潮流对海底作用有明显影响的范围，也是人们活动频繁的区域；它的内界，海岸部分为特大潮汐(包括风暴潮)影响范围。河口部分则为盐水入侵的上界。由此可见，"海岸"这一概念可以包括在"海岸带"这一概念之中。

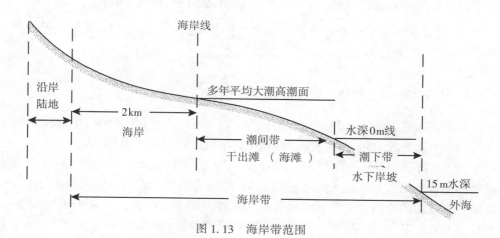

图 1.13　海岸带范围

1.1.4　我国周边海域

我国既是一个幅员辽阔的大陆国家，又是一个拥有漫长海岸线、优良海湾、众多岛屿、辽阔海域和开阔大陆架的海洋国家。在我国的东、南面，有与长达约 $1.8×10^4$km 的大陆海岸线相邻的渤海、黄海、东海和南海。这些海域都是西北太平洋的边缘海，东西横越经度 32°，南北跨纬度 44°，总面积约 $473×10^4$km²，属于我国领海和内水的海域面积约 $35×10^4$km²，划归我国的专属经济区和大陆架面积约为 $300×10^4$km²。

渤海是一个半封闭内海，辽东半岛的老铁山与山东半岛蓬莱角的连线为渤海与黄海的分界线。渤海可分为五个部分：北部的辽东湾、西部的渤海湾、南部的莱州湾、中部的中央盆地和东部的渤海海峡。渤海平均水深18m，深度小于30m的范围占总面积的95%，坡度平缓，是一个近乎封闭的浅海。

黄海是半封闭的陆架浅海，长江口北角启东至济州西南角连线为黄海与东海的分界线，面积约 $3.8 \times 10^5 km^2$，平均深度44m。山东半岛东端成山角与朝鲜半岛长山串连线可将黄海分为北南两部分，北黄海平均深38m，南黄海平均深46m，最深处在济州岛北，约140m。

东海为太平洋边缘海，是中国陆架最宽的边缘海，位于上海、浙江和福建之东，中国台湾岛和日本琉球群岛之西，西北与黄海相接，东北以韩国济州岛东端至日本九州野姆崎角的连线与朝鲜海峡沟通，南经台湾海峡与南海相连。东海面积约为 $7.7 \times 10^5 km^2$，平均水深370m，最大水深在冲绳海槽，为2719m。

南海是中国近海中面积最大、水深最深的海区，位于中国最南端。东北经台湾海峡与东海相通，东面与太平洋通过巴士海峡相连，南面接马来半岛、纳土纳群岛、加里曼丹等与印度洋分隔，面积约为 $3.5 \times 10^5 km^2$，由周边向中心有较大坡降的菱形海盆。南海平均深度1212m，最深处达5559m。

在我国广阔的海域中还分布着数量众多的、大小不等的7600个岛屿，其中分布在东海海域中的约占60%，南海的约占30%，渤海和黄海海域仅占10%左右。这些岛屿除台湾和海南岛的面积超过 $3.0 \times 10^4 km^2$ 以外，其余面积均不大于 $2.0 \times 10^3 km^2$，且一般离大陆较近，但南海诸岛则离大陆较远，最远的曾母暗沙距华南大陆约1800km。

1.2　海洋与人类

1.2.1　海洋资源与人类的生存和发展

海水控制着自然界的水循环，对地球上的生态环境产生绝对的影响。海水是一种密度比空气大得多，且有较大热容量、流动性和反射率很低的物质，因此在地球上起着太阳能"吸收器""分配器"和地理外壳的"调节器"的作用。大气和地球水圈中游离氧主要来源于海洋植物的光合作用，每年进入大气的约 $2.5 \times 10^{12} t$ 氧气中，有50%～60%是由海洋输出的。海洋和大气间的物质和能量交换是引起大气环流的主要因素，是决定天气的主动因。可见，作为人类和其他动植物生活环境的地理外壳的各种主要特性完全取决于海洋，没有海洋，地球上的生命不可能产生和存在。长期以来，由于科学技术条件的限制，人们对海洋的认识还相当不够，因此只能在它的影响下生存，而无法对其进行大规模的开发利用。百年来，经过海洋科技工作者的共同努力，大量的海洋调查成果说明，海洋这广深的空间中储存着极其丰富的资源可供人类使用。目前，人类可开发和利用的海洋资源主要有海洋空间资源、矿产资源、油气资源、生物资源和海洋能资源。

1. 海洋空间资源

海洋空间资源是指与海洋开发利用有关的海岸、海上、海中和海底的地理区域的总称。将海面、海中和海底空间用作交通、生产、储藏、军事、居住等资源，包括海运、海岸工程、海洋工程、海上机场、重要基地等。

交通运输空间：海洋交通运输的优点是连续性强、成本低廉，适宜对各种笨重的大宗货物作远距离运输；缺点是速度慢，运输易腐食品需要辅助设备，航行受天气影响大。

海上生产空间：海上生产项目建设的优点是可大大节约土地，空间利用代价低，交通运输便利，运费低，能免除道路等基础设施建设费用。此外，冷却水充足，取排方便，价格低，可免除污染危害。缺点是基础投资较大，技术难度大，风险高。

海底电缆空间（通信、电力输送等）：通信电缆包括横越大洋的洲际海底通信电缆、陆地和海上设施间的通信电缆，电力输送主要用于海上建筑物、石油平台等和陆地间的输电。

储藏空间：利用海洋建设仓储，具有安全性高、隐蔽性好、交通便利、节约土地等优点。

2. 海洋矿物资源

海洋矿物资源是指海水中包含的矿物资源、海底表面沉积的矿物资源和海底各种地质构造中埋藏的矿物资源的总称。

海洋在全球物质循环系统中占有重要地位，几乎包含了地球上的一切元素。海水中的无机物主要是河流输入的陆源物质，也有火山喷发物和陨石的衍生物等，而海水中的有机物则多半是海洋生物造成的。由于海水运动，使得海水中各种元素的分布比较均匀，但是由于海洋生物的活动，大气与海洋、海洋与海底之间的物质交换，又在不断地破坏这种均匀状态。这种从均匀到不均匀再到均匀的过程，也是海水中各种矿物元素的积累过程。

海洋矿产资源种类多，数量大，储量可观，例如，约 $5.5×10^6$t 的金、$4.1×10^6$t 的银、$4.1×10^7$t 的铜和 $4.1×10^7$t 的锡等储存其中。大洋底广泛蕴藏着锰结核矿（见图 1.14），分布在太平洋、大西洋和印度洋，但水深多在 $3500～4500$m。表 1-5 中给出了根据海洋调查推算出的矿产资源蕴藏量，可以看出，蕴藏量大于陆地若干数量级，且逐年增长。

表 1-5 海底矿产资源蕴藏量

元素名	埋藏量(t)	与陆地埋藏量之比(倍)	结核生长量(t/a)
Mn	$358×10^{12}$	4000	$1.3×10^4$
Fe	$207×10^{12}$	4	$1.4×10^4$
Co	$5.2×10^{12}$	5000	$0.36×10^4$
Ni	$14.7×10^{12}$	1500	$0.102×10^4$
Cu	$7.9×10^{12}$	150	$0.105×10^4$

3. 海洋油气资源

石油和天然气在大陆架、大陆坡和大陆隆中蕴藏丰富。据初期估计，海底石油的储藏量可能和陆上石油的储藏量相当，约为 $2.07×10^{12}$Gal。我国是一个油气紧缺的国家，经济的快速发展进一步增加了对油气资源的需求，为此国家投入大量的人力和物力开展了中国近海油气资源的勘探，先后在渤海、黄海、东海和南海探明了丰富的石油储藏量。20 世纪90年代，我国开始海洋天然气水合物（见图1.14）调查。经过近三十年发展，在天然气水合物探测方面取得了突飞猛进的发展，并分别于2017年、2020年在南海成功试采了天然气水合物。

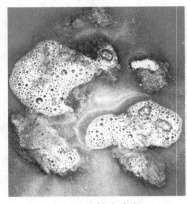

（a）天然气水合物　　　　　　　　　　　　（b）锰结核矿

图1.14　海底天然气水合物与锰结核

4. 海洋生物资源

海洋中有大量的鱼类和藻类可供人类食用，而水产生物资源的一大特点是即使进行高效率的捕获，也不至于导致资源完全枯竭。另外，藻类的繁殖速度比较快，可为人类提供数量可观的食品。到21世纪，人类的食物中将有很大一部分取自海洋。

5. 海洋能资源

海洋能资源属于可再生资源，主要包括潮汐能、潮流能、波浪能、温差能和盐差能等，总蕴藏量大、可永续利用、绿色清洁，是人类社会可持续发展的重要能源之一。

海潮的涨落、潮流和由风引起的波浪中蕴藏着巨大的能量。在海洋能开发中，波浪发电和潮汐发电技术比较成熟，如日本、英国等已成功研制了波浪发电装置，法国建立了朗斯潮汐电站。我国近海及其毗邻海域，蕴藏着丰富的海洋可再生能源，虽然在开发和利用海洋能方面起步较晚，但进步较快。从20世纪70年代末开始，我国分别在广东、福建和浙江等地建造了一些小型的试验性的潮汐电站（见图1.15）。2016年8月15日，世界首台3.4MW大型海洋潮流能发电机首套1MW机组，在浙江省舟山市岱山县秀山岛南部海域成功运行发电，使我国成为亚洲首个、世界第三个实现兆瓦级潮流能并网发电的国家。在波浪能开发方面，中国波浪能发电技术研究已有20多年的历史，先后建造了100kW振荡水柱式和30kW摆式波浪能发电试验电站，利用波浪能发电原理研制的海上导航灯标已形成商业化产品并对外出口，100kW鹰式波浪能发电装置"万山号"已完成海试，转换效率已实现国际领先。在温差能开发和利用方面，我国从1986年开始进行温差能利用技术研究，目前完成了实验室原理试验，并开展了电厂温排水温差能发电试验。在盐差能开发和利用方面，我国采用渗透压能法研制了功率不低于100W、系统效率不低于3%的原理样机。

近十年来，我国的海上风电场建设发展迅速，在我国沿海已经大面积建设海上风电场（见图1.15），并与国家电网并网。

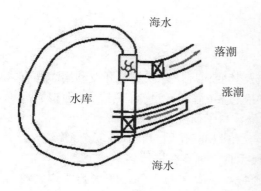

图 1.15　海洋潮汐能发电原理和海洋风电场

随着人口的不断增加，陆上资源日益匮乏，人类已将资源开发和利用的重点从陆地转向海洋。随着海洋开发和利用活动的深入，服务于海洋资源开发和利用的各项技术也有了飞速的发展，代表性成果主要有：

（1）大型调查船。近二十年来，以我国为代表的海洋资源调查平台发展迅速，先后建成了"向阳红"系列、"海洋地质"系列等现代化的海洋调查船，一些高校也建成了自己的大型科考船。这些平台建设为海洋科学研究，尤其是深远海科学考察提供了条件。

（2）深潜器。为了开发深海资源，就必须借助深潜器对海底进行探查，这就要求潜航器具备抗高压、大潜深能力，同时具备承担各种海底考察任务的能力。因此，深潜系统是由潜航器、海底摄影和电视装置、高精度的声呐定位装置，电动操纵的机械臂装置等组成的综合系统。1960 年，美国研制的"特里亚斯德"号潜航器在马里亚纳海沟深潜到10916m。我国的潜航器近十年来发展迅速，代表性的深潜器有如"蛟龙"号和"奋斗者"号等。2020 年 11 月 10 日，"奋斗者"号载人潜水器在马里亚纳海沟成功深潜到 10909m。

（3）深水钻探。深水钻探技术从 20 世纪 40 年代起逐渐被人们重视，并得到迅速发展，目前已经有设备完善、技术先进的各类海上钻井平台投入使用。张力腿平台是一种较为典型的深海钻探平台，这种平台的水下浮体被紧拉并固定在海底的锚具上，有效地减小了浮体的上下运动，改善了钻井平台的操作条件，同时还具有造价低，容易脱离井位转移到其他海域工作的优点。由于优良的稳定性，目前研制的张力腿平台已有 42 层楼高，具备海上油气钻探和对油气的初步加工能力。我国在该领域已达到世界先进水平，研制的深水半潜式钻井平台——海洋石油 982 平台，可以实现深海钻探作业，并用于多个海域。

（4）海洋探测技术。随着卫星、无人机、无人船、智能浮标、滑翔机等技术的快速发展，以及光、电、声等技术的进步，目前的海洋探测技术正向自动化、智能化方向发展，海洋环境立体感知的态势已初步形成。随着海洋信息获取手段的进步，人们获取的海洋信息在精度、分辨率等方面得到了极大地提升，对海洋的认识也逐步走向"透明化"。

在广泛吸收各种现代技术的同时，海洋技术也逐步完善起来，形成了完整的技术体系，包括探测技术、开发技术、通用技术三部分。探测技术是海洋开发前期工作的技术手段，其任务是探测海洋环境的变化规律和可供开发的资源，是对海洋进行立体探测的网络技术。开发技术是产业部门发展的生产技术。通用技术是各种海上活动都需要的基础技术。海洋开发已从传统发展到目前的现代化阶段，人们普遍认为海洋的开发是新的技术革命的特征之一，将对未来社会发展产生重大影响。

1.2.2　海洋科学

海洋科学是研究地球上海洋的自然现象、性质及其变化规律，以及与开发利用海洋有关的知识体系。海洋科学研究的对象为海洋、海洋底边界(海底)、海洋侧边界(河口、海岸带)和海洋的上边界(海面上的大气边界层)等。海洋科学研究具有如下特点：

(1)海洋有许多独特的物理性质，是一个有机与无机相互作用与联系的复杂系统。

(2)作为一个物理系统，海洋中的水-汽-冰转换无时无刻不在进行。

(3)海洋作为一个自然系统，具有多层次耦合特点。海洋与大气、海水与海岸、海底，海洋与生物及化学过程等，均存在相互耦合关系。

海洋科学研究有其自身特点：即明显地依赖直接观测；信息论、控制论、系统论等在海洋科学研究中具有重要作用；学科分支细化与交叉、渗透并存，而综合研究趋势日渐明显。

海洋科学体系既有基础性科学，也有应用技术研究，还包括管理与开发研究。

1. 基础性科学的分支学科

基础性科学的分支学科主要包括物理海洋学、化学海洋学、生物海洋学、海洋地质学、环境海洋学、海气相互作用以及区域海洋学等。

物理海洋学是海洋科学的一个重要分支，是运用物理学的观点和方法，研究发生在海洋中的流体动力学和热力学过程，其中包括海洋中的热量平衡和水量平衡，海水的温度、盐度和密度等海洋水文状态参数的分布和变化，海洋中各类和各种时空尺度的海水运动(如海流、海浪、潮汐、内波、风暴潮、海水层的细微结构和湍流等)及其相互作用的规律等。

化学海洋学是用化学原理和方法解决海洋中有关问题的科学，其基本内容是研究海水的化学组成和特性，包括发生在海水中的各种均相化学过程、海水与大气界面上的各种气-液界面化学过程以及海水与沉积物、悬浮颗粒等固-液界面上的化学过程。

生物海洋学研究发生在海洋中的生物学现象和过程、它们自身的规律和它们与其他物理的、化学的乃至地质的现象和过程之间的相互关系，以及资源开发利用、海上经济与军事活动和海洋环境保护的有关生物学问题。

海洋地质学是研究地壳被海水淹没部分的物质组成、地质构造和演化规律的学科，研究对象涉及海岸与海底地形、海洋沉积物、洋底岩石、海底构造、大洋地质历史和矿产资源。

环境海洋学研究污染物进入海洋的途径，污染物在海洋中的分布、迁移、转化规律和对海洋生物及对人类的影响，并在此基础上提出保护和改造海洋的措施。

海洋气象学是研究海上大气的物理信息，以及海洋与大气相互作用规律的学科。

区域海洋学是综合研究一个区域的各种海洋现象的科学，研究内容广泛，包括对海洋物理、化学、生物和地质过程的研究，海洋资源开发利用以及海上军事活动等应用研究。

2. 应用性科学的分支学科

应用性科学的分支学科主要包括卫星海洋学、渔场海洋学、军事海洋学、航海海洋学、海洋声学/光学/电磁学与遥感探测技术、海洋生物技术、海洋环境预报以及工程环境海洋学等。

卫星海洋学是利用卫星遥感技术观测和研究海洋的一门分支学科，主要包括卫星遥感的海洋学解释和卫星遥感的海洋学应用，前者涉及对各种海洋环境参量的反演机制和信息提取方法研究，后者涉及运用卫星遥感资料在海洋学各个领域的研究。

渔场海洋学是研究海洋生物资源分布机理的学科，研究海洋生物生存的环境条件，时间、空间与数量分布规律，分析和预测、预报海况，为探明海洋环境与渔业资源、渔场关系服务。

军事海洋学是研究和利用海洋自然规律，为海上军事行动提供科学依据和实施海洋保障的科学，是在海洋科学和军事科学基础上发展起来的研究领域。

航海气象学与海洋学是研究大气、海水的运动变化规律以及海-气相互作用在航海活动中应用的学科，其性质属于物理学的范畴。

海洋声学是研究声波在海洋水层、沉积层和海底岩层中的传播规律，以及在海洋探测和海洋开发中应用的学科，研究内容包括海洋中声的传播、声速分布、声吸收和声散射、海洋中的自然噪声、海水声学探测、海底声学特性和海底声学勘探等。

海洋光学的研究内容，在基础研究方面主要是海洋辐射传递过程的研究，以及海面光辐射、水中能见度、海水光学传递函数、激光与海水相互作用等研究；在应用研究方面主要是遥感、激光、水中照相工程等海洋探测方法和技术的研究。

海洋电磁学主要研究海洋电磁特性，天然电磁场和电磁波的运动形态及传播规律，电磁波在海洋探测、通信及开发中的应用等。

1.2.3 海洋法公约

随着人类文明的进步、科学技术的发展，人们对海洋的认识也由浅入深地逐步完善起来，尤其经过一个多世纪以来人们对海洋的广泛调查和近几十年来对海洋石油的开采，人们深知海洋除了载舟之外，更重要的是在海洋中储藏着无数的海洋生物资源、海洋矿产资源以及海洋中可被利用的各种能源，而这些都是地球上迅速增长的人口总量今后生存和发展所需依赖的。因此，沿海国家纷纷提出扩大领海范围的要求，即使一些内陆国家也提出了海洋资源的共有问题。鉴于上述情况，有关海洋法的制订工作，就成为了当今世界上一项重要的政治任务。自第二次世界大战以来，经历了将近 30 年的时间，由联合国组织有关国家和组织起草的《联合国海洋法公约》(以下简称《公约》)于 1982 年 11 月在牙买加蒙特哥湾开放签字，自此，世界海洋的新格局已经形成。

《公约》定义了内水、领海、毗连区、大陆专属经济区、大陆架、公海、国际海底区域(见图 1.16)，明确了临海国家的权利。

1)领海基点与领海基线

领海基点与领海基线是大陆向海域突出的特征点，通常是大陆或大陆外端岛屿零米等深线的拐点。为了明确领海基点的位置，通常在其附近建设一个固定的方位标。领海基线即由领海基点连接形成的折线，是划分内水、领海、毗邻区、专属经济区的参考。

2)内海

内海亦称内水，指领海基线以内的水域。《公约》第 8 条第 1 款规定，领海基线向陆一面的水域为国家内水的一部分。内水从海岸线起向海一侧延伸至领海基线。换言之，领

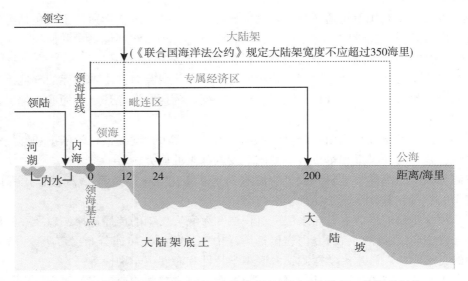

图 1.16　内水、领海、毗连区、大陆专属经济区、大陆架、公海的划分

海基线为内水的外部界限，即内水与领海的分界线。国家对其享有完全的排他性主权。除外国船只在直线基线制度确立前不被视为内水的区域内有无害通过权外，一国对其内水行使全部的主权(《公约》第 8 条第 2 款)，有关的海峡制度适用于被直线基线所包围的海峡。

　　3) 领海

　　领海为沿海国的主权海域。《公约》规定，领海宽度不超过 12n mile。由主权国按照一定原则，在确定领海基线和领海宽度之后，以规定的方式划出。各国可根据本国的地理特点、经济发展和国家安全需要，自行确定其领海范围和划定方法。领海是沿海国领土的组成部分，包括该海域的上空、海床和底土。

　　4) 毗连区

　　毗连区是毗连国家领海并在领海外一定宽度的、供沿海国行使海关、财政、卫生和移民等方面管制权的一个特定区域。《公约》第 33 条规定，毗连区的宽度从领海基线量起不超过 24n mile。

　　5) 大陆专属经济区

　　大陆专属经济区为领海以外并邻接领海，介于领海与公海之间，具有特定法律制度的国家管辖水域。该区域内，沿海国家具有勘探和开发、养护和管理自然资源的主权权利，以及一些特定事项的管理权；其他国家则享有航行、飞越、铺设海底电缆和管道等自由。专属经济区的宽度从领海基线量起，不应超过 200n mile(《公约》第 57 条)。

　　6) 大陆架

　　大陆架是指沿海国陆地向海的自然延伸部分，定义为沿海国的大陆架包括其领海以外依其陆地领土的全部自然延伸，扩展到大陆边外缘的海底区域的海床和底土，或者从测算领海宽度的基线量起到大陆边缘，距离不到 200n mile 则扩展到 200n mile 的距离(《公约》第 76 条)。

大陆架定界主要采用三种方法：①从领海基线到大陆边外缘的距离不足 200n mile 的，可扩展至 200n mile。②从领海基线到大陆边缘超过 200n mile 的，大陆架外部界线的各点不应超过从测量领海的基线起 350n mile。③不应超过 2500m 等深线 100n mile。可见，海洋法对大陆架外部界限的确定主要体现了地形、距离和深度三种标准，是确定大陆架定义的最根本问题，而陆地向海的自然延伸原则则是确定大陆架法律概念的最基本原则。

沿海国对大陆架海域具有勘探开发的权力，以及其他特定事项的管辖权。上述权利是专属性的，即如果沿海国不勘探或不开发，任何人未经沿海国明确同意，均不得从事这种活动，其他国家仅享有航行、飞越、铺设海底电缆和管道等自由(《公约》第 77 条)。

专属经济区是领海以外毗邻领海的一定宽度的水域，大陆架是指其领海以外依其陆地领土的全部自然延伸。沿海国对于专属经济区不拥有领土主权，只享有公约规定的某些权利。专属经济区不是本身自然存在的权利，需国家以某种形式宣布建立并说明其宽度。大陆架不是沿海国领土，但国家在此享有某些排他性主权权利。大陆架和专属经济区在权利和区域上有重叠，但二者在规则形成、形态构成、法律依据、范围等方面都有所不同，不能相互取代。

7) 公海

公海是指沿海国内水、领海、专属经济区和群岛国的群岛水域以外不受任何国家主权管辖和支配的全部海域。公海对所有国家开放，应仅用于和平目的，任何国家不得将公海的任何部分置于其主权之下。规定有关公海各种制度的国际公约为《公约》和《公海公约》。

8) 国际海底区域

国际海底区域是国家管辖海域范围以外的海底、洋底及其底土。《公约》称其为"区域"。《公约》规定在"区域"内授予或行使的任何权利，不应影响"区域"上覆水域的法律地位，或这种水域上空的法律地位。"区域"及其资源是人类的共同继承财产。从自然意义上看，国际海底区域一般是指水深在 2000~6000m 或更深的海底，这样的区域占大洋总面积 60% 以上。该海域蕴藏着丰富的矿物资源，如锰结核和金属软泥。国际海底管理局是代表全人类组织和控制"区域"内活动的国际性组织。

1.3　海洋测绘

一切海洋活动，无论是经济、军事还是科学研究，像海上交通、海洋地质调查和资源开发、海洋工程建设、海洋疆界勘定、海洋环境保护、海底地壳和板块运动研究等，都需要海洋测绘提供不同种类的海洋地理信息要素、数据和基础图件。因此，可以说，海洋测绘在人类开发和利用海洋活动中扮演着"先头兵"的角色，是一项基础而又非常重要的工作。

1.3.1　海洋测绘的发展历程

公元前 1 世纪，古希腊已经能够绘制表示海洋的地图。公元 3 世纪，中国魏晋时期刘徽所著《海岛算经》中已有关于海岛距离和高度测量方法的描述。1119 年，中国宋代已有测天定位和嗅泥推测船位的方法，朱彧所著《萍洲可谈》记载："舟师识地理，夜则观星，昼则观日，阴晦观指南针或以十丈绳钩取海底泥嗅之，便知所至。"13 世纪，欧洲出现了

17

波特兰航海图，力求描述海洋与陆地的拓扑关系，为航海提供参照。13世纪末，意大利在热那亚成立了第一个海道测量学校，同时在威尼斯和马略卡岛也建有相似的学校。15世纪中叶，中国航海家郑和远航非洲，沿途进行了水深测量和底质探测，编制了著名的郑和航海图。1504年，葡萄牙在编制海图时，采用逐点注记的方法表示水深，这是现代航海图表示海底地貌基本方法的开端。1569年，荷兰地图制图学家墨卡托创立了等角正圆柱投影，此方法后称为墨卡托投影，被各国在海图编制中沿用至今。1681年，英国海军军官柯林斯开始对英国沿岸和港口进行了测量，1693年出版了沿岸航海图集。17世纪后，海洋测绘的范围日益扩大，俄国开始测量黑海海区和波罗的海海区。1775年，英国海道测量人员默多克和他的侄子发明了三杆分度仪，加上广泛使用的六分仪和天文钟，为海上定位提供了技术保障。这一时期还出现了以等深线表示海底地貌的海图。19世纪海洋测绘逐渐从沿岸向远海和大洋拓展。

早期测深采用人工器具，如测深杆和水砣等，由于操作方便，几个世纪以来一直沿用这种测深方法。15世纪中期，尼古拉·库萨发明了通过测量球体上浮时间来测量水深的测深仪。16世纪，佩勒尔对这种测深器作了改进，利用水压变化测量水深。1851年前后，先后出现了锡格斯比型测深器和开尔文测深器。1891年前后，英国电信公司推出了卢卡斯型测深器。1807年，法国科学家阿喇果提出回声测深构思。1907年费尔斯取得回声测深专利。1914年，美国费森登设计制造了电动式水声换能器。1917年法国物理学家郎之万发明了装有压电石英振荡器的超声波测距测深仪，并于1920年用于船舶航行中连续测深。1921年，国际海道测量局成立，开始了学术交流，修订了《大洋地势图》，陆续出版了国际海图。20世纪40年代，航空摄影技术引入海洋测绘，并开展了海岸带测量。20世纪70年代问世的多波束测深系统，将传统的测深方式从原来的点、线扩展到面，实现了全覆盖测深。定位手段也由光学仪器发展到电子定位仪，定位精度由几千米、几百米提高到几十米、几米。测量数据的处理已经采用电子计算机。20世纪70年代末，随着机载激光测深技术、多光谱扫描和摄影技术的发展，海洋遥感测量逐步发展，特别是应用卫星测高技术对海洋大地水准面、重力异常、海洋环流、海洋潮汐等问题进行了探测和研究。海洋测量已从测量水深发展到测量各种专题要素和建立海底地形模型所需的多种信息，为此建造的大型综合测量船可以同时获得水深、底质、重力、磁力、水文、气象等资料，测量设备和数据处理自动化得到快速发展。1978年美国研制的海底测绘系统能够获取高分辨率测深数据、底质和浅层剖面数据等，并在制图中广泛采用了自动坐标仪、电子分色扫描、静电复印和计算机辅助制图等技术。20世纪90年代以来，全球导航卫星系统（GNSS）以全天候、高精度等特点使得海洋测绘的精度不断提高，测绘范围不断扩大。载波相位实时和事后动态定位技术（RTK和PPK）改变了传统水深测量模式、潮位测量方法，提高了海道测量的作业效率和精度。

进入21世纪，随着GNSS、遥感（RS）、地理信息系统（GIS）等技术的快速发展，海洋测绘突破了传统的时空局限，以自动化及智能化技术为支撑，进入以数字式测量为主体的现代海洋测绘新阶段，实现了从传统海道测量技术到现代海洋测绘学的转变。此外，随着相关学科的发展以及海洋测绘应用领域的拓展，海洋测量与海洋科学、水声学、水文学、环境科学等相关学科交叉渗透日益活跃，与传感器技术、自动控制技术深度融合，海洋测绘表现出新兴边缘学科与多技术集成的特点。

1.3.2 海洋测绘的定义与结构体系

海洋测绘是研究海洋和内陆水域及其毗邻陆地空间地理信息采集、处理、表达、管理和应用的测绘科学与技术学科分支，是海洋测量、海图制图及海洋地理信息工程的总称。

根据测量要素，可将海洋测量的基本结构体系分为基础要素测量和综合要素测量。基础要素测量主要包括海洋导航定位支持下的水深、重力、磁力、底质与浅层地质、水文等要素测量；综合要素测量则是由两个或两个以上基础要素组合而开展的测量。海洋测量联合海图制图及海洋地理信息工程，形成的海洋测绘结构体系如图1.17所示。根据测量理论和方法的独立性及综合性，海洋测绘的基本结构体系又可划分为基础海洋测量和综合海洋测量。基础海洋测量主要包括海洋大地测量、海底地形地貌测量、海洋地球物理测量、海洋水文测量等；综合海洋测量包括海道测量、海洋工程测量、海籍与海洋划界测量等内容。联合海图制图及海洋地理信息工程，形成的海洋测绘结构体系如图1.18所示。

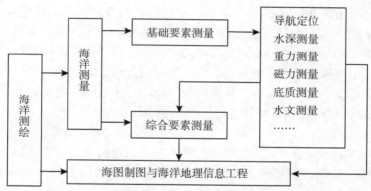

图 1.17　根据测量要素形成的海洋测绘结构体系

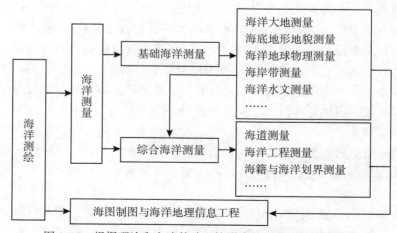

图 1.18　根据理论和方法的独立性形成的海洋测绘结构体系

1.3.3 海洋测绘的任务和内容

海洋测绘的主要任务是获取海洋空间地理数据，设计和编制海图，建立海洋地理信息系统，以反映海洋及其毗邻的陆地各种地理要素的空间分布、相互联系及其变化规律，为地球形状确定、板块运动、地震监测分析和预报等科学性任务，和海上交通运输、海洋权益维护、海洋经济开发、海洋工程建设、海洋环境保护等海洋工程性任务以及为海洋防卫等海洋军事性任务提供海洋地理信息保障与服务。

根据海洋测绘的定义和结构体系，海洋测绘包括海洋测量、海图制图与海洋地理信息工程。就海洋测量而言，无论是基础海洋测量还是综合海洋测量，均建立在基础要素测量的基础上。为此，下面将从海洋基础要素测量、基础海洋测量和综合海洋测量、海图编制与海洋地理信息工程五个方面对海洋测绘内容介绍。海洋测绘任务和内容间的关系描述如图 1.19 所示。

1. 海洋基础要素测量

1）海洋定位

海洋定位是利用仪器设备确定海洋上被测点位置的技术，是海洋测量中最基本的工作，与陆地定位相比，一个显著的不同是海洋定位一般在（低）动态和移动状态下进行，几乎无重复观测；另一个重要的不同是海洋定位的实时性要求较高。受海洋环境、定位方式等影响，海洋定位精度低于陆地定位。海洋定位的方式主要有天文定位、光学定位、无线电定位、卫星定位、水声定位等。天文定位、光学定位、无线电定位和卫星定位主要用于水面被测点位置服务，而声学定位则主要用于水下。

2）深度测量

深度测量是测定水面至水底垂直距离的技术，是海道测量和海底地形测量的主要工作内容之一，其目的是为编制航海图、海底地形图等提供水深和航行障碍物等基础地理数据。

深度测量经历了从手动到自动，从"点""线"测量到"面"扫测的转变，目前主要有实测和反演两类方法。实测方法主要有测深杆、测深锤（水铊）、单波束、多波束、机载激光等测深方法。测深杆、测深锤（水铊）测深法为手动测深方法；单波束和多波束测深法借助回声测距技术测量水深，为自动测深技术，其中单波束走航过程中测深为"线"测深，多波束测深为"面"测深；机载激光测深技术借助红外和绿激光或红外和蓝激光对近岸浅水区实施全覆盖测深。卫星遥感反演水深技术、卫星测高反演水深技术通过反演模型可以获取大面积水深值，但相对实测方法精度偏低。

3）海洋重力测量

海洋重力测量是测定海域重力加速度值的理论与技术，是海洋测量的组成部分。为研究地球形状和地球内部构造、探查海洋矿产资源、保障航天和战略武器发射等提供重力场资料。

海洋重力测量主要包括传统的海底重力测量和船载重力测量，以及后续发展的机载海洋重力测量、卫星重力测量和卫星测高反演海洋重力场等方法。海底重力测量将重力仪安置在海底，利用遥测装置进行测定，其测量不受海上各种动态环境影响，但实施难度大。船载重力测量将海洋重力仪安装在测量船上，在航行中进行重力测量，是海洋重力测量的

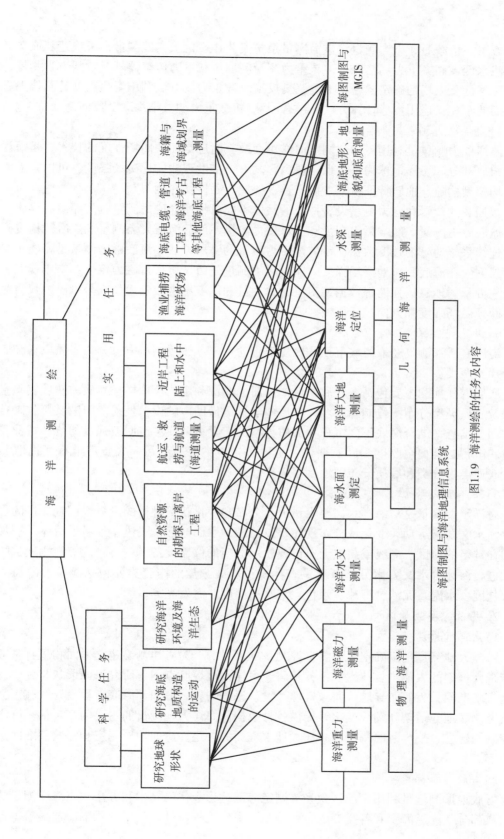

图1.19 海洋测绘的任务及内容

基本方法。机载海洋重力测量将重力测量系统安装在飞机上实施测量，可快速获取滩涂地带及浅水区域高频重力场信息。卫星重力测量利用星载重力传感器进行空间重力测量，解决了全球性重力场的确定问题。卫星测高反演海洋重力场方法利用雷达高度计测得卫星到海平面的距离，运用数值计算方法、结合船测/机载重力测量结果联合反演海面重力。

4）海洋磁力测量

海洋磁力测量是利用磁力仪测定海洋表面及其附近空间地磁场强度的技术，是海洋测量的组成部分和海洋地球物理勘探主要内容之一。借助观测的地磁场强度，可以开展海洋地磁场模型构建、地质特征研究、矿产资源探测、磁性体探测等。

根据观测位置和磁力测量设备搭载的载体不同可将海洋磁力测量分为船载海洋磁力测量、海底磁力测量、航空磁力测量和卫星磁力测量。船载海洋磁力测量利用舰船拖曳磁力仪，连续采集地磁场强度数据，是海洋磁力测量的常用方法。海底磁力测量是将质子旋进磁力仪安置在海底测量地磁场强度。航空磁力测量是由飞机携带磁力仪，在空中连续采集地磁三分量、地磁场强度等数据。卫星磁力测量利用卫星携带磁力仪或分量磁力仪，对近地空间地磁场强度和方向进行探测。

5）海底底质探测

海底底质探测是获取海底沉积物底质类别的工作。按照测量方式分为底质取样和底质声学探测两类：

底质取样探测主要包括海底底质取样、海上测深和定位、取样样本底质属性实验室分析以及底质类型分布图绘制等内容。底质声学探测借助声呐设备发射的声波及接收来自海底的回波信息，结合海底不同沉积物底质类型的声学特征或声波回波强度的统计特征，判别海底沉积层类型、厚度和底质变化，主要包括声呐底质测量、底质声学特征提取和分析、底质声学分类和底质分布图绘制等内容。

6）海洋水文测量

海洋水文测量是对海洋水文要素量值、分布和变化状况进行的测量或调查。目的是了解海洋水文要素运动、变化或分布规律。以船舶、水面浮标、飞机、卫星为载体，按规定时间在选定的海区、测线或测点上布设或使用适当的仪器设备，进行海流等观测项目的测量或进行海冰等水文要素分布状况调查。海洋水文测量的内容主要包括潮位、海流、波浪、盐度、水温、泥沙、海冰、水色、海水透明度、海发光等。

2. 基础海洋测量

1）海洋大地测量

海洋大地测量是以确定海洋测量控制基准为目的，为海洋测绘建立平面和垂直基准体系与维持框架的大地测量技术。任务是建立海洋大地控制点网、研究海面形状与变化，确定垂直基准面，为船舶导航、海洋资源开发、海洋划界、海面和海底工程设计和施工，以及研究海底地壳运动和潮汐变化等提供各种数据。海洋大地测量的主要内容包括：海洋大地控制网建立、平均海面测定、海洋大地水准面的测定、海面地形测定和深度基准面测定等内容。

2）海底地形测量

海底地形测量是利用声波、激光等测定海底地形起伏的技术和方法，是海洋测量的重要组成部分，为航海图和各类专题海图编制、海洋工程设计与施工、水下潜器导航等提供基础数据。海底地形测量内容主要有深度测量、定位、水位控制测量、数据综合处理及海底地形图绘制等。

3）海底地貌测量

就地理学概念而言，海底地貌包括海底地形，由于海洋测量中海底地貌特征常借助声呐扫测技术获得的声呐图像来反映，因此在海洋测量中常将二者分开，单独实施。海底地貌测量是查明航行障碍物，获取海底纹理、底质等信息的工作。海底地貌测量常采用安装于测量船或拖体上的侧扫声呐、多波束、合成孔径声呐等系统通过条带式扫测来实现。对于船载测量，声呐定位多借助 GNSS 来工作；对于拖曳测量，声呐定位常根据拖曳长度和方位来推算，条件允许的情况下，可联合超短基线定位系统和 GNSS 来定位。

4）海岸带测量

海岸带测量是对海陆交界区域开展的水深、地形测量。主要内容包括浅海水深、海岸线、干出滩、近海陆地和岛礁地形测量。由于海岸带区域地形图与海图的测绘标准不统一，表示内容和方法存在着许多差异，因此，海岸带地形测量的主要成果是海岸带地形图，是海图的必要组成部分，具有如下特点：①测量范围为沿海岸线的狭长地带；②干出滩和干出礁受潮汐的影响，涨潮时被海水淹没，退潮时显现；③对影响近海航行和登陆作战的目标，如对海岸、助航标志、干出滩等的测量精度和表示的详细程度要求较高。

5）海洋遥感测量

海洋遥感测量是用飞机、卫星搭载传感器进行海洋测量的技术，是海洋测量的重要内容之一，通过专门的光学、电子学、电子光学和声学探测仪器，获取水体和海底对电磁波、声波的辐射或反射信号，处理并转换为可识别的数据、图形或图像，从而揭示所探测对象的性质及变化规律。

海洋遥感能对大面积海域进行监测，主要包括光波、电磁波遥感和声波遥感。光波、电磁波遥感利用紫外线、可见光、红外线或微波感测海洋上空、水面的环境要素，声波遥感利用声波感测水下、水底环境要素。

3. 综合海洋测量

1）海道测量

海道测量是以测定地球水体、水底及其邻近陆地的几何与物理信息为目的的测量与调查技术，是数据获取与处理的实用性和基础性测量工作，主要服务于船舶航行安全和海上军事活动，同时也为国家经济发展、国防建设和科学研究等提供水域和部分陆域地理和物理基础信息。

按照测量区域可将海道测量分为港湾测量、沿岸测量、近海测量、远海测量和内陆水域（江河、湖泊等）测量。内容主要包括：①平面和高程控制测量；②水深测量：包括定位和深度测量，航行障碍物的位置、深度、分布的测定；③扫海测量：对海区进行面探测，查明航行障碍物的位置、深度、性质及区域水深净空；④底质探测：测定水底地质结构和表层沉积物特征；⑤海岸带地形测量；⑥海洋水文观测；⑦测定岸上和水上各种助航标志位置的工作，目的是获取助航标志如导航台、灯塔、灯桩、立标、浮标、罗经校正标和测速标，显著的人工与天然目标如电塔、大厦、岛礁、山峰等的精确位置和高度，以及形状与颜色特征；⑧海区资料调查：对测区内自然、人文和地理信息的搜集和分析，包括地形、气象、交通管理、港口管理、行政归属的现时或历史情况，用于辅助海图图形表示和编制航行参考资料。

2）海洋工程测量

海洋工程测量是海洋工程建设勘察设计、施工建造和运行管理阶段的测量工作，是海洋测量的组成部分，为利用、开发和保护海洋提供基础支撑。海洋工程测量按区域可分为海岸工程测量、近岸工程测量和深海工程测量等；按类型可分为海港工程测量、海底构筑物测量、海底施工测量、海洋场址测量、海底路由测量、海底管线测量、水下目标探测等；按海洋工程建设进行的过程分为规划设计阶段测量、施工阶段测量和运营管理阶段测量。

3）海籍测量

海籍测量是对宗海界址点位置、界线和面积等开展的测量工作。海籍测量的主要内容包括：①平面控制测量；②宗海界址测量：获取人工海岸、构筑物及其他固定标志物上的宗海界址点或标志点坐标；③面积计算：基于测量海域界线拐点的坐标值，利用坐标解析法或采用计算机专用软件计算海域面积；④编制或修订海籍图；⑤绘制宗海图：是海籍测量的最终成果之一，也是海域使用权证书和宗海档案的主要附图，包括宗海位置图和宗海界址图。

4）海洋划界测量

海洋划界测量是相邻国家为划分领海、专属经济区或大陆架边界开展的海底地形测量，主要测定拟划界海域海底地形地貌形态、主要航道位置、大陆架边界等地理信息，为海洋划界提供依据。为了划界需要，有时还需要在海底地形图测量的基础上，开展海洋重力、磁力、地球物理综合剖面等调查工作，并结合其他海上勘探工作，确定拟划界海域海洋资源的分布情况。

4. 海图编制

海图是以海洋及其毗邻的陆地为描绘对象的地图，其描绘对象的主体是海洋，海图的主要元素为海岸、海底地貌、航行障碍物、助航标志、水文及各种界线。海图还包括为各种不同要素绘制的专题海图。海图是海洋区域的空间模型，海洋信息的载体和传输工具，是海洋地理环境特点的分析依据，在海洋开发和海洋科学研究等各个领域都有着重要的使用价值。

海图是通过海图编制完成的，是设计与制作海图、出版原图的技术。海图编制即利用海洋测量成果、海图资料和其他地理资料，按照制图规范和图式要求，编制成可以显示、阅读、标识和计算的海图出版原图，以满足不同用户的需求。

5. 海洋地理信息工程（MGIS）

由于全球环境变化研究及海洋资源与环境管理的需求，海量海洋数据综合分析和管理需求促使海洋地理信息系统 MGIS（Marine GIS）学科兴起。MGIS 研究对象包括海底、水体、海表及大气和沿海人类活动 5 个层面，其数据标准、格式、精度、采样密度、分辨率及定位精度均有别于陆地。一般 GIS 处理分析的对象大多是空间状态或有限时刻的空间状态的比较，MGIS 则主要强调对时空过程的分析和处理，这是 MGIS 区别于一般 GIS 的最大特点。

1.3.4 海洋测绘的特点

海洋测绘具有测绘学科各分支技术的综合性特点，又有测量作业环境、技术方法、测绘内容等方面的独特性。海洋测绘的主要特点如下：

1. 测量方法的独特性和先进性

受海水介质的传播距离影响，光学、电磁学测量技术和方法在海洋测量中受到限制，而声波以其在海水中优良的穿透性能，在海洋测量中得到广泛使用。

现代海洋测绘采用的技术手段和方法更加先进：①突出立体测绘的特点。大量采用卫星、飞机、船和水下潜器等为平台的测绘技术，实现海洋空间地理信息的全方位、立体获取。②突出自动化和智能化测绘特点。大量采用无人机、无人船、AUV、ROV、水下滑翔机、智能浮标等自动化、智能化设备，实现海洋空间地理要素的高效、低风险获取。③突出成果的高效、高精度获取特点。大量采用多波束、侧扫声呐、合成孔径声呐、激光雷达等扫测技术和系统，获取测量对象的点云信息，实现海洋空间地理信息从"点"到"面"获取的突破。

2. 海洋测量的动态性、时变性和复杂性

海洋测绘工作环境一般在起伏不平的海上，受风、海流、海浪、海洋潮汐等海洋气象和海洋水文环境因素影响，大多为动态测量，无法重复观测，精密测量难度较大。为提高海洋测绘的精度，往往需要辅以船舶姿态测量、海水声速测量等。在这种情况下，测量中对各要素观测的同步性提出了更高的要求。动态海洋环境下的动态测量，造成了海洋测量的复杂性。

3. 海底地貌的不可视性

由于海水隔断，海底探测一般借助超声波设备来完成。因此，海洋测量在探清海区航行障碍物、探测海底底质和完善显示海底地貌等方面相对陆地测量具有一定难度。

4. 深度基准的区域性

海洋测绘确立海图基准面的原则为在保证航行安全的前提下提高航道利用率。因此海图基准面一般采用最低潮面，定义于验潮站，具有区域性特点，在全海域难以构成连续基准面。

5. 测量内容的综合性

海洋测量涵盖多种观测项目，如水深测量、底质探测、海洋重力测量、海洋磁力测量以及海洋水文要素测量等，需要多种仪器设备配合施测，与陆地测量相比，更具综合性特点。随着与其他学科的交叉融合和海洋活动需求的增加，海洋测量的内容会得到进一步拓展。

6. 海图制图和 MGIS 的专业性

海图制图和 MGIS 的表示内容侧重于海岸、海底地形地貌、航行障碍物、助航标志、海底底质、水文及各种界线等。同时，海图投影常用墨卡托投影、高斯-克吕格投影和日晷投影。另外，与陆地绘图中采用固定比例尺按经纬度分幅不同，海图是在保证地理要素完整性的基础上，综合考虑绘图比例尺大小和图幅规格进行分幅设计。此外，除管理的海域要素更丰富、更综合外，MGIS 相对陆地 GIS 更强调对时空过程的分析和处理。

1.3.5 海洋测绘学与其他学科的关系

海洋测绘学与航海学、海洋科学、声学、水文学、环境科学、地质学等相关学科的交叉渗透日益增加，还与传感器技术、自动控制技术深度融合，表现出新兴边缘学科与多技术集成的特点。海洋测绘学与同属测量科学与技术一级学科中的二级学科分支在基础理论、方法等方面存在着密切联系。海洋测绘学在测绘基准、精密位置信息获取与导航定位方面可归结为大地测量理论和技术向海洋区域的延伸，所开展的重力测量、磁力测量分别与物理大地测量或地球物理密切相关。随着卫星技术的发展以及大面积海面、海岸带测量活动的加强，海洋遥感测量已成为目前研究的一个热点领域，与航空航天学、遥感技术以及摄影测量学等相关学科的关系密切。除传统的船载测量技术外，航空航天测量平台、水下潜器、无人船等测量平台对海洋水深、重力、磁力等信息获取的贡献不断增强，海洋测绘学与导航学的关系也变得日益密切。海洋测绘学中的海图制图理论和技术的发展，对地图学和地理信息工程新成果的依赖性与日俱增；部分海洋学信息的可视化表达也是海洋测绘的重要研究内容，且部分海洋学参数是海洋测绘数据改正的必备数据。

　　海洋测绘学与其他学科的关系可以表示为图1.20。

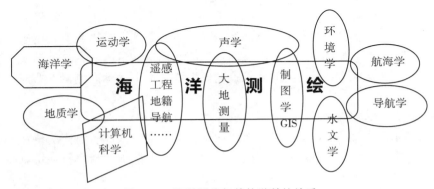

图1.20　海洋测绘与其他学科的关系

　　海洋测绘的基础支撑理论主要为水声学、海洋物理学和测绘科学与技术。海水环境使得其他学科分支中几何要素测量常采用的光学、无线电等方式受到制约，并决定了声波是实施海洋测量的主要手段，因此水声学是海洋测绘学的基础支撑理论。无论测量海洋中的几何要素还是物理要素，海洋测绘均需顾及海洋中的各种物理现象和运动变化规律，海洋物理学因此成为海洋测绘学的一个必要的基础支撑理论。测绘科学与技术中的测量、数据处理和信息表达等理论成为海洋测绘学的另一个基础支撑理论，但受测量介质、测量对象特点的影响，海洋测绘学中的测量、数据处理和信息表达理论又有其独特性。

　　以上表明，海洋测绘学与其他学科分支交叉融合，但又是测绘科学与技术学科中的一个重要的、独立的分支学科。

第 2 章　水声学基础

2.1　水声基本概念

相对光电信号，声信号在海水中具有较好的传播性能，在水下通信、声学定位、流速测量、目标探测、海底地形地貌测量、海底板块运动监测等海洋科学研究和海洋工程建设中起着非常重要的作用，而水声学是上述活动的理论基础。

2.1.1　声波的产生

声波来源于不同形式的机械运动或振动。声源的机械运动作用于周边介质，激励介质发生某种形式的变化，引起声传播，因此声源和声介质是声产生和传播两个不可缺少的基本条件。

声传播的机理是在声源机械能的作用下，介质做出某种形式的响应。声源机械运动对周边介质产生压力，造成介质的压缩和舒张，若介质是连续分布的，则这种压缩或舒张态会在介质中交替产生，即声在空间是以波动形式传播的，因此称为声波。介质的疏密态变化，表明声波具有纵波性质，表现为声波传播造成的介质振荡运动与传播方向相同或相反，而不是发生在传播的垂直方向，这一点与电磁波的表现形式不同。同时，作为一种波动形式，介质的运动是指分子运动，更确切地指介质微团或微元层级的运动，是一种位置变化极小的运动，而不是分子或物质微元的大尺度迁移，与其他任何波动形式的传播机理类似，是"状态"的传播。介质的连续性主要是指固态、气态或液态介质的分段连续分布，即在声传播空间区域，存在有一定质量和密度的介质，则存在声波传播的条件。

声波自声源发出后，以纵波形式在单一均匀介质中传播，自然形成介质疏密态的等间隔交替变化，图 2.1 是声波产生和在均匀介质中传播的示意图。

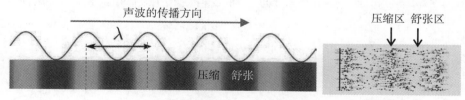

图 2.1　声波(纵波)传播示意图

声传播方向与声源的声发射机制有关，点声源发出的声也会以点声源为中心全方向辐射，单一爆炸点不论在空气中还是在水中发射的声传播就属于这种情形。

弹性介质中的声传播在数学上可描述为波动方程，该波动方程是关于声压 p 对坐标 x、y、z 和时间 t 的偏微分方程（数学物理方程）：

$$\frac{\partial^2 p}{\partial t^2} = c^2(x,\ y,\ z)\left(\frac{\partial^2 p}{\partial x^2} + \frac{\partial^2 p}{\partial y^2} + \frac{\partial^2 p}{\partial z^2}\right) \tag{2.1}$$

式中，声速 c 随坐标变化。若仅考虑一维情况，且声速为常量，对于频率为 f_0 的简谐波，采用变量分离法可以将波动方程写成亥姆霍兹方程（Helmholtz）方程形式：

$$\frac{\partial^2 p}{\partial x^2} + \frac{w^2}{c^2}p = 0 \tag{2.2}$$

式中，$w = 2\pi f_0$ 为简谐振荡角速度，其通解形式为：

$$p(x,\ t) = p_m \exp\left[jw\left(t - \frac{x}{c}\right)\right] = p_m \exp(j(wt - kx)) \tag{2.3}$$

式中，p_m 为初始声压，空间各处介质微团随时间的波动函数形式相同，但差了一个与位置相关的相位量 kx，$k = w/c$。

球面波和平面波为最常见的两种声波传播模型。对于平面波，式（2.3）中 p_m 为常量；对于球面波，声波在随着传播距离扩展的过程中，除相位变化外，声能也存在扩展损失，各处的声压 p_m 也会发生改变，如式（2.4）和图 2.2 所示。

$$p(R,\ t) = \frac{p_m}{R}\exp\left(jw\left(t - \frac{R}{c}\right)\right) = \frac{p_m}{R}\exp(j(wt - kR)) \tag{2.4}$$

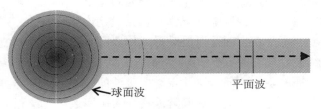

图 2.2　球面波与平面波能量分布

球面波随着扩展距离的增加，波前曲面在变大，单位面积上的声压大小与距离呈反比；当传播距离足够远后，球面波波前曲面近似为平面。

2.1.2　海洋中的声速

介质中声传播速度理论上由介质密度 ρ 和弹性模量 E（流体压缩系数 χ 的倒数）决定。

$$c = \sqrt{\frac{E}{\rho}} = \sqrt{\frac{1}{\chi\rho}} \tag{2.5}$$

海水中声速在 1450~1550m/s 之间变化，式（2.5）中水体密度和压缩系数主要随水体温度、盐度和压力变化。温度是引起声速变化的主要因素，温度每变化 1℃，声速变化约 4m/s；其次是盐度，盐度每变化 1ppt，造成的声速变化约 1.4m/s；海水压力变化也会引起弹性模量改变，进而改变声速，100m 水深变化约引起 10 个标准大气压变化，造成的声速变化约 1.7m/s。海洋中局部海水盐度稳定，温度和压力是影响声速变化的主要因素。根据温度和压力变化，海区声速常呈现如图 2.3 所示的垂直分布。

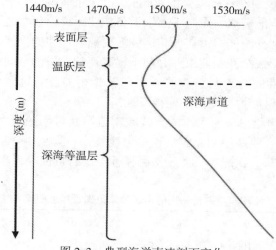

图 2.3 典型海洋声速剖面变化

（1）表面层：海洋表面受阳光照射，水温较高，但又受到风雨搅拌作用（声速梯度可正可负），此外表面层附近可能存在季节性跃变层，特征是负温度梯度或声速梯度，此梯度随季节而异。夏、秋季节，季节跃变层明显；冬、春（北冰洋）季节，季节跃变层与表面层合并在一起。

（2）主跃变层：温度随深度显著变化，温度和声速均为负梯度变化，季节影响微弱。

（3）深海等温层：深海内部水温低且稳定，声速主要受海水压力变化影响，呈梯度变化。

海洋测量中，需要尽可能准确地知道海洋声速变化，以用于换能器指向性参数的计算和声线弯曲改正。声速常借助缆绳吊放声速剖面仪或温盐深仪（CTD）来获得，前者是通过高频声波直接测量各层声速，后者根据各层实测温、盐、深参数，基于声速经验公式计算得到。典型的海洋声速经验公式主要有：威尔逊（Wilson）公式、伍德公式、代尔-格洛索公式等，式（2.6）是 Kinsler 等给出的海洋声速公式：

$$c = 1449.05 + [4.57 - T(0.0521 - 0.00023 \cdot T)]T$$
$$+ [1.333 - (T(0.0126 - 0.00009 \cdot T)](S - 35) \tag{2.6}$$
$$+ 0.0163Z[1 - 0.0026\cos(2\varphi)] + 0.18 \times 10^{-6}[1 - 0.0026\cos(2\varphi)]^2$$

式中：c 为声速（m/s），T 为温度（摄氏度），S 为盐度（‰）；Z 为所在点深度（m）。

2.1.3 声波的频率与波长

有效的声信号一般包括若干周期的振荡变化，单位时间内声信号的振荡次数称为频率 f（单位为 Hz，$f = 1/T$）。根据应用对象，海洋声学装备常用的声波频率范围为 10Hz~1MHz。

声波的波长 λ 是指一个振荡周期内声波在空间上展开的距离，该距离与波速 c 有关：

$$\lambda = cT = \frac{c}{f} \tag{2.7}$$

若海洋声速约为 1500m/s，10Hz 的声波波长 λ 为 150m，1kHz 的为 1.5m，1MHz 的为

29

0.0015m。声波在水中会经历传播、散射或反射物理等过程，不同 f 和 λ 的声波受声衰减、声学设备结构和目标声反射特性等因素的影响，回波特征不同。

（1）声传播中存在声能衰减，限制了声学设备作业距离，频率越高，衰减得越快。

（2）同等发射能级和探测能力下，低频声波需要更大尺寸的换能器。

（3）高频声波可以形成窄开角波束，有利于提高声呐设备的空间角度分辨能力。

（4）目标的声反射性能与入射声波的频率和波长相关，当目标尺寸远小于声波波长时，目标对入射波的反射能力很弱而不能被发现。

表2-1给出了常见声学设备所采用的声波频率范围及可用的最大距离（其中最大距离参数不适用于被动声呐、浅地层剖面声呐和单道地震），可见，声呐装备选择声波频率和波长是综合考虑作业距离、换能器尺寸、探测目标声反射特性等因素后的结果。

表 2-1 常用声呐装备采用的声波频率范围及作业距离

频率（kHz）	0.1	1	10	100	1000
最大距离（km）	1000	100	10	1	0.1

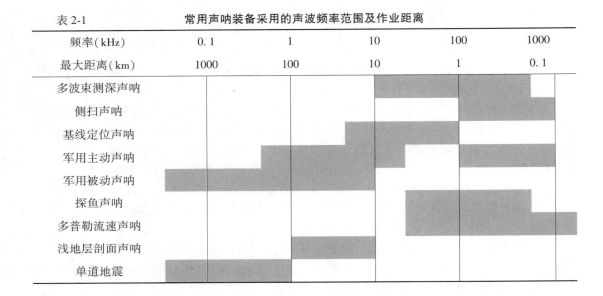

多波束测深声呐
侧扫声呐
基线定位声呐
军用主动声呐
军用被动声呐
探鱼声呐
多普勒流速声呐
浅地层剖面声呐
单道地震

2.1.4 声强与声功率

声波由弹性物质分子的规则运动产生和传播，其实质是在介质微团沿平行于声传播的方向做往复运动过程中的能量传递，其中能量主要以介质微团局部振荡所具有的动能和弹性介质压缩、舒张所具有的势能形式存在，动能和弹性势能交替作用于局部介质微团上，实现声波传播。在平面波中，声压 p 和介质微团振荡运动速率 u 的关系为：

$$p = \rho c u \qquad (2.8)$$

其中：ρ 为介质密度，c 为声波传播速度，ρc 称为声阻抗。对于海水，$\rho = 1.03\mathrm{g/cm^3}$，$c = 1450\mathrm{m/s}$，则 $\rho c = 149350\mathrm{g/(cm^2 \cdot s)} \approx 1.5\times10^5\mathrm{g/(cm^2 \cdot s)}$。式（2.8）可理解为声学中的欧姆定律，介质微团运动速率 u 可视为电流的声学类比，而声压 p 是电压的声学类比。

波在传播过程中，每秒钟都有一定的能量流过垂直于传播方向的单位面积。单位时间内流经单位面积的这些声能量叫做声强。对于平面波，瞬时声强和瞬时声压的关系为：

$$I = \frac{p^2}{\rho c} \qquad (2.9)$$

声强 I 与声压 p 的平方成正比。平均声强较瞬时声强更具有实际意义,瞬时声压的最大值称为峰值声压,对于固定频率的简谐声波,其最大声压即式(2.3)中的声压幅值 p_m。而平均声压指一个变化周期内的声压几何平均值,称为平方根声压或有效声压 p_e:

$$p_e = \sqrt{\frac{1}{T}\int_0^T p^2(t)\,\mathrm{d}t} = \frac{p_m}{\sqrt{2}}\qquad(2.10)$$

则平均声强 I_e 为:

$$I_e = \frac{p_e^2}{\rho c} = \frac{p_m^2}{2\rho c}\qquad(2.11)$$

事实上,声强正是在这种平均意义下定义的。声强反映了声波在辐射过程中各处的能量大小,为了衡量声源的能量大小,则需声功率概念,声功率 W 是指声源单位时间内辐射出的声能量,它与声强之间的关系为:

$$W = I \cdot S\qquad(2.12)$$

其中, S 为声源辐射场表面积。

2.1.5 分贝的概念

水声学中声压、声强、声功率等指标的绝对量级变化范围较大,声呐发射声波功率可达好几百万瓦特,而潜艇静默状态下的辐射噪声功率可能只有几毫瓦,衡量和表达起来极其不方便。在实际使用中,通常用声级来表述声能量大小的变化,如规定声强与参考强度比值后取 10 为底对数的 10 倍为声强级,其单位为分贝(dB),即

$$L_I = 10\lg\frac{I}{I_0}\qquad(2.13)$$

式中, L_I 为声强级, I 为所关注的声强, I_0 表示参考声强。水声学中取具有均方根声压为 1 微帕(μPa)的平面波声强为参考声强 I_0,它约等于 $0.67\times10^{-22}\mathrm{W/cm^2}$。

声强和声功率成正比,因此取对应的声功率参考值可以得到声功率的级:

$$L_W = 10\lg\frac{W}{W_0}\qquad(2.14)$$

根据式(2.9),声强与声压的平方成正比,因此可由声压与参考声压的对数比运算表示声强级,于是:

$$L_I = 10\lg\frac{p^2}{p_0^2} = 20\lg\frac{p}{p_0}\qquad(2.15)$$

上式中,声强与声压之间的平方比例关系取对数后使其系数变为 20,对数的真数为声压的比值,故将 $20\lg(p/p_0)$ 称为声压级,并用符号 L_p 代替。

声级也可以表示两个声信号之间的差异,此时不再需要选择参考值,如要比较两个声强值的差异,可以采用 $10\lg(x_1/x_2)$ 形式,若是比较两个声压值则采用 $20\lg(x_1/x_2)$ 形式。声强相差 3dB($10\lg2\approx3$)的两个信号,其声强比值为 2,声压比值为 $\sqrt{2}\approx1.414$。

2.2　水声传播理论

根据射线声学,声波传播受波束形状和介质影响,声波存在能量衰减、折射弯曲、反

射、散射、透射等现象，这些传播特性背后的物理原理及数值方法是声学测量的基础。

2.2.1 声波扩展

声能由声源释放后，总能量恒定，在无束控和各向同性介质中，声波以球面波形向外扩展，随着扩展半径增加，声能扩展面也变大，而单位面积上的声强度则减小，因上述几何面扩展造成的声强损失称为扩展损失。

在图 2.4 中，根据能量守恒定律，距离为 R_1 和 R_2 的两个波阵面上的声强满足：

$$\frac{I_1}{I_2} = \frac{S_2}{S_1} = \frac{4\pi R_2^2}{4\pi R_1^2} = \frac{R_2^2}{R_1^2} \tag{2.16}$$

式中，R_i 为波阵面至声源的距离。声强随 R^2 衰减，对应的声压则随 R 衰减。声波的传播损失一般采用传播损失级表示，距离声源 r 处的声强 I 与参考声强的比值可由相对应的声照射同心球面积比计算，选取距声源单位距离（1m）处的声强为参考声强 I_{ref}，则

$$TL_S = 10\lg \frac{I}{I_{\mathrm{ref}}} = 10\lg \frac{\Omega_{\mathrm{ref}}}{\Omega} = 10\lg \frac{4\pi}{4\pi r^2} = -20\lg r \tag{2.17}$$

这种能量损失或声衰减属于扩展产生的几何衰减，TL_s 为几何衰减的表示符号。

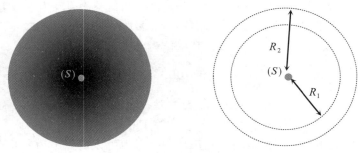

图 2.4 声波的球面扩展过程

在实际使用中，产生声波的声源一般不是点声源，而是具有一定的尺寸，从而将声波限定在一定的空间锥角范围内。锥角越小，声波探测的方向指向性越好，此时声波的传播路径基本呈现某种形态的锥形体，而波阵面由圆面演变为一定范围的球冠表面，但波在不同波阵面上的能量（强度）仍是守恒的，而球冠型波阵面随远离声源，面积也将以球冠半径的平方为系数放大。因此，同样存在形如式（2.17）的声波空间衰减公式。

2.2.2 海水声吸收

声波传播过程中，能量还将被介质吸收，变为介质运动的物理能或化学能，造成声能的物理或化学过程损失。海水声吸收有三种：

（1）承载声波声传播的介质具有黏滞性。声波传播过程中，介质产生相对运动，因摩擦而做功，消耗声能造成声能吸收，此为因介质运动和做功效应的声能吸收。

（2）声波在海水中存在弛豫现象，海水中 $MgSO_4$、$B(OH)_3$ 等电解质在声波作用下发生离解和缔合过程，造成对声能的吸收，即因化学过程产生的声能吸收。

(3)海水中存在大量浮游生物,对某些频率的声波产生共振吸收而引起声波能量衰减。

研究表明,介质对声波的吸收综合效果可表示为声波强度随传播距离的线性衰减。

$$TL_a = -ar \tag{2.18}$$

吸收系数 $a(\mathrm{dB/km})$ 与声波频率存在如下经验关系:

$$a = C_1 \frac{f_1 f}{f_1^2 + f} + C_2 \frac{f_2 f}{f_2^2 + f} + C_3 f \tag{2.19}$$

式中前两项为海水弛豫吸收部分,第三项为纯水的黏滞性吸收部分。弛豫频率 f_i 和系数 C_i 与海水的温度、盐度、深度和 pH 值有关,常通过实验测试得到。图 2.5 给出了 4 种温度下声波每传播 1km 的海水吸收系数与声波频率(100Hz~1MHz)的变化关系,可以看出海水对低频声波的吸收损失远小于高频声波。

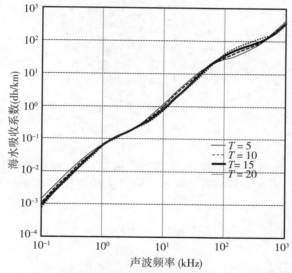

图 2.5　典型海水吸收系数与声波频率及温度之间的变化关系

2.2.3　声波折射

声波的传播路径称为声线。声波在穿越不同类型,甚至同一类型不同密度或压力状态的介质时,速度会发生变化。根据波的传播原理,在传播过程中当遇到介质变化时,会发生折射现象,造成传播方向与初始方向偏离,特别是连续介质状态的改变会导致声波速度连续变化,从而声线由理想状态下的直线变为更复杂的曲线形态。

如图 2.6 所示,无论声线怎样弯曲,声波波阵面总是与声线垂直的等相位面。介质不均匀造成等相位面不再平行,波阵面各处声线走过路径的距离(声程)也不相等。图 2.7 给出了声波传播方向,短时声程微元 $\mathrm{d}s$ 内,声线的方向余弦为($\cos\alpha$,$\cos\beta$,$\cos\gamma$),微元内介质折射率 n 几乎不变。

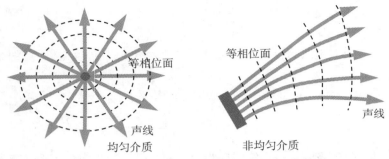

图 2.6 均匀介质与非均匀介质中声线的变化情况

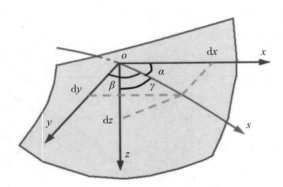

图 2.7 声线方向余弦示意图

声速 c 为常数时，$\cos\alpha$，$\cos\beta$ 和 $\cos\gamma$ 均为常量，其值与初始入射角 α_0，β_0，γ_0 有关，此时声线沿直线传播。声速 c 是坐标 z 的函数时，声线变化服从斯涅耳（Snell）定律，也称折射定律。

$$\frac{\sin\gamma}{c(z)} = \frac{\sin\gamma_0}{c_0} \tag{2.20}$$

根据式（2.20）及图 2.8 可知：当声速沿垂向负梯度（$dc/dz<0$）变化时，声线向下传播引起的 γ 角变化 $d\gamma = \gamma_2 - \gamma_1 < 0$，声线与 z 轴夹角变小，声线向下弯曲；而 $dc/dz>0$ 时，$d\gamma = \gamma_2 - \gamma_1 > 0$，声线与 z 轴夹角越来越大，声线向上弯曲。声线总是弯向声速小的方向。

根据图 2.8 可知，γ 角的变化微元刚好为其走过弧段所对应的圆心角，$d\gamma/ds$ 为声线的曲率，其倒数即为声线的曲率半径 R：

$$R = 1 \Big/ \left| \frac{d\gamma}{ds} \right| = 1 \Big/ \left| \frac{\sin\gamma}{n} \frac{dn}{dz} \right| = 1 \Big/ \left| \frac{\sin\gamma}{c} \frac{dc}{dz} \right| \tag{2.21}$$

当声速为常梯度变化时，即 $dc/dz=g$ 为常数时，声线为圆弧。

基于声线的上述弯曲规律可知，温跃层以下声速极小值对应深度附近，声信号以特定角度进入该区域后，声线总是弯向声速极小轴附近，声速极小值对应深度上下发生声全反射，声信号似乎被束缚在固定的传播通道中，并能传播较远的距离，此现象被称为"深海声道"，如图 2.9 所示。冬季海表面可能存在正梯度声速剖面，声波入射后声线向上弯曲，并借助水面反射传播更远的距离，如图 2.10 所示。以上现象对于水下远距离声通讯非常有用。

34

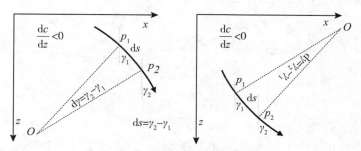

图 2.8　声线总是弯向声速小的方向

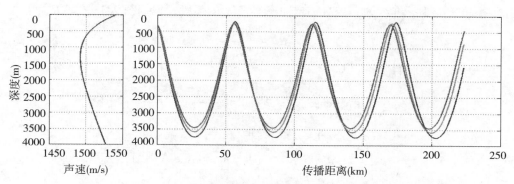

图 2.9　不同入射角声波在声道轴附近的声线

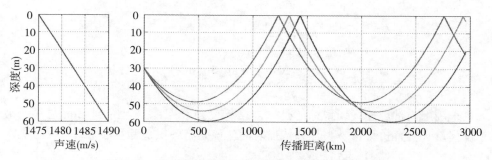

图 2.10　不同入射角声波在正梯度声速剖面下的声线

　　海水的温度、盐度、深度是连续变化的，为方便研究，将水体沿垂向划分为若干层，根据声线通过各层时声速为常声速或常梯度变化来假设，借助声线入射角和传播时间，逐层估算声线穿过各层的入射角、水平及垂向偏移量，进而实现声线传播路径的再现，该过程即声线跟踪。声线跟踪常采用的方法主要有层内常声速声线跟踪法、层内常梯度声线跟踪法、等效声速剖面、误差修正法和等效声速剖面声线跟踪法。

1. 常声速声线跟踪法

　　若波束经历由 N 层组成的水柱，声速在层内以常速传播（图 2.11（a）），根据 Snell 法则有：

$$\sin\theta_i = pC_i \qquad\qquad (2.22)$$

结合图 2.11(a)，设层厚度为 Δz_i($\Delta z_i = z_{i+1} - z_i$)，则波束在层 i 内水平位移 y_i 和传播时间 t_i 为：

$$y_i = \Delta z_i \tan\theta_i = \frac{\sin\theta_i \Delta z_i}{\cos\theta_i} = \frac{pC_i\Delta z_i}{(1-(pC_i)^2)^{1/2}}$$

$$t_i = \frac{y_i/\sin\theta_i}{C_i} = \frac{y_i}{pC_iC_i} = \frac{\Delta z_i}{C_i(1-(pC_i)^2)^{1/2}}$$

(2.23)

2. 层内常梯度声线跟踪法

假设波束经历由 N 个不同介质层组成的水柱，声速在各层中以常梯度 g_i 变化，如图 2.11(b)所示，设层 i 上、下界面处的深度分别为 z_i 和 z_{i+1}，层厚度为 Δz_i；波束在层内的实际传播轨迹应为一连续的、带有一定曲率半径 R_i 的弧段。根据图 2.11，则 R_i 为：

$$R_i = -\frac{1}{pg_i}$$

(2.24)

层 i 内声线的水平位移 y_i 为：

$$y_i = R_i(\cos\theta_{i+1} - \cos\theta_i) = \frac{\cos\theta_i - \cos\theta_{i+1}}{pg_i}$$

$$\cos\theta_i = [1-(pC_i)^2]^{1/2}, \quad \Delta z_i = z_{i+1} - z_i$$

则
$$y_i = \frac{[1-(pC_i)^2]^{1/2} - [1-p(C_i+g_i\Delta z_i)^2]^{1/2}}{pg_i}$$

(2.25)

结合图 2.11(b)，波束在该层经历的弧长(声程)$S_i = R_i(\theta_i - \theta_{i+1})$，则经历该段的时间 t_i：

$$t_i = \frac{R_i(\theta_i - \theta_{i+1})}{C_{H_i}} = \frac{\theta_{i+1} - \theta_i}{pg_i^2\Delta z_i}\ln\left[\frac{C_{i+1}}{C_i}\right]$$

$$= \frac{\arcsin[p(C_i+g_i\Delta z_i)] - \arcsin(pC_i)}{pg_i^2\Delta z_i}\ln\left[1 + \frac{g_i\Delta z_i}{C_i}\right]$$

(2.26)

无论采用层内常声速声线跟踪还是层内常梯度声线跟踪，追踪到第 m 层后，波束的总水平位移量、垂直位移量、声程和传播时间应该是将各层追踪量累加。

$$\begin{cases} y_总^m = \sum_{i=1}^{m} y_i, \quad z_总^m = \sum_{i=1}^{m} \Delta z_i, \\ S_总^m = \sum_{i=1}^{m} s_i, \quad T_总^m = \sum_{i=1}^{m} t_i \end{cases}$$

(2.27)

式中，$y_总^m$、$z_总^m$ 为声线跟踪到第 m 层后最终波束落点相对换能器的水平总位移量和垂直总位移量；$S_总^m$ 为跟踪 m 层后声线的总历程，对应的耗时为 $T_总^m$。

由于声线跟踪严格依赖声速剖面。声线跟踪的层依据声速剖面，而声速剖面多在声速剖面站测量，其实测水深(水层数)与测深或测距位置会存在偏差，导致跟踪的 $T_总^m$ 与测深/测距单程观测时间 $T_{单程}$ 不相等，出现"欠追踪"或"过追踪"现象。

对于欠跟踪则需要继续跟踪，对于过跟踪则需要将多余跟踪的扣除。为便于实际计算，声线跟踪中每追加一层，都应对追踪的总时间 $T_总^m$ 与波束的单程传播时间 $T_{单程}$ 比较，

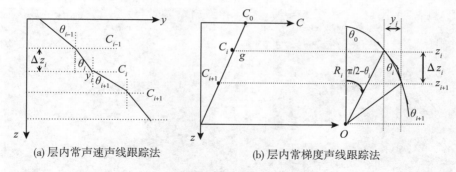

(a) 层内常声速声线跟踪法　　　　　(b) 层内常梯度声线跟踪法

图 2.11　常声速/常梯度声线跟踪

判断是否终止。判断原则是总跟踪时间是否等于观测时间 $T_{单程}$。

$$T_{总}^{m} = \sum_{i=1}^{m} t_i = T_{单程} \tag{2.28}$$

1）过追踪

如图 2.12(a)所示，当出现 $T_{总}^{m} > T_{单程}$ 时，说明多跟踪了一段声程，即所谓的过追踪，则需要将多追踪的去除。去除段的声线传播耗时为 $T_{总}^{m} - T_{单程}$，去除产生的水平位移量和深度分布为 Δy 和 Δz。则波束在海底实际落点的最终水平位移量 y 和深度 z 为：

$$\begin{cases} y_{总} = y_{总}^{m} - \Delta y, \\ z_{总} = z_{总}^{m} - \Delta z \end{cases} \tag{2.29}$$

2）欠追踪

如图 2.12(b)所示，当 $T_{总}^{m-1} < T_{单程}$ 时，表明当前跟踪的位置并不是波束在海底投射点位置，处于"欠追踪"情况，应该继续追加一层并计算该层的水平位移量 y_m 和 Δz_m，并且更新 $y_{总}$ 和 $z_{总}$，直到满足式 $T_{总} = T_{单程}$。

若不断追加层数，用完声速剖面给出的所有层后，仍出现 $T_{总} < T_{单程}$ 情况，则在声速剖面最后一层的基础上，按照最后一层的波束折射角、声速再追踪 $T_{单程} - T_{总}$ 时间，由此产生的水平位移和深度分别为 Δy 和 Δz，则最终的水平偏移量 y 和深度 z 为：

$$\begin{cases} y_{总} = y_{总}^{i} + \Delta y, \\ z_{总} = z_{总}^{i} + \Delta z \end{cases} \tag{2.30}$$

以上声线跟踪采用了分层跟踪思想，对于深海声线跟踪则耗时较长。为了提高声线跟踪效率，下面介绍等效声速剖面及由此产生的误差修正法和等效声速剖面声线跟踪法。

3. 等效声速剖面

根据 Geng 和 Zielinski 的观点(1999)，具有相同传播时间、表层声速 C_0、声速剖面积分面积的声速剖面族，波束脚印位置的计算结果相同。

设波束经历 N 次折射，仅分析经历层 i 的情况，根据图 2.13，设层面 z_{i-1} 的入射参数为 C_{i-1}、θ_{i-1}，经过水层厚度 $\Delta z_i (\Delta z_i = z_i - z_{i-1})$，传播时间 t_i，层面 z_i 的入射参数为 C_i、θ_i，声速在层内以常梯度 g_i 变化。

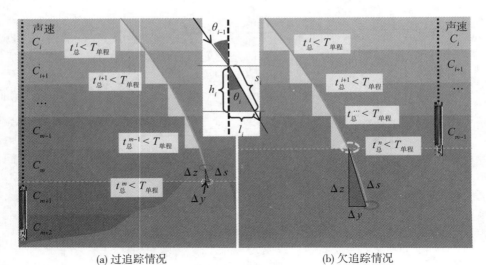

(a) 过追踪情况   (b) 欠追踪情况

图 2.12　声线逐层跟踪计算过程

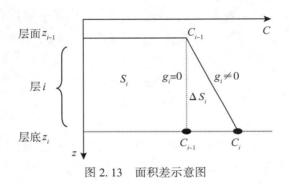

图 2.13　面积差示意图

若 $g_i = 0$，波束经历层 i 后的水平位移 y_i' 和深度 z_i' 为：

$$\begin{cases} z_i' = z_{i-1} + C_{i-1}t_i\cos\theta_{i-1} \\ y_i' = y_{i-1} + C_{i-1}t_i\sin\theta_{i-1} \end{cases} \qquad (2.31)$$

若 $g_i \neq 0$，y_i 和 z_i 为：

$$\begin{cases} z_i = z_{i-1} + \dfrac{\sin\theta_i - \sin\theta_{i-1}}{pg_i} \\ y_i = y_{i-1} + \dfrac{\cos\theta_{i-1} - \cos\theta_i}{pg_i} \end{cases} \qquad (2.32)$$

层内常声速采用一级近似确定声线位移量，计算精度较低；层内常梯度声线跟踪法虽然保证了精度，但计算较复杂。为了保证计算精度，且简化计算过程，现引入位置和面积相对误差两个概念。

定义层 i 内的位置相对误差（包括深度和水平位移相对误差 f_{zi}、f_{xi}）为：

$$\begin{cases} \varepsilon_{zi} = f_{zi} = \dfrac{z'_i - z_i}{z_i - z_{i-1}} = \dfrac{z'_i - z_{i-1}}{z_i - z_{i-1}} - 1 \\ \varepsilon_{yi} = f_{yi} = \dfrac{y'_i - y_i}{y_i - y_{i-1}} = \dfrac{y'_i - y_{i-1}}{y_i - y_{i-1}} - 1 \end{cases} \tag{2.33}$$

面积差思想如图 2.13 所示,设常声速剖面 C_{i-1}-C_{i-1}(参考声速剖面)与常梯度声速剖面 C_{i-1}-C_i 之间的面积差为 ΔS_i,则相对面积差 ε_{si} 的定义为:

$$\begin{cases} \varepsilon_{si} = \dfrac{\Delta S_i}{S_i} = \dfrac{(C_i - C_{i-1})}{2C_{i-1}} \\ \Delta S_i = \dfrac{1}{2}(C_i - C_{i-1})(z_i - z_{i-1}), \ S_i = C_{i-1}(z_i - z_{i-1}) \end{cases} \tag{2.34}$$

结合 Snell 法则有:

$$\sin\theta_i = (1 + 2\varepsilon_{si})\sin\theta_{i-1} \qquad t_i = \dfrac{1}{g_i}\ln\left[\dfrac{C_i(1 + \cos\theta_{i-1})}{C_{i-1}(1 + \cos\theta_i)}\right] \tag{2.35}$$

将以上简化公式代入相对误差定义式,则 f_{zi}、f_{xi} 可表达为:

$$f_{zi}(\varepsilon_{si}, \theta_{i-1}) = \dfrac{\cos\theta_{i-1}}{2\varepsilon_{si}}\ln\left[(1 + 2\varepsilon_{si})\dfrac{1 + \cos\theta_{i-1}}{1 + \sqrt{1 - [(1 + 2\varepsilon_{si})\sin\theta_{i-1}]^2}}\right] - 1$$

$$f_{xi}(\varepsilon_{si}, \theta_{i-1}) = \dfrac{(\sin\theta_{i-1}/2\varepsilon_{si})\ln\left[(1 + 2\varepsilon_{si})\{(1 + \cos\theta_{i-1})/(1 + \sqrt{1 - [(1 + 2\varepsilon_{si})\sin\theta_{i-1}]^2})\}\right]}{(\sqrt{1 - [(1 + 2\varepsilon_{si})\sin\theta_{i-1}]^2} - \cos\theta_{i-1}/\sin\theta_{i-1} - (1 + 2\varepsilon_{si})\sin\theta_{i-1})} - 1$$

$$\tag{2.36}$$

上式表明,f_{zi} 和 f_{xi} 仅与层面入射角和相对面积差有关,而与其他参数无关。

4. 误差修正法

根据上述结论,可以对基于常声速的声线跟踪结果进行补偿修正,补偿模型为:

$$z_i = z_{i-1} + \dfrac{z'_i - z_{i-1}}{1 + f_{zi}(\varepsilon_{si}, \theta_{i-1})}$$

$$y_i = y_{i-1} + \dfrac{y'_i - y_{i-1}}{1 + f_{yi}(\varepsilon_{si}, \theta_{i-1})} \tag{2.37}$$

若将层 i 内的计算思想推广到整个水柱,设波束的初始入射角、声速、入射水层深度和水平位移分别为 θ_0、C_0、z_0 和 y_0,海底投射点为 (z_B, y_B),则有:

$$z_B = z_0 + \dfrac{z'_B - z_0}{1 + f_z(\varepsilon_s, \theta_0)}, \ y_B = y_0 + \dfrac{y'_B - y_0}{1 + f_y(\varepsilon_s, \theta_0)} \tag{2.38}$$

$$z'_B - z_0 = C_0 T\cos\theta_0, \ y'_B - y_0 = C_0 T\sin\theta_0 \tag{2.39}$$

由上式可知,只要已知 θ_0、C_0、z_0、y_0 和波束的传播时间 T,即可确定深度和平面位移。

实际声速剖面同参考声速剖面间的关系可简化为图 2.14 中的三种形式。图中,实线代表实际声速剖面,虚线代表假设的参考声速剖面。对图 2.14(b)中实际声速剖面(实线部分)在声速发生改变处(深度为 z_m)进行分割,z_m 线以上的部分同图 2.14(a)中的情况相同。最复杂的是图 2.14(c)中的情况,分割点不但要选取实际声速剖面的转折点,还要选取实际声速剖面与参考声速剖面的交点。

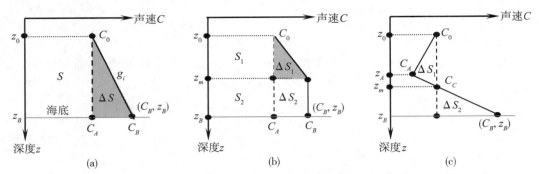

图 2.14 实际声速剖面与参考声速剖面的关系

实际声速剖面同参考声速剖面之间的关系可以描述为图 2.14 中的一种或几种情况的组合。以上介绍的方法不是直接依赖实际声速剖面进行声线跟踪计算，而是通过选择一个简单的声速剖面(如零梯度声速剖面)作为参考声速剖面，根据相对面积差，建立参考声速剖面与实际声速剖面间的联系，进而修正参考声速剖面的计算结果，最终获得波束脚印位置，因此该方法可简称为误差修正法。

5. 等效声速剖面声线跟踪法

根据 Geng 和 Zielinski(1999)的观点，计算波束脚印位置时，总可以寻找到一个简单的声速剖面替代实际声速剖面。

根据图 2.15，设常梯度声速剖面 C_0—C_B 与实际声速剖面的面积差为 0，以零梯度声速剖面 C_0—C_A 作为参考声速剖面，根据上述结论，采用误差修正思想，只要得到常梯度声速剖面 C_0—C_B 的梯度，便可将波束在整个水柱的传播情况视为常梯度变化，采用类似于常梯度声线跟踪的方法获得深度。

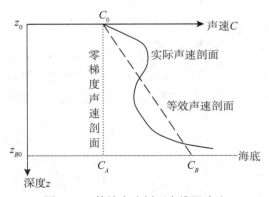

图 2.15 等效声速剖面声线跟踪法

设 ε_S 为实际声速剖面与零梯度声速剖面间的面积差，波束(入射角为 θ_0)的参考深度 z_{B0} 已知，零梯度声速剖面确定的深度为 z'_{B0}，则深度的相对误差 ε_z 可定义为：

$$\varepsilon_z = (z'_{B0} - z_{B0})/z_{B0} \qquad (2.40)$$

根据梯度的定义，可以得到常声速剖面的梯度 g_{eq} 以及对应的声线弧段曲率半径 R_{eq}：

$$g_{eq} = \frac{C_B - C_0}{z_{B0} - z_0} = \frac{2\varepsilon_S C_0}{z_{B0} - z_0} \tag{2.41}$$

$$R_{eq} = \frac{-1}{pg_{eq}} = \frac{-C_0}{g_{eq}\sin\theta_0} \tag{2.42}$$

若波束往返程时间为 t，根据常梯度声线跟踪原理，深度 z_B 为：

$$z_B = z_0 + R_{eq}\left[\sin\theta_0 + \frac{2g_{eq}R_{eq}(1 + \cos\theta_0)C_0\exp(g_{eq}t/2)}{(g_{eq}R_{eq}(1 + \cos\theta_0))^2 + (C_0\exp(g_{eq}t/2)^2}\right] \tag{2.43}$$

由上式可以看出，深度计算仅利用了表层声速 C_0 和参考深度 z_{B0}，实际声速剖面仅用于面积差计算。由于常梯度声速剖面与实际声速剖面具有相同的积分面积，利用常梯度声速剖面计算的结果与实际声速剖面相同。因此，常梯度声速剖面被称为等效声速剖面，利用等效声速剖面确定波束脚印位置的方法称为等效声速剖面声线跟踪法。

2.2.4 声波反射

声波在水体中因声速变化发生折射，当遇到不同于海水的介质时也会发生反射。声波在不同介质的交界面处发生反射、折射或者二者兼有，其原因是界面上下层的阻抗差异。声波入射角不同，反射、折射的能级也会不同。基于波动理论，声波在界面处的反射、折射可用界面的反射系数和透射系数来衡量，界面处垂直入射波的反射 V 和透射系数 W 分别如下：

$$V = \frac{Z - Z_0}{Z + Z_0}, \quad W = \frac{2Z_0}{Z + Z_0} = 1 - V \tag{2.44}$$

式中，Z_0 和 Z 分别为界面上层、下层介质的声阻抗，常见的介质声阻抗系数如表 2-2 所示。

表 2-2　　　　　　　　海洋中常见的介质声阻抗系数[kg/(m² · s)]

介质类型	空气	海水	黏土	沙	砂岩	花岗岩
阻抗	415	1.5×10^6	5.3×10^6	5.5×10^6	7.7×10^6	16×10^6

表 2-2 中所列各介质阻抗系数为理论值，未考虑介质的实际的吸收或多次反射等因素。根据界面上下层介质的阻抗系数，可以估算出界面对入射声波能量的再分配情况。如声波以入射角 θ_i 进入界面，反射角与入射角相同，透射波的折射角为 θ_t，此时，因为声波的斜射效应，介质对斜射声波的等效阻抗变为 $Z_0 = \rho_0 c_0 \cos\theta_i$ 和 $Z = \rho c \cos\theta_t$，界面处的反射系数和透射系数依然可以写成式（2.44）的形式。图 2.16 列出了两种典型界面处声波反射情况。

根据表 2-2，当声波由海水正射入水-气界面时，$V \approx -1$，说明海水表面是一个近似的全反射面，负号说明声波是由硬介质射向软介质传播，反射声波的相位将发生翻转。当声波由海水正射入水-沙床界面时，$V \approx 0.56$，反射系数为正，说明声波是由软介质射向硬介质，反射系数<1，说明有一部分声能将在界面层发生透射。

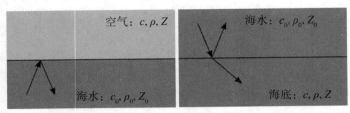

图 2.16　声波在海水-空气界面(左)和海水-海底界面(右)处的反射

2.2.5　声波散射

上述界面处声波反射模型是以声阻抗为基础，基于波动理论推导得到的理论结果，实际声波反射形式还与对象的微元形态、结构及声波波长有关，反射能量也并非仅以反射波形式向外二次辐射，而是在一定角域上按一定规律向四周辐射，即散射。海洋中的散射有两类：

(1)海面或海底的表面散射，称为界面散射。

(2)海洋内部波动、海洋生物或物体、海床浅表层内部物质不均匀等引起的体积散射。

海床表面的界面散射是海洋测量设备重点关注对象，其散射强度与海床表面形态、沉积层属性有直接关系。与声波波长相比，光滑表面的散射(如图2.17(a))主要发生镜面反射，表现为以反射方向为主轴的反射瓣；表面粗糙时，界面反射回波再辐射后，声能将被散射到任意方向(图2.17(b))。表面越粗糙，散射的声波能量就越多，散射开角大小也与表面粗糙程度有关。上述镜面反射和散射通常同时存在。

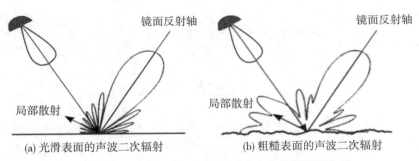

(a) 光滑表面的声波二次辐射　　　　　(b) 粗糙表面的声波二次辐射

图 2.17　声波在光滑和粗糙表面的声辐射情况示意图

除正下方(天底)外，收发合置声呐一般接收不到镜面反射回波，界面散射回波在界面空间一定角域内均匀分布、各方向观测强度近似相等。散射回波中仅有极少部分按原入射波方向返回而被声呐接收，称为后向散射回波。后向散射回波强度 BS 可定义为单位界面上单位立体角中所散射出的声强度 $I_{scatter}$ 与入射波强度 $I_{incident}$ 之比。大量实测数据表明，粗糙表面的后向散射回波强度 BS 与入射角的余弦有很强的相关性，采用分贝形式可表示为：

$$BS = 10\lg \frac{I_{\text{scatter}}}{I_{\text{incident}}} \propto 10\lg(\cos^k\theta) \qquad (2.45)$$

上式即为朗伯体法则，其虽为近似模型，但常用于建立海底声学回波信号反射模型，在海底地形地貌声学测绘中具有广泛的工程应用。

图 2.18 为华盛顿大学应用物理实验室在 1994 年测试获得的不同底质下声波后向散射强度随掠射角的变化曲线。从图中可以看出，同入射角下，越粗糙的底质后向散射强度越大；声呐会接收到来自天底方向附近的镜面反射回波，其回波强度随入射角增加近似线性下降；入射角增大到一定程度，声呐仅能接收到后向散射回波，其强度随入射角的变化曲线与余弦曲线强相关。

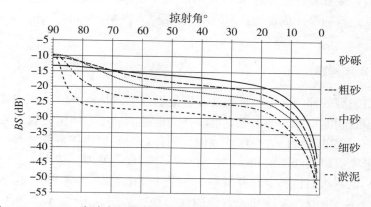

图 2.18 100kHz 声波在不同底质（粗糙程度）下后向散射强度随角度的变化

2.2.6 声多普勒效应

多普勒效应是指由于信号源与接收机或信号源与目标之间发生相对位移，导致在传输时间内信号源—接收机路径的持续时间发生变化，进而导致信号传播频率发生偏移。当声源与接收机存在相对运动时，两次连续接收到脉冲信号的时间间隔略小于脉冲发射周期 T，这是因为信号传播范围随着传播时间的推移减小了。脉冲到达接收机时的频率应修改为：

$$f = \frac{1 + \dfrac{v_r}{c}}{T} = f_0\left(1 + \frac{v_r}{c}\right) \qquad (2.46)$$

式中，v_r 为声源与接收机间的相对速度，f_0 为发射频率，f 为接收频率，频移 δf 表示为：

$$\delta f = f_0 \frac{v_r}{c} \qquad (2.47)$$

当信号源与接收机的距离越来越近时 v_r 为正值，当二者的距离越来越远时 v_r 为负值。对于目标的回声，当声音双向传播时，频移表示为：

$$\delta f = 2f_0 \frac{v_r}{c} \qquad (2.48)$$

多普勒效应会使信号处理工作变得复杂，特别在通信和数据传输的应用中会更加复杂。但多普勒效应可以很好地应用于某些领域，如利用多普勒频移可以测定船只相对于水底速度，也可以用于测量流速。军事上，利用多普勒频移可以追踪目标和测定其速度。声呐观测到的相对频率变化随速度的变化非常显著：10 节（18.5km/h）的中等相对速度下，$\delta f/f_0 \approx 0.7\%$，该变化比雷达观测到的空中运动目标变化大得多（以 1000km/h 的速度飞行的飞机的变化仅为 0.0002%，其中雷达波速为 $3 \times 10^8 \mathrm{m/s}$）。

2.3　水声技术

声波的发射、接收理论、方法和设备构成水声技术，是海洋测绘的重要支撑技术之一。利用声信息进行测距、成像等工作的系统统称为声呐（Sound Navigation and Ranging，SONAR）。

2.3.1　水声换能器

声呐系统最关键的部分为电—声换能器，能够发射或接收声波，并完成声波所携带信息和能量与电信息和能量的转换。把声能转换为电能的换能器叫做接收器或水听器，用于接收和识别声波；把电能转换为声能的换能器叫做发射器，用作声源发射声波。有些声呐用同一换能器来完成声波的发射和接收，有些则分别设立发射器和水听器。

换能材料，也叫功能材料、有源材料——受交变电场/磁场激励产生伸缩应变，其特性主要包括压电性、电致伸缩性和磁致伸缩性三种，如图 2.19 所示。利用对应的特性制造的换能器分别称为压电式换能器、电致伸缩换能器和磁致伸缩换能器。

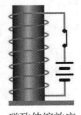

图 2.19　换能器相关材料的声、电转化效应

压电式换能器：有些晶体材料，如石英、酒石酸钾钠、磷酸钾以及磷酸氢二铵等，当受到压力时，在某些晶面之间会产生电荷。相反地，当加上电压时，它们就受到应力。这种效应称为压电效应，用这类材料制成的换能器称为压电式换能器（图 2.20）。

电致伸缩换能器：钛酸钡和锆钛酸铅等属于电致伸缩材料，是多晶陶瓷，需将其放入强直流电场中进行适当极化才具有电致伸缩性。电致伸缩换能器利用电场的变化使该类材料元件的尺寸作周期性伸缩而发射声波。反之，受声波冲击后的机械运动也会在线圈中产生电流。

磁致伸缩换能器：利用某些铁磁体（例如纯镍、镍钴合金以及铁氧化体等）材料的磁致伸缩效应而制成的。用铁磁体作为线圈的铁芯，当高频电流通过线圈时，随着铁芯中磁场强度周期性的变化，铁芯的长度作周期性的伸缩，这种伸缩式机械运动则作用于介质从而产生声波。

按照换能器布列方式，换能器常分为平面阵、圆柱阵、球面阵、环形阵等形式（图2.21）。

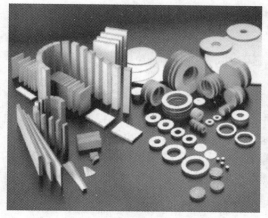

压电材料   稀土材料

图2.20　常见换能器材料

平面阵   圆柱阵   球面阵   环形阵

图2.21　常见换能器阵列形状

2.3.2　声脉冲

主动声呐工作时，通过信号发生器将设计的声信号调制成电信号，并通过换能器将电信号转化为机械振动，常见的用于测绘的声呐设备工作时并不是持续性向外辐射声呐信号，而是不间断地向外发射声脉冲信号并接收回波。声脉冲是具有一定频率、振幅、脉宽和发射周期等特性的声呐信号，也是进行声回波信号检测的基本单元。目前常用的声脉冲信号主要有连续波声脉冲（Continuous Wave，CW）和调频脉冲（Frequency Modulation，FM）（图2.22）。

描述声脉冲特性的主要参数包括：

（1）频率：一般指中心频率，为换能器的共振频率。

（2）振幅：脉冲信号垂向声压级幅度，表明声信号所包含的能量大小。

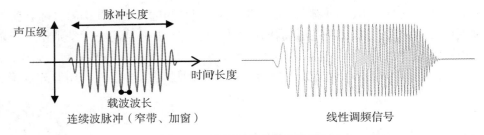

图 2.22　常见两种声脉冲信号

（3）脉冲长度：指脉冲持续时间，声信号检测时，长脉冲信号往往具有更好的信噪比，但其带宽会降低，距离分辨能力会下降。

（4）脉冲带宽：脉冲包络中包含的频率范围，带宽越宽脉冲自卷积越窄，距离分辨越好。

（5）脉冲形状：脉冲信号振幅的时域分布形状，如矩形、锥形等，信号调制阶段可通过加窗处理将矩形信号变成锥形信号，有利于增加信号的有效带宽。

CW 脉冲为有限长度（脉冲长度为 T）的连续信号，其信号持续时间上各处的频率不变，基于频域变化原理，其频带宽度为脉冲长度的倒数（$B = 1/T$）。CW 脉冲在目前声学设备中普遍使用，仅需窄带换能器就能够实现信号调制，具有数据处理简单、高效等优点，但也存在信噪比与距离分辨率的矛盾。

线性 FM 脉冲为有限长度的变频信号，信号频率随时间线性变化，频带宽度按需调制，与脉冲长度无关。该类信号可以兼顾信噪比和距离分辨率，在海洋测绘声学装备中也有广泛应用，但要求换能器具有更宽的频带范围，信号调制和处理较复杂，成本较高。

2.3.3　距离测量及测距分辨率

声呐的基本功能是探测与目标的径向距离与方位（图 2.23）。径向测距原理和过程如下：

（1）换能器在 t_0 时刻发射长度为 T 的脉冲信号，同时水听器开始记录回波信号。

（2）声脉冲在水体中传播时，几乎没有强回波信号。

（3）声脉冲到达目标后，目标对其产生冲击响应。由于能量损失，回波信号较入射信号的振幅减小，但波形和持续长度几乎不变。

（4）回波信号沿入射方向原路返回到达换能器，系统持续记录所有目标回波信号。

（5）基于信号的强度（振幅）或相位信息，从回波信号序列中估算目标的返回时间 t_1，进而确定从声波发射到目标回波返回的时间延迟 $\tau = t_1 - t_2$，即双程传播时间。

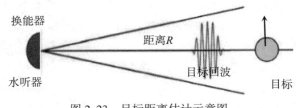

图 2.23　目标距离估计示意图

则声呐到目标的径向距离为：

$$R = \frac{c\tau}{2} \tag{2.49}$$

声呐测距的关键是检测目标回波的返回时间 t_2。在回波序列信号中，有效的目标回波，其强度大于背景噪声，回波波形与入射声脉冲相似，在时间阈持续长度为 T，原始回波信号需通过匹配滤波处理，然后以半功率谱门限检测目标回波。此时，目标在回波序列中的位置判断将有 $T/2$ 长度的模糊空间，由此可确定目标的距离估计精度为：

$$\delta R = \frac{cT}{2} \tag{2.50}$$

δR 称为距离分辨率，是声呐能够区分两个目标的最小径向距离（图 2.24）。式（2.50）表明短波信号有较好的距离分辨率，但也存在包含能量较少、作业距离短、信噪比低等不足。

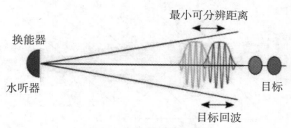

图 2.24　声呐的距离分辨率

远距离作业设备常选用 FM 脉冲，并通过对回波信号与发射脉冲的卷积计算实现目标的检测。FM 波的距离分辨率 δR 与其调制带宽 B 成反比：

$$\delta R = \frac{c}{2B} \tag{2.51}$$

对于 CW 波，$B = 1/T$，式（2.50）实际包含了式（2.51），为距离分辨率更一般表达式。

2.3.4　束控原理及波束参数

理论上，点声源以及球形换能器产生的声波具有球面波形式。球面波在水介质中传播将随着波阵面的扩展而具有较大声能消耗的空间效应，也不具有方向性。换能器具有一定的尺寸，因面向不同应用常被设计成不同形状的基阵（图 2.21），可使声波辐射能量汇聚在特定的方向和范围内，不仅增强了辐射方向内的声波能量，增大了作业范围，同时还实现了较好的角度指向性。同样，用作声波接收的换能器基阵具有类似的特性。通过基阵各阵元信号的累加可实现特定方向上一定角度范围内的声波信号的增强。基阵的上述特性可以总结为，在声波发射阶段，通过束控形成能量汇聚的指向性波束；在回波检测阶段，通过束控增强目标方向回波，进而实现目标方向估计。

换能器基阵产生指向性波束的物理基础是干涉原理，以双阵元模型为例（图 2.25），基阵阵元间距为 d，各阵元以球面的形式向外辐射初始相位、频率、振幅相同的声信号，在传播的公共区域内，两个阵元的声信号将产生干涉，阵列的几何关系如图 2.26 所示。

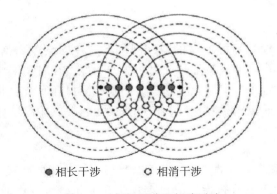

●相长干涉　　○相消干涉

图 2.25　相长干涉和相消干涉

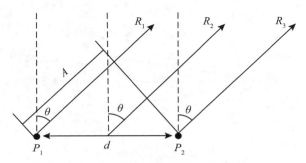

图 2.26　双阵列声波发射示意图

如图 2.26 所示，考虑到任意传播方向 θ，R_1 与 R_2 的声程差为 A，存在如下关系：

$$A = d \times \sin\theta \tag{2.52}$$

当上述声程差 A 为波长的整数倍时，不同方向声波的波峰与波峰或波谷与波谷叠加，并发生相长干涉，声波能量增强。此时声程差为波长 λ 的整周倍，即

$$\frac{d}{\lambda} \times \sin\theta = 0,\ 1,\ 2,\ \cdots \tag{2.53}$$

当声程差的非整周部分等于半波长时，不同方向声波的波峰与波谷叠加，发生相消干涉，声波能量相互抵消。此时声程差为半波长 $\lambda/2$ 的奇数倍，即

$$\frac{d}{\lambda} \times \sin\theta = 0.5,\ 1.5,\ 2.5,\ \cdots \tag{2.54}$$

以上表明，相长相消干涉发生的方向与发射阵列长度 d、声波的波长相关。考虑最典型情况，当 $d = \lambda/2$ 时，不同阵列的两个声波发生相长、相消干涉的点都处在阵列轴或阵列连线的垂向轴上。相长干涉时，波束角为 $\theta = 0$、$180°$；相消干涉时，波束角为 $\theta = 90°$、$270°$，如图 2.27（左）所示。对于多阵元线状阵列，其波束指向图如图 2.27（右）所示，能量最大的波束称为主瓣；波束中心附近还存小区域的相长干涉，形成旁瓣，并引起能量的泄漏。

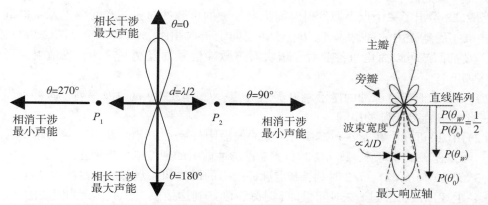

图 2.27　相距 $\lambda/2$ 的双阵元相长和相消干涉(左)及多阵元线性阵的波束指向图(右)

主瓣包括了声波的主要能量,其指向即为阵列的声波方向。主瓣能量分开的角度越窄,波束指向性越好。过大的旁瓣会引起回波,对主瓣回波产生干扰。由于旁瓣不可避免,常通过加权方法降低其水平,但也会导致主瓣指向性变差。主瓣的中心轴称为最大响应轴(Maximum Response Axis,MRA),沿最大响应轴两侧扩展,声波功率逐渐衰减,当能量降至主瓣功率一半时(相当于主瓣能量的 -3dB)的角度称为主瓣的波束角。阵列越长,波束角越小,指向性就越好。若线状阵列长度为 D,则主瓣的波束角约为:

$$\theta_{-3\text{dB}} = 2\arcsin\left(0.42\frac{\lambda}{D}\right) \tag{2.55}$$

上式表明,减小波长或增加阵列长度可以提高波束指向性。受空间影响,阵列长度不可能无限增大;波长越小,声波在水中衰减得越快。因此,波束指向性不可能无限提高。

换能器阵列经过束控,其发射或接收波束具有指向性,常用指向性指数(Direction Index)来衡量声波对能量的汇聚程度。根据换能器的发射和接收,分别定义发射指向性指数和接收指向性指数。发射指向性指数(DI_T)是指在相同距离上,指向性发射器声轴上的声级 I_D 高出无指向性发射器辐射声场声级 I_{ND} 的分贝数,定义为:

$$\text{DI}_\text{T} = 10\lg\frac{I_D}{I_{ND}} \tag{2.56}$$

接收指向性(DI_R)指数是指接收系统抑制各向同性背景噪声的能力,定义为:

$$\text{DI}_\text{R} = 10\lg\frac{\text{无指向性水听器输出的噪声功率}}{\text{指向性水听器输出的噪声功率}} \tag{2.57}$$

2.3.5　声场背景干扰

水声探测中的背景干扰有混响和噪声两大类。

1)海洋混响

海洋混响是由于海水体及界面的不均匀性,使发射信号发生散射,并在接收点叠加形成混响信号。混响信号起伏较大,会"掩盖"有效目标回波信号,是一种干扰信号。混响信号较强而目标回波信号较弱时,目标回波信号会被完全淹没在混响中,给信号检测带来困难。

图 2.28 给出了一个点声源发射时间长度为 τ 的声脉冲时，在空间场上发生的混响效应。声波扩展球壳内的散射体 A、B、C 在径向上依次相距 $c\tau/2$ 距离（见图 2.28 左图），A、B、C 的回波可以简化为各散射点依次对声脉冲信号的复制并返回，各散射点回波返回顺序如下：

（1）在 $t/2$ 时刻，脉冲的尾沿刚好经过 A 点，如图 2.28（a）回波序列，脉冲前沿到达 C 处，此时 B 点处于脉冲中间。

（2）由（1）可知，在 $t/2-\tau/2$ 时刻，脉冲前沿刚好到达 B 点，B 点开始散射脉冲前沿回波，再经过 $\tau/2$ 时间后，即 $t/2$ 时刻，B 点脉冲前沿的回波刚好返回至 A 处。

（3）综合（1）、（2），$t/2$ 时刻，B 点脉冲前沿的回波和 A 点脉冲尾沿的回波同步。

（4）上述回波再经过 $t/2$ 时间，即 t 时刻，刚好到达接收点，A 点脉冲回波的尾沿（图 2.28（b））与 B 点脉冲回波的前沿（图 2.28（d））在时间上对齐。

（5）A 和 B 之间有 $c\tau/2$ 距离内的散射体的回波将发生重叠，当这些散射体中没有散射性能明显占优的目标时，局部回波就表现为混响。

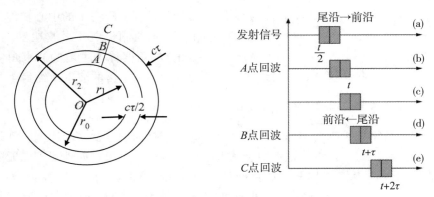

图 2.28　混响效应示意图

不同位置的散射体形成不同混响。主要包括体积混响、海面混响和海底混响三类：

体积混响：是由无限海区容积内的非均匀体所产生的声散射面引起的混响。这些非均匀体大致包括盐度、密度、温度等局部不均匀水团，以及气泡、硬粒子、浮游生物等。

海面混响：非均匀体分布在海表面，形成具有一定厚度的散射层，包括随机起伏的海表面波浪的散射，以及海面附近大量气泡所构成的层散射。

海底混响：由海底底质的不均匀性、起伏的地形以及海底生物产生的气泡形成的散射。

混响的强弱一般用等效平面波的声强级来度量，并定义等效平面波混响级 RL。RL 的测定方式为：将强度 I 已知的平面波轴向入射到水听器上，水听器输出电压值为 V_p；将水听器移置于混响场中，声轴指向目标，水听器输出电压值为 V_R，当两次输出电压相等时，则该平面波的声级就等效为声场的混响级。

$$\text{RL} = 10\lg \frac{I_{平面波}}{I_0}\bigg|_{V_p = V_R} \tag{2.58}$$

式中，$I_{平面波}$ 是平面波强度，I_0 是参考声强。

2）海洋噪声

水声学中对噪声没有一个统一的定义，主要包括海洋自然噪声、目标辐射噪声以及声呐系统接收来自载体自身辐射的自噪声。目标辐射噪声为有用信号，可用于目标探测；海洋自然噪声和自噪声却是声呐系统的主要干扰。衡量海洋环境噪声一般用噪声级 NL 来表示，定义为测量带宽内的噪声强度 I_N 高出参考声强 I_0 的分贝数，即

$$NL = 10\lg \frac{I_N}{I_0} \tag{2.59}$$

假设水听器工作带宽 Δf 内噪声谱 $S(f)$ 和其响应是均匀的，则

$$I_N = S\Delta f, \ NL = 10\lg\Delta f + 10\lg\frac{S}{I_0} \tag{2.60}$$

只有当回波水平高出噪声水平（NL）一定数量，水听器才能接收和检测到测量信号。

2.3.6　声呐系统

声呐系统按工作方式一般可分为主动声呐和被动声呐。

主动声呐由声呐发射设备向海洋空间发射具有一定特性的水声信号。发射信号在海洋中传播，传输水声信号的海洋空间称为"信道"。在信号传播过程中，海洋环境会使声信号产生衰减、折射、反射、散射等现象，遇到目标如潜艇、水雷、鱼群等，发射信号的能量将部分被反射，产生回波信号，回波信号再在信道中反向传输，并被接收设备接收。根据回波信号，声呐设备获得目标的方位、距离、速度、性质等参数。

信道对声信号有干扰作用，声呐设备除接收到回波信号外，同时还接收到各种形式的干扰信号。对于主动声呐，干扰主要有两类：一类是自身独立的与发射信号无关的噪声干扰；另一类是依赖于发射信号的非独立干扰，即混响。声呐接收设备必须在干扰背景上检测出有效的回波信号，才能实现各种探测目的。主动声呐的基本工作模式如图 2.29 所示。

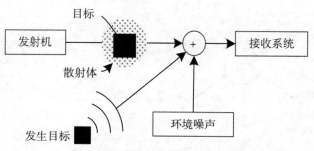

图 2.29　主动声呐系统工作模式

被动声呐不向信道发射信号，只接收来自目标所辐射的噪声，从辐射信息中检测和确定目标的位置、性质等参数（图 2.30）。信道的噪声干扰仍然会对目标噪声信号产生干扰作用。

51

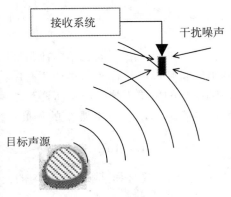

图 2.30　被动声呐系统工作模式

2.3.7　声呐方程

通过上述对声呐系统两种工作方式的简要分析可以看出，工程上要合理设计一声呐系统，或在使用过程中要确切地预报某一声呐系统的性能，都必须把声呐系统的设备性能、信道影响、目标特性等作为一个整体综合起来加以考虑。工程上根据一定的准则，利用一个基本方程来定量地反映它们三者之间的数量关系，这个基本方程称为"声呐方程"。

根据主动声呐工作原理，回波信号强度级 EL(检测阈 DT)主要与声源级 SL、指向性 DI、传播损失 TL、目标强度 BS、环境噪声 NL 和混响等有关。

主动声呐的声波发射和接收过程中声能传递流程如图 2.31 所示，声呐方程为：

$$SL - 2TL + BS - NL(RL) + DI = DT \tag{2.61}$$

上式中，背景干扰可能是环境噪声，也可能是混响。

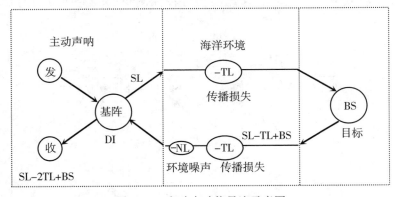

图 2.31　主动声呐能量流示意图

被动声呐只接收目标(如潜艇、水面舰艇、鱼雷等)所辐射的噪声，并将之作为信号，实现目标距离、方向、属性等参数的获取。这种工作方式本身不发射信号，因此不存在混响干扰问题；其次，声源级是目标所辐射的噪声，此时这类噪声信号所具有的声级即为所需的声源级 SL；此噪声信号单程传播到声呐接收机，只受到一次衰减，到达接收声学系统的实际声能级为 SL-TL；背景干扰主要是海洋环境噪声 NL。由于无论用声信号测向还是测距，都应有一定的方向性，仍以 DI 表示接收指向性指数，则被动声呐的声能方程为：

$$SL - TL - NL + DI = DT \tag{2.62}$$

声呐方程的基本用途有两个方面：

一是用于声呐系统的工程设计。根据声呐系统所需要的性能指标(包括作用距离、测距和测向精度、方位和距离的分辨率、跟踪距离和跟踪速度、搜索速度、使用条件以及体积重量等)，通过声呐方程的计算和各种试验来确定声呐系统的技术参数(一般包括接收发射换能器基阵的增益，收发换能器的指向性、灵敏度、效率和频率响应以及发射机的功率、脉冲宽度和重复频率，接收机增益、灵敏度，本机噪声系数，等效带宽，终端识别系数和设备的平均故障时间等)。

二是用于声呐系统的性能预报。对已有的声呐设备或正在使用中的声呐系统，利用声呐方程来估算在不同使用条件下可能达到的性能指标。例如，所谓"作用距离预报"便是声呐预报中的一种，它按已经给定的声呐系统的性能，再根据给定的时间和海区的具体传播条件、环境噪声、目标特性等参数，运用声呐方程预先估算设备的作用距离。

第3章　海洋大地测量

3.1　海洋大地测量的源起与概念发展

大地测量学是研究地球形状、大小和外部重力场，建立和维持坐标系，精确确定点的坐标的理论和技术体系。海洋约占地球表面积的71%，对地球形状和外部重力场在海区的精细描述是大地测量的基本探索内容，也为海洋测绘提供了基准。

Helmert(1880)定义的大地测量学是地球表面测量与制图的科学，包括地球外部重力场确定以及海底地形测量，界定了大地测量学作为地球科学分支的科学属性，也明确了其工程科学特点。最重要的是，它从地球空间形态和外部重力场两个方面，规定了包括海底地形和海面形态在内的全球测绘问题，这些都属于大地测量的内容。

尽管海洋面的形状主体上就是地球形状，有关海洋空间信息和相关地球物理信息，乃至部分动力学信息的观测是大地测量学不可或缺的组成部分，然而，由于观测手段的限制，经典大地测量学的关注重点基本局限于地球表面的陆地部分，主要依托地面观测技术。

随着解决海洋区域大地测量问题的需求在增加，专门研究海洋区域大地测量问题的分支学科——海洋大地测量学才真正形成。标志性的事件是1966年在美国召开的第一届国际海洋大地测量研讨会。在第二届(1969年)和第三届(1974年)国际海洋大地测量研讨会召开之后，这门分支学科才获得普遍认可。

在卫星定位技术出现和普遍应用于海上定位之前，海上定位技术是制约海上各种要素测量与调查的突出因素。海洋大地测量概念成型之初，与当时的技术背景和应用需求相适应，主要面向控制测量这一实用技术，目的是通过海底控制点和控制网的布设与观测，为水上或水下载体的活动及海洋信息要素的测定提供位置服务基础。尽管海上定位技术在过去半个多世纪取得了巨大进展，但精细化的动态位置服务永远是海上测量工作的主体。因此，海洋定位理论与技术一直是海洋大地测量建设和发展的目标之一。不管是海底控制网测设技术，还是海上运动载体动态定位方法，涉及问题的主题均为在国家大地坐标系或地心坐标系及其框架内，尽可能精确地测定所在点的坐标，与经典大地测量和导航技术存在密切联系。

地球形状的精确确定，不仅与几何大地测量技术有关，也依赖于地球重力场原理。因此，海洋重力测量是海洋大地测量的重要分支。卫星测高等空间对地观测技术为全球海洋平均海面形状测定，以及垂线偏差和重力异常等地球重力场参数的反演提供了强有力的技术手段，是海洋大地测量领域最为活跃的发展方向之一。地球磁场特别是磁偏角作为表达地磁场的一个特征要素，是传统海上导航技术依据的重要参量。与重力信息一样，地磁数据也是海上无源匹配导航的基础资料，因此，海洋区域的地磁场测量也是海洋大地测量的重要组成部分。

除依据陆海高程传递技术外，传统的海洋观测技术无法有效解决海上的高程测定问题，但卫星重力、卫星测高技术在附加海洋观测信息后，可以确定大地水准面、测定平均海面高，进一步分离海面地形。因此，可实现国家高程基准向海洋区域的延展，为海底控制点提供高程信息，研究与大地测量相关的海洋环流等科学问题，同时实现海底地形测量成果在不同垂直基准中的表达与变换。因此，垂直基准与转换技术也是海洋大地测量的重点研究方向。

综上，明确海洋大地测量的定义如下：以确定海洋测量控制基准为目的，为海洋测绘建立平面和垂直基准体系、重力和磁力基准体系与维持框架的大地测量技术。按照测量对象，可划分为几何海洋大地测量和物理海洋大地测量，主要包括海洋大地控制网建立、海洋垂直基准体系与陆海垂直基准转换、海洋重力测量、海洋磁力测量等内容。

3.2　海洋大地控制网建立

海洋大地控制网建立是海洋大地测量的一个重要内容，是为海洋测量提供平面参考基准的一项重要工作。海洋大地控制网是陆地大地控制网向海域的扩展，是由海面控制点（如海上固定平台）、海底控制点以及海岸和岛屿上的大地控制点连接形成的控制网。

3.2.1　海洋大地控制网布设原则

根据声学测量特点及海洋控制网（点）测量精度要求，海洋大地控制网的基本网形常采用三角形网、四边形网或中点多边形网。根据海区、海岸和岛屿的形状、分布及测量目的，海洋大地控制网可按片形或锁形布网，如图3.1所示。

海洋大地网的布设遵循从总体到局部、由高级到低级的原则。与陆地大地网直接连接的海洋大地控制点称为基本点，在基本点基础上加密设置的海洋大地控制点称为加密点，在测区内为满足某项具体工作要求而临时设置的控制点称为临时点。图3.1(d)为由基本点和加密点构成的海洋大地控制网示意图。

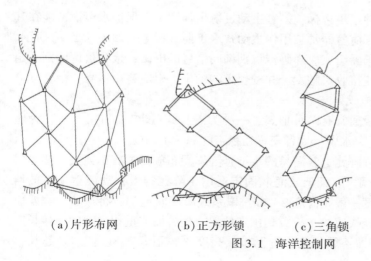
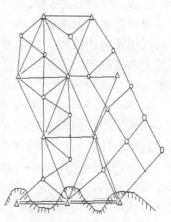

（a）片形布网　　　　（b）正方形锁　　　（c）三角锁　　　（d）△为基本控制点，○为加密点

图3.1　海洋控制网

随着 GNSS 等相关技术的发展，海洋大地控制网建设对海面上控制点间距离、通视条件等要求降低，但精度显著提高，可以达到亚米级甚至厘米级精度。但对于水下控制点，因受声波传播距离、覆盖范围和水体环境等影响，其定位精度相对海面控制点、岛礁控制点偏低，但对基本网形的要求仍未改变。

鉴于海岸控制网和岛礁控制网建设与陆地大地控制网大体相同，且多借助 GNSS 技术来测量，下面重点介绍海底控制网的布设。海底控制网测量主要采用声学测量方法，顾及海水环境及海底地形变化，海底控制网布设时应综合考虑如下因素：

(1)工作范围：需考虑声波的有效作用距离及海底控制网的作用范围。

(2)定位精度：测距精度影响着定位精度，决定着海底控制网的大小。

(3)海底地形特征：需顾及声波传播特征，避免声信号遮挡。

(4)区域声速场变化：声速直接影响着测距精度，进而会影响定位精度。

(5)海域水深、潮汐和海流等要素：水深影响着测距精度，潮汐变化影响着海底控制点的深度确定精度，而海流影响着海底控制点的稳定性。

(6)海底控制网的基本单元网形结构通常采用等边三角形或正方形。

3.2.2 水下控制点标志及布设

1. 被动式水声照准标志

以自身表面反射声信号的水声照准标志，称为被动式照准标志。提高被动式照准标志的目标强度，应考虑入射声信号的声功率和指向性、被动式水声照准标志的材料结构和形状。

根据声波在海水中传播的物理特性，声波从一个介质入射到另一个介质时会产生折射、反射和散射。因此，选择被动式照准标志时，应选择反射系数较大、透射系数较小的材料，如生铁、钢、铜、铝、玻璃等。最具均匀反射声能特点的是球体或半球体照准标志。被动式照准标志具有较好的隐蔽性，但受海底底质、地形地貌以及海水中其他反射源(如生物、植物群)的影响，加上声波传播损失影响，被动式水声照准标志的可识别距离受到较大限制，只能用作布设临时点。

2. 主动式水声照准标志

主动式水声照准标志是一种水声声标，能够主动发射出强度足以保证水声设备能在其有效作用距离内接收到的信号。应答器常被用作主动式水声照准标志，如图 3.2(c)所示。应答器由接收机、发射机和译码器组成。译码器识别询问信号的电码；接收机调谐到一定频率，只有这种频率信号才能使接收机触发，并按规定的频率发射应答声信号。

3. 主动式水下控制点标志布设

主动式水下控制点标志布设通常有两种形式，一种为悬挂式(图 3.2(a))，一种为座底式(图 3.2(b))。前者布放于海水中，后者安置在稳定的海床上。

水下控制网点也称水下基阵阵元，较简易的水下基阵阵元布放方式有钢架式、锚系式和超长锚系式三种(如图 3.3 所示)。钢架式海底固定适用于阵元频繁移动或重新布放情况，阵元的收发应答器布放高度一般距海底 2~3m。锚系式海底固定一般将重块、收发应答器、连接声学的释放器一起经快速绞车投放到预定位置，应答器与重块之间的连接长度不小于 1.5m，目的是保护应答器不受损伤，阵元布放高度一般距海底 3m 左右。超长锚系式海底固定同锚系式海底固定方法相同，但锚系线需加长，阵元布放高度距海底超过8m，布放在深海海底地形复杂区域。

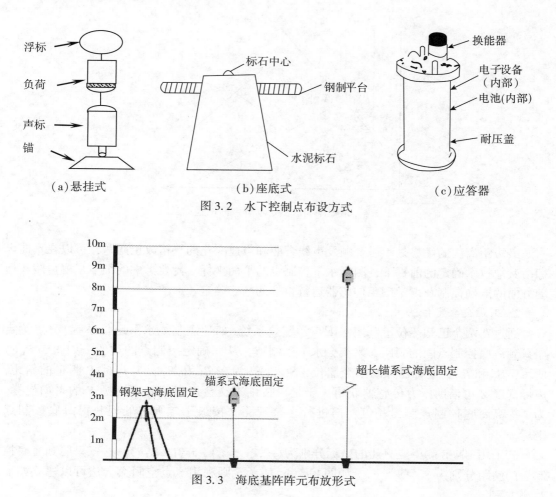

图 3.2　水下控制点布设方式

图 3.3　海底基阵阵元布放形式

3.2.3　海底大地控制网（点）测量及数据处理

海底控制点位置测定总体上依据海面定位中继点坐标，经水声测距技术实现。海面定位平台可以是船只或定位浮标，因测量船具有更好的机动性，多被采用。海底控制点位置测定本质上属于三维定位问题，但海底大地点的声标装置可以利用声学测量技术或压力测定技术测定其位于水面以下的高度，因此海底控制点定位常被简化为二维位置确定问题。

早期海底控制点定位多采用最短距离法，随着海面定位技术的进步，测距交会定位法、组合测量法应用越来越普遍。

1. 最短距离法

最短距离法的基本思路是，海面定位船只沿着水下声标点上方或其附近的两条尽可能相互垂直的航线（1、2）航行（图 3.4）。在每一条航线上，船载水声设备多次询问水下声标点 O，并通过水声距离的变化确定最小距离的海面定位点。因此，水下声标点应位于航线上距离极值点的法线上，在水平面上两条这样的法线交点即为海底控制点的位置。

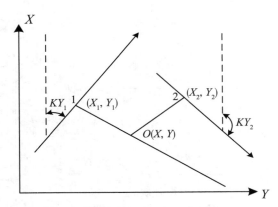

图 3.4　最短距离法测定水下声标位置示意图

最短距离法的优势是不需要顾及声线弯曲和声速变化的严格改正问题，可以在垂向坐标由其他技术确定的前提下，测定水下控制点的平面坐标。需要考虑的细节是测量载体运动方向的准确控制及声学测距传感器运行轨迹的精确确定。

2. 测距交会定位法

通过在两个已知船位上利用水下声学定位系统(如超短基线水下定位系统)分别测定船只到海底控制点间的斜距，来交会水下控制点，从而确定控制点的位置。如图 3.5(a)所示，B_1 和 B_2 为坐标已知的两个船位，S_1 和 S_2 为在 B_1 和 B_2 处对声标 P 测量的斜距，声标深度 Z 可借助压力传感器获得，于是可按前方交会思想解算出声标 P 的平面坐标。为了提高海底控制点测量精度，需进行多余观测并按最小二乘法处理获得海底控制点坐标。

若采用 GNSS 测得三只船的坐标分别为 (x_i, y_i, z_i)，$i=1$，2，3，这三只船到海底控制点的斜距分别为 S_1、S_2、S_3，如图 3.5(b)所示，则利用三点空间交会法可以建立如下观测方程：

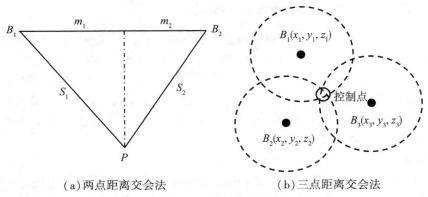

（a）两点距离交会法　　　　（b）三点距离交会法

图 3.5　距离交会法

58

$$\left.\begin{array}{l} (x-x_1)^2+(y-y_1)^2+(z-z_1)^2=S_1^2 \\ (x-x_2)^2+(y-y_2)^2+(z-z_2)^2=S_2^2 \\ (x-x_3)^2+(y-y_3)^2+(z-z_3)^2=S_3^2 \end{array}\right\} \tag{3.1}$$

按上述三个方程可联合求得声标位置(x, y, z)。

水声距离交会定位的主要误差源源于距离观测误差，可分解为两类：

一类是距离的直接测量误差，主要是受测距仪器的分辨率和测量噪声影响。该误差取决于距离测量模式，如脉冲式和相位式。脉冲式水声测距的误差量级约为距离的5‰，而精密测相技术可以将精度提高到距离的万分之一乃至十万分之一。

另一类是声波传播误差。为了保证海底控制点与海面多个定位点构成较好的几何图形，减小图形误差因子（PDOP），用于海底定位的声学测距主要采用斜距测量方式。因为路径上温度、盐度和压力等影响声速，会造成声线弯曲现象，需通过精密声线跟踪，获取声波反射点的近似坐标后，实施弯曲声线的化直改正，得到等效的直线距离，然后代入观测方程，因此声线弯曲改正或归算需要声波的发射和接收方位数据支持，也需要声线上的声速观测量或测区的温度、盐度、深度观测量的支持。所以，在水面定位平台上，姿态传感器是不可或缺的设备，而声速剖面测量或温度、盐度、深度观测也是必备的辅助观测信息。

3. 组合测量法

为提高海底控制点定位精度，海底控制网测量目前主要采用组合测量法。组合测量法采用圆走航绝对定位法为海底引入绝对起算点，再联合海底控制网相对测量所得网点间的几何向量，通过网平差处理，最终实现海底控制网点绝对坐标的确定。

圆走航绝对定位法是利用安装声学换能器的测量船围绕海底控制点开展圆周走航测距，测量船到海底控制点的空间距离相同，声线的入射角相同，声速误差引起的测距误差具有很好的对称性，交会定位精度较高。

让安装换能器的测量船围绕海底控制点以半径等于水深的圆周走航，走航过程中连续测量船到控制点的距离，结合不同时刻测量船位置，便可确定海底控制点绝对坐标，如图3.6所示。设船载换能器坐标为(X, Y, Z)，海底基阵阵元近似坐标为(X_0, Y_0, Z_0)，两者间的几何斜距为L，测量误差为Δl，$f(x)$为船载换能器至海底阵元之间的距离函数，L表达为：

$$L = f(x) + \Delta l \tag{3.2}$$

利用最小二乘原理解算，获得初始坐标的改正量，进而得到海底控制点的绝对坐标。

影响测距精度的首要因素是声速误差，海底控制网点高程变化较小，相应的声速变化也小，因此海底网点间相互距离的精度较高。借助布设在海底控制网点上的应答器，通过相互测距，获得应答器或海底控制网点间距离，完成控制网点间基线测量的工作称为相对测量。相对测量原理如图3.7所示。

利用海底控制网点间距离观测量，开展无约束平差，剔除不合格测线，提高观测边的质量；再以圆走航获得的部分海底控制点的绝对坐标为起算点，开展海底控制网约束平差，最终获得所有海底控制网点的绝对坐标，如图3.8所示。

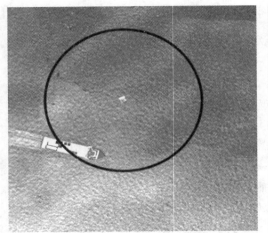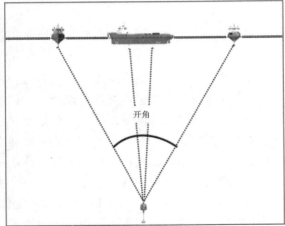

图 3.6　圆走航绝对校准原理

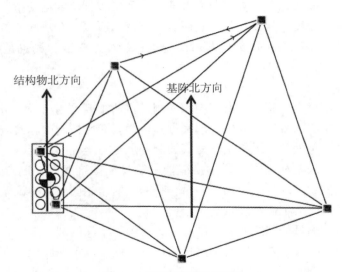

图 3.7　海底基阵相对测量

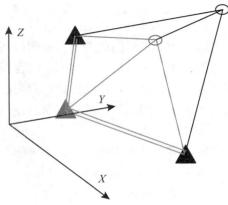

图 3.8　海底控制网平差

在平差中，压力传感器提供的深度参与平差，于是产生了三种网平差方法，分别是：

（1）常规三维网平差：利用海底控制点间实测空间距离构建空间直线方程，联合海底参考点三维坐标，开展海底控制网平差。

（2）二维网平差：利用各控制点实测的高精度深度信息，将海底控制点间的空间距离转换为平面距离，构建平面直线方程，联合海底参考点平面坐标开展海底控制网平差。

（3）附加深度约束的三维网平差：以各控制点实测深度为观测量，利用海底控制点间的空间距离构建空间直线方程，联合形成方程组，再结合海底参考点三维坐标开展海底控制网平差。

3.3 海洋垂直基准体系建立及转换

海洋垂直基准是描述海洋区域及毗邻陆地空间地理信息垂向坐标的参考基准，表现为地球椭球面、国家高程基准、深度基准面和净空基准以及平均海面等多种垂直基准面。由于海洋上不存在水准测量条件，因此在海洋测绘实践中，通常依据深度基准面测定和表示水深的分布，依据净空参考面确定海面以上特征目标的净空高度。海洋垂直基准基本体系、离散基准体系连续化、多重垂直基准体系的构建以及不同垂直基准间的相互转换成为海洋测绘基础和应用研究的一项重要工作。下面介绍海洋卫星测高技术支持下的垂直基准体系建立及垂直基准间的相互转换基本理论和方法。

3.3.1 卫星测高

卫星测高技术通过发射和接收雷达脉冲信号观测卫星与海面之间的距离，并根据该距离及其变化来表示地球的重要几何信息或反演地球物理信息，开展地球重力场模型的建立、海面变化研究、海面地形研究与全球垂直基准建立、中尺度涡与大洋环流研究，如厄尔尼诺等异常海洋现象的监测，海洋潮汐模型建立等。另外，执行测高任务的卫星通常携带辐射计、散射计和合成孔径雷达探测海面有效波高和后向散射系数，用于完成相应的海洋学任务。

卫星测高思想起源于1969年在Williams城召开的固体地球和海洋物理学讨论会，它可以从宇宙空间大范围、高精度、快速地，也可以周期性地探测海洋上的各种现象与变化，提高人类对海洋甚至整个地球认识的深度和广度。

1973年5月14日，美国国家航空与航天管理局（NASA）发射了第一颗携带测高仪的卫星Skylab。由于该卫星的径向轨道误差较大，测高仪本身存在漂移，且测高系统存在偏差，尽管其成果难以达到有关应用要求，却是一个成功的原理性试验。

1975年4月9日，NASA发射了Geos-3卫星，其测高精度达到50cm量级。最初的任务是测量全球重力场、海洋大地水准面以及地壳结构等以往由于缺乏数据而难以深入了解的基本地球物理及相关的海洋学要素。但NASA的海洋学家对Geos-3高度计数据分析研究之后认为，高度计完全有潜力测定海面动力高度，从而对海洋动力过程进行测量与研究。

NASA于1978年6月28日发射的海洋卫星Seasat，可以说这是遥测遥感技术用于海洋学研究的一个里程碑。由于其雷达脉冲采用了高压缩比的脉冲压缩技术，测高精度达到

10cm(定轨误差较大)，已经可以用在大尺度海流和中尺度涡旋测量上，同时还可用于海面风速和极地冰盖观测中。尽管该卫星因电源故障仅采集了3个月的数据，但这些数据帮助人们完成了一些实用性的科学研究任务，对雷达高度计遥感技术的发展具有决定性意义。

美国海军于1985年3月12日发射了Geosat卫星，所完成的5年测高任务可以分为两个阶段，前期的大地测量任务耗时18个月，其使命是获得全球高密度和高精度的测高数据，用于改进地球重力场模型和大地水准面，以满足对高精度测地资料的需要。在大地测量任务阶段，该卫星共获得全球海域内2亿千米长的卫星轨迹，约2.7亿个观测数据，其地面轨迹格网的平均间距为4km。后期执行周期为17.05天的精密重复轨道任务，为民用科学研究服务，其数据的主要作用是开展海洋学研究。

欧空局(ESA)经过十年的准备，于1991年7月17日发射了欧洲第一颗遥感卫星ERS-1，该卫星执行了三种轨道模式，即分别对应3天、35天和168天精密重复轨道任务。该卫星获得的信息有：全球海浪的动态变化、海面风场及其变化、大洋环流、两极冰山及全球海平面的变化、海洋与陆地的卫星影像、海洋大地水准面、海面地形、海面温度以及海面水汽等。其后续卫星为ERS-2，于1995年4月21日发射。

为了以高精度研究海面地形、大洋环流与大洋潮汐，NASA与法国空间局(CNES)联合于1992年8月10日发射了TOPEX/POSEIDON(T/P)试验卫星。为了满足海面地形和海洋潮汐等海洋学任务的需要，T/P卫星的轨道经过精心设计，其精密重复周期为9.9156d。这样的设计使各主要潮汐分潮的混叠周期均不超过半年，从而有利于削弱潮汐对多项研究所需稳态海面高计算的影响，同时也有助于潮汐信号提取。在一个精密重复周期内，卫星绕地球运行127周，地面平行轨迹的间距为$360°/127 = 2.835°$，在赤道上约为315千米。到目前为止，该卫星获得的海面高精度高于此前其他测高卫星，这得益于卫星的定轨精度和高度计测高精度两方面的改进，T/P地球物理数据集MGDR-A的卫星轨道采用JGM-2重力场模型计算，MGDR-B已采用JGM-3模型，用JGM-2计算的卫星轨道误差估计为3~4cm，而用JGM-3计算的为2~3cm。测高采用NASA研制的TOPEX和法国空间局研制的POSEIDON两种高度计，二者共用同一雷达天线，不能同时工作，大部分数据来自前者。TOPEX采用双频(13.6GHz和5.3GHz)测距，因此对电离层散射引起的测高误差具有校正能力，另外，配置了一部三波段(18、21、37GHz)微波辐射计，用来测量大气中的水汽含量，校正测距中的相关误差，测距综合误差在3.2cm精度水平。POSEIDON虽然是单频固态高度计，但电离层校正采用的是Dorris Doppler数据和全球电离层模型，因此它的大气传播影响也降低到最低程度，测距综合误差为3.7cm。在MGDR-A数据集中，TOPEX和POSEIDON两个高度计观测的海面高具有一定的系统性偏差，约为20cm。目前，MGDR-B已改正了该系统误差(PO. DAAC, 1997)。基于T/P卫星的巨大成功，Jason-1、Jason-2作为T/P的后续卫星陆续于2001年与2008年发射，延续T/P的任务。其后发射的几颗测高卫星都是为了加深人们对地球重力场、海洋环境要素、地球物理参数等的了解。

目前的测高卫星及主要参数见表3-1。

表 3-1

测高卫星及其主要参数

卫星	研制机构	运行时间	轨道倾角/°	轨道高度/km	重复周期/d	测高精度/cm
Skylab	NASA	1973.05—1974.02	50	425	—	85~100
Geos-3	NASA	1975.04—1978.12	115	840	3, 17	25~50
Seasat	NASA	1978.06—1978.10	108	800	3, 17	20~30
Geosat	U. S. Navy	1985.03—1990.01	108	800	准23, 17	10~20
ERS-1	ESA	1991.07—2000.03	98.5	800	3, 35, 168	10
T/P	NASA/CNES	1992.08—2005.10	66	1336	9.9156	3
ERS-2	ESA	1995.04—2011.07	98.5	800	3, 35, 168	10
GFO	U. S. Navy	1998.02—2008.10	108	800	17	3.5
Jason-1	NASA/CNES	2001.11—2013.07	66	1336	9.9156	3.3
Envisat	ESA	2002.03—2012.05	98	800	35, 30	10
Jason-2	NASA/CNES	2008.07—	66	1336	9.9156	2.5~3.4
Cryosat-2	ESA	2010.04	92	717	369	—
HY-2A	CAST	2011.08—	99.34	971	14	—
Saral/AltiKa	ISRO/CNES	2013.02	98.54	790	35	—
Jason-3	NASA/CNES	2016.01—	66	1336	9.9156	—

卫星测高的基本原理是利用卫星上所携带的高度计(微波测距雷达)向海面发射并接收反射的电磁波,从而测定卫星到海面的垂直距离。雷达波具有一定的波束角(通常为 1.5°~3°),到达海面波迹半径为 3~5km,因此测高仪所测高度 h_u 为这个圆形波迹面积内卫星至海面的平均高。

卫星测高的基本原理如图 3.9 所示,H 为瞬时海面的椭球高,是间接观测量,h_u 是雷达测高仪的直接观测量,r_s 是卫星的地心距,P 点是瞬时海面上卫星的垂向星下点,P_G 是大地水准面上 P 点的垂向投影点,P_e 是 P_G 在参考椭球面上的法向投影点,其地心距为 r_p。图中略去了垂线偏差,$SP_e = H_s$ 是卫星的椭球高,N 为大地水准面高。

卫星向海面的垂直投影线与地心向径存在角度差异,此差异引起的改正为:

$$C_r = \frac{r_p}{8}\left(1 - \frac{r_p}{r_s}\right)e^4 \sin^2 2B \tag{3.3}$$

式中,B 为 P 点的纬度,则所测海面在地球椭球面上的高度为:

$$H = r_s - r_p - h_u + C_r \tag{3.4}$$

若卫星测高产品中已进行了这种非共线改正,并隐含在 $r_s - r_p$ 中,则无需开展 C_r 改正。但顾及距离观测误差 ε_h 和卫星轨道误差 ε_r,测高方程可改写为:

$$H = r_s - r_p - h_u + \varepsilon_r - \varepsilon_h \tag{3.5}$$

测定的海面高随时间和地点变化,对于特定的星下点,海面高又可表示为以下关系:

$$H = N + \zeta_s + \zeta_t + \tau + w \tag{3.6}$$

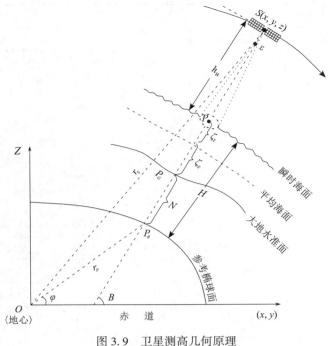

图 3.9　卫星测高几何原理

式中，N 为大地水准面差距，ζ_s 和 ζ_t 分别为海面地形的稳态部分和非潮汐时变部分，τ 为海潮和固体潮对海面高的影响，w 为海况(风、浪和大气压等)引起的海面高变化。

3.3.2　平均海面高模型建立

基于测高卫星数据的平均海面高模型建立流程如下：

1. 测高数据预处理及海面高计算

根据卫星测高原理，卫星相对于参考椭球的位置 H_{alt} 可以精确获得，结合改正后的卫星到海面之间的距离 h_r^c，可以得到海面相对于参考椭球的大地高 H_{ssh}：

$$
\begin{aligned}
H_{ssh} &= H_{alt} - h_r^c \\
&= H_{alt} - (h_{range} + h_{iono} + h_{wet} + h_{dry} + h_{pole} + h_{solid} + h_{load} + h_{ssb})
\end{aligned}
\tag{3.7}
$$

式中，h_{range} 为实测卫星到海面的距离；h_{iono} 为电离层延迟改正；h_{wet} 和 h_{dry} 为湿对流层和干对流层延迟改正；h_{pole} 为极潮改正；h_{solid} 为固体潮改正；h_{load} 为负荷潮改正；h_{ssb} 为海况偏差改正。

2. 平均海面高剖面计算

理想情况下，测高卫星每一周期相同弧段对应的地面轨迹应该重合，但因为外界扰动因素影响，实际观测中卫星的多次轨迹并不重合。因此，需取多次轨迹的平均轨迹，并将每条轨迹对应的平均海面高归算至该平均轨迹，然后对多次观测的海面高序列进行平均，才能获得平均海面高剖面(图 3.10)。

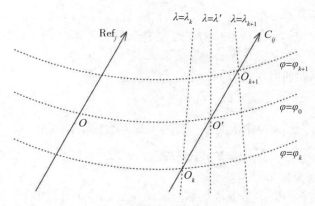

图 3.10　测高卫星弧段及平均海面高剖面

如图 3.10 所示，以平均轨迹为基准弧段，已知基准弧段（Ref）上某点 O 的经纬度和海面高，根据 O 点搜索其他周期相对应弧段的相同纬度点 O' 前后有效观测值 O_k，O_{k+1}，在两个有效观测点距离较近的时候，因沿轨海平面变化较平缓，可采用线性内插方法获得 O' 点的经度与海面高值。

$$\lambda' = \lambda_{k+1} - \frac{(\lambda_{k+1} - \lambda_k)\cos\varphi_k}{(\varphi_{k+1} - \varphi_k)\cos\varphi_0}(\varphi_{k+1} - \varphi_0)$$

$$H' = H_{k+1} - \frac{\varphi_{k+1} - \varphi_0}{\varphi_{k+1} - \varphi_k}(H_{k+1} - H_k)$$

（3.8）

式中，各符号的意义如图 3.10 所示。通过内插可以得到每个周期对应弧段上与 O 点相同纬度点的海面高，进而构建 O 点的海面高程观测序列，最后将 O 点所有观测值的平均值作为 O 点最终平均海面高值。

3. 交叉点平差

平均海面高剖面数据的精度可借助上升和下降轨迹在若干交点处的不符值来评估。如不符值存在系统偏差，需进行交叉点平差。交叉点平差可以进一步削弱卫星的径向轨道误差、海面时变残差所引起的误差以及系统误差等对测高数据的影响。

常用的卫星径向轨道误差函数模型如下：

$$\Delta r = x_0 \qquad\qquad 适合短弧$$

$$\Delta r = x_0 + x_1\Delta t \qquad\qquad 适合中弧$$

$$\Delta r = x_0 + x_1\sin\Delta t + x_2\cos\Delta t \quad 适合长弧$$

（3.9）

式中，x_0，x_1，x_2 为待估参数，与轨道长半径 a、偏心率 e 和平近点角的摄动有关，在区域范围内假定是常数；Δt 为相对时间，由观测时间确定。将交叉点的海面高 H 的不符值作为观测量，以中长弧为例，升弧和降弧在交叉点处的海面的观测方程为：

$$升弧：\hat{H} = H_{obs}^a + x_0^a + x_1^a\Delta t^a$$

$$降弧：\hat{H} = H_{obs}^d + x_0^d + x_1^d\Delta t^d \qquad (\Delta t = t - t_0)$$

（3.10）

式中，$\hat{H}$ 为海面高的平差值，H_{obs} 为海面高的观测值，a 表示升弧，d 表示降弧。

上述两式相减得误差方程：

$$l_k^{ij} = (H_{obs}^a)_k^i - (H_{obs}^d)_k^j = (x_0^d)^j - (x_0^a)^i + (x_1^d)^j (\Delta t^d)^j - (x_1^a)^i (\Delta t^a)^i \quad (3.11)$$

式中，i 为升弧编号，j 为降弧编号，k 为交叉点编号。

根据间接平差原理列出误差方程：

$$V = A\hat{X} - L \quad (3.12)$$

式中，A 为系数矩阵，L 为观测值向量，$\hat{X}$ 为未知参数向量，其最小二乘解为：

$$\hat{X} = (A^T P A)^{-1} A^T P L \quad (3.13)$$

4. 平均海面高模型框架网构建

不同测高卫星具有不同的重复周期和时间跨度。迄今为止，T/P，Jason-1、Jason-2 和 Jason-3 卫星系列以其相同的轨道设计（部分双卫星重叠时段，一颗卫星变轨至交错轨道），已积累了 20 余年的测高数据，为消除非潮汐时变影响提供了足够时间长度的观测量，可以获得高精度的剖面网形平均海面高数据，据此利用插值拟合法构建平均海面高模型的框架网。常采用的插值拟合方法有反距离加权、多项式拟合、克里格插值、样条插值等。

5. 多种测高卫星数据融合

不同的测高卫星由于椭球参数、椭球定位和定向存在的差别，导致不同测高卫星采用的坐标系也不同。由于卫星轨道误差、测高仪偏差、参考框架的不一致以及各项地球物理改正误差，导致不同的卫星测高数据所得的平均海面之间存在系统偏差，称为参考框架偏差。

当对两种或两种以上测高卫星的海面高数据联合处理时，首先应统一测高数据的基准，消除参考框架偏差。现有的测高卫星中，T/P 及 Jason 系列卫星的精度是比较好的，且时间采样率也较高，因此在融合多源测高卫星数据时，一般将其他测高卫星的海面高转换到 T/P 卫星海面高参考椭球和框架中来。对于选定的测高卫星，其对应的参考椭球是已知的，故由参考椭球不一致引起的海面高变化在比较各卫星测得的海面高之前就可以得到。

设参考椭球不一致引起的海面高变化为 dh，则有：

$$dh = -W da + \frac{a}{W}(1-f)\sin^2\varphi \, df$$
$$W = \sqrt{1 - e^2 \sin^2\varphi}, \quad da = a_0 - a, \quad df = f_0 - f \quad (3.14)$$

式中，a、f 为参考椭球的长半轴和扁率，φ 是大地纬度，e 为椭球的第一偏心率。

不同测高卫星观测所得海面高在进行时间平均后，获得的海面高均值可能存在系统性的误差或长波信号的差异。这种系统误差可以采用四参数模型来改正。

$$H_{T/P} = H_{MSS} + \Delta x \cos\varphi\cos\lambda + \Delta y \cos\varphi\sin\lambda + \Delta z \sin\varphi + B \quad (3.15)$$

式中，Δx，Δy，Δz 为三个平移参数，B 为偏差因子，λ 与 φ 为对应点的经纬度，$H_{T/P}$ 为 T/P 卫星框架下的平均海面高，H_{MSS} 为相应测高卫星下平均海面高。

6. 平均海面高格网数值模型建立

当获得多个卫星轨迹上的平均海面高数据后，海面高数据已达到足够密度。利用格网化方法，可以求得按经纬度排列的均匀网格点的平均海面高，即平均海面高模型。图 3.11 是以 CGCS2000 椭球为参考的中国邻近海域平均海面高模型的等值线分布图。

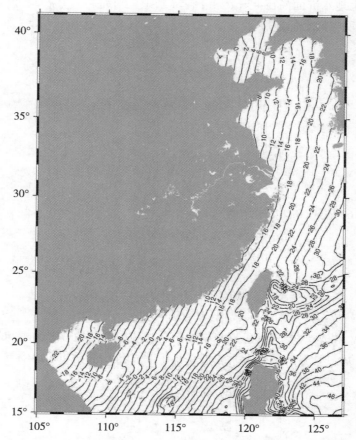

图 3.11　中国近海及邻海平均海面高等值线图（单位为米；邓凯亮，等，2008；作者有改动）

3.3.3　大地水准面模型建立

大地水准面的确定需要根据物理大地测量理论，以现有全球重力场模型为参考场，利用重力异常，在移去-恢复的技术框架下，进行大地水准面精化。海洋区域的重力异常除了可以由船测和航空重力测量提供外，主要通过卫星测高数据所提供的几何信息反演得到，包括通过先验大地水准面和大地水准面变化的方向导数、梯度和垂线偏差等信息反演。

1. 卫星测高数据的垂线偏差计算

垂线偏差是地球重力场的一种重要几何度量，反映了作为地球自然形状一级近似的大地水准面和二级近似的旋转椭球面在研究点的交角，是联系物理大地测量与几何大地测量的一个重要纽带。利用卫星测高数据计算垂线偏差的典型方法有 Sandwell 方法和 Hwang 方法。

Sandwell 方法利用测高点的位置和时间，用测高剖面上观测值的一次差分计算测高剖面的数值导数，即在轨迹交叉点上，获取海面分别沿上升轨迹和下降轨迹方向的方向导数。$\dot{N}$ 表示沿轨大地水准面高在上升 a 和下降 d 轨道上对时间的导数，$\dot{\varphi}$ 和 $\dot{\lambda}$ 为星下点沿轨运动在纬度和经度方向上的速度。

$$\begin{cases} \dot{N}_a = \dfrac{\partial N_a}{\partial t} = \dfrac{\partial N}{\partial \varphi}\dot{\varphi}_a + \dfrac{\partial N}{\partial \lambda}\dot{\lambda}_a \\ \dot{N}_d = \dfrac{\partial N_d}{\partial t} = \dfrac{\partial N}{\partial \varphi}\dot{\varphi}_d + \dfrac{\partial N}{\partial \lambda}\dot{\lambda}_d \end{cases} \tag{3.16}$$

当在交叉点上时，理论上有如下关系：

$$\begin{cases} \dot{\varphi}_a \approx -\dot{\varphi}_d, \\ \dot{\lambda}_a = -\dot{\lambda}_d \end{cases} \tag{3.17}$$

联合式(3.16)和式(3.17)可解算得到：

$$\begin{cases} \dfrac{\partial N}{\partial \lambda} = \dfrac{1}{2\dot{\lambda}}(\dot{N}_a + \dot{N}_d) \\ \dfrac{\partial N}{\partial \varphi} = \dfrac{1}{2|\dot{\varphi}|}(\dot{N}_a - \dot{N}_d) \end{cases} \tag{3.18}$$

式中，$\dot{\varphi}$、$\dot{\lambda}$、$\dot{N}_a$ 和 $\dot{N}_d$ 等参数可通过测高剖面上观测点记录的位置和时间信息得到。获得 $\partial N/\partial \varphi$、$\partial N/\partial \lambda$ 后，计算交叉点上垂线偏差子午圈方向分量 ξ 和卯酉圈方向分量 η：

$$\begin{cases} \xi = -\dfrac{1}{R}\dfrac{\partial N}{\partial \varphi} \\ \eta = -\dfrac{1}{R\cos\varphi} \cdot \dfrac{\partial N}{\partial \lambda} \end{cases} \tag{3.19}$$

Hwang 方法则利用位置和测高剖面的海面高信息直接求得沿轨迹方向的垂线偏差，进一步通过平差的方法计算离散格网点上的平均垂线偏差分量。该方法利用沿上升和下降轨迹方向求得的海面高度变化率计算交叉点处的垂线偏差，通过多源多代测高卫星的稠密交叉点附近的海面高观测信息，即可获得高密度垂线偏差，最后通过网格化可得垂线偏差网格模型。

垂线偏差是通过大地水准面数据计算得到的，大地水准面与垂线偏差的几何关系如图3.12 所示。沿轨垂线偏差 ε 的表达式如下：

$$\varepsilon(a) = -\dfrac{dN}{ds} \tag{3.20}$$

式中，dN 代表沿轨相邻两点的大地水准面之差，ds 代表沿轨相邻两点的距离。

垂线偏差 ε 可以分解为子午圈分量 ξ 和卯酉圈分量 η，公式为：

$$\varepsilon = \xi\cos\alpha + \eta\sin\alpha \tag{3.21}$$

上式中 α 为方位角，其计算公式为：

$$\tan\alpha = \dfrac{\cos\varphi_q\sin(\lambda_q - \lambda_p)}{\cos\varphi_p\sin\varphi_q - \varphi_p\cos\varphi_q\cos(\lambda_q - \lambda_p)} \tag{3.22}$$

式中，φ 和 λ 分别为测高点的大地纬度和经度，p 和 q 为沿轨相邻两点。

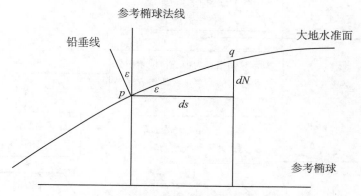

图 3.12　大地水准面与垂线偏差的几何关系

利用沿轨 ε 计算 ξ、η 的观测方程为：

$$\varepsilon_i + v_i = \overline{\xi}\cos\alpha_i + \overline{\eta}\sin\alpha_i \quad i = 1,\ 2,\ \cdots,\ n \tag{3.23}$$

式中，n 为窗口内的观测点数目，v_i 为观测点的残差，采用间接平差法解算上述公式。

在实际应用中通常采用移去-恢复思想来完成垂线偏差的计算，具体步骤如下：

（1）通过卫星观测所得平均海面高 H，结合海面地形模型得到的海面地形值 ζ，计算得到大地水准面观测值 N_{obs}。

（2）利用已有的重力场模型如 EGM2008，通过插值计算获得沿轨点上大地水准面的模型高 N_m，然后计算残余大地水准面：

$$\Delta N = N_{obs} - N_m; \tag{3.24}$$

（3）根据 ΔN，采用 Sandwell 法或 Hwang 方法，计算残余的垂线偏差分量 $\Delta\xi$、$\Delta\eta$。

（4）将 $\Delta\xi$、$\Delta\eta$ 与 EGM2008 模型的参考垂线偏差分量 ξ_m、η_m 叠加，最终得到各点的垂线偏差分量：

$$\xi = \xi_m + \Delta\xi、\eta = \eta_m + \Delta\eta \tag{3.25}$$

2. 卫星测高数据反演重力异常

基于测高卫星获取的海面高数据或由其推算得到的垂线偏差信息，依据地球重力场参数固有的泛函关系，可以反演计算出海域重力异常或扰动重力。

卫星测高重力反演的主要方法有：

1）数值积分法

数值积分法包括以测高大地水准面作为输入量的逆 Stokes（斯托克斯）公式和以测高垂线偏差作为输入量的逆 Vening-Meinesz（维宁·曼尼斯）公式。逆 Stokes 方法则是利用逆 Stokes 公式，以先验大地水准面高（以观测的海面高代替）为输入量，通过全球积分计算所研究点的重力异常。逆 Vening-Meinesz 方法利用逆 Vening-Meinesz 公式，以各方向的垂线偏差为输入量，通过积分计算反演重力异常。重力异常的计算流程如图 3.13 所示。

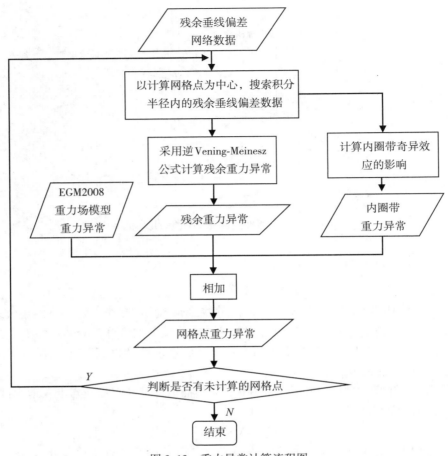

图 3.13　重力异常计算流程图

用逆 Vening-Meinesz 公式计算重力异常：

$$\Delta g(p) = \frac{\gamma}{4\pi} \iint H'(\psi) (\xi\cos\alpha_{qp} + \eta\sin\alpha_{qp}) \mathrm{d}\sigma \qquad (3.26)$$

式中，ξ 和 η 为垂线偏差在子午圈和卯酉圈方向上的分量，$H'(\Psi)$ 为积分核函数，α_{qp} 代表计算点至流动点的方位角，Ψ 为计算点到流动点的球面距离，表达式分别为：

$$H'(\psi) = \frac{dH(\psi)}{d\psi} = -\frac{\cos\dfrac{\psi}{2}}{2\sin^2\dfrac{\psi}{2}} + \frac{\cos\dfrac{\psi}{2}\left(3 + 2\sin\dfrac{\psi}{2}\right)}{2\sin\dfrac{\psi}{2}\left(1 + \sin\dfrac{\psi}{2}\right)} \qquad (3.27)$$

$$\sin^2\left(\frac{\psi_{qp}}{2}\right) = \sin^2\left(\frac{\Delta\phi_{qp}}{2}\right) + \sin^2\left(\frac{\Delta\lambda_{qp}}{2}\right)\cos\varphi_q\cos\varphi_p$$

当球面距离 $\Psi = 0$ 时，$H'(\Psi)$ 会产生奇异，将对反演结果造成影响。因此在恢复过程中需考虑到内圈带奇异效应的影响，当内圈带奇异时，重力异常的计算公式为：

$$\delta\Delta g_p = \frac{S_0\gamma}{2}(\xi_x + \eta_y) \qquad (3.28)$$

式中，S_0 为所取小邻域的半径，ξ_x 和 η_y 分别为 ξ 和 η 在 x 和 y 方向的导数，可由数值微分法得到。$\gamma = GM/R^2$，GM 是地心引力常数，R 为地球半径。

2）最小二乘配置法

借助协方差函数建立地球重力场参数之间的统计关系，联合卫星测高资料和海面船测重力数据反演海洋重力异常。在重力异常估计中，最小二乘配置的观测方程一般简化为：

$$L = X + GY + \Delta \tag{3.29}$$

对于动态重力变化的系统部分 GY，采用 $1 \sim 2$ 阶的多项式函数拟合，其公式为：

$$GY = \begin{bmatrix} 1 & x_1 - x_0 & y_1 - y_0 & (x_1 - x_0)^2 & (y_1 - y_0)^2 \\ 1 & x_2 - x_0 & y_2 - y_0 & (x_2 - x_0)^2 & (y_2 - y_0)^2 \\ 1 & x_3 - x_0 & y_3 - y_0 & (x_3 - x_0)^2 & (y_3 - y_0)^2 \\ 1 & x_4 - x_0 & y_4 - y_0 & (x_4 - x_0)^2 & (y_4 - y_0)^2 \end{bmatrix} \begin{bmatrix} a_0 \\ a_1 \\ a_2 \\ a_3 \\ a_4 \end{bmatrix} \tag{3.30}$$

式中，$x_0 = \dfrac{1}{n}\sum\limits_{i=1}^{n} x_i$，$y_0 = \dfrac{1}{n}\sum\limits_{i=1}^{n} y_i$；$a$ 为倾向参数。

认为信号与观测噪声独立，假设 $\mu_x = 0$，$\mu_{x'} = 0$，利用矩阵求逆公式可得参数估值表达式：

$$\begin{cases} \widehat{Y} = \{G^{\mathrm{T}}(D_{XX} + D_{\Delta\Delta})^{-1}G\}\,G^{-1} \cdot G^{\mathrm{T}}(D_{XX} + D_{\Delta\Delta})^{-1}L \\ \widehat{X} = D_{XX}(D_{XX} + D_{\Delta\Delta})^{-1} \cdot (L - G\widehat{Y}) \\ \widehat{X}' = D_{X'X'}(D_{X'X'} + D_{\Delta\Delta})^{-1} \cdot (L - G\widehat{Y}) \end{cases} \tag{3.31}$$

相应地，动态重力异常观测值的滤波和推估结果如下：

$$\begin{cases} \widehat{\Delta g} = G\widehat{Y} + \widehat{X} \\ \widehat{\Delta g_P} = G_P\widehat{Y} + \widehat{X}' \end{cases} \tag{3.32}$$

估计值的验后方差为：

$$\begin{cases} D_{\Delta\widehat{g}} = \begin{bmatrix} G & E \end{bmatrix} \begin{bmatrix} D_{\widehat{Y}\widehat{Y}} & D_{\widehat{Y}\widehat{X}} \\ D_{\widehat{X}\widehat{Y}} & D_{\widehat{X}\widehat{X}} \end{bmatrix} \begin{bmatrix} G^{\mathrm{T}} \\ E \end{bmatrix} \\ D_{\Delta\widehat{g}'} = \begin{bmatrix} G_P & E \end{bmatrix} \begin{bmatrix} D_{\widehat{Y}\widehat{Y}} & D_{\widehat{Y}\widehat{X}'} \\ D_{\widehat{X}'\widehat{Y}} & D_{\widehat{X}'\widehat{X}'} \end{bmatrix} \begin{bmatrix} G_P^{\mathrm{T}} \\ E \end{bmatrix} \end{cases} \tag{3.33}$$

不论利用逆 Vening-Meinesz 方法还是逆 Stokes 方法，都需要对输入信息与特定核函数进行全球积分计算。通常的做法是应用移去-恢复技术，将全球积分转换为区域积分。其基本思想是利用全球重力场模型，根据模型的扰动位系数，计算模型垂线偏差和模型大地水准面高，从卫星测高数据反演的垂线偏差和平均海面高中扣除相应的模型量，计算剩余（残差）垂线偏差和大地水准面高，作为积分的输入量。因为残差信息扣除了长波趋势性部分，具有较小的数值，作为积分的输入量时，对计算点周边的相关量做区域积分即可。

根据图 3.13 给出的移去-恢复思想，融合逆 Vening-Meinesz 公式反演得到的重力异常及船载、航空重力测量获得的重力异常，联合参考重力场模型（如 EGM2008），计算大地

水准面差距 N，建立大地水准面模型。

根据重力异常计算大地水准面可采用 Stokes 公式：

$$N(P) = \frac{R}{4\pi\gamma_0} \int_{\alpha=0}^{2\pi} \int_{\psi=0}^{\pi} \Delta g(\psi, \alpha) S(\psi) \sin\psi \, \mathrm{d}\psi \, \mathrm{d}\alpha \qquad (3.34)$$

上式是以球面极坐标形式表示的 Stokes 公式，以计算点 P 为极点，Ψ 是 P 点到流动点的球面角距，α 是 P 点到流动点的球面方位角，由 P 点的子午圈按顺时针方向量取；R 是地球平均半径，通常取 $R = \sqrt[3]{a^2 b}$（a 是参考椭球长半径，b 是短半径）；γ_0 是正常椭球面上的正常重力的平均值；$S(\Psi)$ 是 Stokes 函数：

$$S(\psi) = \frac{1}{s} - 6s - 4 + 10s^2 - 3(1 - 2s^2)\ln(s + s^2)$$

$$s = \sin\frac{\psi}{2} \qquad (3.35)$$

将椭球极坐标 (Ψ, a) 化为球面坐标 (φ, λ)，P 点的球面坐标为 $P(\varphi_P, \lambda_P)$，流动点 Q 的球面坐标为 $Q(\varphi, \lambda)$，根据球面三角公式，将 s^2 表示为：

$$\begin{aligned}
s^2 &= \sin^2\frac{\psi}{2} \\
&= \sin^2\left[\frac{1}{2}(\varphi_P - \varphi)\right] + \sin^2\left[\frac{1}{2}(\lambda_P - \lambda)\right]\cos\varphi_P\cos\varphi
\end{aligned} \qquad (3.36)$$

式中，s 不仅是 $(\varphi_P - \varphi)$ 和 $(\lambda_P - \lambda)$ 的函数，还包含了变量 $\cos\varphi$，φ_P 在式中视为常数。

将 $\cos\varphi_P\cos\varphi$ 进行如下近似展开：

$$\begin{aligned}
\cos\varphi_P\cos\varphi &= \cos^2\left[\frac{1}{2}(\varphi_P + \varphi)\right] - \sin^2\left[\frac{1}{2}(\varphi_P - \varphi)\right] \\
&= \cos^2\varphi_m - \sin^2\left[\frac{1}{2}(\varphi_P - \varphi)\right]
\end{aligned}$$

式中，φ_m 是计算区域的平均纬度，对于一个给定的区域 φ_m 是常数。由此，s 可近似表示为：

$$\begin{aligned}
s &= \sin\frac{\psi}{2} \\
&\approx \left\{\sin^2\left[\frac{1}{2}(\varphi_P - \varphi)\right] + \sin^2\left[\frac{1}{2}(\lambda_P - \lambda)\right] \cdot \left[\cos^2\varphi_m - \sin^2\left(\frac{1}{2}(\varphi_P - \varphi)\right)\right]\right\}^{1/2}
\end{aligned}$$

$$(3.37)$$

顾及球面极坐标系流动面元与球面坐标系流动面元的关系：

$$R^2\sin\psi \, \mathrm{d}\psi \, \mathrm{d}\sigma = R^2\cos\varphi \, \mathrm{d}\varphi \, \mathrm{d}\lambda \qquad (3.38)$$

则 Stokes 公式的球面形式可相应地写为：

$$N_{\varphi_P}(\lambda_P) = \frac{R}{4\pi\gamma_0} \iint_\sigma \left[\Delta g(\varphi, \lambda) \cdot \cos\varphi\right] \cdot S(\varphi_P - \varphi, \lambda_P - \lambda) \, \mathrm{d}\varphi \, \mathrm{d}\lambda \qquad (3.39)$$

图 3.14 为以 CGCS2000 椭球面为参考面的中国邻近海域大地水准面模型的等值线分布图，单位为米。

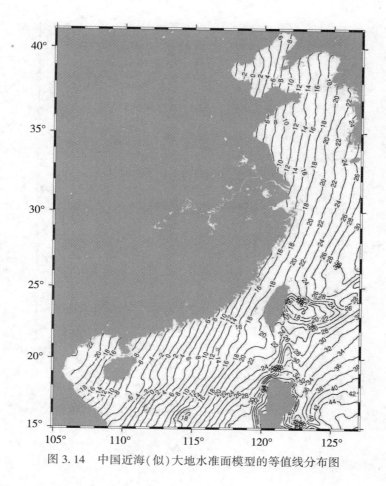

图 3.14　中国近海(似)大地水准面模型的等值线分布图

3. 海面地形模型建立

海面地形通常指稳态海面地形，由海水热力、风力和地球自转惯力等作用形成的。几何域法是求解海面地形的一种简单方法，利用平均海面和海洋大地水准面求得海面地形高度。

$$\zeta = H - N \tag{3.40}$$

式中，ζ 为海面地形，H 为平均海面大地高，N 为海洋大地水准面差距。

根据格网形式的平均海面大地高 H 和相应的海洋大地水准面高 N，由上式可计算各格网点的海面地形 ζ。由于大地水准面高是基于移去-恢复思想通过积分计算得到，本身具有良好的光滑特性，而平均海面由测高数据直接按几何法计算，有约 10cm 量级的噪声成分，因此直接计算的海面地形模型不可避免地会混入噪声。顾及海面地形的谱能为中长波占优，故可通过一定范围内数据的滤波技术抑制海面地形中的噪声。具体操作原理如下：

首先，移去离散海面地形数据模型中波长大于 500km 的中长波成分。

然后，得到高频信息的残余海面地形，对其进行高斯滤波技术处理。

最后，将平滑后的残余海面地形与长波成分再次叠加，得到最终的格网形式的稳态海面地形模型。图 3.15 为中国邻近海域海面地形的等值线分布图，单位为 cm。

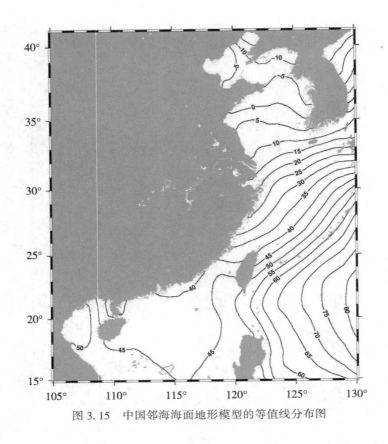

图 3.15　中国邻海海面地形模型的等值线分布图

3.3.4　海潮模型及深度基准面模型建立

深度基准面格网模型建立在海潮模型的基础上。海潮模型按其形成方法的不同主要分为两类，即基于卫星测高数据的经验模型和基于流体动力学方程的同化模型。

1. 经验海潮模型

经验海潮模型通过分析卫星测高获得的每个观测点的海面高时序数据，从中提取出主要分潮的潮汐调和常数等信息，进而形成一定分辨率的潮汐格网模型。建立过程如下：

（1）依据式（3.7）计算得到海面瞬时高，沿卫星测高地面轨迹依次得到各观测脚点的瞬时海面高。根据测高卫星观测的周期性特征得到每个测高地面脚点的瞬时海面高序列。海面高序列需满足的最短时长依测高卫星观测周期而定，一般要大于两个分潮的会合周期。

（2）以每个测高脚点为单位，对其所累积的瞬时海面高序列数据进行潮汐分析（计算原理参见 6.2.1），得到各脚点主要分潮的调和常数。采用相同的方法得到每个脚点各主要分潮的调和常数。

（3）以测高脚点为插值节点，采用插值拟合法构建区域潮汐模型，即根据每个节点上各分潮的调和常数分别进行插值拟合。插值方法可采用多项式拟合、三次样条插值、反距离加权插值等方法。

经验模型法简单高效，在具备足够的卫星测高数据后，便可以获得一定分辨率的潮汐模型。显然，经验模型的空间分辨率依赖于卫星地面轨迹分布的空间分辨率，当卫星地面轨迹分布稀疏或是在无法覆盖到的高纬度地区，使用经验模型方法无法获得精细的海潮模型。

2. 同化模型

同化模型则基于流体动力学方程，按照特定的优化标准和方法，将观测数据和数值模拟结合起来获得潮汐分布。其中流体动力学模型通过数值求解流体动力学方程进而得到潮波运动参数，在忽略非线性项和摩擦力的情况下，潮波运动方程和连续方程构成的偏微分方程组如下：

$$\begin{cases} \dfrac{\partial u}{\partial t} - 2\omega v \sin\phi = -g \dfrac{\partial(\zeta - \bar{\zeta})}{\partial x} \\[2mm] \dfrac{\partial v}{\partial t} + 2\omega u \sin\phi = -g \dfrac{\partial(\zeta - \bar{\zeta})}{\partial y} \\[2mm] \dfrac{\partial \zeta}{\partial t} + \dfrac{\partial[(h+\zeta)u]}{\partial x} + \dfrac{\partial[(h+\zeta)v]}{\partial y} = 0 \end{cases} \tag{3.41}$$

式中，u，v 分别表示海水在 x，y 轴向的速度矢量，ω 表示地球自转角速度，φ 则表示海水质点纬度，h 表示海区平均深度，ζ 则表示相对于平均海面的海水高。

式(3.41)构成了二维流体运动基本方程组，通过解算方程组得到海水瞬时高 ζ 及东方向和北方向流速大小，基于流体动力学所获得的海潮模型分辨率与计算能力相关，加上对多源数据的同化能力，同化模型能够最大程度地提高海潮模型的精度和分辨率。

同化模型方法也存在自身的不足，由于高分辨率的潮汐动力学方程需要精确的测深数据、摩擦参数和黏性参数等，且需要对这些参数进行微调，计算量势必会增加。同化卫星测高、验潮站等数据建立海潮模型时，采用的同化方法主要有 Blending 法、Nudging 法、最优插值法、伴随法和代表函数展开法等。下面介绍 Blending 同化法的基本原理。

Blending 法是最早应用在全球海潮建模中的方法之一，该方法将卫星测高数据直接用到动力学模型中，将待求格网点的潮高视为实际观测数据与动力学模型值的加权和，即

$$\zeta = f\zeta_{\text{Sate}} + (1 - f)\zeta_M \tag{3.42}$$

式中，ζ_{Sate} 为通过卫星测高数据获得的潮高，ζ_M 为动力学模型的模拟值，f 为经验权值。

在先验假设统计中认为观测数据完全正确，但由于测高误差的存在以及潮汐分析时迟角精度的不均匀，使得 f 的取值小于 1，并且与分潮的振幅大致成比例。表 3-2 是 Blending 同化方法中各分潮经验权参数 f 的取值。

表 3-2   **Blending 法中各分潮经验权 f**

分潮	M_2	S_2	N_2	K_2	K_1	O_1	P_1	Q_1
f	0.5	0.4	0.25	0.25	0.25	0.25	0.25	0.1

无论是海潮经验模型还是同化模型，均为海潮格网模型。在每个格网上均能获得 m 个主要分潮，形成该格网潮汐模型：

$$h(t) = \sum_{i=1}^{m} f_i H_i \cos(\sigma_i t + V_{0i} + u_i - g_i) \tag{3.43}$$

表 3-3 列出了根据不同方法构建的全球海潮模型。

利用每个格网上的潮汐模型，取各分潮贡献潮高和的极小值，也即获得了各格网的深度基准面 L 值，进而也建立了深度基准面 L 值的格网模型。

$$L = -\min\left[\sum_{i=1}^{m} f_i H_i \cos(\sigma_i t + V_{0i} + u_i - g_i)\right] \tag{3.44}$$

表 3-3　　　　　　　　　　　　国际上现有的海潮模型

名称	时间	国家	机构	数据		分辨率	构建方法
				测高卫星	验潮站	/°	
Schw80	1980	美国	NSWC	无	有	1	流体动力学模型
FES94.1	1994	法国	FTG	无	有	1/2	流体动力学模型
FES95.2	1995	法国	FTG	T/P	有	1/2	同化模型
FES98	1998	法国	FTG	无	有	1/4	同化模型
FES99	1999	法国	FTG	T/P	有	1/4	同化模型
FES2004	2004	法国	FTG	T/P,ERS-2	有	1/8	同化模型
FES2012	2012	法国	FTG	T/P,ERS-1/2,Jason-1/2,Envisat	有	1/16	同化模型
FES2014	2016	法国	FTG	T/P,ERS-1/2,Jason-1/2,Envisat	有	1/30,1/60	同化模型
CSR3.0	1994	美国	CSR	T/P	无	1	经验模型
CSR4.0	1999	美国	CSR	T/P	无	1/2	经验模型
GOT99.2b	1999	美国	GSFC	T/P	无	1/2	经验模型
GOT00.2	2000	美国	GSFC	T/P,ERS-1/2	无	1/2	经验模型
GOT4.7	2008	美国	GSFC	T/P,ERS-1/2,GFO	无	1/2	经验模型
GOT4.8	2011	美国	GSFC	T/P,ERS-1/2,GFO	无	1/2	经验模型
GOT4.9	2011	美国	GSFC	T/P,ERS-1/2,GFO	无	1/2	经验模型
GOT4.10	2011	美国	GSFC	T/P,ERS-1/2,GFO	无	1/2	经验模型
GOT4.10c	2017	美国	GSFC	ERS-1/2,GFO,Jason-1/2	无	1/2	经验模型
NAO.99b	2000	日本	NAO	T/P	无	1/2	同化模型
AG006a	2006	丹麦	DTU	T/P,ERS-2,GFO,Jason-1,Envisat	无	1/4	经验模型

名称	时间	国家	机构	数据		分辨率	构建方法
				测高卫星	验潮站	/°	
TPXO6.2	2005	美国	OregonSU	T/P	有	1/4	同化模型
TPXO7	2008	美国	OregonSU	T/P,Jason-1,ERS-2	有	1/4	同化模型
TPXO8	2011	美国	OregonSU	T/P,Jason-1,ERS-1/2,Envisat	有	1/30	同化模型
TPXO9	2018	美国	OregonSU	T/P,Jason,ERS,Envisat	有	1/30	同化模型
DTU10	2010	丹麦	DTU	T/P,ERS-2,GFO,Jason-1/2,Envisat	无	1/8	经验模型
OSU12	2012	美国	OSU	T/P,GFO,Jason-1,Envisat	无	1/4	经验模型
HAMTIDE12	2014	德国	UH	T/P,Jason-1	无	1/8	同化模型
EOT08a	2008	德国	DGFI	T/P,ERS-1/2,GFO,Jason-1,Envisat	无	1/8	经验模型
EOT10a	2010	德国	DGFI	T/P,ERS-1/2,Jason-1/2,Envisat	无	1/8	经验模型
EOT11a	2011	德国	DGFI	T/P,ERS-1/2,Jason-1/2,Envisat	无	1/8	经验模型
EOT20	2021	德国	DGFI	T/P,ERS-1/2,Jason-1/2,Enivsat	无	1/8	经验模型

图 3.16 为中国近海及邻海深度基准面模型的等值线分布图。

3.3.5 海洋垂直基准面及相互转换

海洋垂直基准面包括地球椭球面、国家高程基准面、平均海面、深度基准面等。

在传统技术模式下，海洋垂直基准及其相互转换主要借助稀疏验潮站数据来建立和维护。借助验潮站上的潮位观测数据和 GNSS 水准数据可以建立海洋垂直基准面间的联系，反映离散验潮站点的垂直基准转换关系。潮汐的时空变化特征决定了依赖稀疏的验潮站信息建立的垂直基准及转换关系是离散的、不连续的，甚至是跳变的，难以满足现代海洋测绘及工程建设需求。在此背景下，出现了海洋无缝垂直基准及垂直基准无缝转换的思想和方法。

1. 深度基准与参考椭球基准间转换

利用卫星测高数据可在大地坐标系中确定平均海面 $h_{MSS}(\phi, \lambda)$，并以大地高形式表示。根据潮汐信息可以确定深度基准面与平均海面的差异 $L(\phi, \lambda)$，结合 $h_{MSS}(\phi, \lambda)$ 可实现深度基准面相对地球椭球面的表达 $h_L(\phi, \lambda)$，建立起深度基准面与大地测量三维位置基准的联系：

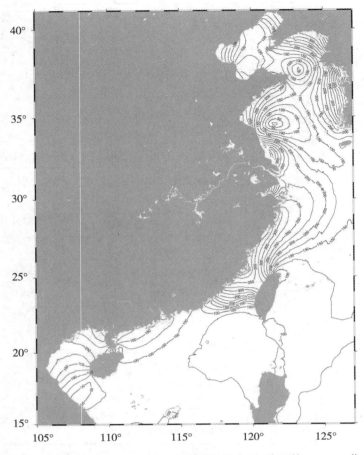

图 3.16　中国近海及邻海深度基准面模型的等值线分布图(许军等，2020；作者有改动)

$$h_L(\phi, \lambda) = h_{\mathrm{MSS}}(\phi, \lambda) - L(\phi, \lambda) \tag{3.45}$$

2. 深度基准与国家高程基准间转换

根据船载或航空重力和卫星测高数据反演重力，在大地水准面精化及地面观测数据控制理论的支撑下，可获得海洋大地水准面模型 $N(\phi, \lambda)$，实现国家高程基准向海域拓展和延伸。

构建高程基准和深度基准间的转换模型有两种途径：一是利用精化的大地水准面模型与深度基准面大地高模型组合；二是利用海面地形模型和深度基准面(L 值)模型组合。

海洋区域似大地水准面和大地水准面可视为重合，不计二者差异，则深度基准面与高程基准面的关系为：

$$H_L(\phi, \lambda) = h_L(\phi, \lambda) - N(\phi, \lambda) \tag{3.46}$$

由于海面地形定义为平均海面相对于大地水准面的起伏，即

$$\zeta(\phi, \lambda) = h_{\mathrm{MSS}}(\phi, \lambda) - N(\phi, \lambda) \tag{3.47}$$

则有：
$$H_L(\phi, \lambda) = \zeta(\phi, \lambda) - L(\phi, \lambda) \tag{3.48}$$

至此，以椭球面为参考，建立起了深度基准面和高程基准面的关系。

3.4 海洋重力测量

海洋重力测量是测定海域重力加速度值的理论与技术，海洋测量的组成部分，为研究地球形状和地球内部构造、探查海洋矿产资源、保障航天发射等提供海洋重力场资料。

3.4.1 地球重力场

地球上任一质点的重力 g 是地球整个质量对该点引力 F 和因地球按等角速度 ω 绕地球自转而产生的离心力 P 的合力（图3.17）。重力 g 是质量 m 和重力加速度的乘积。重力加速度单位以"伽"（Gal）表示（即 $1\mathrm{cm/s^2}$），$1\mathrm{Gal}=10^3\mathrm{mGal}$（毫伽）$=10^6\mu\mathrm{Gal}$（微伽）。

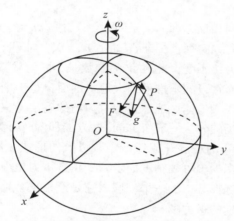

图 3.17   地球重力分解示意图

地球上的重力为 978~983Gal。赤道处的重力小，两极的重力大，但局部变化比较复杂。地球表面上的最大重力差约为 6000mGal，我国从南到北重力值变化多达 3000mGal。

利用重力研究地球形状等问题时，需利用与力有关的函数"位函数"为工具。设有一个标量函数对被吸引点各坐标轴的偏导数分别等于力在相应坐标轴上的分量，这样的函数称为位函数，简称力的位。假设已知空间两个质点 m 和 m' 之间的距离为 r，则二者间的引力为：

$$F = -f\frac{mm'}{r^2} \tag{3.49}$$

式中，f 为引力常数，常取 $6.67\times10^{-11}\mathrm{N}\cdot\mathrm{m^2/kg^2}$。

当被吸引点质量 $m'=1$ 时，引力位 V 的函数形式为：

$$V = -f\frac{m}{r} \tag{3.50}$$

假如有许多质点作用于被吸引点，质点的质量元素为 dm，则引力位的积分形式为：

$$V = f\int_{\tau}\frac{dm}{r} \tag{3.51}$$

离心力位可借助函数 Q 表示：

$$Q = \frac{\omega^2}{2}\rho^2 \sin^2\theta = \frac{\omega^2}{2}(x^2 + y^2) \tag{3.52}$$

式中，ω 为地球旋转角速度；θ 为极距；ρ 为单位质点到坐标原点的距离；$\rho\sin\theta$ 为单位质点到旋转轴的垂直距离。重力等于引力和离心力的合力，则重力位 W 可表示为：

$$W = V + Q = f\int_\tau \frac{\delta d\tau}{r} + \frac{\omega^2}{2}(x^2 + y^2) \tag{3.53}$$

式中，τ 为质体体积，体元 $d\tau = dadbdc$，体密度为 $\delta(a, b, c)$，而质元 $dm = \delta(a, b, c)d\tau$。

重力位对任意方向的导数就等于重力在这个方向上的分力，即

$$\frac{dW}{dn} = g_n = g\cos(g, n) \tag{3.54}$$

当 n 的方向与重力方向相反，即 $\cos(g, n) = -1$，则 $dn = -dW/g$ 将高程与重力位联系起来；而当 n 的方向与重力方向垂直，即 $\cos(g, n) = 0$，则 $dW = 0$，即如果被吸引点沿着重力的垂直方向移动，重力位不变，此时 W 为常数。不同的常数对应不同的重力等位面，即水准面。与静止的海水面重合的水准面即大地水准面，是一个连续的封闭曲面，由大地水准面所包围的整个形体叫大地体。地球正常重力场的确定，主要包括地球正常重力和正常重力位，确定正常重力场的方法一般有 Laplace 方法和 Stokes 方法。

Laplace 方法将地球的重力位展开成球谐函数级数的形式，然后在级数式中取最大的几项作为正常重力位，取多少项可视精度而定。令正常重力位等于不同的常数可求得一族正常重力位水准面，我们选择其中的一个，假设它是产生正常重力位质体的表面，则正常重力场就理解为该质体产生的重力场。

用球谐函数表示的地球重力位函数如下：

$$W = \sum_{n=0}^\infty \frac{1}{\rho^{n+1}}\left[A_n P_n(\cos\theta) + \sum_{k=1}^n (A_n^k \cos k\lambda + B_n^k \sin k\lambda)P_n^k(\cos\theta)\right] + \frac{\omega^2}{2}\rho^2 \sin^2\theta \tag{3.55}$$

式中，$P_n(\cos\theta)$ 称为主球函数，或称勒让德多项式，$P_n^k(\cos\theta)$ 称为勒让德缔合函数。

取前三项，即 $n = 0, 1, 2$ 来表示正常重力位 U。

$$
\begin{aligned}
U =& \frac{A_0}{\rho} + \frac{1}{\rho^2}\left[A_1\cos\theta + (A_1^1\cos\lambda + B_1^1\sin\lambda)\sin\theta\right] + \frac{1}{\rho^3}\left[A_2\left(\frac{3}{2}\cos^2\theta - \frac{1}{2}\right)\right.\\
& + 3(A_2^1\cos\lambda + B_2^1\sin\lambda)\cos\theta\sin\theta + \left.3(A_2^2\cos2\lambda + B_2^2\sin2\lambda)\sin^2\theta\right]\\
& + \frac{\omega^2}{2}\rho^2\sin^2\theta
\end{aligned}
\tag{3.56}
$$

若将坐标原点设在地球质心，令坐标轴为地球的主惯性轴，如果再考虑地球为旋转椭球体，则可得正常重力位为：

$$U = \frac{fM}{\rho}\left[1 + \frac{C - A}{2M\rho^2}(1 - 3\cos^2\theta) + \frac{\omega^2\rho^3}{2fM}\sin^2\theta\right] \tag{3.57}$$

当 $\rho = a$，$\theta = \pi/2$，并舍去一些微小量时，上式表示的正常重力位对应的旋转椭球为克莱罗（Clairaut）椭球，进一步可求出其所对应的正常重力 γ_0 为：

$$\gamma_0 = \frac{fM}{a^2}\left[1 + \alpha - \frac{3}{2}q + \left(\frac{5}{2}q - \alpha\right)\cos^2\theta\right] \tag{3.58}$$

选择一个表面形状 S 和大小已知的质体，该质体以已知角速度 ω 自转，其表面为重力位水准面，并且已知这个质体的质量 M 或其表面的重力位，则根据 Stokes 定理知，该质体在外部的重力位和重力是唯一确定的，分别规定这两者为正常重力位和正常重力，即正常重力场就是这个质体所产生的重力场。

以上两种方法各有优缺点，由 Laplace 方法确定的正常重力场可任意地接近实际地球的重力场，但与其相对应的正常重力位水准面的形状可能很复杂，不适用于大地测量中的各种归算。从实用角度看，用旋转椭球作为归算面对于大地测量问题的研究最为有利。因此，目前都以"水准椭球"作为正常地球，采用 Stokes 方法确定正常重力场。

随着卫星观测技术的快速发展，所求得的地球参数愈来愈精确，应用这些参数可以建立更接近地球实际重力场的正常重力场。国际大地测量学与地球物理联合会（IUGG）曾先后两次推荐了正常椭球基本参数，利用这些数值可以导出新的正常重力及重力位公式。

地球外部一点上重力位 W 与正常重力位 U 之差称为扰动位 T：

$$T = W - U \tag{3.59}$$

由于正常重力位与重力位非常接近，所以扰动位是一个微小量。因为正常重力位是用相对规则的函数预先给出的，因而研究重力位的问题就转化为研究扰动位的问题，这样方便将扰动位的高次项省略掉，使所求解的数学问题转为线性。

正常重力位和重力位包含的离心力位相同，故扰动位是两个引力位之差，满足：

$$\Delta T = 0 \tag{3.60}$$

大地水准面的形状是地球重力场的又一个重要特征，只要给定了一个正常重力场，则扰动位就完全决定了大地水准面的形状，因而可用扰动位表示大地水准面相对于地球的形状。

$$N = \frac{T_0}{\gamma_0} = \frac{T_0}{\overline{\gamma}} \tag{3.61}$$

为了计算方便，上式中 γ_0 用正常重力平均值 $\overline{\gamma_0}$ 代替，N 为大地水准面差距，上式为扰动位与大地水准面差距的关系式，称为布隆斯（H. Bruns）公式。

大地水准面的形状可以用大地水准面高或垂线偏差表示。所谓垂线偏差是指大地水准面上某点的重力方向与相应的正常重力方向之间的夹角。垂线偏差表示大地水准面与平均椭球面之间的倾斜情况，如果二者平行，则垂线偏差为零。如图 3.18 所示，若在某点 P 处建立局部坐标系，X 轴指向北方，Y 轴指向东方，则垂线偏差向南和向西的分量分别为：

$$\xi = \frac{1}{R\gamma}\frac{\partial T_0}{\partial \theta}$$

$$\eta = -\frac{1}{R\sin\theta\gamma_0}\frac{\partial T_0}{\partial \lambda} \tag{3.62}$$

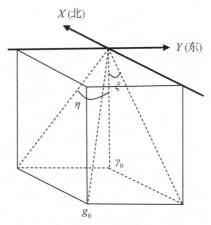

图 3.18　垂线偏差分量

3.4.2　海洋重力测量

从 20 世纪初起步，海洋重力测量经历了 100 多年的发展，传统的海洋重力测量可以根据海洋重力仪的技术发展水平分为三个阶段：

20 世纪初至 50 年代的实验探索阶段。各国科学家先后尝试使用气压、弹簧、振动弦和摆等不同原理的装置，探索实施海上重力测量的可能性。1903 年，使用气压式海洋重力仪开展了第一次海上重力测量工作；1923 年，首次在潜水艇上使用摆仪进行海洋重力测量，海洋摆仪被称为第一代海洋重力仪器，直到 20 世纪 50 年代末期才逐步被摆杆型重力仪取代。20 世纪 40 年代出现了密封在容器中的遥控观测海底重力仪，工作水深小于 200 米。1949 年研制成功第一台振弦式重力仪，后通过改进，使其适用搭载于普通船只进行海面重力测量。1957 年前后，联邦德国的 Graf-Askania 公司通过改进杠杆弹簧扭秤型（GS 系列）陆地重力仪，探索在普通水面船只上进行重力观测的可能性，诞生了第一型被命名为 GSS 系列的摆杆型海洋重力仪。同期，美国的 LaCoste&Romberg 公司通过改进助动金属零长弹簧型（LCR 系列）陆地重力仪，制造出第二型被命名为 L&R 系列的摆杆型海洋重力仪。

20 世纪 60 至 80 年代的成熟阶段。1962 年，Graf-Askania 公司推出了 GSS2 型重力仪，增强了仪器抗环境干扰能力，提高了海上测量精度。1976 年，Bodenseewerk 公司推出了由陀螺稳定平台和附属设备共同组成的 KSS5 型海洋重力仪。同期，LaCoste&Romberg 公司也对 L&R 摆杆型海洋重力仪进行了改进，增强了 L&R 型海洋重力仪的适用性。Bodenseewerk 公司从 20 世纪 60 年代初开始启动轴对称型海洋重力仪的研制，LaCoste&Romberg 公司和美国 Bell 公司也随后加入该型重力仪研究行列。至 20 世纪 80 年代，轴对称型海洋重力仪趋于成熟，代表性的实用型产品为 KSS-30 和 BGM-3 两型海洋重力仪。除了摆杆型和轴对称型海洋重力仪以外，振弦型海洋重力仪在这个时期也不断改进和完善，在日本、美国和苏联等国家应用较广泛。

20 世纪 90 年代至 21 世纪初的快速发展阶段。在这个阶段新型海空重力仪不断涌现，应用广度得到扩展和深度持续加深。Bodenseewerk 公司先后将 KSS-30 升级为 KSS-31 和

KSS-32，Bell 公司将 BGM-3 升级为 BGM-5，Micro-g LaCoste 公司（前身为 LaCoste&Romberg 公司）对 L&R 型重力仪的升级更新速度更是前所未有。从前期的用陀螺稳定平台替代常平架到中期的用电容读数装置替代光学读数，用全数字控制系统替代模拟系统，再到用电磁力反馈替代步进电机精密螺杆，重力仪型号也从原先的 L&R 常平架型发展为 S 型、Air/Sea 型、TAGS 型、TAGS-6/MGS-6 型。俄罗斯和加拿大公司合作推出了 GT 系列海空重力仪；俄罗斯的圣彼得堡中央电气研究所推出了 Chekan-AM 海空重力仪。新型海洋重力仪标称精度为 ±1mGal，在精密全球卫星导航定位（GNSS）技术的支撑下，海洋重力测量精度可达 ±1mGal～±2mGal。

中国海洋重力仪自主研制工作始于 20 世纪 60 年代初期。1963 年，中国科学院测量与地球物理研究所研制成功我国第一台 HSZ-2 型海洋重力仪。1981 年，国家地震局地震研究所研制出 ZYZY 型摆杆式海洋重力仪。1984 年，中国地震局地震研究所联合中国科学院测量与地球物理研究所，研制成功 DZY-2 型海洋重力仪。1986 年，中国科学院测量与地球物理研究所成功研制了 CHZ 型轴对称式海洋重力仪。2010 年，中国船舶重工集团公司第 707 研究所推出了 GDP 型原理样机。2011 年，中国科学院测量与地球物理研究所重启了 CHZ 型海空重力仪的升级改造工作。

1. 海洋重力仪分类

经过几十年的发展，海洋重力仪不断地更新换代，从原理到精度均发生了很大变化。从早期的气压式海洋重力仪、海洋摆仪、海底重力仪，到后来的摆杆型海洋重力仪、轴对称型海洋重力仪、捷联式重力仪等。目前，世界各国采用的海洋重力仪型号繁多，但根据原理和结构来区分主要有以下三种：

1）海洋摆仪

一般认为海洋重力测量的真正起步以 20 世纪 20 年代海洋摆仪的介入为标志。海洋摆仪被视为第一代海洋重力测量仪器，其原理是利用同一平面内的三个摆的摆动周期来确定重力。由于海洋摆仪操作复杂、计算繁琐、观测周期长、费用高且效率低，20 世纪 60 年代后已基本上被船载走航式重力仪所取代。

2）摆杆型海洋重力仪

摆杆型海洋重力仪是替代海洋摆仪的主导型海洋重力测量仪器，被称为第二代海洋重力仪。其工作原理是用弹簧的弹性力来平衡重力，通过记录摆杆的偏移量来得到重力值的相对变化量。这种类型的代表性型号有 KSS5 型海洋重力仪、L&R 摆杆型海洋重力仪等。摆杆型海洋重力仪最大的缺陷是易受交叉耦合效应的影响，尽管采取了各种方法试图消除或减弱交叉耦合效应的影响，但该影响难以全部彻底消除。

3）轴对称型海洋重力仪

轴对称型海洋重力仪从 20 世纪 80 年代以来已逐步取代摆杆型重力仪，成为第三代海洋重力仪。其工作原理是轴对称型重力传感器用力平衡加速度计代替了摆杆。这类重力仪不受水平加速度的影响，因此从根本上消除了交叉耦合效应的影响。这种类型的代表性型号有 KSS30 型海洋重力仪、BGM-3 海洋重力仪等。

除上面提到的三种重力仪外，还有振弦型海洋重力仪、GPS/INS 捷联式重力仪等。此外，近年来开始系统研究利用冷原子技术的绝对重力测量在海洋动态环境下得到了应用。

2. 海洋重力测量方法

目前，海洋重力测量的方法主要有：

1）海底重力测量

将重力仪安置在海底，利用遥测装置进行测量，通常适用于在深度浅于200米的海域作业，现代化的海底重力仪可在深达4000米的海底开展工作。特点是几乎不受海上各种动态环境因素的影响，观测值为离散点值，精度可达±0.02mGal～±0.2mGal，但实施技术难度大，效率低，仅少数特殊应用需求采用此种测量方式。

2）船载重力测量

以水面船舶或水下潜器为载体，综合应用海洋重力仪、高精度定位仪和测深仪等设备，采用走航式连续观测测定海洋重力加速度值的技术（图3.19），属相对重力测量。

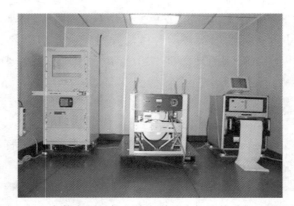

图 3.19　安装在测量船上的海洋重力仪及其采集处理设备

船载海洋重力测量通常与水深测量同步进行。测量过程中，重力仪应尽量安装于载体重心处，避开震动和电磁干扰源。每个航次出测前和结束后，均应在重力仪持续稳定工作的状态下开展重力基点联测比对，将基点绝对重力值传递至重力仪，并测定重力仪的零点漂移。海上测量时，载体应按设计测线匀速直线航行，同步采集记录测点的时间、位置、航向、航速、重力和水深等数据，对所记录的测线数据进行各项改正与处理，最终获得测点的绝对重力值。测量精度主要取决于重力仪的观测精度和定位精度。船载重力仪受到的干扰加速度影响包括厄特沃什（Eötvös）效应、水平加速度影响和垂直加速度影响。船载重力测量是获取高频海洋重力场信息的主要方法，其分辨率可达1～2km，测量精度可达±1.0mGal～±2.0mGal。

3）机载海洋重力测量

以飞机等飞行器为载体，综合采用重力仪、定位仪和其他辅助传感器对海洋及其邻近区域进行空中重力测量的技术，又称海洋航空重力测量。属相对重力测量。

美国空军1958年使用海洋重力仪开展机载重力测量试验，但直至20世纪80年代，测量精度仍受高动态载体运动加速度测定精度制约。到了80年代后期，随着全球定位系统（GPS）动态相位差分精密定位技术的出现，解决了飞机载体运动加速度的高精度测定难题，机载重力测量技术才得以突破，并逐步实现商业化运行。

机载重力测量系统主要包括重力传感器分系统、定位系统、数据采集记录分系统，以及高度、姿态测量等辅助分系统。重力传感器分系统用于测定瞬时比力，定位系统用于测定载体的位置、速度和加速度。机载海洋重力测量与船载重力测量一样，同属动态重力测量，但测量数据处理远比船载重力测量复杂。需对观测数据进行垂直加速度改正、厄特沃什改正、水平加速度改正和姿态改正，为了获得海面点的重力值还需将空中重力值向下延拓。机载海洋重力测量可快速获取海陆交界的滩涂地带及浅水区域等困难区域的高频重力场信息，其分辨率可达 10km，测量精度可达±2.0mGal。

4）卫星重力测量

利用星载重力、定位、姿态和星间距离跟踪等传感器组合系统进行空间重力测量的技术。

卫星重力测量分为卫星跟踪卫星测量（SST）和卫星重力梯度测量（SGG）。其构想早在 20 世纪 60 年代就已提出，但直到 20 世纪末，仅开展了 SST 或 SGG 卫星重力探测技术的一些模拟试验和测试。自从卫星测高于 20 世纪 80 年代中期获得成功以来，特别是高动态星载 GPS 接收机在 Topex/Poseidon 成功应用后，SST 和 SGG 的研究进程得以加速。20 世纪末至 21 世纪初，国际上相继提出并实现了 CHAMP（2000）、GRACE（2002）和 GOCE（2009）等卫星重力测量计划。基于 CHAMP 和 GRACE 观测数据，已建立了多个纯卫星重力场模型和组合重力场模型，GOCE 获得了精度更高的 260 阶次纯卫星重力场模型。

SGG 通过在卫星上安装重力梯度仪，直接测定海面重力场参数。SST 通过观测两颗卫星之间的距离变化，直接测定地球重力场的细部结构，进而反演海面重力场参数。卫星重力测量只能测定地球重力场中长波分量，所得地球重力场模型相应地面分辨率可达 80km。

5）卫星测高反演海洋重力场

如前所述，利用雷达测高仪测得卫星到海平面的距离，运用数值计算方法可以反演得到海面重力值。主要的反演方面有数值积分法、最小二乘配置法和谱方法等反演计算方法。

卫星测高反演海洋重力场始于 20 世纪 70 年代，自 1973 年天空实验室卫星 Skylab 发射升空后，外国学者即开始了利用卫星测高数据推求海洋重力异常的理论和方法研究，形成了数值积分法、最小二乘配置法和谱方法等反演计算方法。美国、欧空局、法国、中国先后发射了多颗测高卫星。利用多代测高卫星资料推算的最新海洋重力场数据集，其网格间距已达 $1' \times 1'$，与船测重力比对的精度可达±3.0mGal～±5.0mGal，有效地改变了海洋地区的重力测量状况，填补了占全球面积 70% 的海洋重力测量空白。其推算的海域重力高频信息的精度和分辨率仍与船载重力测量、机载海洋重力测量方式有一定的差距，在离海岸较近的浅水区域，这种差距尤为明显，并在两极地区存在盲区。

3. 海洋重力测量的设计与实施过程

海洋重力测量是一个复杂的作业过程，涉及的环节多、过程复杂、技术难度大，任一环节处理不好都可能影响到最终数据成果的精度。海洋重力测量的目的就是获取海洋重力场信息，即获取海洋重力异常（实际观测重力值与理论上的正常重力值之差）。下面以船载海洋重力测量为例，介绍海洋重力测量的设计与实施过程。

1）技术设计

同其他测量作业一样，出航前的技术设计是整个海洋重力测量活动的一部分。海洋重力测量技术设计的内容主要包括资料收集、设计书编写、设计书报批等。资料收集主要包括收集测区最新版的各种海图和航海资料、测区已有的海洋重力测量数据和图件资料、重力基点资料、卫星测高数据等。设计书的内容主要包括目标任务与要求、测区概况、测量精度要求、测量比例尺、测量工作量、测线布设情况、仪器检验项目和要求、静态试验和动态试验要求、导航定位和水深测量方法、预期成果等。技术设计书完成后，便可付诸实施。

2）数据获取

海洋重力测量数据的获取包括仪器安装和检验、重力基点比对、海上实施等环节。

在海上测量之前，首先要将海洋重力仪安装在测量船舱室的合适位置。一般应将重力仪尽量安装在测量船的稳定中心部位，以减小横摇、纵摇影响，此外还要远离热源体和强电磁源。重力仪的纵轴要沿着测量船的首尾方向，与测量船的纵轴相一致。重力仪要安装在具有空气调节设备的舱室内，整个重力仪系统应可靠接地。重力仪安装调节完毕后，应通电加温48小时以上，确保重力仪传感器内部达到正常恒温状态。然后对重力仪进行检校、测定重力仪参数，并对重力仪进行联机试验。测量出发前，在码头上进行重力基点比对，并进行重力仪稳定性试验，然后在开阔海区进行海上试验，试验合格后正式开始重力数据的获取。

测量船离开码头后，原则上不能关闭重力测量系统。测量时，采用走航式连续作业方式，并要求沿着布设测线匀速直线航行。提前上线，延后下线，偏离计划测线的距离不得超过规范规定的指标。航线修正以及航速调整必须按照规范规定的要求进行。

重力测量过程中，必须同时进行导航定位和水深测量，并做好班报记录和数据记录，完成海上作业返回码头后，进行重力基点比对。

3.4.3 海洋重力测量数据处理

为获取海洋重力测量最终成果，需对海洋重力仪观测数据进行多项改正。海洋重力测量数据处理主要包括：重力基点比对、重力仪滞后效应校正、重力仪固有误差引起的零点漂移改正、测量船吃水改正、厄特沃什效应改正、重力异常计算等。

1. 重力基点对比

为了控制和计算重力仪器的零点漂移（又称为重力仪掉格）及测点观测误差的积累，同时将测点的相对重力值转换为绝对重力值，海洋重力测量规范要求在每一次作业开始前和结束以后都必须将海洋重力仪（即测量船）置于重力基准点附近进行测量比对。为此，要求重力基准点均需与2000国家重力基本网系统进行联测，联测精度要求不低于 $\pm 0.3 \text{mGal}$。

首先，根据重力基点比对时量取的重力仪到重力基点的距离和方位角，计算得到两者在南北向的距离 d_B，之后求纬度差改正有 δg_B：

$$\delta g_B = 4.741636224(0.01060488\sin B\cos B - 0.0000234\sin 2B\cos 2B)d_B/30 \quad (3.63)$$

然后，将重力读数 S 归算到重力基点高程面的改正公式：

$$S_J = S_Z - 0.308h_{JZ}$$
$$h_{JZ} = h_J - (h_l + h_r)/2 + h_z \quad (3.64)$$

式中，h_J 为码头基点 P 到水面高度，单位为 m；h_l 为船左舷甲板面（重力仪安装位置附近）

到水面高度，单位为 m；h_r 为船右舷甲板面到水面高度，单位为 m；h_z 为重力仪重心到甲板面的高度，单位为 m；h_{JZ} 为重力仪重心到重力基点高程面的高度，单位为 m；S_z 为比对重力基点时重力仪读数值，单位为格；S_J 为归算到重力基点高程面的重力仪读数，单位为格。

2. 重力仪滞后效应校正

由于海洋环境的动态性，海洋重力仪受到的干扰加速度远大于实际的测量结果。为了消除或减弱扰动加速度的影响，得到真实的地球重力场数据，在生产海洋重力仪时，海洋重力仪的灵敏系统均采用了强阻尼措施，因而产生了仪器的滞后现象。因此，在处理重力外业资料之前，必须事先消除这一滞后影响，使重力仪读数值正确对应于某一时刻的地理坐标和水深数据，每台仪器的滞后时间均不一样。为了标定这一滞后时间，在使用仪器进行作业以前，必须先在实验室内进行重复测试，然后取其平均值作为该仪器的滞后时间常数，对观测资料进行校正。

3. 重力仪固有误差引起的零点漂移改正

这项改正是为了补偿海洋重力仪灵敏系统的主要部件出现老化以及其他部件出现衰弱而引起的重力仪起始读数零位的改变。

假设某船某航次海洋重力测量开始和结束时分别在基点 A 和 B 上进行了比对观测。已知基点 A 的绝对重力值为 g_A，B 点的绝对重力值为 g_B，两基点的绝对重力值之差为 $\Delta g = g_B - g_A$。重力仪在基点 A 和 B 上比对读数分别为 g'_A 和 g'_B，其差值为 $\Delta g' = g'_B - g'_A$，比对的时间分别为 t_A 和 t_B，其时间差为 $\Delta t = t_B - t_A$。则本次测量的零点漂移变化率为：

$$k = \frac{\Delta g - \Delta g'}{\Delta t} \tag{3.65}$$

假设重力测点上的观测日期和时间与比对基点 A 的日期和时间之间的时间差为 Δt_i（$i = 1，2，\cdots，n$），于是各重力测点的零点漂移改正值为 $k\Delta t_i$，各测点的重力值则为：

$$g_i = g'_i + k \cdot \Delta t_i \tag{3.66}$$

式中，g'_i 为重力仪在第 i 个测点的重力读数；时间差 Δt_i 以小时为单位；k 单位为 mGal/h。

若测量开始和结束都闭合于同一个基点 A，则有 $g_A = g_B$，式（3.65）可简化为：

$$k = \frac{g'_{A2} - g'_{A1}}{t_{A2} - t_{A1}} \tag{3.67}$$

4. 测量船吃水改正

吃水改正补偿因出测前和收测后测量船载荷发生变化引起重力传感器重心离水面的高度也发生改变，使重力仪观测量受到额外影响所施加的改正。

$$\delta g_C = \frac{0.3086(h_{c1} - h_{c2})}{t_2 - t_1} \tag{3.68}$$

式中：δg_C 为测量船吃水改正值，单位为 mGal；h_{c1} 和 h_{c2} 分别为出测前和收测后测量船左右舷甲板面（重力仪安装位置附近）到水面的高度平均值，单位为 m；t_1 和 t_2 分别为出测前和收测后比对基点的时间，单位为 h。

以上比对和改正过程均属于海洋重力测量数据处理的前期工作，为数据的预处理。

5. 厄特沃什效应改正

由于测量载体对地球产生相对运动，重力仪传感器受到科里奥利力附加的离心力作用而增加的改正，是船载、机载等运动模式下的重力测量都必须顾及的改正项。

当测量载体向东航行时，载体运动速度与地球自转速度叠加使离心力增大，就出现重力仪观测值比实际重力小的情况；当测量载体向西航行时，情况正好相反，即重力仪观测重力值比实际重力大。这种现象就称为厄特沃什效应，由匈牙利科学家厄特沃什发现并于1919年在实验室中通过试验加以证实。

船载海面重力测量的厄特沃什效应改正公式为：

$$\delta_{g_E} = 2\omega V \sin\alpha\cos\varphi + \frac{V^2}{R} \tag{3.69}$$

机载航空重力测量的厄特沃什效应改正公式为：

$$\delta_{g_E} = 2\omega V \sin\alpha\cos\varphi + \frac{V_e^2}{N+h} + \frac{V_n^2}{M+h} \tag{3.70}$$

式中，δg_E 为厄特沃什改正数；ω 为地球自转角速度；V 为载体运动速度；α 为载体运动方位角；φ 为测点大地纬度；R 为地球平均半径；V_e 为 V 的东向分量，V_n 为 V 的北向分量；h 为飞机相对于地球椭球面的大地高；N、M 分别为地球椭球卯酉圈和子午圈曲率半径。

6. 重力异常计算

在完成海洋重力测量数据的预处理和厄特沃什改正后，数据处理的下一步是计算各类海洋重力异常，包括测点绝对重力值计算、海洋空间重力异常计算、海洋布格重力异常计算等。这里仅介绍测点绝对重力值计算和海洋空间重力异常计算。

1）海洋重力测点绝对重力值计算

$$g = g_0 + K(S - S_0) + \delta g_E + \delta g_K + \delta g_c \tag{3.71}$$

式中，g_0 为重力基点的绝对重力值；K 为重力仪格值；S 为测点处重力仪读数（经滞后效应改正）；S_0 为重力基点处的重力仪读数（经重力基点比对纬度差改正和高程面归算）；δg_E 为厄特沃什改正值；δg_k 为重力仪零点漂移改正值；δg_c 为测量船吃水改正值；g 为测点绝对重力值。

如果重力值是在潜水艇上测得的，则必须将测点观测重力值归算到平均海面上。这种归算由两部分组成：一部分是由潜水艇离海水面的深度（即负高度）引起的重力变化，可用空间改正公式计算，只要测得潜水艇的深度 h，然后用 h 乘以 0.3086 就得到此改正数；另一部分是由于海水质量的引力对重力值的影响，当观测点在潜水艇上时，观测点以上的海水层使其重力减小，而当观测点移到海面上时，此海水质量又在观测点的下面，它使海水面上观测点的重力增加，因此这部分改正数就是海水层质量的引力的两倍，海水层质量的引力采用层间改正公式计算，这一部分改正数为 0.0861h。综上，深度改正为：

$$\Delta g_h = -0.3086h + 0.0861h = -0.2225h \tag{3.72}$$

2）空间重力异常计算

海洋空间重力异常计算示意图如图 3.20 所示。

$$\Delta g_F = g + 0.3086(h'' + h') - \gamma_0 \tag{3.73}$$

式中，g 为测点的绝对重力值；h'' 为重力仪相对于瞬时海面高度；h' 为瞬时海面到大地水准面（平均海面）的高度；γ_0 为重力测点所对应的正常重力值；Δg_F 为海洋空间重力异常。

关于正常重力场，目前国内各有关单位视不同的使用目的，有区别地选择了不同的计算公式，主要包括 Helmert 公式、Cassini 公式、1967 年国际正常重力公式、1975 年国际

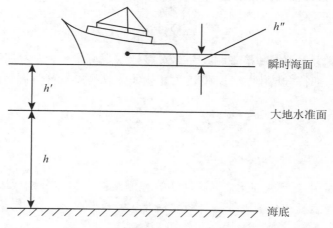

图 3.20　海洋空间重力异常计算示意图

正常重力公式、1980 年国际正常重力公式和 CGCS2000 正常重力公式。若 φ 为测点的纬度，我国的 CGCS2000 正常重力公式为：

$$\gamma_0 = 978032.53361(1 + 0.00530244 \sin^2\varphi - 0.00000582 \sin^2 2\varphi) \tag{3.74}$$

7. 海洋重力测线网平差

海洋重力测线网平差是利用测线相交组网几何条件，补偿海洋重力测量系统性偏差的数据处理技术方法，是海洋重力测量数据精细处理的主要环节之一。针对由主测线和检查测线相交形成的海洋重力测线网，基于测线交叉点处的重力观测不符值，通过建立合理的观测误差综合影响模型，依据最小二乘原理求解误差模型参数，由此计算误差补偿改正数。

8. 海洋重力测量精度评估

通常采用外部符合和内部符合两种方式来评估海洋重力测量的精度。

外部符合精度评估主要用于新型仪器应用前的技术性能测试。由海底重力测量获取的高精度观测量、在特定区域由多台高性能重力仪建立起来的重力标准场数据，都可以作为海洋重力测量数据外部符合精度评估的比对基准。

$$\sigma_1 = \pm \sqrt{\frac{1}{N} \sum_{i=1}^{N} (g_i - g_0)^2} \tag{3.75}$$

式中，g_i 为海洋重力测量观测量；g_0 为参考值；N 为参加比对的观测量数；σ_1 为观测量外部符合精度估计。当使用两台及以上具有相同精度等级的重力仪在同区域开展海洋重力测量时，也可通过对比两台仪器观测结果来评估二者的外部符合精度，评估参数计算公式为：

$$\sigma_2 = \pm \sqrt{\frac{1}{2N} \sum_{i=1}^{N} (g_{1i} - g_{2i})^2} \tag{3.76}$$

式中，g_{1i} 和 g_{2i} 为仪器 1、2 的观测量；N 为比对数；σ_2 为两仪器观测量的外符合精度。

内部符合精度评估用于实际作业获取观测数据的质量评定，也可用于新型仪器设备投入实际应用前的技术性能测试和可靠性检验。一般通过比对同一台仪器在测线交叉点或重复测线上的观测值来评估其自身的内部符合精度。

$$m_1 = \pm \sqrt{\frac{1}{2N} \sum_{k=1}^{N} (g_{ik} - g_{jk})^2} \qquad (3.77)$$

式中，g_{ik} 和 g_{jk} 分别为主测线和检查测线在交叉点处的观测量；N 为参加比对的交叉点数；m_1 代表观测量的内部符合精度估计。使用重复测线重复测点不符值评估内部符合精度：

$$m_2 = \pm \sqrt{\frac{1}{n \times m - n} \sum_{i=1}^{n} \sum_{j=1}^{m} (g_{ij} - \bar{g}_i)^2} \qquad (3.78)$$

$$\Delta \bar{g}_i = \frac{1}{m} \sum_{j=1}^{m} \Delta g_{ij} \qquad (3.79)$$

式中，g_{ij} 代表第 j 条重复测线在第 i 重复点处的观测量；m 和 n 分别代表重复测线数量和重复点个数；m_2 代表观测量的内部符合精度估计。

当重复测线数量为 $m = 2$ 时，式（3.78）可简化为：

$$m_2 = \pm \sqrt{\frac{1}{2n} \sum_{i=1}^{n} (g_{i1} - g_{i2})^2} \qquad (3.80)$$

海洋重力测量误差源主要来自五个方面：即与海洋重力仪本身测量过程有关的误差、厄特沃什改正不精确引起的误差、定位不精确引起的误差、空间改正误差和与重力基点有关的误差。上述误差中的前三项基本上都呈偶然性质，第四项既有偶然性也有系统性，第五项则基本上是系统性的。因此，为了提高重力测量成果的精度，测量前，需要对设备进行严格修正；测量中，控制测量状态和定位精度；测量后，进行严格粗差剔除、各项改正和测线网平差等处理，提高最终成果精度。

3.4.4 海洋重力测量的应用

1. 确定地球的形状与大小、研究地球物理现象

大地水准面是地球重力场中代表地球形状的一个特定重力等位面，仅由地球物质引力和自转离心力决定，不受外力干扰且最接近静止海洋表面，是描述包括海洋在内的地球表面地形起伏和地球形状的理想参考面。大地水准面不仅代表了地球的大小和形状，而且是正高的起算面。略去海面地形，则大地水准面可看成平均海面，即为海拔高的起算面。

由于受各种非保守力的作用，海水处于运动状态，平均海面并非重力等位面，其相对于大地水准面的起伏为稳态海面地形，决定着全球大洋环流，海水热能的传递和物质的迁运，与大气互相作用影响全球气候变化。厄尔尼诺和拉尼娜现象就是其中两种灾害性气候变化，这两种现象都会引起平均海面高的异常变化。海洋大地水准面也是反映海底地形起伏及海底大地构造的物理面，洋中脊、海沟、海山和海底断裂带都可经过频谱分析从海洋大地水准面起伏图像中进行识别，为海洋地球物理研究和矿产资源勘探提供基础信息。

2. 精化大地水准面、建立全球垂直基准

确定具有厘米级精度的大地水准面将是大地测量学发展过程中新的里程碑。大地水准面是大地测量的一个基本参考面，即正高（海拔高）的起算面，其精密确定需要有高精度高分辨率的全球重力数据。大地水准面的中、长波在地球重力场谱结构中绝对占优，大于95%，因此提高中、长波分量的准确度是进一步精化地球重力场和大地水准面的关键。联

合卫星测高、实测重力、GNSS 水准等数据，可以实现厘米级精度的全球大地水准面模型的建立。

3. 地球内部构造解译及海洋勘探应用

观测重力值经过中间层校正后给出的布格重力异常，在勘探中获得广泛的应用。它消除了观测平面与海平面之间各种物质所产生的引力影响，反映出地下干扰质量的作用，从而为研究地壳内部不同密度的岩层分布提供依据。在平面上表示测网及其每个测点的布格重力异常值时，可用平滑的曲线将相同的布格重力异常值连接起来，得出等值线。根据比例尺要求，按一定等值线距组成的等值线平面分布图，即布格重力异常图。布格重力异常图是海洋重力勘探的基本图件。在海洋地质与地壳构造研究时，往往还要求提供重力异常图与均衡重力异常图，根据它们之间表现的特征与差异，将为重力资料的推断和解释指出重要的线索。

4. 卫星定轨

现代对地观测卫星均需要高精度的卫星定轨，以便为星载对地观测设备所采集的数据和图像提供基准数据。地球的球心引力和地球的非球形摄动是维持和影响卫星运动的主要因素，卫星定位精度在很大程度上取决于定轨精度，而后者决定于使用的地球重力场模型。尤其是对于低轨卫星而言，采用不同的重力场模型，对卫星轨道的影响很大。因此，为了保证定轨结果的准确性和可靠性，在实际的低轨卫星精密定轨应用中，要综合考虑低轨卫星的轨道高度等特点，合理选取重力场模型及其阶数才能保证卫星定轨的精度。

5. 匹配导航

海洋重力场在各地分布不同，因此可以像陆地地形匹配一样，把海洋重力场匹配导航作为一种水下潜器的辅助导航手段。海洋重力场匹配导航是指将预先确定的水下潜器航行区域重力场的某种特征值，制成重力场背景分布图并储存在水下潜器海洋环境信息综合保障系统中。当水下潜器航行到这些地区时，水下潜器装载的传感器实时测定重力场的有关特征值，并构成重力场实时分布图。实时分布图与预存的背景分布图在计算机中进行匹配，确定实时分布图在背景分布图中的最相似点，即匹配点，从而计算出水下潜器的实时位置，达到辅助导航的目的。

6. 远程武器发射

远程战略武器在其飞行过程中，时刻处在地球重力场的作用下。为了保证战略武器准确命中预定目标，需要精确计算弹体在飞行中受地球引力作用的重力加速度，以精确测算和控制导弹飞行轨道。另外，发射阵地详细的重力场模型，已成为有效地控制和提高远程战略武器精度的关键。

3.5 海洋磁力测量

海洋磁力测量是利用磁力仪测定海洋表面及其附近空间地磁场强度和方向的技术，是海洋测量、海洋地球物理勘探的主要内容之一。以海底岩石和沉积物的磁性差异为依据，通过研究海域地磁场强度的空间分布和变化，可探明区域地质特征，如断裂带的位置和走向、火山口的位置，寻找海底资源，如铁磁性矿物、石油、天然气等，军事上可用于探明水下沉船、未爆军火、海底管道和电缆等，为舰艇安全航行和正确使用水中武器提供地磁资料信息。

3.5.1 地球磁场

地球表面任何一点的地磁场均可用图 3.21 表示。取 X 轴沿地理子午线的方向，Y 轴沿纬圈方向，Z 轴的方向是从上向下。图中 T 为地球磁场总强度；H 为水平强度；Z 为垂直强度；X 为 H 的北向分量；Y 为 H 的东向分量；D 表示地理子午面与磁子午面之间的夹角，称为磁偏角；I 为磁倾角，向下为正，向上为负。T、H、Z、X、Y、D、I 七个物理量称为地磁要素，用其中的三个独立地磁要素可以推求出其他的地磁要素。

$$X = H\cos D, \quad Y = H\sin D, \quad Z = H\tan I$$
$$H^2 = X^2 + Y^2, \quad T^2 = H^2 + Z^2 \tag{3.81}$$
$$T = H\sec I = Z\csc I, \quad \tan D = \frac{Y}{X}$$

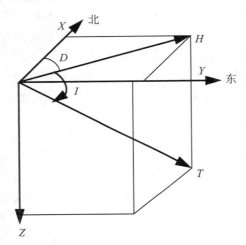

图 3.21　地磁场的表示

地磁要素数值逐年逐时不断变化，当出现磁暴时便会发生剧烈波动。世界上许多地方设立了地磁观测台，监测其分布规律及随时间的变化特点。全球地磁分布具有如下特征：

（1）地球有两个磁极，且与地理极靠近。在磁极上磁倾角等于 ±90°，水平分量为零，垂直分量达最大值，磁偏角无一定值。

（2）在磁子午线上，水平分量达最大值，垂直分量等于零，磁倾角等于零。

（3）水平分量除极地附近外，均指向北。垂直分量在北半球指向下，在南半球朝上。

（4）磁倾角是随纬度变化的，两极处的磁场强度为赤道处的两倍左右。

（5）将某些不规则部分略去，地磁场同一个均匀磁化球体磁场或一个中心磁偶极子磁场十分相似，其磁化是不对称的，磁轴与地球自转轴不重合，交角 $\theta = 11.5°$。

地球磁场是变化的。长期变化源于地球内部物质运动，短期变化源于电离层和太阳活动。短期变化分为平静变化和干扰变化。平静变化是经常出现的，比较有规律并有一定的周期，变化的磁场强度可达几十伽马；干扰变化有时是全球性的，如磁暴，最大幅度可达几千伽马。

地球总磁场 T 是由两种性质不同的磁场组成，即稳定磁场 T_ω 和变化磁场 δT。

$$T = T_\omega + \delta T \qquad (3.82)$$

稳定磁场是地磁场的主要部分。变化磁场很小，只有地磁场总强度的 2%~4%，最大的变化磁场是磁暴。

$$T_\omega = T_i + T_e, \quad \delta T = \delta T_i + \delta T_e \qquad (3.83)$$

式中，T_i 是地球内源场，占总地磁场的 94%；T_e 是外源场，约占总地磁场的百分之几，且场源不清楚。因此，地球的稳定磁场主要起源于内部磁源。变化磁场 δT 也由内源和外源两部分组成。但内源部分 δT_i 只占变化磁场的 1/3，外源部分 δT_e 约占 2/3。

若设 T_0 为均匀磁化球体的磁场，T_m 为大陆磁场，T_a 为异常磁场，则内源磁场可表示为：

$$T_i = T_0 + T_m + T_a \qquad (3.84)$$

地球磁场的表示即建立地磁场各分量强度与地面点坐标（经度、纬度）之间的关系。假设地球磁场是一个磁轴通过地球中心的均匀磁化球体磁，则地磁位 U 为：

$$U = -(\boldsymbol{J} \cdot \mathrm{grad} G)$$

则有：

$$U = \frac{V}{r^3}(\boldsymbol{J} \cdot \boldsymbol{r}) = \frac{\boldsymbol{M} \cdot \boldsymbol{r}}{r^3} \qquad (3.85)$$

式中，M 为磁矩，J 为磁化强度，r 为球心至外部点 P 的矢量。

根据地磁位，地磁分量的解析式可以表示为：

$$\begin{cases} Z = -\dfrac{\partial U}{\partial r} = \displaystyle\sum_{n=1}^{\infty} \sum_{k=0}^{n} (n+1)\left(\dfrac{R_E}{r}\right)^{n+2}(g_n^k \cos k\lambda + h_n^k \sin k\lambda)P_n^k(\cos\theta) \\[3mm] X = -\dfrac{1}{r}\dfrac{\partial U}{\partial \theta} = -\displaystyle\sum_{n=1}^{\infty}\sum_{k=0}^{n}(g_n^k \cos k\lambda + h_n^k \sin k\lambda)\left(\dfrac{R_E}{r}\right)^{n+2}\dfrac{dP_n^k(\cos\theta)}{d\theta} \\[3mm] Y = -\dfrac{1}{r\sin\theta}\dfrac{\partial U}{\partial \lambda} = \displaystyle\sum_{n=1}^{\infty}\sum_{k=0}^{n}k(g_n^k \sin k\lambda - h_n^k \cos k\lambda)\left(\dfrac{R_E}{r}\right)^{n+2}\dfrac{P_n^k(\cos\theta)}{\sin\theta} \end{cases} \qquad (3.86)$$

式中，R_E 为地球平均半径；$\theta = 90° - \varphi$，为地理纬度；λ 为地理经度；$g_n{}^k$、$g_n{}^k$ 为 n 阶 k 次高斯球谐系数。

式（3.86）为球冠谐方法表达的地磁场模型，适合全球或大区域建模；小区域建模可以采用矩谐分析建模方法。全球地磁正常场模型采用国际地磁学与高空物理学学会（IAGA）每 5 年发布 1 次的国际地磁参考场模型（IGRF）。1968 年，IAGA 发布了第一代 IGRF（International Geomagnetic Reference Model）模型 IGRF1965。2000 年起，IGRF 模型的截止阶数由原来的 10 阶扩展到 13 阶，模型精度由 1 纳特斯拉（nT）提高到 0.1nT。

除 IGRF 外，美国、英国、俄罗斯等国还发布了本国的地磁场模型。由于地磁测点分布不均，高斯球谐级数反映的空间尺度有限，区域地磁正常场模型也可以借助多项式法（如 Taylor 多项式、legendre 多项式）和样条函数法（样条函数或多面函数）来建立。同一地磁场模型难以反映所有尺度的磁异常，通常按照磁异常的空间尺度从大到小建立一系列模型和地磁图，称为地磁场的嵌套模型。中国从 20 世纪 50 年代起建立了系列中国地磁场模型（CGRF），并编绘了相应的中国地磁图。

3.5.2 海洋磁力仪

海洋磁力仪是测量磁场强度以及磁场随时间变化的仪器(图3.22)。按工作原理分为机械磁力仪、饱和式磁力仪、质子旋进式磁力仪、光泵磁力仪;按测量要素分为测量地磁垂直强度增量 ΔZ 的垂直磁力仪、测量地磁水平强度增量 ΔH 的水平磁力仪、测量地磁场总强度 T(或 ΔT)的总强度磁力仪;按观测空间的不同分为地面磁力仪、航空磁力仪、海洋磁力仪和磁测井仪等;按测量方式的不同分为绝对磁力仪和相对(梯度)磁力仪。梯度磁力仪可消除被测磁场的时间误差,包括日变、微脉动、航向误差和短基线探头间距带来的误差以及固有的涌浪噪声等,突出目标,常用的铯光泵磁力梯度仪具有较高的分辨率,可实现细致调查。

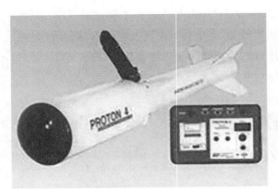
PROTON 4 质子旋进磁力仪

AS-2000 数字海洋质子磁力仪

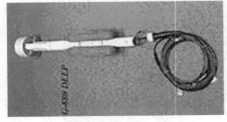
铯光泵磁力仪 G-880

GB-6 型海洋氦光泵磁力仪

图 3.22 海洋磁力仪

1. 机械式磁力仪

机械式磁力仪是最早用于磁力测量的仪器。1915 年阿道夫·施密特刃口式磁秤问世。20 世纪 30 年代末出现了凡斯洛悬丝式磁秤,成为广泛使用的磁测仪器。根据测量地磁场要素的不同,又可分为垂直磁力仪及水平磁力仪。

2. 磁通门磁力仪

磁通门磁力仪又名饱和式磁力仪,出现于"二战"期间,主要用于飞机反潜,战后被广泛应用于海洋磁力测量、未爆军火探测、海底管线探测等。磁通门磁力仪利用高磁导率的坡莫合金,感应很小的磁场强度变化,其感应磁场的磁通量密度(磁感应强度)与外部磁场呈非线性关系,并且通过产生的电磁感应信号来测量地磁场总强度的模量差和垂直分量差。由于坡莫合金是一种高磁导率、矫顽力小的软磁性材料，在外磁场作用下极易达到磁化饱和，即外磁场微小的变化便引起磁感应强度较大的变化。由于磁通门磁力仪很不稳定，后来被质子磁力仪和光泵磁力仪所代替。

3. 质子磁力仪

质子磁力仪于 20 世纪 50 年代中期问世，在航空、海洋及地面磁力测量中都得到了广泛应用。质子磁力仪具有灵敏度高、准确率高等特点，可测量地磁场总强度的绝对值和梯度值。质子磁力仪借助内置在探头中的蒸馏水、酒精、煤油和苯等富含氢的液体测量磁力。当没有外界磁场作用于氢液体时，质子磁矩无规则地任意指向，不显示宏观磁矩；若在垂直地磁场 T 的方向加入人工强磁场 H_0，则质子磁矩将按 H_0 方向排列，然后切断磁场 H_0，此时地磁场对质子有一个力矩试图将质子拉回到地磁场方向。由于质子自旋，在力矩的作用下，质子磁矩将绕着地磁场 T 方向作旋进运动，旋进频率乘以一个常数便可得到地磁场 T。

4. 光泵磁力仪

20 世纪 50 年代中期，光泵技术应用于磁力仪研制。光泵磁力仪具有灵敏度高、响应频率高、可在快速变化中测量以及设备小、质量轻等特点，目前已成为航空、海洋和陆地地磁测量的主要手段。光泵磁力仪利用氦、汞、氖、氢以及碱金属铷、铯等元素进行测量。这些元素在特定条件下能发生磁共振吸收现象（光泵吸收），而发生这些现象时的电磁场频率与样品所在地磁场强度成比例关系，只要能准确测定这个频率，便可得到地磁场强度。

5. 超导磁力仪

超导磁力仪于 20 世纪 60 年代中期研制成功，其灵敏度超出其他磁力仪几个数量级，量程范围宽、磁场频率响应高、观测数据稳定可靠。超导磁力仪在大地电磁、古地磁研究和航空地磁分量测量中有所应用，但还没有得到广泛应用，主要是因为仪器需要低温，降低了仪器的可移动性。超导磁力仪是利用所谓的约瑟夫逊效应测量磁场，其测量器件是由超导材料制成的闭合环，有一个或两个超导隧道结，利用器件对外部磁场的周期性响应，对磁通量变化（与外部磁场变化成正比）进行计数，已知环的面积便可计算得到磁场值。

3.5.3　海洋磁力测量

按照搭载载体的不同，海洋磁力测量可分为：

1. 船载海洋磁力测量

利用普通舰船拖曳海洋磁力仪，沿计划测线航行的同时，连续采集地磁场强度数据，是海洋磁力测量常用的方法。20 世纪 50 年代中期质子旋进式磁力仪的出现，使高密度高精度的船载海洋磁力测量成为可能。测量前要在海上进行船体磁场影响和传感器沉放深度试验，并对仪器进行调试和稳定性检核。船载海洋磁力测量需布设主测线及与之正交的联络测线或检查线，根据主测线与联络测线交叉点不符值消除系统误差，计算测量精度。1958 年梅森通过船载磁力测量，在东北太平洋发现明显的条带状磁异常分布。1961 年，瓦奎尔、梅森和拉夫等通过船载磁力测量证实了条带状磁异常在大洋中广泛存在。

2. 海底磁力测量

始于 20 世纪 70 年代末，将质子旋进磁力仪安置在海底直接测量地磁场强度。海面和海底同时进行测量，可以得到地磁场的垂直梯度。

3. 航空磁力测量

航空磁力测量有两种类型：一种是由飞机携带总强度磁力仪，在空中连续采集地磁场强度数据；另一种是使用分量磁力仪测量地磁场强度和方向，但精度较低。航空磁力测量适用于舰船无法达到的海域，具有效率高、费用少、不受海底地形或海面障碍物影响等优点。

4. 卫星磁力测量

卫星磁力测量是卫星携带总强度磁力仪和分量磁力仪对近地空间的地磁场强度测量。苏联 1958 年发射了第一颗装有磁通门矢量磁力仪的卫星，测量了地磁场强度；美国 1979 年发射的地磁卫星轨道通过两极上空，能覆盖整个地球表面。卫星上装有光泵磁力仪、磁通门矢量磁力仪和星像相机，能较准确地确定卫星的姿态，可同时测量全球地磁场强度和方向。

船载磁力测量是最常用的海洋磁力测量方法。利用拖曳在测量船后的单台或两台磁力仪，测量地磁场强度或地磁强度梯度。船载磁力测量主要包括如下几个过程：

测量前，首先进行技术设计，包括资料收集、设计书编写、设计书报批等。资料收集包括收集测区最新版的各种海图和航海资料、测区已有的海洋磁力测量数据和资料、地磁台站资料等。设计书的内容包括制定测区范围、划分图幅及确定测图比例尺、磁力仪检验和要求、地磁日变站设立、测线布设以及里程和工作量估算、导航定位方法的选择、船只及人力和仪器的安排计划、预期成果等。其中，测线布设按照比例尺进行，测线间隔满足图上 1cm 要求；日变站的位置应远离用电干扰区，尽可能置于测区中央，能够控制测区磁场变化；导航采用 GNSS。完成技术设计书后，应报请主管部门审批备案，然后付诸实施。

测量中，磁力仪拖曳在测量船后面一定的距离（通常为测量船长度的 2~3 倍），测量船以 4~6 节的速度沿着设计的测量线或检查线匀速航行，GNSS 负责测量船的定位，同步采集 GNSS、磁力仪的测量数值，地磁日变站同步记录磁力测量数据。

完成所有测线的测量后，收集测量船上的定位、磁力测量等数据以及日变站数据，开展数据质量控制和数据处理。

3.5.4　海洋磁力测量数据处理

海洋磁力测量数据处理包括对磁力测量数据进行各项改正，如测点位置推算和地磁日变、船磁、垂直延拓等影响改正，地磁正常场计算和磁异常计算，测量精度评估和绘制磁异常等值线图等内容。

1. 磁测点位置归算

根据船载 GNSS 数据以及拖缆长度、拖深、磁力仪与 GNSS 天线的空间位置关系，计算磁力仪或磁测点的坐标。若采用超短基线定位系统，则直接确定磁力仪的位置。

2. 地磁日变改正（ΔT_d）

地磁日变改正利用测区附近设立的地磁日变站，考虑海上测点与地磁日变站经度差，消除磁力测量数据中的日变影响。地磁日变化是影响海洋磁力测量的主要因素，分为静日变化和扰日变化，前者通常在 10~40nT，后者可达 1000nT。在一个相当大的范围内，地球的日变化基本上是同步的，在陆地该范围为 400～500km，在海区该范围为 100～200km。

$$\Delta T_d(t) = T_d(t + \Delta t) - T_{\text{base}} \tag{3.87}$$

式中，$\Delta T_d(t)$ 为 t 时刻地磁日变校正（nT）；Δt 为测点与地磁日变站之间的时差（s）；$T_d(t+\Delta t)$ 为 $t+\Delta t$ 时刻的日变观测值（nT）；T_{base} 地磁日变基值（nT）。

3. 船磁方位影响改正（ΔT_A）

海洋磁力测量中，磁力仪测得的磁场值会受到测船磁场的影响。测船磁场的影响分为固有磁影响和感应磁影响。固有磁影响因测量船由强磁性材料建造而产生，强磁材料磁性一旦形成很难消失；感应磁影响是测量船所处的地磁场变化以及测量船相对地磁场的空间方位变化而产生的瞬时附加磁场。船磁影响属于系统误差，随着测船航向的变化而变化，可以测前在试验海区进行八方位试验来测定（如图 3.23 所示），并利用绘制的船磁方位曲线或建立模型来消除。

在八方位试验的同时，还应进行拖距和拖深试验。方法是测量船在测区沿着磁子午线往返航行并改变拖曳距离，在噪声不再增加的情况下抖动度不变的拖曳距离即为最佳拖曳距离。

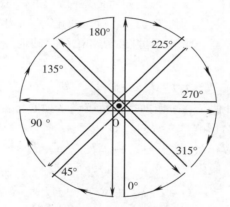

图 3.23　船磁方位试验的测线布置示意图

4. 高度校正（ΔT_h）

无论基于何种载体开展磁力测量，均需要将实测磁力值归算到平均海平面，即高度校正或延拓校正。高度校正根据磁力沿垂直方向的变化梯度和磁力仪到平均海平面的高度来计算。

5. 海洋磁力测线网平差（ΔT_{ha}）

根据主测线和检查线的交叉点信息，利用平差的原理来调整海洋磁力测量误差的方法。

海洋磁力测量的误差来源包括实时测量误差和非实时测量误差，前者指实时定位和磁测所需的有关参数的测量误差，而后者则是数据后处理所需数据的测量误差或算法等因素所产生的误差。海洋磁力测线网平差基于海洋磁力测量的网状测量模式，利用主测线和检查线的交叉点不符值，建立海洋磁力测量网误差模型，通过平差的原理消除海洋磁力测量的测线系统误差，提高磁测数据精度，改善磁测成果图质量。

6. 海洋磁力系统误差调平(ΔT_{ha})

调整海洋磁力测量单一测线方向呈系统性变化误差的方法。

海洋磁力测量中，调平的方法有粗调和细调。粗调通过方差分析方法建立海洋磁力测量系统误差显著性检验标准，将测量中的系统误差对应于方差分析中的条件误差，偶然误差成为试验误差进行调整的方法。细调是将系统误差分为表征误差综合影响的线性变化部分和复杂变化规律部分，通过自检校平差法来进行调整，实现整个测区磁场水平一致。

海洋航空磁力测量中，通常设置切割线来联系和调整测线的磁场水平，经过平差和磁场调平过程，校正磁日变的低频部分，并检查整个测区的测量质量。调平前先检查主测线和切割线交点处磁场是否平静，并注意两次测量飞行高度差的影响。调平的方法有计算机自动调平法、人工逐次逼近调平法、虚拟切割线调平法、联系线调平和微调等。

7. 地磁场通化(ΔT_{aa})

将不同日期的海洋磁力测量资料统一到特定日期的方法。海洋磁力测量的最终目的是获得地磁场各要素在某一特定日期的空间分布，而海洋磁力测量资料是在不同日期测得的，为此需要将磁测资料统一到某一特定日期。

设通化台站 $O(x_0, y_0)$（一般选择海区附近的地磁台）和海上磁测点 $P(x, y)$ 在 t 时刻的瞬时磁测值分别为 $T(x_0, y_0, t)$ 和 $T(x, y, t)$，通化时刻 t_0 的磁测值分别为 $T(x_0, y_0, t_0)$ 和 $T(x, y, t_0)$。那么 t_0 至 t 时刻，通化台站和磁测点的地球变化磁场可分别表示为：

$$\Delta T(x_0, y_0, t - t_0) = T(x_0, y_0, t) - T(x_0, y_0, t_0)$$
$$\Delta T(x, y, t - t_0) = T(x, y, t) - T(x, y, t_0)$$

(3.88)

磁测数据通化的前提即假定在一定的空间范围内认为通化台站和磁测点地球变化磁场（包括长期变化和短期变化）影响是一致的。即

$$\Delta T(x_0, y_0, t - t_0) = \Delta T(x, y, t - t_0)$$

那么，就可得到磁测点通化值：

$$T(x, y, t_0) = T(x, y, t) - T(x_0, y_0, t) + T(x_0, y_0, t_0)$$

(3.89)

8. 地磁正常场计算(T_0)

地磁正常场计算采用国际大地测量与高空物理学会（IAGA）最新的国际地磁参考场模型（IGRF），计算测点处的正常场值 T_0：

$$T_0 = a \sum_{n=1}^{8} \sum_{m=0}^{n} \left(\frac{a}{r}\right)^{n+1} (g_n^m \cos m\lambda + h_n^m \sin m\lambda) P_n^m(\cos\theta)$$

(3.90)

式中，g 和 h 为高斯系数；$P_n{}^m(\cos\theta)$ 表示施密特形式的缔合勒让德函数；a 为赤道半径；r 为球心半径；θ 为从北极起算的余纬度；λ 为从东起算的经度。上式中所用的 8 阶球谐函数的系数以及年变化率每 10 年公布一次。

令 $\mu = \cos\theta$，式中 $P_n{}^m(\cos\theta)$ 为：

$$P_n^m(u) = \frac{1}{2^n n!} \left(\frac{\varepsilon_m (n - m)! (1 - u^2)^m}{(n + m)!}\right)^{1/2} \frac{d^{m+n} (u^2 - 1)^n}{du^{m+n}}$$

9. 地磁异常计算

$$\Delta T = T - T_0 - \Delta T_A - \Delta T_h - \Delta T_d - \Delta T_{ha} - \Delta T_{aa}$$

(3.91)

式中各符号意义同上，单位均为 nT。

10. 准确度计算

对海洋磁力测量精度评定的方法。利用海洋磁力测量主测线和检查线的交叉点差值或同一点处不同磁力仪测量成果对海洋磁力测量精度进行评定。

内符合精度以主测线与检查线交点处测量成果的符合程度作为评价依据。

$$M_i = \pm \sqrt{\frac{1}{2n}\left[\delta\delta\right]} \qquad (3.92)$$

式中，M_i 为内符合中误差，单位为 nT；δ 为主、检测线交点磁异常不符值；n 为交点个数。

外符合精度以同一点处不同磁力仪测量成果的符合程度作为评价依据。

$$M_外 = \pm \sqrt{\frac{1}{n}\left[\Delta\Delta\right]} \qquad (3.93)$$

式中，$M_外$ 为外符合中误差，单位为 nT；Δ 为同一点不同磁力仪测量成果值之差；n 为点个数。

根据磁力测量数据绘制地磁场总强度等值线图、磁异常等值线图和磁异常平面剖面图。当使用磁场梯度仪进行海洋磁力测量时还包括地磁场梯度等值线图(图 3.24)。

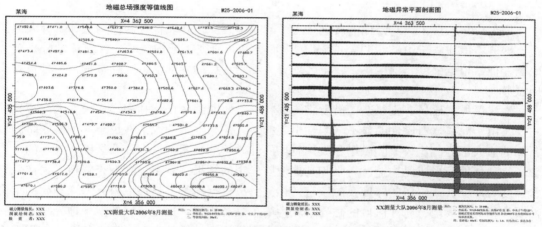

图 3.24 某海区地磁总场强度等值线图和地磁异常平面剖面图

3.5.5 海洋地磁测量数据应用

1. 地磁参考场模型

地磁场跟地球引力场一样，是一个地球物理场，由基本磁场与变化磁场两部分组成。基本磁场是地磁场的主要部分，起源于地球内部，比较稳定，变化非常缓慢。变化磁场包括地磁场的各种短期变化，与电离层的变化和太阳活动等有关，并且很微弱。同正常重力场模型的建立过程和方法近似，利用海洋磁力测量获得的地磁数据，借助地磁位理论，可以构建地磁正常场模型，反映地磁场空间分布及随时间变化的规律。

2. 地质特征解释

对总磁异常 ΔT 曲线的解释，需要尽可能地掌握测区及其邻区的地质与地球物理资料，尤其是岩石磁化率资料，分析各种磁力异常特征在不同地质现象上的表现，探讨引起这些异常的原因。如 ΔT 曲线具有高频锯齿状的形态，很可能表示在海底出露或靠近海底有火成岩体存在；ΔT 曲线具有狭长的线性分布形态，很可能表示构造破坏带与断裂带的存在。

具备适当密度的磁测网和测量精度时，利用正演问题所给出的结果帮助推断解释。所谓正演，是已知磁性体的磁化强度、形状和大小，求取其外界空间的磁场。正演计算中假定磁化强度是均匀的，且只对具有地质意义的一些简单几何形态进行计算。ΔT 与地磁倾角 I、地层倾角 a 和测线方位 A 等相关，正演常借助模拟方法求出目标体的磁场分布。

磁力测量资料的解释主要是求得其反演问题的解答。所谓反演，即根据观测到的磁力异常，确定磁性体的分布及其形状。反演问题的解不唯一，同一条磁力异常曲线可以作出很多不同的解答，必须依靠地质与其他地球物理资料的帮助，才能找出最合理的解答。

磁异常是由地下各种地质体之间的磁性差引起的，与地质体的磁化强度大小和方向、埋深和倾斜方向等有关。测区异常磁场的分布与该区内的岩石分布和构造特征相关联。分析测区磁场特征，可以推断地质构造规律，为地质调查和找矿提供依据。

在所有岩石中，火成岩磁性较强，分布不均匀，各种喷出岩表现最为突出。当这些岩石埋藏不深或直接露出海底，且水深不大时，它们的磁场具有强度大和水平梯度大的特点。

用 1:100 万～1:20 万比例尺进行海洋或航空磁测，开展普查储油构造和研究大地构造。磁测精度应高于 10γ，并随比例尺增大而提高。研究区域构造时，首先详细分析全区磁场特征，根据强度、梯度等，将全区划分为不同特点的异常地区或异常带，为分析其成因服务。

大洋区域的磁场非常复杂，借助磁测资料可以研究海底构造和海洋地壳。大洋磁异常主要是由于海底岩石磁性明显不均匀性引起的。大洋磁异常的源大多位于靠近海底结晶岩石圈的最大部分。比较大陆磁场和大洋磁场的性质特征，两者没有什么区别，大洋的磁异常场是现代地壳形成之构造、岩浆和其他地质作用的结果。参考地震调查资料，大洋磁异常强度与地壳玄武岩层的厚度及磁性密切相关，故根据磁测资料可以研究海洋地壳的结构性质。相对于大陆，海洋区域的磁异常较为简单且有规律，这是年轻的海洋地壳结构所决定的。因此，研究海洋区域的磁异常，是研究海洋地壳结构的重要参考，是解决地质理论问题的基础，对研究大陆及大陆架地质构造演变也有重要的意义。

3. 地磁导航

地磁场用于导航主要体现在两个方面：一是地磁偏角用于磁罗经导航。由于地球自转轴与地磁轴不重合，地磁航向与地理方向间存在一个称为地磁偏角的夹角，利用磁罗经测量的磁航向或磁方位角须经磁偏角改正后才能得到航行载体的地理航向或地理方位角。二是地磁匹配导航。地磁场匹配导航是指将预先确定的水下潜器航行区域地磁场的某种特征值，制成地磁场背景分布图并储存在水下潜器海洋环境信息综合保障系统中；当水下潜器航行到这些地区时，水下潜器装载的传感器实时地测定地磁场的有关特征值，并构成地磁场实时分布图；实时分布图与预存的背景分布图在计算机中进行相关匹配，就可以定位水下潜器的实时位置。

4. 水下目标探测

铁质体带有磁性，也称为铁质磁性体。海洋磁力测量中，当磁力仪通过铁质磁性体时，磁力仪观测到的磁力值是铁质磁性体的磁力值与地球固有磁力值及周围环境磁力值的叠加，相对磁性体周围的观测值存在较大差异，据此特征可以发现水下磁性体(图3.25)。

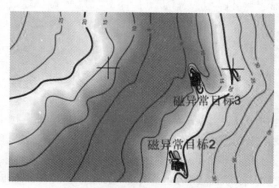

图 3.25　水下磁异常目标探测

第 4 章　海洋导航与定位

4.1　海洋导航定位及其发展历程

海洋导航与定位是利用仪器设备确定海洋上被测点位置和为海上载体提供导航服务的技术，是海洋测量中最基本的测量工作。海洋导航定位的方式主要有光学仪器定位、惯性导航、无线电导航定位、水下声标定位、GNSS 导航定位、匹配导航定位以及组合导航等。海洋导航定位历史悠久，先后经历了原始、普通、近代和现代四个发展阶段。

4.1.1　原始导航阶段

原始导航阶段为 19 世纪中叶以前，导航定位技术以指南车、指南针和天文导航为主要代表(图 4.1)。传说早在公元前 2600 年的涿鹿之战中，黄帝部落便使用指南车帮助其军队在大风雨中辨别方向，从而击败蚩尤部落，取得战争胜利。早在春秋战国时期，我们祖先就了解并利用磁石的指极性制成了最早的指南针——司南，《韩非子》中曾提到用磁石制成的司南。司南由一把"勺子"和一个"地盘"组成。司南勺由整块磁石制成，它的磁南极一头做成长柄，圆圆的底部是其重心，十分光滑；地盘是个铜质的方盘，中央有个光滑的圆槽，四周刻着格线和表示 24 个方位的文字。

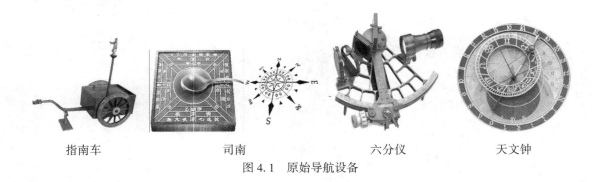

指南车　　　　　　　司南　　　　　　　六分仪　　　　　　天文钟

图 4.1　原始导航设备

元明时期，我国航海家通过观测星的高度来定地理纬度，即"牵星术"。郑和下西洋时对该技术进行了改进，并采用牵星板实现了船位确定。15 世纪，欧洲出现了用北极星高度或太阳中天高度求纬度的方法。到了 16 世纪，出现了观测月距求经度法，但不够准确。18 世纪出现了六分仪和天文钟，前者用于观测天体高度，后者可以在海上用时间法求经度，提高了海上定位的精度。近三十年来，随着摄影技术的进步，天文导航定位焕发新机，在卫星定轨等方面得到广泛应用。

4.1.2　普通导航阶段

普通导航阶段为 19 世纪中叶到 20 世纪 30 年代末，以惯性导航为代表。1687 年牛顿三定律的提出，为惯性导航奠定了基础。1852 年傅科提出陀螺的定义、原理和应用设想，1908 年安修茨研制出第一台摆式陀螺罗经，1910 年舒勒提出"舒拉摆"理论，经过百余年发展，先后成功研制了静电陀螺、动力调谐陀螺、环形激光陀螺、干涉光纤陀螺、超导体陀螺、粒子陀螺、固态陀螺、微电机系统（MEMS）等。当前，惯性技术正朝着高精度、高可靠性、低成本、小型化、数字化的方向发展，应用领域更加广泛。

4.1.3　近代导航阶段

19 世纪，电磁波技术的发展推动了近代无线电导航定位技术的进步。20 世纪 20—30 年代，无线电测向是航海和航空主要的导航手段。"二战"中出现了双曲线导航系统，雷达也开始在舰船和飞机上用作导航，远程测向系统也在这一时期出现，飞机着陆开始使用雷达手段和仪表着陆系统。40—50 年代，伏尔导航系统、塔康导航系统、地美导航系统、多普勒导航雷达和罗兰 C 导航系统相继研制成功，并发挥着重要的作用。无线电导航定位精度与作用距离相关，作用距离越长，定位精度越低。目前，罗兰 C 等陆基无线电导航系统已全部关闭。

4.1.4　现代导航阶段

20 世纪中叶至今，导航定位技术以卫星导航为标志，同时向多手段融合集成方向发展。1958 年美国开始研制子午仪系统（Transit），1973 年美国国防部制订了 GPS 计划，1976 年苏联颁布法令建立 GLONASS 系统，1999 年欧盟首次公布了伽利略卫星导航系统（Galileo）计划，我国于 1994 年开始建设北斗导航系统（BDS）。随着各种人造卫星相继升空，全球导航卫星系统（GNSS）逐步形成，很好地解决了覆盖面和定位精度之间的矛盾，满足了军事和民用对全球连续、实时和三维导航需求。截至 2021 年，BDS 和 GPS 已服务全球，性能相当，但 BDS 较 GPS 多了短报文功能；GLONASS 虽已服役全球，但性能与BDS、GPS 相比稍逊，且 GLONASS 轨道倾角较大，导致其在低纬度地区性能较差。Galileo 的观测量质量较好，但星载钟稳定性稍差，导致系统可靠性较差。此外，惯性导航技术、水下声学导航定位技术、水下匹配导航技术以及组合导航定位技术与系统等得到了快速发展，逐步满足了海洋导航定位的需求。

4.2　坐标系及坐标投影

4.2.1　坐标系

坐标系是全球或区域海洋要素在统一框架下空间分布表达的参考。无论是全球椭球还是参考椭球，均为几何椭球。借助其椭球球心、长半轴、短半轴、扇面角等参数，根据要求或表达方式的不同，可以在椭球上定义坐标系统，描述海洋上任何要素在椭球上的位置或坐标，定量确定其所在位置。根据定义的不同，可分为地心坐标系和参心坐标系。

1. 地心坐标系

美国国防部建立的 1984 年世界大地坐标系(World Geodetic System 1984,WGS-84)是一个协议地球参考系 CTS(Conventional Terrestrial System)。原点是地球的质心,Z 轴指向 BIH1984.0 定义的协议地球极 CTP(Conventional Terrestrial Pole),X 轴指向 BIH1984.0 零度子午面和 CTP 赤道的交点,Y 轴和 Z、X 轴构成右手直角坐标系。

WGS-84 坐标系是美国国防部根据 TRANSIT 导航卫星系统的多普勒观测数据建立的,1971 年 1 月开始作为 GPS 卫星广播星历坐标的参考基准。WGS-84 椭球采用国际大地测量与地球物理联合会第 17 届大会大地测量常数推荐值。

采用的四个基本参数是:

长半轴:$a = 6378137\text{m}$;

地球引力常数(含大气层):$\text{GM} = 3986005 \times 10^8 \text{m}^3/\text{s}^2$;

正常化二阶带球谐系数:$\bar{C}_{2,0} = -484.16685 \times 10^{-6}$;

地球自转角速度:$\omega = 7292115 \times 10^{-11} \text{rad/s}$。

根据以上四个参数可以进一步求得:

地球扁率 $\alpha = 0.00335281066474\text{m}$;

第一偏心率平方 $e^2 = 0.0066943799013$;

第二偏心率平方 $e'^2 = 0.00673949674227$;

赤道正常重力 $\gamma_e = 9.7803267714\text{m/s}^2$;

极正常重力 $\gamma_p = 9.8321863685\text{m/s}^2$。

为建立我国的地心大地坐标系,全国先后建成了 GPS 一、二级网、国家 GPS A、B 级网、中国地壳运动观测网和许多地壳形变网。在此基础上,我国建立了地心坐标系 CGCS2000(China Geodetic Coordinate System 2000)。

CGCS2000 定义如下:

(1)原点在包括海洋和大气的整个地球的质量中心;

(2)长度单位为米(m),与地心局部框架的 TCG(地心坐标时)时间的坐标尺度一致;

(3)定向在 1984.0 时与 BIH(国际时间局)的定向一致;

(4)定向随时间的演变由整个地球的水平构造运动无尽旋转条件保证。

以上定义对应一个直角坐标系,其原点和坐标轴定义如下:

(1)原点:地球质量中心;

(2)Z 轴:指向 IERS 参考极方向;

(3)X 轴:IERS 参考子午面与通过原点且同 Z 轴正交的赤道面的交线;

(4)Y 轴:完成右手地心地固直角坐标系。

CGCS2000 的 4 个独立常数定义为:

(1)长半轴 $a = 6378137.0\text{m}$;

(2)扁率 $f = 1/298.257222101$;

(3)地球的地心引力常数(包含大气层)$\text{GM} = 3986004.418 \times 10^8 \text{m}^3/\text{s}^2$;

(4)地球自转角速度 $\omega = 7292115.0 \times 10^{-11} \text{rad/s}$。

我国现行相关测绘规范规定，2008 年 7 月 1 日后的各类测量成果，均应以 CGCS2000 大地坐标系为参考给出。

2. 参心坐标系

在经典大地测量中，为了处理观测成果和计算地面控制网的坐标，通常需选取一参考椭球面作为基本参考面，选一参考点作为大地测量的起算点（或称为大地原点），并利用大地原点的天文观测量来确定参考椭球在地球内部的位置和方向。不过，由此所确定的参考椭球位置，其中心一般均不会与地球质心相重合。这种原点位于地球质心附近的坐标系，通常称为地球参心坐标系，按照表达方式的不同分为参心空间直角坐标系和参心大地坐标系。

如果以下标 T 表示与参心坐标系有关的量，则参心空间直角坐标系的定义为：原点位于参考椭球的中心，即接近于地球质心的一点 O_T，Z_T 轴平行于参考椭球的旋转轴，X_T 轴指向起始大地子午面与参考椭球赤道的交点，Y_T 轴垂直于 $X_T O_T Z_T$ 平面，构成右手坐标系（图 4.2）。在参心空间直角坐标系中，地面上任意一点的坐标可表示为 $(X, Y, Z)_T$。

空间一点的参心大地坐标用大地纬度 B，大地经度 L 和大地高 H 表示。如图 4.2 中地面点 P 的法线 PK_0 交椭球面于 P'，PK_0 与赤道的夹角 B，称为 P 点的大地纬度，由赤道面起算，向北为正（$0° \sim 90°$），称为北纬；向南为负（$0° \sim 90°$），称为南纬。P 点的子午面 $NP'S$ 与起始子午面 NGS 所构成的二面角 L 称为 P 点的大地经度，向东为正（$0° \sim 180°$），称为东经，向西为负，称为西经。P 点沿法线方向到椭球面的距离 PP'，称为 P 点的大地高 H。参心大地坐标系中地面任意一点坐标可表示为 (B, L, H)。

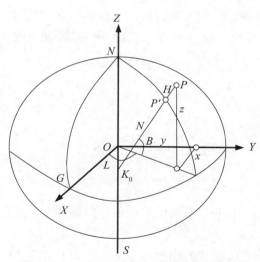

图 4.2　参心空间直角坐标系和参心大地坐标系

在我国历史上出现的参心大地坐标系主要有 1954 北京坐标系（原）、1980 西安坐标系和新北京 54 坐标系三种，目前的测绘成果主要采用地心坐标系 CGCS2000。

4.2.2 坐标转换

无论是参心坐标系还是地心坐标系，坐标系之间的转换可分为同一椭球下大地坐标与空间直角坐标转换、不同椭球下空间直角坐标转换。

1. 同一椭球下大地坐标与空间直角坐标转换

已知大地经度 L、纬度 B 和大地高 H，求解空间大地直角坐标 X、Y、Z 的数学模型为：

$$\begin{cases} X = (N + H)\cos B\cos L \\ Y = (N + H)\cos B\sin L \\ Z = [N(1 - e^2) + H]\sin B \end{cases} \tag{4.1}$$

式中，$N = a(1 - e^2\sin^2 B)^{1/2}$，$e^2 = (a^2 - b^2)/a^2$；$N$ 为椭球的卯酉圈曲率半径（对参心坐标系为参考椭球，对地心坐标系为地球椭球，以下意义相同）；a 为椭球的长半径；b 为椭球的短半径；e 为椭球的第一偏心率。已知空间大地直角坐标，求解大地坐标的数学模型（迭代法）为：

$$\begin{cases} L = \arctan\dfrac{Y}{X} \\ \tan B_i = [Z + ce^2\tan B_{i-1}(1 + e'_2 + \tan^2 B_{i-1})^{-\frac{1}{2}}](X^2 + Y^2)^{-\frac{1}{2}} \end{cases} \tag{4.2}$$

其中，e'_2 为椭球的第二偏心率，$e'_2 = (a^2 - b^2)/b^2$，$c = b^2/a^2$，其他符号意义与以上各式相同。

运用式（4.2）计算 $\tan B_i$ 时，需要先计算出大地纬度的初值 B_{i-1}，然后进行迭代计算，直至 $\tan B_i - \tan B_{i-1}$ 满足所要求的精度为止。大地纬度初值 B_{i-1} 的计算公式为：

$$\begin{cases} B_{i-1} = B_0 + \Delta B \\ \sin B_0 = \dfrac{Z}{r} \\ r = (X^2 + Y^2 + Z_i^2)^{1/2} \\ \Delta B = A\sin 2B_0(1 + 2A\cos 2B_0) \\ A = \dfrac{ae^2}{2r}(1 - e^2\sin^2 B_0)^{-1/2} \end{cases} \tag{4.3}$$

上述模型适用于各种大地坐标系与空间直角坐标系之间的转换。

2. 不同椭球的空间直角坐标间转换

如图 4.3 所示，设有两个空间直角坐标系 $OXYZ$ 和 $O'X'Y'Z'$，二者坐标原点不一致，存在三个平移参数 ΔX、ΔY 和 ΔZ；一般情况下，两个坐标系的坐标轴也并不是平行的，即存在三个旋转参数 ε_X、ε_Y 和 ε_Z；同时由于采用的椭球不同，二者坐标还存在尺度上的缩放 m。

此三参数为三维空间直角坐标变换的三个旋转角，即欧拉角，对应的旋转矩阵分别为：

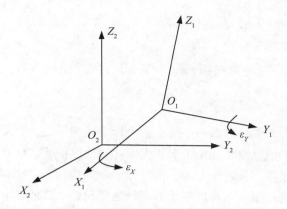

图 4.3　两个三维空间直角坐标系间关系

$$
\boldsymbol{R}_1(\varepsilon_X) = \begin{pmatrix} 1 & 0 & 0 \\ 0 & \cos\varepsilon_X & \sin\varepsilon_X \\ 0 & -\sin\varepsilon_X & \cos\varepsilon_X \end{pmatrix}
$$

$$
\boldsymbol{R}_2(\varepsilon_Y) = \begin{pmatrix} \cos\varepsilon_Y & 0 & -\sin\varepsilon_Y \\ 0 & 1 & 0 \\ \sin\varepsilon_Y & 0 & \cos\varepsilon_Y \end{pmatrix} \tag{4.4}
$$

$$
\boldsymbol{R}_3(\varepsilon_Z) = \begin{pmatrix} \cos\varepsilon_Z & \sin\varepsilon_Z & 0 \\ -\sin\varepsilon_Z & \cos\varepsilon_Z & 0 \\ 0 & 0 & 1 \end{pmatrix}
$$

令

$$
\boldsymbol{R}_0 = \boldsymbol{R}_1(\varepsilon_X)\boldsymbol{R}_2(\varepsilon_Y)\boldsymbol{R}_3(\varepsilon_Z) \tag{4.5}
$$

一般情况下，ε_X，ε_Y，ε_Z 为微小转角，可取：

$$
\begin{cases} \cos\varepsilon_X = \cos\varepsilon_Y = \cos\varepsilon_Z = 1 \\ \sin\varepsilon_X = \varepsilon_X, \ \sin\varepsilon_Y = \varepsilon_Y, \ \sin\varepsilon_Z = \varepsilon_Z \\ \sin\varepsilon_X\sin\varepsilon_Y = \sin\varepsilon_X\sin\varepsilon_Z = \sin\varepsilon_Y\sin\varepsilon_Z = 0 \end{cases} \tag{4.6}
$$

R_0 可以简化为：

$$
\boldsymbol{R}_0 = \begin{pmatrix} 1 & \varepsilon_Z & -\varepsilon_Y \\ -\varepsilon_Z & 1 & \varepsilon_X \\ \varepsilon_Y & -\varepsilon_X & 1 \end{pmatrix} \tag{4.7}
$$

也称为微分旋转矩阵。

当 $O'X'Y'Z'$ 中的坐标 (X', Y', Z') 转换到 $OXYZ$ 中的坐标 (X, Y, Z) 时，既经过了平移又经过了旋转，即 7 参数转换模型为：

$$\begin{pmatrix} X \\ Y \\ Z \end{pmatrix} = \begin{bmatrix} \Delta X \\ \Delta Y \\ \Delta Z \end{bmatrix} + (1+m) \begin{pmatrix} 1 & \varepsilon_Z & -\varepsilon_Y \\ -\varepsilon_Z & 1 & \varepsilon_X \\ \varepsilon_Y & -\varepsilon_X & 1 \end{pmatrix} \begin{pmatrix} X' \\ Y' \\ Z' \end{pmatrix} \qquad (4.8)$$

式中，ΔX，ΔY，ΔZ 为三个平移参数；ε_X，ε_Y，ε_Z 为三个旋转参数；m 为尺度变化参数。

4.2.3 地图投影

为方便实际应用，需要将椭球面上的大地坐标转换到平面，为此需将椭球面上的元素化算到平面上，并在平面直角坐标系中采用大家熟知的简单公式计算平面坐标。

地图投影的种类很多，从理论上讲，由椭球面上的坐标(φ, λ)向平面坐标(x, y)转换可以有无穷多种方式，也就是可能有无穷多种地图投影。以何种方式将它们分类，寻求其投影规律，是很有必要的。人们对于地图投影的分类已经进行了许多研究，并提出了一些分类方案，但是没有任何一种方案是被普遍接受的。目前主要是依靠外在的特征和内在的性质来进行分类。前者体现在投影平面上经纬线投影的形状，具有明显的直观性；后者则是投影内蕴含的变形的实质。在决定投影的分类时，应把两者结合起来，才能较完整地表达投影。

下面主要介绍在海洋测量中应用较多的高斯-克吕格投影、横轴墨卡托投影、正轴墨卡托投影和 Lambert 投影。

1. 高斯-克吕格投影

高斯-克吕格投影又称横轴椭圆柱等角投影，是德国测量学家高斯于 1825—1830 年首先提出的。1912 年德国测量学家克吕格推导出了实用坐标投影公式，形成高斯-克吕格投影。图 4.4 想象有一个椭圆柱面横套在地球椭球体外面，并与某一条子午线（此子午线称为中央子午线或轴子午线）相切，椭圆柱的中心轴通过椭球体中心，然后用一定的投影方法，将中央子午线两侧各一定经差范围内的地区投影到椭圆柱面上，再将此柱面展开即成为投影面。在投影面上，中央子午线和赤道的投影都是直线，并且以中央子午线和赤道的交点 O 为坐标原点，以中央子午线的投影为纵坐标轴，以赤道的投影为横坐标轴，这样便形成了高斯平面直角坐标系。

我国规定按经差 6° 投影分带，大比例尺测图和工程测量采用 3° 带投影。高斯-克吕格投影 6° 带自 0° 开始 3° 子午线起每隔经差 6° 自西向东分带，依次编号 1，2，3，…我国 6°带中央子午线的经度由 75° 起每隔 6° 而至 135°，共计 11 带，带号用 n 表示，中央子午线的经度用 L_0 表示，它们的关系是 $L_0 = 6n - 3$，如图 4.5 所示。

高斯-克吕格投影 3° 带是在 6° 带的基础上形成的。它的中央子午线一部分带（单度带）与带中央子午线重合，另一部分带（偶数带）与 6° 带分界子午线重合。如用 n' 表示 3° 带的带号，L 表示 3° 带中央子午线的经度，它们的关系是 $L = 3n'$，如图 4.5 所示。

在投影面上，中央子午线和赤道的投影都是直线，并且以中央子午线和赤道的交点 O作为坐标原点，以中央子午线的投影为纵坐标轴，这样便形成了高斯平面直角坐标系。在我国，x 坐标都是正的，y 坐标的最大值（在赤道上）约为 330km。为了避免出现负的横坐标，可在横坐标上加上 500,000m。此外，还应在坐标前面再冠以带号。这种坐标称为国家统一坐标。例如，有一点 $y=19123456.789\mathrm{m}$，该点位于 19 带内，其相对于中央子午线而言的横坐标则是：首先去掉带号，再减去 500000m，最后得 $y=-376543.211\mathrm{m}$。

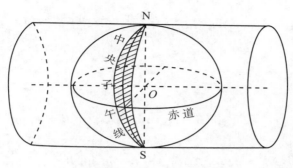

图 4.4　高斯-克吕格投影

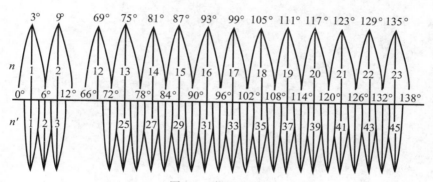

图 4.5　投影分带

由于分带造成了子午线两侧的控制点和地形图处于不同的投影带内，这给使用造成不便。为了把各带连成一个整体，一般规定各投影带要有一定的重叠度，其中每一 6° 带向东加宽 30′，向西加宽 15′ 或 7.5′，这样在上述重叠范围内，将有两套相邻带的坐标值，地形图将有两套公里格网，从而保证了边缘地区控制点间的互相应用，也保证了地图的顺利拼接和使用。

正形投影有许多种，由上述可见，高斯-克吕格投影也是正形投影的一种，除满足正形投影的一般条件外，高斯-克吕格投影具有如下特点：

（1）中央子午线投影后为直线，且长度不变。距中央子午线愈远的子午线，投影后，弯曲程度愈大，长度变形也愈大。

（2）椭球面上除中央子午线外，其他子午线投影后均向中央子午线弯曲，并向两极收敛，同时还对称于中央子午线和赤道。

（3）在椭球面上对称于赤道的纬圈，投影后仍成为对称的曲线，同时与子午线的投影曲线互相垂直，且凹向两极。

高斯-克吕格投影计算包括高斯投影正解计算（简称正算）、反解计算（反算）、换带计算和子午线收敛角计算。

1）正算（B，L 到 x，y 转换）

$$\begin{cases} x = X + \dfrac{N}{2}t\cos^2 BL^2 + \dfrac{N}{24}t(5 - t^2 + 9\eta^2 + 4\eta^4)\cos^4 BL^4 + \dfrac{N}{720}t(61 - 58t^2 + t^4)\cos^6 BL^6 \\[3mm] y = N\cos BL + \dfrac{N}{6}(1 - t^2 + \eta^2)\cos^3 BL^3 + \dfrac{N}{120}(5 - 18t^2 + t^4 + 14\eta^2 - 58\eta^2 t^2)\cos^5 BL^5 \end{cases}$$

$$(4.9)$$

其中：

子午圈曲率半径：

$$M = m_0 + m_2 \sin^2 B + m_4 \sin^4 B + m_6 \sin^6 B + m_8 \sin^8 B$$

卯酉圈曲率半径：

$$N = n_0 + n_2 \sin^2 B + n_4 \sin^4 B + n_6 \sin^6 B + n_8 \sin^8 B$$

子午线弧长：

$$X = a_0 B - \dfrac{a_2}{2}\sin 2B + \dfrac{a_4}{4}\sin 4B - \dfrac{a_6}{6}\sin 6B + \dfrac{a_8}{8}\sin 8B$$

$$t = \tan B, \quad \eta^2 = e'^2\cos^2 B$$

$$m_0 = a(1 - e^2), \quad m_2 = \dfrac{3}{2}e^2 m_0, \quad m_4 = \dfrac{5}{4}e^2 m_2, \quad m_6 = \dfrac{7}{6}e^2 m_4, \quad m_8 = \dfrac{9}{8}e^2 m_6$$

$$n_0 = a, \quad n_2 = \dfrac{1}{2}e^2 n_0, \quad n_4 = \dfrac{3}{4}e^2 n_2, \quad n_6 = \dfrac{5}{6}e^2 n_4, \quad n_8 = \dfrac{7}{8}e^2 n_6$$

$$a_0 = m_0 + \dfrac{m_2}{2} + \dfrac{3}{8}m_4 + \dfrac{5}{16}m_6 + \dfrac{35}{128}m_8 + \cdots$$

$$a_2 = \dfrac{m_2}{2} + \dfrac{m_4}{2} + \dfrac{15}{32}m_6 + \dfrac{7}{16}m_8, \quad a_6 = \dfrac{m_6}{32} + \dfrac{m_8}{16}$$

$$a_4 = \dfrac{m_4}{8} + \dfrac{3}{16}m_6 + \dfrac{7}{32}m_8, \quad a_8 = \dfrac{m_8}{128}$$

2）反算（x，y 到 B，L 转换）

$$B = B_f - \dfrac{1}{2}V_f^2 t_f\left[\left(\dfrac{y}{N_f}\right)^2 - \dfrac{1}{12}(5 + 3t_f^2 + \eta_f^2 - 9\eta_f^2 t_f^2)\left(\dfrac{y}{N_f}\right)^4 + \dfrac{1}{360}(61 + 90t_f^2 + 45t_f^4)\left(\dfrac{y}{N_f}\right)^6\right]$$

$$L = \dfrac{1}{\cos B_f}\left[\left(\dfrac{y}{N_f}\right) - \dfrac{1}{6}(1 + 2t_f^2 + \eta_f^2)\left(\dfrac{y}{N_f}\right)^3 + \dfrac{1}{120}(5 + 28t_f^2 + 24t_f^4 + 6\eta_f^2 + 8\eta_f^2 t_f^2)\left(\dfrac{y}{N_f}\right)^5\right]$$

$$(4.10)$$

其中：

$$e' = \dfrac{\sqrt{a^2 + b^2}}{b}, \quad t_f = \tan B_f, \quad \eta_f^2 = e'^2\cos^2 B_f, \quad V = \sqrt{1 + e'^2\cos^2 B_f}$$

$$N = n_0 + n_2 \sin^2 B_f + n_4 \sin^4 B_f + n_6 \sin^6 B_f + n_8 \sin^8 B_f$$

$$n_0 = a, \quad n_2 = \dfrac{1}{2}e^2 n_0, \quad n_4 = \dfrac{3}{4}e^2 n_2, \quad n_6 = \dfrac{5}{6}e^2 n_4, \quad n_8 = \dfrac{7}{8}e^2 n_6$$

$$B_f = \dfrac{x + \left(\dfrac{a_2}{2}\sin 2B - \dfrac{a_4}{4}\sin 4B + \dfrac{a_6}{6}\sin 6B - \dfrac{a_8}{8}\sin 8B \right)}{a_0}$$

$$a_0 = m_0 + \dfrac{m_2}{2} + \dfrac{3}{8}m_4 + \dfrac{5}{16}m_6 + \dfrac{35}{128}m_8 + \cdots$$

$$a_2 = \dfrac{m_2}{2} + \dfrac{m_4}{2} + \dfrac{15}{32}m_6 + \dfrac{7}{16}m_8, \quad a_4 = \dfrac{m_4}{8} + \dfrac{3}{16}m_6 + \dfrac{7}{32}m_8$$

$$a_6 = \dfrac{m_6}{32} + \dfrac{m_8}{16}, \quad a_8 = \dfrac{m_8}{128}$$

2. 横轴墨卡托投影

高斯-克吕格投影最主要的缺点是，长度变形比较大，而面积变形更大，特别是纬度越高，越靠近投影带边缘的地区，这些变形将更严重。显然，过大的变形对于大比例尺测图和工程测量而言是不能允许的。通用横轴墨卡托投影（Universal Transverse Mercator Projection，UTM）由美国军事测绘局 1938 年提出，1945 年开始采用。从几何意义上讲，通用横轴墨卡托投影属于横轴等角割椭圆柱投影，如图 4.6 所示。它的特点是中央经线投影长度比不等于 1，而是等于 0.9996，投影后，两条割线上没有变形，它的平面直角系与高斯-克吕格投影相同，且和高斯-克吕格投影坐标有一个简单的比例关系，因而有的文献也称它为长度比 $m_0 = 0.9996$ 的高斯-克吕格投影。

通用横轴墨卡托投影的直角坐标 $(x，y)^u$ 计算公式可由高斯-克吕格投影族通用公式求得，也可用高斯-克吕格投影按照下列关系得到：

$$x^u = 0.9996x，\quad y^u = 0.9996y \tag{4.11}$$

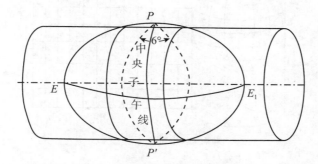

图 4.6　通用横轴墨卡托投影

通用横轴墨卡托投影的投影条件是：

（1）正形投影，即等角投影。

（2）中央子午线投影为纵坐标轴。

（3）中央子午线投影长度比等于 0.9996，而不等于 1。

其中，（1）、（2）两个条件与高斯-克吕格投影相同，仅条件（3）不同于高斯-克吕格投影。由于通用横轴墨卡托投影的中央子午线长度比取为 0.9996，所以，使整个投影带的长度比普遍小于 1.0007，并使整个投影带的长度变形普遍小于 0.001。

通用横轴墨卡托投影的分带是将全球划分为 60 个投影带，带号 1，2，3，…，60 连续编号，每带经差为 6°，经度 180°W 和 174°W 之间为起始带（1 带），连续向东编号。带的编号与 1∶100 万比例尺地图有关规定相一致。该投影在南纬 80° 至北纬 84° 范围使用。使用时，直角坐标的实用公式为：

$$y_实 = y + 50000（轴之东用），\quad x_实 = 10000000 - x（南半球用）$$
$$y_实 = 50000 - y（轴之西用），\quad x_实 = x（北半球用）$$

带号与中央经线的关系为：

$$\lambda_0 = 6°n - 183° \tag{4.12}$$

3. 正轴墨卡托投影

正轴墨卡托投影，即正轴等角圆柱投影，由荷兰地图学家墨卡托（G. Mercator）于 1569 年提出的一种适合海上航行的投影方式，广泛地应用于海图制作和导航。

设想一个与地轴方向一致的圆柱切于或割于地球，按等角条件将经纬网投影到圆柱面上，将圆柱面展为平面后，得到平面经纬线网，如图 4.7 所示。投影后经线是一组竖直的等距离平行直线，纬线是垂直于经线的一组平行直线。各相邻纬线间隔由赤道向两极增大。一点上任何方向的长度比均相等，即没有角度变形，而面积变形显著，且随远离标准纬线而增大。

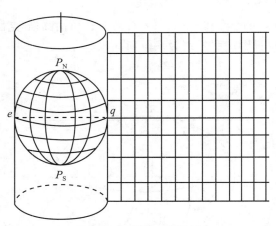

图 4.7　正轴墨卡托投影

墨卡托投影正算：即大地坐标 (B, L) 转换到平面坐标 (x, y)，采用如下模型：

$$x = k\ln\left[\tan\left(\frac{\pi}{4} + \frac{B}{2}\right) \cdot \left(\frac{1 - e\sin B}{1 + e\sin B}\right)^{\frac{e}{2}}\right]$$
$$y = k(L - L_0) \tag{4.13}$$
$$k = N_{B0}\cos(B_0) = \frac{a^2/b}{\sqrt{1 + e^2\cos^2(B_0)}}$$

墨卡托投影反算：即大地坐标 (x, y) 转换到平面坐标 (B, L)，采用如下模型

$$B = \frac{\pi}{2} - 2\arctan\left[\exp\left(-\frac{x_N}{k}\right)\exp^{\frac{e}{2}\ln\left(\frac{1-e\sin B}{1+e\sin B_0}\right)}\right]$$

$$L = \frac{y_N}{k} + L_0$$

(4.14)

上式中标准纬度为 B_0，原点纬度为 0，原点经度为 L_0。exp 为自然对数底，反算中纬度 B 通过迭代计算获得。

墨卡托投影的地图最大的缺点是和现实差别太大，变形严重。

4. 兰勃特(Lambert)投影

兰勃特(Lambert)投影是正形正轴圆锥投影。

设想用一个圆锥套在地球椭球面上，使圆锥轴与椭球自转轴一致，圆锥面与椭球面一条纬线相切，将椭球面上的纬线投影到圆锥面上成为同心圆，经线投影圆锥面上成为从圆心发出的辐射直线，然后沿圆锥面某条母线(中央经线 L_0)，将圆锥面展开成平面，实现兰勃特切圆锥投影，如图 4.8 所示。

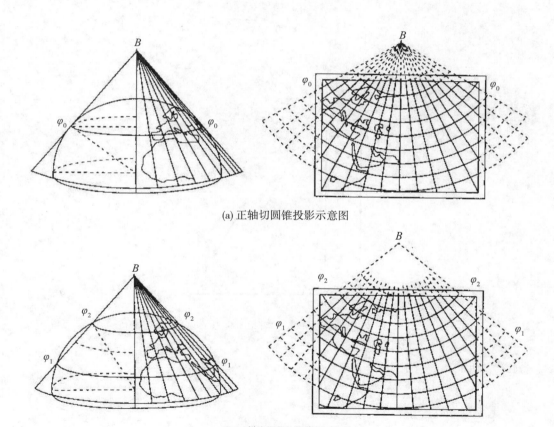

(a) 正轴切圆锥投影示意图

(b) 正轴割圆锥投影示意图

图 4.8　正轴切和正轴割圆锥投影

Lambert 割圆锥投影条件较特殊，要求两条标准纬线 B_1、B_2 具有投影不变形，投影前后长度相等，即 $m_1 = m_2 = 1$。

双标准纬线兰勃特正形圆锥投影的特点如下：

（1）各经线的投影为直线，且在图廓线以外相交于一点。

（2）各纬线的投影为同心的圆弧。

（3）经、纬线的投影相互正交，没有角度变形。

（4）两条标准纬线上的长度无变形，两标准纬线间长度缩小，而以外长度伸长。

兰勃特切圆锥投影直角坐标系的建立：

（1）以中心经线投影所得直线与赤道的交点为原点 O；

（2）以中心经线投影所得直线为 x 轴，北向为正；

（3）过原点 O，与 x 正交，指向东向为 y 轴。

图 4.9 描述了投影后 xOy 平面坐标系的建立。

1）兰勃特投影正算

投影正算是将大地坐标 (B, L) 转换为平面坐标 (x, y) 的过程。

$$x = \rho_0 - \rho\cos\gamma$$
$$y = \rho\sin\gamma$$

(4.15)

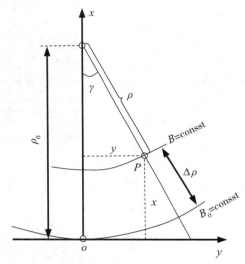

图 4.9 兰勃特投影中直角坐标系的建立

对于切圆锥：

$$\gamma = \beta l,$$
$$\rho = \rho_0 e^{\beta(q_0 - q)},$$
$$\beta = \sin B_0$$
$$\rho_0 = N_0 \cot B_0 = K e^{-\sin B_0 \cdot q_0},$$
$$K = N_0 \cot B_0 e^{\sin B_0 \cdot q_0}$$

对于割圆锥：

$$\beta = \frac{1}{q_2 - q_1}\ln\left(\frac{N_1\cos B_1}{N_2\cos B_2}\right),$$

$$K = \frac{N_1\cos B_1}{\beta e^{-\beta q_1}} = \frac{N_2\cos B_2}{\beta e^{-\beta q_2}},$$

$$q = \frac{1}{2}\ln\frac{1 + \sin B}{1 - \sin B} - \frac{e}{2}\ln\frac{1 + e\sin B}{1 - e\sin B}$$

2）兰勃特投影反算

投影反算是兰勃特投影正算的逆过程，实现平面坐标$(x，y)$到大地坐标$(B，L)$的转换。

$$\begin{cases} \Delta B = B - B_0 = t'_1\Delta q + t'_2\Delta q^2 + t'_3\Delta q^3 + t'_4\Delta q^4 + t'_5\Delta q^5 \\ L = L_0 + l \\ l = \dfrac{\gamma}{\beta}, \qquad \gamma = \arctan\dfrac{y}{\rho_0 - x} \end{cases} \tag{4.16}$$

其中，　　　　　$\Delta q = q - q_0 = -\dfrac{1}{\beta}\ln\dfrac{\rho}{\rho_0}, \qquad \rho = \sqrt{(\rho_0 - x)^2 + y^2}$

兰勃特投影的特点如下：

（1）在标准纬线B_0处，长度比为1，没有变形。

（2）当离开标准纬线B_0，无论是向南还是向北，随着$|\Delta B|$增加，$|x|$数值增大，因而长度比迅速增大，长度变形$(m-1)$也迅速增大。

（3）为限制长度变形，必须限制南北域的投影宽度，为此必须按纬度分带投影。

4.3　导航定位基础

4.3.1　导航定位原理

1. 方向交会

用户用无线电测量的方法来测定信标台的方位或自己的方位，通过后方交会或前方交会等方法来测定自己的位置。这种定位模式在早期的无线电导航中得到应用，但由于无线电方位测量精度欠佳，且方向交会的误差又将随着距离的增加而增加，因而在无线导航中逐渐被距离交会、距离差交会和极坐标定位等方法取代。

2. 距离差交会

为了测定用户U至两个信号发射台站A、B间距离D_A和D_B之差$\Delta D = D_A - D_B$，一般通过脉冲法或相位法测定A、B两站所发射的信号到达接收机的时间差Δt。

$$\Delta D = \Delta t \cdot c = t_A \cdot c - t_B \cdot c \tag{4.17}$$

式中，t_A、t_B为信号从A站和B站传播到用户U所花费的时间；c为信号的传播速度。

ΔD中包含了用户坐标和A、B台站坐标，A、B台站坐标已知，因此可以建立关于待求用户坐标的距离差方程。若开展多组测量，则可以得到多个距离差，建立多个距离差方程，构建方程组，借助最小二乘，解算用户U的坐标。

3. 空间距离交会

在导航定位中，一般通过测定信号的传播时间 Δt 和传播速度 v 来测定距离。采用应答方式进行主动式测距时，用户测定的是信号往返传播的时间。信标台站的位置已知，其天线相位中心的三维坐标事先可以精确测定。因而用户只需同时测定至 i 个信标台的距离（$i \geqslant 3$），就能以这些台站为球心，以测定的距离为半径作出 i 个定位球面，这些球面的交点即为用户所在的位置，上述方法也被称为距离交会法，如图 4.10 所示。其数学模型可表示如下：

$$D_i = \sqrt{(X_i - X)^2 + (Y_i - Y)^2 + (Z_i - Z)^2} \tag{4.18}$$

式中，D_i 为用户至第 i 个信标台间的距离，是导航中的观测值。(X_i, Y_i, Z_i) 为第 i 个信标台的空间直角坐标，为已知值；(X, Y, Z) 为用户的三维坐标，为待定值。

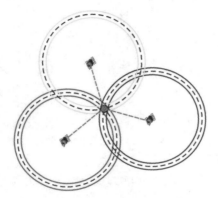

图 4.10　空间距离交会示意图

4. 航位推算

航位推算是在知道当前时刻位置的条件下，通过测量移动的距离和方位，推算下一时刻位置的方法，如图 4.11 所示。航路推算多用于多普勒计程仪（Doppler Velocity Log, DVL）。

$$\begin{cases} x_k = x_0 + \displaystyle\sum_{i=0}^{k-1} v_i \Delta t_i \cos\theta_i \\ y_k = y_0 + \displaystyle\sum_{i=0}^{k-1} v_i \Delta t_i \sin\theta_i \end{cases} \tag{4.19}$$

式中，(x_0, y_0) 是载体 t_0 时刻的初始位置，v_i 和 θ_i 分别是从 t_i 时刻的位置 (x_i, y_i) 到 t_{i+1} 时刻的位置 (x_{i+1}, y_{i+1}) 的平均速度和绝对航向。Δt_i 为每段的航行时间。

5. 姿态确定

姿态是描述航行体状态的重要参数，精确确定运动载体的姿态并对其控制和调整是导航和制导的重要内容。姿态包括仰头、低头、左倾斜和右倾斜等变化，这些姿态决定着载体的飞行高度和飞行方向。传统的基于中、高精度惯性器件的姿态确定系统价格昂贵，而且由于陀螺误差随时间不断累积，姿态确定误差随之增大。船用姿态确定中，若想在低成本的条件下满足高精度的姿态确定，纯惯性导航方案是不适用的，可采用基于 INS/GNSS

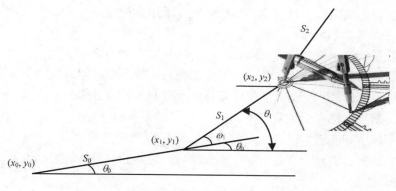

图 4.11 航位推算示意图

组合的姿态确定方案。

6. 特征匹配

特征匹配技术通过测量环境特征，如地形高度、磁场强度/磁异常和重力/重力异常值等地球几何或物理场的特征信息，并与基准数据库进行比较来确定用户的位置。根据特征信息源的种类，匹配导航与定位包括地形匹配、地貌图像匹配、重力梯度匹配和地磁场匹配。

4.3.2 导航定位技术

1. 光学导航定位

光学导航是一种借助光学定位系统，通过测量距离、方位等几何量，交会确定船舶位置的一种导航定位方法。受测量距离、海面环境等因素影响，光学导航定位仅限于沿岸和港口。近年来，随着电子经纬仪、高精度红外激光测距仪，以及集二者于一体的自动测量全站仪的发展，全站仪可按方位—距离极坐标法为近岸船舶实施快速跟踪定位和导航。由于其自动化程度高，使用方便，在沿岸和港口设备校准、海上石油平台导管架安装等方面使用较多。

2. 地标目视导航

地标目视导航是航海采用的最古老的一种导航定位方法，借助航路一端或者两侧明显的地标，如灯塔、浮标、建筑物或者天然目标，指引船舶抵达目的地。在整个目视导航过程中，依靠人眼观测熟悉的地标来确定船舶的位置和航行的方向。目视导航受气象因素影响，不能实施全天候观测，仅适合沿岸、港口和内陆航道船舶导航。

3. 航位推算

航位推算是一种自主式导航定位方法，根据船舶运动方向和距离(或速度、加速度和时间)，从一个已知的位置推算当前位置或预期位置，从而得到一条船舶的运动轨迹，以此引导船舶航行。其优点是成本低、自主性和隐蔽性好，而且短时间内具有较高的精度，但缺点是导航误差会随导航时间的增加而迅速积累，因而不利于长时间、高精度的导航。

4. 天文导航定位

天文导航是一套自主导航定位方法，主要是借助天文观测技术，确定船只的航向及经度和纬度。该方法主要局限于观测条件和观测手段，阴天或云层覆盖比较严重时无法实施且很难实现实时连续定位，目前海上导航中较少采用这种方法。

5. 惯性导航系统(INS)

惯性导航系统(Inertial Navigation System，INS)是一种真正意义上的自主式导航系统，是导航技术领域内的重要分支。其基本工作原理以牛顿力学定律为基础，即在载体内部测量载体运动加速度，经积分运算后得到载体的速度和位置等导航信息，是一种完全自主式的导航系统。惯导系统完全依靠装在载体上的导航设备自主地提供运载体的加速度、速度、位置、角速度和姿态等信息，而与外界没有任何光或电的联系。相对其他导航系统，它具有自主、隐蔽、实时、不受干扰、不受地域、时间和气候条件限制以及输出参数全面等诸多独特的优点。

惯导系统的主要缺点是导航定位误差随时间增长，为解决该问题，常采取以下两种方式：第一种，从惯导系统的自身结构特点出发，提高惯性传感元件的性能和精度；第二种，采用惯性组合导航技术，利用各种外部辅助导航手段，应用现代滤波理论和信息融合技术对惯性导航的累积误差进行补偿，可获得较高的导航精度和稳定性。

6. 陆基无线电导航定位

通过在岸上控制点处安置无线电收发机(岸台)，在船舶上设置无线电收发、测距、控制、显示单元，测量无线电波在船台和岸台间的传播时间或相位差，利用电波的传播速度，求得船台至岸台的距离或船台至两岸台的距离差，进而计算船位。无线电多采用圆-圆定位方式或双曲线定位方式来实现导航定位，如图 4.12 所示。无线电定位系统按作用距离可分为远程定位系统，其作用距离大于 1000km，一般为低频系统，精度较低，适合于远程，如罗兰 C 系统；中程定位系统，作用距离 300~1000km，一般为中频系统，如 Argo 定位系统；近程定位系统，作用距离小于 300km，一般为微波系统或超高频系统，精度较高，如三应答器(Trisponder)、猎鹰 IV 等。由于导航精度较低，加上卫星导航定位系统(空基无线电定位系统)的出现，陆基无线电导航定位系统目前已基本全部关闭。

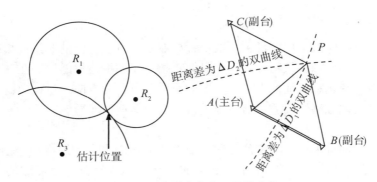

图 4.12　圆-圆定位和双曲线定位

7. GNSS 导航定位

GNSS 导航定位为目前海上导航的主要手段。目前可用于全球导航的系统主要有美国的 GPS、俄罗斯的 GLONASS、中国的 BDS 以及欧洲的伽利略定位系统，统称全球导航卫星系统(Global Navigation Satellite System，GNSS)(图 4.13)，具有全天候、全球覆盖、连续实时、高精度定位等特点。在全球任何地点，GNSS 的导航精度优于 10m，测速精度优于 0.1m/s，计时精度优于 10μs，相对世界协调时 UTC 的授时精度优于 1μs，非常适合应用于海上船舶导航定位。

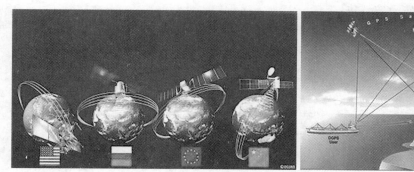
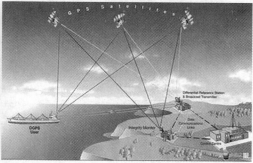

图 4.13　卫星导航定位系统及导航定位应用

8. 声学导航定位

由于声波在海水中传播衰减得很小，可以穿透较远的距离，因此长基线(Long Baseline，LBL)、短基线(Short Baseline，SBL)和超短基线(Ultra-short Baseline，USBL)水下声学定位系统在近年来得到了快速发展和广泛应用。这些系统都有多个基元(接收器或应答器)，基元间的连线称为基线。图 4.14 给出了各系统工作原理图。

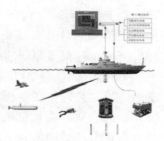

长基线(LBL)定位　　　　　短基线(SBL)定位　　　　超短基线(USBL)定位

图 4.14　水下声学导航定位原理示意图

9. 匹配导航定位

通过与海底地形/地貌图像/重力/磁力匹配也可实现水下潜航器导航。海底地形/地貌图像反映了海底的几何场信息，重力/磁力反映了海底的物理场信息，均与位置相关。利用在航实测的几何场或物理场信息，与已有的背景场或参考场地图匹配，从而获得当前船舶或潜器的位置，实现载体的导航与定位。地形、地貌图像、重力或磁力变化越显著，特征越丰富，匹配导航定位的精度越高，反之较低。

4.4 惯 性 导 航

惯性导航系统通过测量载体加速度，并自动进行积分运算，获得载体的瞬时速度、位置等导航信息。相较其他导航系统，惯性导航系统具有如下优点：

(1)不依赖于任何外部信息，也不向外部辐射能量的自主式导航系统，具有隐蔽性能好，不受外界电磁干扰影响等特点；

(2)可全天候在全球海面、水下开展导航定位；

(3)能够提供位置、速度、航向和姿态角等载体导航信息，连续性好，且噪声低；

(4)数据更新率高、短期精度和稳定性好。

其不足之处在于：

(1)由于导航信息经过积分产生，定位误差会随时间而累积；

(2)使用前需要初始对准；

(3)设备价格较昂贵；

(4)不能提供时间信息。

随着惯性仪表、计算机、精密机械和电子线路等硬件的不断改进，以及误差补偿与校正、冗余技术等的不断完善，惯性导航系统的精度和可靠性不断提高。为了更深入地了解惯性导航系统，并将之很好地应用于海洋导航定位中，下面将对惯性导航系统的发展及应用、系统组成及分类、结构及工作原理以及系统误差分析等进行介绍。

4.4.1 惯性导航系统

惯性导航技术经历了四代发展：

第一代技术(1930年以前)：自1687年牛顿三大定律建立并成为惯性导航的理论基础，到1852年傅科(Leon Foucault)提出陀螺的定义、原理及应用设想，再到1908年由安修茨(Hermann Anschütz-Kaempfe)研制出世界上第一台摆式陀螺罗经，以及1910年的舒勒(Max Schuler)调谐原理的提出，第一代惯性技术奠定了整个惯性导航发展的理论基础。

第二代技术(自20世纪40年代开始)：研究内容从惯性仪表技术扩展到惯性导航系统的应用。首先是在德国 V-II 火箭上的第一次成功应用。到20世纪50年代中后期，0.5n mile/h 的单自由度液浮陀螺平台惯性导航系统研制成功并得以应用。1968年，漂移约为 $0.005°/h$ 的 G6B4 型动压陀螺研制成功。这一时期，还出现了另一种惯性传感器——加速度计。在技术理论研究方面，为减少陀螺仪表支承的摩擦与干扰，挠性、液浮、气浮、磁悬浮和静电等支承悬浮技术被逐步采用。1960年，激光技术的出现为今后激光陀螺(RLG)的发展提供了理论支持，捷联惯性导航(SINS)理论研究也趋于完善。

第三代技术(20世纪70年代初)：出现了新型陀螺、加速度计和惯性导航系统(INS)，研究目标是进一步提高 INS 性能，并推广和应用惯性技术。主要陀螺包括：静电陀螺(ESG)、动力调谐陀螺(DTG)、环形激光陀螺(RLG)、干涉式光纤陀螺(IFOG)等。ESG 的漂移可达 $10^{-4}°/h$；DTG 的体积小、结构简单，随机漂移可达 $0.01°/h$ 量级；基于 Sagnac 干涉效应的 RLG 和捷联式激光陀螺惯性导航系统(SINS)在民航方面得到应用，精度可达 0.1n mile/h。此外，超导体陀螺、粒子陀螺、音叉振动陀螺、流体转子陀螺及固态陀螺等基于不同物理原理的陀螺仪相继设计成功。到了 20 世纪 80 年代，随着半导体工艺的成熟和完善，采用微机械结构和控制电路工艺制造的微机电系统（MEMS）出现。

第四代技术（目前）：研究目标是实现高精度、高可靠性、低成本、小型化、数字化、应用领域更广泛的导航系统。一方面，陀螺精度不断提高，漂移量可达 $10^{-6}°/h$；另一方面，随着 RLG、FOG、MEMS 等新型固态陀螺仪的成熟，以及高速大容量计算机技术的进步，SINS 在低成本、短期中精度惯性导航中呈现出取代平台式系统的趋势。期间 Draper、Sperry、Honeywell、Kearfott、Rockwell、GE（General Electric）等公司作出了卓越贡献。

惯性导航系统由基本元件（加速度计和陀螺仪，图 4.15）、系统结构、导航计算机和控制显示器组成。加速度计测量载体的加速度，并在给定初始运动条件下，由导航计算机计算出载体的速度、距离和位置；陀螺仪测量载体的角运动，并经转换、处理，输出载体的姿态和航向。

 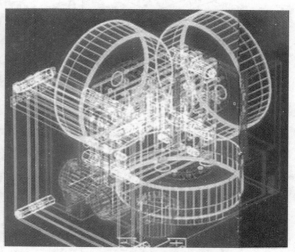

（a）三轴加速度计   （b）三轴光纤陀螺仪

图 4.15   惯性导航系统基本元件

加速度计依靠比力测量完成载体位置、速度的计算，加速度需在陀螺提供的参考坐标系中准确测量。在不需要进行高度控制的惯性导航系统中，只需两个加速度计即可完成上述任务。加速度计除包括敏感加速度的传感器外，还有一个与之相联系的力或力矩平衡电路。电路给出的信号可以正比于载体的加速度，也可以正比于单位时间内速度的增量。随着惯性技术的发展，尽管出现了各种类型的加速度计，但基本工作原理一致，即符合牛顿第二定律。

陀螺仪的作用主要有两个，即建立一个参考坐标系和测量运动物体的角速度。与之对应，陀螺仪分别被用做平台式惯导系统和捷联式惯导系统的敏感元件。惯导系统中应用的陀螺仪主要包括机械式陀螺仪、激光陀螺仪和微机电系统（MEMS）三大类。

就结构而言，惯性导航系统有平台式惯导系统（Platform Inertial Navigation System，PINS）和捷联式惯导系统（Strapdown Inertial Navigation System，SINS）两类。二者的主要区别在于平台的构建方式上，前者采用物理方式构建平台，后者采用的是数学方式。PINS

惯性元件，即陀螺和加速度计，安装在一物理平台上，利用陀螺通过伺服电机驱动稳定平台，使其始终仿真一个空间直角坐标系，即导航坐标系。而敏感轴则始终位于该坐标系的三轴方向上的三个加速度计上，可以测得三轴方向的运动加速度值。SINS 没有实体平台，加速度计和陀螺仪是直接固定在载体上的，惯性导航平台的功能由计算机来完成，故称作数学平台(图4.16)。

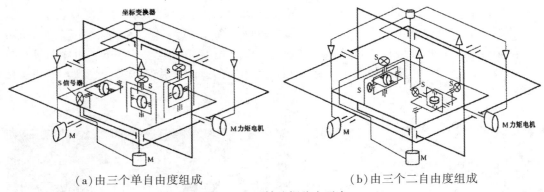

(a)由三个单自由度组成　　　　　　　　(b)由三个二自由度组成

图4.16　三轴陀螺稳定平台

PINS 中仪表工作条件较好，平台能够直接建立导航坐标系，计算量小，容易补偿和修正仪表的输出，但其尺寸较大，结构较复杂，可靠性低，维护费用高。SINS 由于省去了平台，结构较为简单，体积小，重量轻，成本低，维护方便且具有较高的可靠性，但由于加速度计和陀螺仪直接装在载体上，工作条件不佳，会降低仪表精度，且计算量较大。现代电子和计算机技术的飞速发展，为 SINS 发展创造了有利条件。新一代低成本中等精度的惯性仪表如激光陀螺、光纤陀螺、硅微惯性器件的研制成功，为 SINS 奠定了基础。捷联技术的研究，如算法编排、误差模型、测试技术等也得到了迅速发展。因此，发展 SINS 以及以 SINS 为基础的各种组合导航系统，成为今后惯性导航系统发展的总趋势。

惯性导航系统还包括导航计算机和显示器辅助系统。计算机完成导航参数计算和平台跟踪回路中指令角速度信号的计算，显示器给定初始参数和系统所需其他参数，显示导航信息。

4.4.2　惯性导航系统工作原理

PINS 工作原理如图4.17所示。加速度计和陀螺仪都安装在导航平台上，加速度计输出的信息送到导航计算机，导航计算机除计算载体位置、速度等导航信息外，还计算对陀螺的施矩信息。陀螺仪在施矩信息的作用下，通过平台稳定回路控制平台跟踪导航坐标系在惯性空间的角速度。而载体姿态和方位信息则从平台的框架轴上直接测量得到。

SINS 是将惯性仪表直接固联在载体上，利用计算机完成导航平台功能的惯导系统，工作原理如图4.18所示。加速度计和陀螺直接安装在航行器上，用陀螺测量的角速度减去计算的导航坐标系相对惯性空间的角速度，得到载体坐标系相对导航坐标系的角速度，并据此计算姿态矩阵；然后将载体坐标系轴向的加速度转换到导航坐标系，再进行导航计算。图4.19给出了捷联式惯导系统的工作流程。

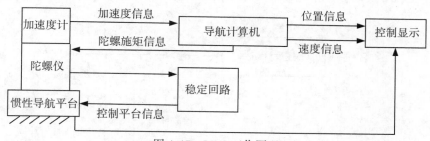

图 4.17　PINS 工作原理

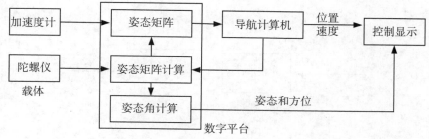

图 4.18　SINS 工作原理

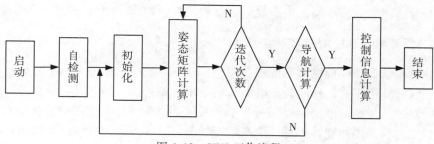

图 4.19　SINS 工作流程

（1）系统的初始化。包括 3 项任务：

①给定载体的初始位置和初始速度等初始信息。

②数学平台的初始对准：确定姿态矩阵的初始值是在计算机中用对准程序来完成的，在物理概念上是把数学平台的平台坐标系和导航坐标系相重合，称其为对准。

③惯性仪表的校准：包括对陀螺的标度因数进行标定，对陀螺漂移标定，对加速度计的标度因数标定。

（2）惯性仪表的误差补偿。SINS 惯性元件的输出必须经过误差补偿后，才能输出姿态和导航计算信息，其补偿原理如图 4.20 所示，图中 ω_{ib}、a_{ib} 为飞行器相对惯性空间运动的角速度及加速度矢量；$\omega_{ib}^{b}{}'$、$a_{ib}^{b}{}'$ 为沿飞行器坐标系表示的陀螺及加速度计输出的原始测量值；ω_{ib}^{b}、a_{ib}^{b} 为沿飞行器坐标系表示的误差补偿后的陀螺及加速度计的输出值；$\delta\omega_{ib}^{b}$、δa_{ib}^{b} 为由误差模型给出的陀螺及加速度计的估计误差（包括静态和动态误差项）。

（3）姿态矩阵计算。姿态矩阵计算在捷联式惯导系统中必不可少，为飞行器姿态和导航参数计算提供必要的数据，是系统算法中的一个重要部分。

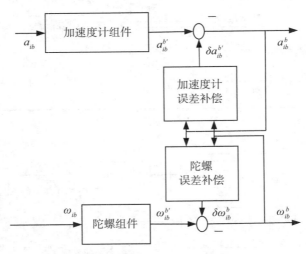

图 4.20　惯性原件误差补偿原理图

（4）导航参数计算。将加速度计输出变换到导航坐标系，计算飞行器速度、位置等。

（5）导航和控制信息提取。导航信息包括载体姿态、角速度和线加速度等信息。姿态矩阵计算、加速度的坐标变换、姿态与航向角的计算，构成所谓的"数学平台"。

4.4.3　惯性导航系统的初始对准

惯性导航系统在工作前需对系统进行调整，以使系统所描述的坐标系与导航坐标系相重合，使导航计算机正式工作时有正确的初始条件，如给定初始速度、位置等，这些工作统称为初始对准。初始对准的主要任务是如何使平台坐标系（含捷联惯导的数学平台）按导航坐标系定向，为加速度计提供一个高精度的测量基准，并为载体运动提供精确的姿态信息。

按照提供的参考基准形式不同，初始对准方法可分为如下两种：

（1）利用外部参考信息进行对准：借助外部设备为 INS 提供真实的水平和方位信息。

（2）自对准：先进行粗调水平和方位，而后进行精调水平和方位，在精调之前陀螺漂移应得到补偿，在精调水平和方位之后，系统方可转入正常工作。

对 PINS，光学自动准直技术可利用外部提供的参考信息进行对准。其方法是在惯性导航平台上附加光学多面体，使光学反射面与被调整的轴线垂直，这样可以通过自动准直光管的观测，发现偏差角，人为地给相应的轴陀螺加矩，使平台转到给定方位；或者借光电自动准直光管的观测，自动地给相应轴的陀螺加矩，使平台转到给定位置，实现平台初始对准的自动化。自动准直光管的方位基准是星体或事先定好的方向靶标。GNSS 可实时提供当地的经纬度参数，因此是初始对准的极好的外部基准，在使用条件允许的时候应该应用。

自对准技术是一种自主式对准技术，通过惯性导航系统自身功能来实现。地球上的重力加速度矢量和地球自转角速度矢量是两个特殊的矢量，它们相对地球的方位是一定的，自对准是基于加速度计输入轴和陀螺敏感轴与这些矢量的特殊关系来实现的。自对准过程可以自主完成，具有灵活、方便等特点，在计算机的参与控制下，可达到很高的精度，在军事上得到了广泛应用。

4.5 GNSS 导航与定位

4.5.1 单点绝对定位

单点绝对定位(Single Point Positioning，SPP)以地球质心为参考点，确定接收机天线在地心坐标系中的绝对位置。因定位作业仅需一台接收机工作，因此称为单点定位。单点定位结果受卫星星历误差、信号传播误差及卫星几何分布影响显著，定位精度相对较低，一般适用于低精度导航。SPP 根据用户接收机天线所处的状态不同，又可分为动态绝对定位和静态绝对定位。当用户接收设备安置在运动的载体上，确定载体瞬时绝对位置的定位方法，称为动态绝对定位。动态绝对定位，一般只能得到没有多余观测量的实时解，被广泛地应用于船舶等运动载体的导航中。另外，SPP 在航空物探和海洋卫星遥感等领域也有广泛的应用。

4.5.2 局域差分定位

局域 GNSS 差分定位根据基准站的个数可分为单基站和多基站。而根据信息的发送方式又可分为伪距差分、相位差分及位置差分等。无论何种差分，其工作原理基本相同，均由用户接收来自基准站的改正信息，并对其测量结果进行改正以获得高精度的定位结果。

单基站差分是根据一个基准站提供的差分改正信息对用户站进行改正的差分定位方法，由基准站、无线电数据通信链、用户站三部分组成，如图 4.21 所示。基准站一般安放在已知点上，并配备能同步跟踪视场内所有 GNSS 卫星信号的接收机一台，并应具备计算差分改正和编码功能的软件；无线电数据链将编码后的差分改正信息传送给用户，用户接收差分改正信号。用户站根据定位精度选择接收机，并根据接收到的改正数借助软件确定其位置。

单站差分 GNSS 系统的优点是结构和算法较为简单。该方法要求用户站误差和基准站误差具有较强的相关性，因此定位精度随用户站与基准站间距离的增加而迅速降低。

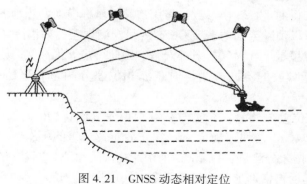

图 4.21　GNSS 动态相对定位

（1）伪距差分。在基准站上利用已知坐标求出测站至卫星间的距离，并将其与含有误差的测量距离（伪距）比较，求出测距误差；将所有卫星的测距误差传输给用户，用户利用此测距误差来改正测量的伪距，解算出用户自身的坐标。

（2）位置差分。位置差分是一种最简单的差分定位方法。安置在基准站上的 GNSS 接收机观测 4 颗或 4 颗以上卫星，利用观测伪距解算基准站坐标；求得解算坐标与基准站坐标差，并将之作为改正信息发送给用户站；用户利用观测的 4 颗或 4 颗以上卫星的伪距计算用户坐标，并从计算所得用户坐标中减去来自基准站的坐标改正量，获得最终坐标。位置差分的优点是需要传输的差分改正数较少，计算简单；缺点是定位精度低。

（3）载波相位差分。与伪距差分定位原理相似，在基准站上安置一台 GNSS 接收机，对卫星进行连续观测，并通过无线电实时将观测数据及测站坐标传送给用户站；用户站一方面通过接收机接收 GNSS 卫星信号，同时通过无线电接收基准站信息，根据相对定位原理进行数据处理，精确给出用户站三维坐标。载波相位差分有两种定位方法，即改正法和求差法。

与伪距差分相同，基准站将载波相位的改正量发送给用户站，以对用户站的载波相位进行改正实现定位，该方法称为改正法；载波相位观测值包括起始整周相位（起始整周模糊度）、相位的整周变化值以及测量相位的小数部分，由于波长已知，因此可将其转换为距离，采用前述伪距差分测量的思想，认为小区域范围内，电离层、对流层产生的相位（伪距）延迟量基本相同，并借助基准站上提供的电离层延迟量、对流层延迟量、同颗卫星的钟差和轨道误差综合影响值，对用户站接收机相位观测数据进行改正。同步观测四颗或四颗以上卫星，联合解算获得用户站的位置以及接收机钟差。

求差法将基准站的载波相位观测信息及已知位置信息发送给用户站，并由用户站将观测值求差进行坐标解算。求差的目的在于获得诸如静态相对定位的单差、双差、三差求解模型，并采用与静态相对定位类似的求解方法进行求解。

具体解算过程如下：

首先，在用户站保持不动的情况下，静态观测若干历元，并将基准站上的观测数据通过数据链传送给用户站，按静态相对定位法求出整周未知数，即初始化。

其次，将求出的整周未知数代入双差模型，此时双差只包括 ΔX、ΔY、ΔZ 三个位置分量，只要 4 颗以上卫星的一个历元的观测值，就可实时地求解出三个位置分量。

然后，将求出的 ΔX、ΔY、ΔZ 坐标增量加上已输入的基准站的地心坐标 X_i、Y_i、Z_i 就可求得此时用户站的地心坐标。

最后，利用已获得的坐标转换参数，将用户站的坐标转换到当地的空间直角坐标系。

由于求差模型可以消除或削弱多项 GNSS 卫星观测误差，如消除了卫星钟差和接收机钟差，大大削弱了卫星星历、大气折射等误差，因此可显著提高实时定位精度。

求差法按照解算时段的不同分为实时载波相位差分测量和事后载波相位差分测量两类。

（1）实时载波相位差分测量：在实时载波相位差分测量（Real Time Kinematic，RTK）中，关键是整周未知数 N_0 的快速确定，N_0 决定着定位成果的可靠性、速度和精度。

（2）事后载波相位差分测量：将基准站和用户站（流动站）的载波相位观测数据存储起来，在完成测量工作后再借助求差法解算每个历元用户站的位置。由于在事后解算得到点位坐标，因此这种处理方法称为事后载波相位差分测量（Post-processing Kinematic，PPK）。

在一个较大的区域内布设多个基准站，构成基准站网，位于该区域中的用户根据多个基准站所提供的改正信息，经平差计算后求得用户站定位改正数，该定位系统称为多基站局域差分 GNSS 系统。区域差分 GNSS 提供改正量主要有以下两种方法：

（1）各基准站以标准化的格式发射各自改正信息，而用户接收机接收各基准站的改正量，根据用户到各基准站的距离加权平均改正量，获得用户站的改正数。

（2）根据各基准站的分布，预先在网中构成以用户站和基准站之间的相对位置为变量的加权平均值模型，利用该模型求得最终改正数并将其统一发送给用户。

多基站差分或区域差分较单站差分的可靠性和精度均有所提高。多基站差分是将各种误差影响综合在一起进行改正。实际上，不同误差对定位的影响特征不同，将其综合并用一个统一的模式进行改正，就必然存在不合理的因素影响定位精度，且误差随着用户站到基准站的距离的增加而变大，导致差分定位的精度迅速下降。因此，区域差分需用户站距基准站不太远，且基准站保持一定的密度，才能获得较好的定位精度。

4.5.3　星站差分定位

星站差分定位是用户接收机利用地球同步通信卫星发送的差分信息，结合卫星定位确定位置的方法。

GNSS 的主要定位误差源包括卫星轨道误差、卫星时钟误差、电离层延迟误差、对流层误差、多路径效应，固体潮、接收机时钟误差、接收机跳变等。全球星基增强系统将每颗卫星的误差源都作为独立变量解算。轨道误差和时钟误差通过遍布全球的双频接收机观测网来跟踪并解算，再使用卫星数据链直接发送到接收机用户，不需要地面基准站，对测量范围没有限制。通常实时动态定位能提供的定位精度并不高，因此衍生出了设立基准站，向移动站发送差分改正数据，提升移动站相对定位精度的模式，有效地将测量精度提升至厘米级。这种在地面设立基准站的模式，称为地基增强。当遇到海洋等无法建设基准站的环境时，就需要更合理的增强方法，因此产生了星站差分系统，即利用地球同步卫星来代替地面基准站。星站差分定位结合了地面的差分增强与卫星广播，改正信号的覆盖范围更广，且无需用户对接收设备做出较大改变即可使用，但定位精度较地基增强系统稍低。

4.5.4　信标差分定位

信标差分定位是利用固定信标台站和流动站两台 GNSS 导航接收机同时测量来自相同导航卫星的导航定位信号，通过差分确定用户位置的定位方法。信标差分定位通常采用伪距差分。在信标台站上的接收机要求得到它至可见卫星的距离，并将此计算出的距离与含有误差的测量值加以比较，求出其偏差，然后将所有卫星的测距误差传输给用户，用户利用此测距误差来修正测量的伪距。用户利用修正后的伪距求解出本身的位置，就可消除公共误差，提高定位精度。中国在"九五"期间已陆续建成 20 座无线电指向标/差分全球定位系统（RBN-DGPS）台站，分布于沿海地区，并于 2002 年 1 月全面对外开放。无线电指向标频率范围为 283.5~325.0kHz，RBN-DGPS 台站采用单频发射制，播发差分修正信息。中国信标差分 RBN DGPS 基准台坐标采用 WGS-84 坐标系，定位精度优于 5m，单站信号作用距离陆上 100km，海上 300km。为加快北斗卫星导航系统的应用，中国交通运输部于 2013—2014 年先后在上海大戢山和天津上古林建立两座差分北斗卫星导航系统（RBN-DBDS）基站，同时为北斗用户和 GPS 用户服务。差分北斗系统动态定位精度能够达到亚米级。

4.5.5 精密单点定位

单点定位是卫星定位系统中最简单、最直接的定位方式。传统的单点定位（SPP）采用测量伪距观测值（C/A 码或 P 码）进行定位，定位精度为十几米、几十米甚至更差。精密单点定位（Precise Point Positioning，PPP）利用精密卫星轨道和精密卫星钟差改正，以及单台卫星接收机的非差分载波相位观测数据进行单点定位，可以获得厘米级水平定位精度和 10cm 左右的垂直定位精度。PPP 采用非差定位模式，不考虑测站间相关性。待估参数有测站三维坐标、接收机钟差、对流层参数、电离层参数、模糊度等，因此需要精确的卫星轨道和卫星钟差，并在解算中将其当作固定值。同时，在数据预处理阶段，要用到广播星历来探测周跳、粗差以及确定模糊度等。

4.6 水下声学导航与定位

水下声学导航与定位技术是借助声学测距或测向实现水下导航定位的技术。目前用于水下声学导航定位的系统主要有长基线（Long Baseline，LBL）定位系统、短基线（Short Baseline，SBL）定位系统和超短基线（Ultra-Short Baseline，USBL）定位系统。

4.6.1 系统组成及其测量原理

水声导航定位系统通常由船台设备和若干水下设备组成。船台/拖体设备包括一台具有发射、接收和测距计算功能的控制和显示设备、置于船底或拖体内的换能器和水听器阵列；水下设备主要是声学应答器基阵。所谓基阵，即固设于海底的已知位置上的一组应答器阵列。

换能器是一种声-电转换器，负责声信号的发射或接收，根据需要使声振荡和电振荡相互转换。水听器不发射声信号，只接收声信号，并将接收到的声信号转换成电信号。应答器既能接收声信号，还能发射不同于所接收声信号频率的应答信号，是水声定位系统的主要水下设备，也是海底控制点的水声声标。换能器、应答器和水听器的核心单元均为压电陶瓷，只是声电转换顺序和工作方式存在差异。

水声导航定位系统借助实测的距离、方位来实现导航定位。

1. 测距原理

定位原理如图 4.22(a)所示。船台发射机通过安置于船底的换能器 M 向水下应答器 P 发射询问信号，应答器接收该信号后即发回一应答声脉冲信号，船台接收机记录发射询问信号和接收应答信号的时间间隔，据此计算 M 到 P 的距离 S。

$$S = c \cdot t/2 \qquad (4.20)$$

式中，c 为平均声速，t 为声线单程传播时间。

由于应答器的深度 Z 已知，则船台至应答器之间的水平距离 D 为：

$$D = \sqrt{S^2 - Z^2} \tag{4.21}$$

当有两个水下应答器，则可获得两条距离，交会确定船的平面位置。

若对三个或三个以上水下应答器测距，可借助 D 或 S，利用最小二乘原理求出船位。

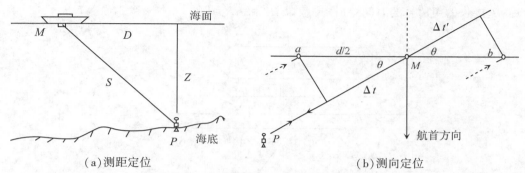

（a）测距定位　　　　　　　　　　　（b）测向定位

图 4.22　水声测距定位和测向定位

2. 测向原理

工作原理如图 4.22(b)所示。船台上除安置换能器以外，还在船的两侧各安置一个水听器，即 a 和 b。P 为水下应答器。设 PM 方向与水听器 a，b 连线之间的夹角为 θ，a，b 之间距离为 d，且 $aM = bM = d/2$。换能器 M 首先发射询问信号，水下应答器 P 接收到该信号后，发射应答信号，水听器 a、b 和换能器 M 均接收到应答信号。由于 a 和 b 间距离与 P 和 M 间距离相比甚小，可近似地认为发射与接收的声信号平行的到达 a 和 b。由于 a、M、b 距 P 的距离并不相等，若以 M 为中心，显然 a 接收到信号相位比 M 的要超前，而 b 接收到的信号相位比 M 的要滞后。设 Δt 和 $\Delta t'$ 分别为 a 和 b 相位超前和滞后的时延，由图 4.22(b)可写出 a 和 b 接收信号的相位分别为：

$$\phi_a = \omega \Delta t = -\frac{\pi d}{\lambda}\cos\theta$$
$$\phi_b = \omega \Delta t' = \frac{\pi d}{\lambda}\cos\theta \tag{4.22}$$

则水听器 a 和 b 的相位差为：

$$\Delta\phi = \phi_b - \phi_a = \frac{2\pi d}{\lambda}\cos\theta \tag{4.23}$$

显然当 $\theta = 90°$ 时，a 和 b 的相位差为零，即船艏线在 P 的正上方。所以只要在航行中使水听器 a 和 b 接收到的信号相位差为零，就能引导船至水下应答器的正上方。

若 θ 不等于 $90°$，则可根据水听器 a 和 b 及换能器 M 安装时的几何关系，计算出 θ。

$$\sin\theta = \frac{C\Delta t}{d/2} \tag{4.24}$$

4.6.2　短基线/超短基线定位

1. 系统组成及工作原理

短基线(SBL)定位系统的水下部分为水声应答器，而船上部分则是安装于船底的 1 个水听器阵列和 1 个换能器。图 4.23 显示了短基线定位系统的单元配置。图中 H_1、H_2 和 H_3 为水听器，O 为换能器，水听器成正交布设，H_1 和 H_2 之间的基线长度为 b_x，指向船艏，即 X 轴方向。H_2 和 H_3 之间的基线长度为 b_y，平行于指向船右舷的 Y 轴，Z 轴指向海底。设声线与三个坐标轴之间的夹角分别为 θ_{mx}，θ_{my} 和 θ_{mz}，而 Δt_1 和 Δt_2 分别为 H_1 和 H_2 以及 H_2 和 H_3 接收的声信号的时间差(图中仅以 H_1 和 H_2 为例)。

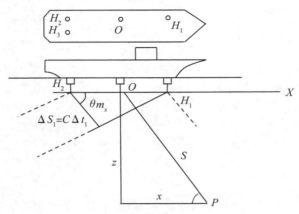

图 4.23　SBL 定位系统的单元配置

短基线定位既可按测向方式定位，称为方位-方位法，又可按测向与测距的混合方式定位，称为方位-距离法。

（1）方位-方位法：由图 4.23 得：

$$
\begin{cases}
x = \dfrac{\cos\theta_{m_x}}{\cos\theta_{m_z}} \cdot z \quad y = \dfrac{\cos\theta_{m_y}}{\cos\theta_{m_z}} \cdot z \\[2mm]
\cos\theta_{m_x} = \dfrac{C \cdot \Delta t_1}{bx} = \dfrac{\lambda \Delta\phi_x}{2\pi b_x} \\[2mm]
\cos\theta_{m_y} = \dfrac{C \cdot \Delta t_1}{by} = \dfrac{\lambda \Delta\phi_y}{2\pi b_y} \\[2mm]
\cos\theta_{m_z} = \left(1 - \cos^2\theta_{m_x} - \cos^2\theta_{m_y}\right)^{\frac{1}{2}}
\end{cases}
\tag{4.25}
$$

式中，z 为水听器阵中心与水下应答器间的垂直距离，$\Delta\phi_x$ 与 $\Delta\phi_y$ 分别为 H_1 和 H_2 以及 H_2 和 H_3 所接收的信号之间的相位差。

（2）方位-距离法。根据空间直线 OP 与各个坐标系的夹角以及 OP 的长度，由图 4.24 可直接得出 P 点在船体坐标系中的坐标 (x, y, z)。

$$
\begin{cases}
x = S \cdot \cos\theta_{m_x} \\
y = S \cdot \cos\theta_{m_y} \\
z = S \cdot \cos\theta_{m_z}
\end{cases}
\tag{4.26}
$$

短基线定位的优点是集成系统价格低、操作简单、换能器体积小易于安装。缺点是深水测量要达到较高精度基线长度一般需大于 40m，系统安装时需在船坞上严格校准。

130

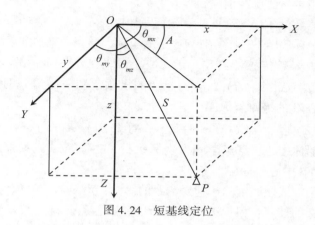

图 4.24　短基线定位

超短基线(USBL)系统与短基线系统的定位原理相同,区别仅在于,船底的水听器阵以彼此很短的距离(小于半个波长,仅几厘米),按等腰直角三角形布设且安装在一个很小的壳体内。超短基线定位系统的优点是集成系统价格低廉、操作简便容易;因实施中只需一个集成单元,安装方便。缺点是系统安装后的校准需要非常准确,而这往往难以达到;此外,测量目标的绝对位置精度依赖于外围设备(电罗经、姿态和深度)的精度。

2. 短基线/超短基线水下测量

在实施水下导航之前,短基线/超短基线定位系统需首先完成换能器安装、声速测量、安装误差校准和换能器安装方向校准。完成准备工作后,便可进行水下定位。

下面以超短基线定位系统 Gaps 为例来说明水下定位的实施过程。

1)系统连接

GNSS 将定位数据传输给 Hypack 软件,Hypack 将 GGA 格式定位数据传输给 Gaps 控制盒 ECB 的 GNSS 端口,控制盒 ECB 从 MMI 端口传输数据给导航机 Gaps 控制软件。ECB 从 Output 端口传输 GGA 数据给导航机 Hypack 作为设备 Beacon。

2)系统设置

设置换能器安装位置和入水深度、加载声速文件、设置各个端口数据格式波特率、添加 Beacon 型号等内容。

3)测量及数据采集

(1)采用低船速,确保测量水域较低的噪声水平。

(2)打开 GNSS,进入 Hypack 导航界面,向 ECB 传送 GGA 数据。

(3)打开 Gaps 电源开关 10 秒后,启动 Gaps 软件界面。

(4)等待 Gaps 右侧各个指示灯均变绿,且无错误指示后点击"START"(一般需要 5 ~ 10 分钟,屏幕上可看到换能器姿态及经纬度,检查有无错误)。

(5)将信标置入水中,Gaps 跟踪到目标后,MT8 的各项数据会依次显示,Hypack 中会出现拖体图标。

(6)测量完毕后,将信标开关关闭,水下定位数据采集工作结束。

3. 数据处理

数据质量控制:可以借助数理统计方法,通过中值滤波消除测量数据中的异常;对于动态定位数据,采用卡尔曼滤波消除粗差。

船姿改正:船体坐标系(VFS)下,GNSS 天线中心与 VFS 中心不一致,根据 GNSS 定位给出的三维绝对坐标、GNSS 天线在 VFS 下的坐标,结合姿态,得到换能器的绝对三维坐标。测量船姿态由姿态传感器给出。若 GNSS 天线在 VFS 下的坐标为$(x, y, z)_{GNSS}$,GNSS 三维绝对坐标为$(X, Y, H)_{GNSS}$,测量船的纵倾角和横摇角分别为 p、r,船的方位为 A,则 VFS 的中心 O 的绝对坐标$(X, Y, Z)_{VFS-O}$为:

$$(X \quad Y \quad Z)_{VFS-O}^{T} = (X \quad Y \quad H)_{GNSS}^{T} - \boldsymbol{R}(A)\boldsymbol{R}(p)\boldsymbol{R}(r)(x \quad y \quad z)_{GNSS}^{T} \qquad (4.27)$$

若换能器位于船体中心,且声学阵列坐标系与 VFS 一致,则换能器的三维绝对坐标$(X, Y, Z)_{P}^{T}$即为 VFS 中心坐标$(X, Y, Z)_{VFS-O}$。

声速改正:采用声线跟踪消除声速对测距的影响,声线的入射角为 θ_{mz}。

待求点绝对坐标的计算:根据改正声速后的距离,重新确定待求点 P 在船体坐标系下的坐标,再联合换能器的绝对坐标$(X, Y, Z)_{P}^{T}$,计算待确定点的绝对坐标。

$$
\begin{aligned}
(X \quad Y \quad Z)_{P}^{T} &= (X \quad Y \quad H)_{VFS-O}^{T} - (\Delta X \quad \Delta Y \quad \Delta H)^{T} \\
&= (X \quad Y \quad H)_{VFS-O}^{T} - \boldsymbol{R}(A)(S \cdot \cos\theta_{m_x} \quad S \cdot \cos\theta_{m_y} \quad S \cdot \cos\theta_{m_z})_{P}^{T}
\end{aligned}
$$

$$(4.28)$$

式中,$\boldsymbol{R}(A)$、$\boldsymbol{R}(r)$ 和 $\boldsymbol{R}(p)$ 分别为由测量船方位 A、横摇角 r 和纵摇角 p 构成的 3×3 旋转矩阵;$(\Delta X, \Delta Y, \Delta Z)$ 为换能器与海底点 P 在地理坐标系下的绝对三维坐标差;上式描述了利用船载 GNSS 为海底点 P 定位的计算模型。反之,若 P 点为海底控制点,其三维绝对坐标$(X, Y, Z)_{P}$已知,则可以根据潜航器的方位 A、潜航器上安装的声学阵列与 P 点的三维绝对坐标差$(\Delta X, \Delta Y, \Delta Z)$,确定潜航器的绝对三维坐标$(X, Y, Z)_{UUV}$。

$$(X \quad Y \quad Z)_{UUV}^{T} = (X \quad Y \quad Z)_{P}^{T} + (\Delta X \quad \Delta Y \quad \Delta H)^{T} \qquad (4.29)$$

4.6.3 长基线定位

水下载体安装换能器不断与海底控制网(点)上的应答器通过询问-应答测距,采用交会定位获得载体的三维坐标。根据海底点数量,长基线(LBL)定位分为单点、双点和多点定位。

1. 单点(应答器)定位

如图 4.25(a)所示,$P(x_0, y_0)$ 为应答器,A、B 和 C 为具有航向 K 的航线上的三个船位,D_A、D_B、D_C 为应答器至 A,B,C 的水平距离。该船的航速为 V,由 A 到 B 的航行时间为 t_A,由 B 到 C 的航行时间为于 t_c,于是容易得到距离公式:

$$
\begin{cases}
(x_A - x_0)^2 + (y_A - y_0)^2 = D_A^2 \\
(x_B - x_0)^2 + (y_B - y_0)^2 = D_B^2 \\
(x_C - x_0)^2 + (y_C - y_0)^2 = D_C^2
\end{cases}
\qquad (4.30)
$$

式中:

$$
\begin{cases}
x_A = x + Vt_A\cos(180° + K), \quad x_C = x + Vt_C\cos(K) \\
y_A = y + Vt_A\sin(180° + K), \quad y_C = y + Vt_C\sin(K)
\end{cases}
\qquad (4.31)
$$

显然，V、t_A、t_C、K、x_0、y_0、D_A，D_B，D_C 均为已知，仅有两个未知数 x、y，于是可用最小二乘法求出船位 B 的坐标 (x_B, y_B)。然后将 (x_B, y_B) 代入式(4.31)求出船位 A 和 C 的坐标。这种方法实施简单，但船速、船向误差对定位精度影响较大。

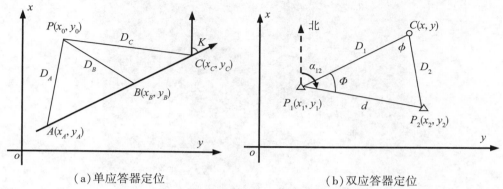

（a）单应答器定位　　　　　　　　　　（b）双应答器定位

图 4.25　单应答器定位和双应答器定位方式

2. 双点(应答器)定位

如图 4.25(b)所示，$P_1(x_1, y_1)$，$P_2(x_2, y_2)$，分别为两个声标的位置，C 为船位。α_{12} 为声标基线 d 的方位角，Φ 为声标 P_1 处三角形顶角，D_1、D_2 为船到声标的水平距离。由图 4.25(b)可得：

$$a_{12} = \arctan \frac{\Delta y_{12}}{\Delta x_{12}} \tag{4.32}$$

$$\Phi = \arccos \frac{D_1^2 + d^2 - D_2^2}{2dD_1} \tag{4.33}$$

$$x = x_1 + D_1\cos(a_{12} - \Phi), \quad y = y_1 + D_1\sin(a_{12} - \Phi) \tag{4.34}$$

如果 C 在声标 P_1、P_2 连线的另一侧，则上式应为：

$$x = x_1 + D_1\cos(a_{12} + \Phi), \quad y = y_1 + D_1\sin(a_{12} + \Phi) \tag{4.35}$$

需要指出的是，以上解算方法均采用的是水平距离，而实测的应答器与换能器之间距离为空间距离，需要根据各自携带的压力传感器提供的深度信息，将空间距离换算为水平距离。

3. 多点(应答器)定位

如图 4.26 所示，以 (x, y) 来表示测量船的平面坐标，z 为测量船换能器 t 的吃水深度；以 $(x_i, y_i, z_i)i = 1, 2, 3$，表示已知的水下声标 T 的坐标，$R_i(i = 1, 2, 3)$ 为测量船至水下声标间的距离。根据海底应答器和载体是否内置压力传感器或能否提供深度差，长基线定位可采用空间距离交会法、平面交会法和附加深度观测量的三维距离交会定位法三种载体定位方法。

（1）空间距离交会定位法：LBL 在几个海底控制点包围的区域内空间交会定位时，控制点 $P_{i(i=1,2,3\cdots)}$ 的坐标 (X_i, Y_i, Z_i) 已知，目标 P 点与 P_i 进行距离测量，

$$(X - X_i)^2 + (Y - Y_i)^2 + (Z - Z_i)^2 = S_i^2 \tag{4.36}$$

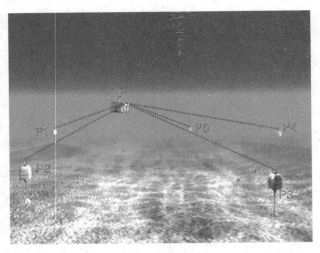

图 4.26　多应答器定位

对距离观测方程线性化，若有 m 个距离观测方程，借助间接平差，解算得到 P 点的三维坐标 (X, Y, Z)。

（2）平面交会法：现代长基线定位收发器换能器和阵元（应答器）配备压力传感器，可以获得精确的深度值，即阵元深度和目标深度为已知值。根据深度信息可将空间距离转换为平面距离，在平面坐标系下交会计算目标位置。若收发器与阵元间实测空间距离为 S_i，收发器和阵元的深度值分别为 Z_T 和 Z_R，则两传感器间深度差 $\Delta Z = Z_T - Z_R$，两点间的平距 s_i，则观测方程为：

$$(X - X_i)^2 + (Y - Y_i)^2 = s_i^2 \tag{4.37}$$

式中，$s_i = \sqrt{S_i^2 - (\Delta Z_i)^2}$，$i = 1, 2, \cdots, n$，$n$ 为观测距离个数。

借助待确定点 P 的近似平面坐标对距离方程线性化，采用最小二乘解算可得 P 点平面坐标改正量。结合初始坐标可得 P 点平面坐标。P 点的深度由换能器内置压力传感器提供。

（3）附加深度观测量的三维距离交会定位法：空间距离交会定位借助观测的空间距离构建距离方程，由于 P 点与海底控制点分布不对称，通常 Z 坐标解算精度偏低。若 P 点换能器和各海底控制点上的应答器均内置压力传感器，且深度观测值精度较高，则可以将深度作为已知值，将三维观测距离投影到平面，实施二维交会定位。也可将 Z 作为高精度观测量，与空间距离观测方程一并组成方程组，借助最小二乘联合解算获得 P 点坐标。

由于 LBL 存在较多的多余观测，且基线长度较长，所以定位精度远高于 SBL/USBL，但也存在系统复杂，定位过程繁琐，设备费用昂贵等不足。

4.7　匹配导航定位

匹配导航是一种自主导航定位方法，利用海洋中的几何要素（如海底地形/地貌）或物理要素（重力/磁力），通过实测要素与背景场（地理坐标系的要素图）匹配，从背景场中获得载体当前位置，实现载体导航定位(图4.27)。匹配导航包括实测要素序列、背景场和匹配算法三个基本单元。匹配导航是一种辅助导航，常与惯性导航系统形成组合导航系统。

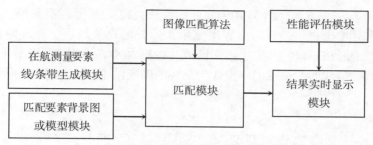

图 4.27 地貌图像匹配导航流程图

4.7.1 背景场及匹配要素测量

水下匹配导航主要涉及的匹配要素包括海底地形、地貌图像、海洋重力和海洋磁力。

海底地形多借助单波束、多波束测深系统来获取，海底地貌图像主要借助多波束、侧扫声呐或合成孔径声呐等扫测海底成像设备来获取。海底地形、地貌图像获取将在后续章节介绍。利用获取的区域地形地貌数据，构建海床数字水深模型/全区域地貌图像作为背景场。在航实测水深/声呐图像序列与之匹配，实现载体的导航定位。

海洋重力背景场测量可融合卫星重力测量、航空重力测量、船载重力测量以及传统的海底重力测量来形成，也可利用全球高精度、高分辨率重力场模型。在航重力借助船舶或潜航器搭载的重力仪来测量。海洋磁力数据可借助卫星磁力测量、航空磁力测量、船载磁力测量等方式来获取，联合全球地磁日变站数据，建立全球或者局域地磁场模型。在航磁力测量主要采用拖曳式磁力测量方式实现。

4.7.2 匹配算法

1. 匹配原则

匹配导航借助实测要素序列与背景场匹配实现当前位置确定，匹配可靠性决定着导航定位的可靠性。最优匹配借助互相关 COR(Cross Correlation)、平均绝对差 MAD(Mean Absolute Difference)和均方差 MSD(Mean Square Difference)等参数来判断。

$$\mathrm{COR}(\tau_x,\ \tau_y) = \frac{1}{L}\int_{-L/2}^{L/2} T_{\mathrm{ACQ}}(x,\ y) * T_{\mathrm{ST}}(x+\tau_x,\ y+\tau_y)\,\mathrm{d}l \tag{4.38}$$

$$\mathrm{MAD}(\tau_x,\ \tau_y) = \frac{1}{L}\int_{-L/2}^{L/2} |T_{\mathrm{ACQ}}(x,\ y) - T_{\mathrm{ST}}(x+\tau_x,\ y+\tau_y)|\,\mathrm{d}l \tag{4.39}$$

$$\mathrm{MSD}(\tau_x,\ \tau_y) = \frac{1}{L}\int_{-L/2}^{L/2} [T_{\mathrm{ACQ}}(x,\ y) - T_{\mathrm{ST}}(x+\tau_x,\ y+\tau_y)]^2\,\mathrm{d}l \tag{4.40}$$

式中，τ_x 和 τ_y 代表两个坐标轴方向的偏移量；T_{ACQ} 代表实测值；T_{ST} 为对应位置的背景值；L 为匹配序列的长度或积累长度。当 COR 最大，MAD 和 MSD 最小时，匹配可靠性较高。

2. 线-面匹配

载体携带的单波束、磁力、重力测量系统均会形成"线"测量数据序列，而背景场为"面"，实测序列和背景场的匹配称为线-面匹配。线-面匹配算法主要有 TERCOM（Terrain Contour Matching）、ICCP（Iterative Closest Contour Point）和 SITAN（Sandia Inertial Terrain-aided Navigation）算法。下面介绍 TERCOM 匹配算法，说明线-面匹配原理。

TERCOM 利用 INS 提供的概略位置形成用于匹配的观测序列，并确定观测序列的中心；然后，估计 INS 积累误差并定义搜索区域。在搜索区域，平移观测序列中心点，遍历所有搜索区格网，寻找匹配最优的一组作为最终的匹配结果，并从背景场中获取当前位置（图 4.28）。

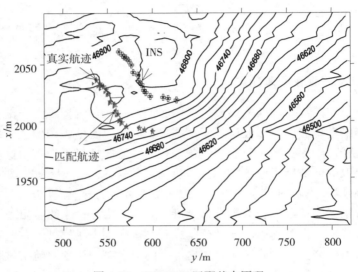

图 4.28　TERCOM 匹配基本原理

3. 面-面匹配

载体携带的多波束、侧扫声呐或合成孔径声呐系统，均能够在航获取海底的条带地形、地貌图像，背景场为"面"分布，因此这类匹配称为面-面匹配。针对地形匹配，目前主要有基于等深线走向、基于等深线图像和基于等深线链码和形状特征的匹配算法。针对地貌图像，有基于目标边界线的图像匹配法、Chamfer 图像匹配法、基于小面元微分纠正的图像间自动配准法、SIFT（Scale Invariant Feature Transform）算法和 SURF（Speeded-Up Robust Features）算法等。上述匹配算法均基于特征实现匹配，但均需要通过遍历搜索获得最佳的匹配位置。

为此下面介绍最简单的遍历匹配算法，其过程如下：

（1）首先需将实测数据格网化，形成格网数据。对于图像，每个格网对应一个像素。

（2）根据 INS 提供的概略位置，在背景场中确定搜索范围，对搜索区格网化。

（3）沿着搜索区每个格网，移动实测区。每移动一次，将实测区格网数据和对应的搜索区格网数据较差，并计算这些差值的 MSD。在搜索区，遍历所有格网，并从中寻找出 MSD 最小的一次匹配，该次匹配可认为是最佳的一次匹配。

（4）将最佳的一次匹配对应的位置作为当前载体的位置。

（5）对于下一个条带地形/地貌图像，采用（1）~（4）的方法，获得当前位置，实现不同时刻载体位置的确定，为载体导航定位服务。

4. 约束匹配

匹配是基于特征来实现的，富特征地区匹配导航具有较高的精度，而贫特征地区则易出现误匹配。为了削弱误匹配的影响，下面介绍两种约束方法，即距离约束和方位约束。

距离约束是根据相邻匹配块中心坐标计算距离 S_M，并与相应的 INS 推算点间的距离 S_{INS} 进行比较，当满足距离限差 δ，则认为匹配正确；否则，认为出现误匹配。

$$|S_M - S_{INS}| < \delta \tag{4.41}$$

方位约束是根据相邻匹配块中心坐标计算的方位 A_M 与 INS 提供的、相应段的方位 A_{INS} 进行比较，确定偏差 ΔA。理论上，若不存在误匹配，每段得到 ΔA 应该近似相等，即认为 INS 提供的方位误差在段时间内为一常数。某子块若存在误匹配，则会引起与该子块相连接的两段间 ΔA 与其他段得到的 ΔA 存在较大偏差。

$$A_M = \arctan \frac{\mathrm{d}y}{\mathrm{d}x} = \arctan \frac{y_k - y_{k-1}}{x_k - x_{k-1}} \tag{4.42}$$

$$\Delta A = A_M - A_{INS}$$

式中，相邻两个图像块匹配后的中心坐标分别为 (x_k, y_k) 和 (x_{k-1}, y_{k-1})。

根据每段确定的 ΔA，可得到 ΔA 的平均值。

$$\Delta A = \frac{1}{N-1} \sum_{k=2}^{N} \Delta A_{k, k-1} \tag{4.43}$$

式中，N 为实测的匹配块的个数。

约束匹配算法的基本思想是，尽管 INS 存在误差积累，但考虑匹配段在较短的时间内完成，匹配期间追加的误差较小，INS 提供的方位和推算坐标误差主体表现为前期累积误差。因此，可认为 INS 推算的相邻点间距离偏差较小。若每次均能实现正确匹配，则相邻匹配所得方位应与 INS 提供的方位存在一个常偏差 ΔA。基于上述两点，可以计算每段偏差，并获得其均值，将之作为参考以发现误匹配。

4.7.3 匹配导航过程

1. 地形匹配导航

基于链码等深线的地形匹配导航思想如图 4.29 所示，具体流程如下：

（1）根据 INS 提供的载体速度和多波束测量开始时刻概略位置，形成实测条带地形。

（2）借助测量期间 INS 提供的概略位置，在背景地形场中框定匹配搜索区。

（3）对实测和搜索区地形绘制等深线，并对所有的闭合等深线求周长、面积、长轴长度及走向、短轴长度及走向、多边形的高阶矩等几何不变量，来描述闭合等深线的几何特性。

（4）借助实测和背景地形中闭合等深线的上述特征，寻找闭合等深线匹配线对，并计算其质心之间的距离，以此计算背景场和实测场的几何位置关系，实现当前位置确定。

2. 地貌图像匹配导航

基于地貌图像的水下匹配导航思想如图 4.30 所示，具体流程如下：

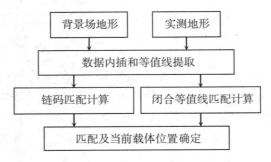

图 4.29　基于链码等深线的地形匹配导航流程图

（1）对实测的条带图像处理，实时获取条带海底地貌图像。

（2）根据 INS 提供的概略位置，框定匹配搜索区。

（3）借助图像匹配算法，在背景图像中搜索最佳的匹配位置，获得载体当前位置。

（4）对匹配结果进行性能评估。

借助以上流程，实现基于地貌图像匹配的水下载体导航。

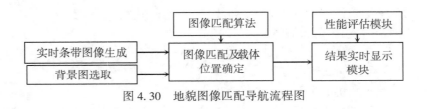

图 4.30　地貌图像匹配导航流程图

3. 重力/磁力匹配导航

重力/磁力匹配导航均为线-图匹配，根据前述，TERCOM 匹配算法仅仅顾及了航迹线匹配要素序列的平移，尚未顾及因为 INS 角漂移造成的测量序列旋转问题。为了实现测量序列旋转角度的自适应探测以及匹配导航定位的自动化实现，下面介绍基于自适应旋转角探测机制的 TERCOM 适配序列精匹配导航定位过程：

（1）根据 INS 提供的重力仪/磁力仪测量时刻的载体速度、测量开始时刻的概略位置，给出重力/磁力测量值序列概略位置。

（2）根据 INS 提供的测量序列的概略位置，结合 INS 积累误差估算值，在地磁/重力背景场中框定匹配搜索区。

（3）在匹配搜索区中开展遍历搜索，遍历搜索区的每个格网。对于每个格网，初始匹配时，旋转角从 0° 开始，以 s 为步长（s 设置为 0.5°）对原始 INS 航迹进行旋转，每旋转一次利用旋转后航迹进行一次传统的 TERCOM 匹配，直到旋转角大于 2 倍 INS 角度偏差（设置为 3°）为止。根据 MSD 最优匹配准则或者基于 Hausdorff 距离的匹配准则，从每次匹配结果中得到最小 MSD 及其对应的旋转角 a_i。

（4）以 a_i 为中心在 $[a_i-s]$ 到 $[a_i+s]$ 范围内以 $s/10$ 为步长重复步骤（3），进行循环迭代。当相邻两次匹配结果的差值满足限差时，停止迭代，计算实测值与背景值偏差的均方根。

（5）遍历搜索区内每个网格，执行步骤（2）~（4）得到一组实测值与背景值偏差的均方根序列，从该序列中寻找出精度最高的一组对应的格网，该格网的位置即为潜航器当前位置。

从以上过程可以看出，在遍历每一个格网时，旋转变换经历了一个由粗旋转到精旋转的过程，实现了 INS 提供航迹到真实航迹的精确校正，从而也实现了实测序列与背景序列的匹配，以及载体位置的获取。

4.7.4　SLAM 导航定位技术

潜航器在走航过程中借助即时定位与地图构建(Simultaneous Localization and Mapping, SLAM)技术实现未知环境地图的构建，同时利用该地图进行自主导航定位。

潜航器携载 INS 及成图系统(如单波束/多波束测深系统、侧扫声呐/合成孔径成像系统、重力仪、磁力仪等)在航行的初始时刻，借助 INS 提供的加速度及积分得到的速度和位置信息，为成图系统提供位置信息，实现边航行边获取未知水域的地图及地图中的特征分布信息。随着航行时间的推移，INS 的累积误差会越来越大，进而影响所构建地图的位置精度及地图质量。为了提高潜航器所构建地图的质量及导航定位精度，可将潜航器航行到初始时刻或位置精度较高时刻的成图位置，将当前构建的地图与历史地图(高精度地图)采用前面所述地图匹配技术进行地图匹配，从高精度地图中得到自身当前的准确位置，实现两个方面的信息更新：①INS 的修正以及自身位置的高精度确定；②根据位置修正量、INS 积累误差随时间的变率，对历史地图进行位置更新，提高地图位置精度。完成上述更新后，再借助当前 INS 高精度定位结果，开展地图的增量创建工作。图 4.31 描述了 SLAM 导航过程。

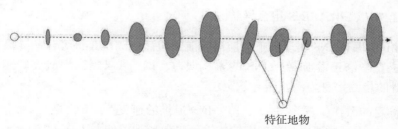

特征地物

图 4.31　SLAM 中的定位精度修正技术

4.8　组 合 导 航

组合导航是将两种或两种以上的导航系统组合，形成组合导航系统实施导航。组合导航系统中各子系统均有自己的优势和局限，系统组合的目的在于实现各传感器优势互补，提高系统整体导航性能，确保整个组合导航系统实时输出的状态参数准确、连续和稳健。

为消除 INS 的前期累积误差，确保导航的连续、可靠以及潜航器的隐蔽性，本章涉及的组合导航系统主要包括两类，即惯导系统 INS 和辅助导航系统。组合导航系统的信息融合以计算机为中心，将各导航传感器信息加以综合利用和最优化处理。Kalman 滤波是实现信息融合的关键。信息融合后得到的最佳当前运动状态估计量可通过输出设备进行输出和显示。输出、显示设备属于组合导航系统的外部辅助设备。

4.8.1 GNSS/INS 组合导航

GNSS/INS 组合导航系统结合了 GNSS 和惯性导航系统的优势，不仅能够提供载体的位置、速度和加速度信息，而且能够进行长时间的高精度导航，并具有高数据采样率和抗差性。

GNSS/INS 组合系统可靠性强，实现简单。GNSS 和 INS 的松组合是一种比较简单的组合模式，原理如图 4.24 所示。在该模式下，GNSS 和 INS 分别独立工作，以 GNSS 和 INS 解算出的载体位置和速度作为量测值，以 INS 的误差方程作为系统过程模型，通过扩展 Kalman 滤波对 INS 的速度、位置、姿态以及传感器的误差进行最优估计，并根据估计结果对 INS 的捷联解算结果进行校正，作为最终滤波结果，二者的松组合原理如图 4.32 所示。

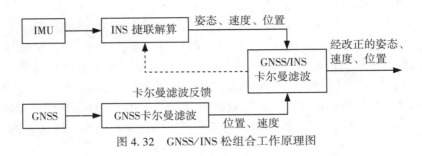

图 4.32　GNSS/INS 松组合工作原理图

4.8.2　LBL(USBL)/INS 组合导航

LBL/USBL 常联合 INS 实现水下潜航器导航定位。INS/LBL 松组合系统根据 LBL 计算得到的载体位置来修正潜航器上 INS 的累积误差，INS 可以提供潜航器的速度和位置信息，融合二者的量测信息为潜航器导航定位。

若 LBL 确定的载体位置为 (x, y, z)，INS 提供的速度为 $(\dot{x}, \dot{y}, \dot{z})$，通过积分可得到位置 (x, y, z)，则利用二者提供的位置信息形成观测向量 $\boldsymbol{L}$ 和状态向量 $\boldsymbol{X}$ 为：

$$\boldsymbol{L}_k = [x_k, y_k, z_k]^{\mathrm{T}}, \ \boldsymbol{X}_k = [x, y, z, \dot{x}, \dot{y}, \dot{z}]^{\mathrm{T}}$$

则系统的状态方程和观测方程为：

$$\boldsymbol{X}_{k|k-1} = \begin{pmatrix} \boldsymbol{E}_{3\times3} & \Delta t \cdot \boldsymbol{E}_{3\times3} \\ 0 & \boldsymbol{E}_{3\times3} \end{pmatrix} \boldsymbol{X}_{k-1} + \begin{pmatrix} \dfrac{\Delta t^2}{2} \cdot \boldsymbol{E}_{3\times3} \\ \Delta t \boldsymbol{E}_{3\times3} \end{pmatrix} \boldsymbol{W}_{k-1} \tag{4.44}$$

$$\boldsymbol{L}_k = \begin{pmatrix} \boldsymbol{E}_{3\times3} & \boldsymbol{0}_{3\times3} \\ \boldsymbol{E}_{3\times3} & \boldsymbol{0}_{3\times3} \end{pmatrix} \boldsymbol{X}_k + \boldsymbol{V}_k \tag{4.45}$$

借助 Kalman 滤波，获得潜航器不同时刻的状态参数，实现潜航器导航定位。

4.8.3　INS/匹配组合导航

匹配导航借助实测地形/地貌图像/重力/磁力序列与对应的背景场匹配，获得载体当前位置，并与 INS 提供的位置、速度和加速度信息融合，给出融合后的载体位置信息、速度和加速度，并用融合后的位置修正 INS 的位置。地形/地貌图像/重力/磁力匹配辅助 INS 组合导航系统的工作原理如图 4.33 所示。

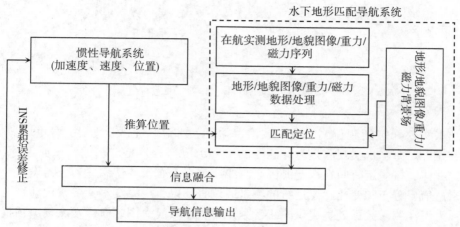

图 4.33　地形辅助 INS 水下组合导航系统工作原理示意图

信息融合依靠 Kalman 滤波来实现。对于 INS，可以输出的参量为当前的点位 $(x, y)_{INS}$ 以及载体的运动速度 $(\dot{x}, \dot{y})_{INS}$ 和加速度 $(\ddot{x}, \ddot{y})_{INS}$，匹配导航输出的仅为当前的平面位置 $(x, y)_M$，则组合导航系统的状态向量和观测向量分别为：

$$\boldsymbol{X}_{6\times1} = \begin{pmatrix} x & y & \dot{x} & \dot{y} & \ddot{x} & \ddot{y} \end{pmatrix}^{\mathrm{T}} \tag{4.46}$$

$$\boldsymbol{L}_{6\times2} = \begin{pmatrix} x & y & \dot{x} & \dot{y} & \ddot{x} & \ddot{y} \\ x & y & 0 & 0 & 0 & 0 \end{pmatrix}^{\mathrm{T}}$$

其状态方程和观测方程为：

$$\boldsymbol{X}_k = \boldsymbol{\Phi}_{k/k-1}\boldsymbol{X}_{k-1} + \boldsymbol{\Gamma}_{k-1}\boldsymbol{W}_{k-1}$$
$$\boldsymbol{L}_k = \boldsymbol{H}\boldsymbol{X}_k + \boldsymbol{V}_k \tag{4.47}$$

$$\boldsymbol{H} = \begin{pmatrix} 1 & 1 & 1 & 1 & 1 & 1 \\ 1 & 1 & 0 & 0 & 0 & 0 \end{pmatrix}, \quad \boldsymbol{\Phi} = \begin{pmatrix} E & E\Delta t & \dfrac{1}{2}E\Delta t^2 \\ 0 & E & E\Delta t \\ 0 & 0 & E \end{pmatrix}, \quad \boldsymbol{\Gamma} = \begin{pmatrix} E\Delta t^3/6 \\ E\Delta t^2/2 \\ E\Delta t \end{pmatrix} 。$$

借助 Kalman 滤波，融合匹配导航信息和 INS 信息，实现潜航器位置、速度和加速度的更新以及 INS 累积误差的修正。

第5章 海洋水文观测

5.1 海洋水文观测及其观测内容和方式

海洋水文要素包括潮位、海流、波浪、盐度、水温、泥沙、海冰、水色、海水透明度、海发光等。海洋水文观测是海洋测绘的重要组成部分，是以船舶、水面浮标、飞机、卫星等为载体，按规定时间在选定海区、测线或测点上布设或使用适当仪器设备，对海洋水文要素量值、分布和变化状况进行的测量或调查，以了解海洋水文要素运动、变化或分布规律，为海洋测量数据处理提供改正参数，编辑出版航海图、海洋水文气象预报、海洋工程的设计与建设以及海洋科学研究提供重要的基础信息资料。

1768—1779 年，英国航海家詹姆斯·库克进行的海洋探险活动，获得了大量表层水温、海流、大洋测深等科学考察资料。19—20 世纪中叶，出于为海洋科学发展提供实测数据资料和科学依据的目的，开始依靠"单船走航"方式进行海洋调查活动。1831—1836 年，英国皇家海军"贝格尔"号调查船完成的环球探险活动，是历史记载最早、最著名的"单船走航"式海洋调查活动。1872—1876 年，英国"挑战者"号完成的环球科学考察被誉为"近代海洋学奠基性调查"。在此期间，各国科学家研制了大量的水文观测仪器。1874 年英国人 Negrotti 和 Zamhra 研制出的颠倒温度表，实现了对较深层海水水温的观测。1905 年瑞典物理海洋学家 Ekman 研制出的艾克曼海流计，是第一种机械旋桨式测量海流的仪器，可测量一定时间内海水的平均流速和流向，由此，海流观测告别了漂流瓶观测海流的原始方式，具备了对从表面到较深层进行分层海流观测的技术。大量各类不同用途水文观测仪器的研制，促进了水文观测技术的快速发展。海洋水文观测活动也从仅作为海洋调查活动的一部分，发展成为海洋测绘行业的分支技术。20 世纪 50 年代后，观测项目基本随调查任务而定，观测目的更加明确。20 世纪后期，伴随着声、光、电及数字化技术的广泛应用，现代海洋水文观测仪器设备更加轻便，精度更高；水文观测活动中的观测方法和载体更加多样化。随着人类对海洋探索的不断深入，各沿海国家建设了大量的专业验潮站和海洋环境监测站，尤其是水文气象综合监测浮标式监测站，使得人类对海平面的变化、潮流运动特征以及波浪等水文要素，实现了长期、全天候、连续观测和数据实时传输，并积累了大量宝贵资料。海洋水文观测按观测水域分为海滨观测和海上观测两大类。

海滨观测指在沿海、岛屿、平台上实施的观测。主要观测方式有：

(1)单要素观测。为观测单一水文要素设立的长期连续观测站(如潮位站、波浪观测站)，以沿岸或近岸建站为主，采用便于维护、性能稳定的自动仪器作为观测设备进行观测。

(2)综合性观测。为同时观测多个水文要素而设立的长期连续观测站，常采取沿岸建站或利用观测浮标建站的形式，采用多种自动仪器作为观测设备进行观测。

（3）临时站观测。为海洋工程科研、设计、建设提供基础水文数据实施的观测活动，实际观测项目随调查任务而定。在计划的时间内完成指定海域上具有代表性的单站或多站同步观测，每次进行一昼夜以上的连续观测。一般选择三次符合良好天文条件的周日连续观测。

海上观测是指在远岸海区实施的观测，多用于海洋调查，分为三种方式：

（1）采取随测随走的方式进行的大面积观测或断面观测。在调查海区布设若干观测站或由站组成的代表性断面，每隔一定时间（一个月或一季度）在各站或断面上观测一次。

（2）连续观测和同步观测。在调查海区布设若干有代表性的观测站，按任务要求在每一观测站上或在多个观测站上同时进行一昼夜以上的连续观测。

（3）综合立体监测。利用位于水下、水面和空中载体搭载的观测仪器对相关要素观测。

按观测方法可分为直接观测和遥感观测两大类：

直接观测是利用仪器设备直接测量水文要素特性。直接观测仪器按结构原理分为五类：

（1）声学式。如声学测深设备、声学多普勒海流剖面仪、声学测波仪、声速仪等。

（2）光学式。如光学测波仪、浊度仪等。

（3）电子式。如电磁海流计、投弃式深温计、投弃式温盐深计等。

（4）机械式。如转子式海流仪、浮子式验潮仪等。

（5）其他。如测波杆、加速度计测波仪、塞氏盘海水透明度观测仪，压力式潮位仪和压力式潮波仪，温盐深浊度剖面仪等。

直接观测仪器安装或作业方式分为固定式、悬挂式、拖曳式、自返式和投弃式等。固定式观测是将观测仪器固定安装于观测平台上采集观测数据。观测平台为岸基平台（如海洋环境监测站、验潮站、海洋站等）、海面平台（如海洋石油平台、海上风电塔等）和海床基观测平台等。悬挂式观测是利用观测平台上的绞车、吊杆等工具将观测仪器放入水中，在锚系或走航状态下观测水文要素。观测平台为水面船舶或浮标。拖曳式观测以水面船舶为观测平台，在船艉利用拖缆将仪器放入水中拖曳走航观测。自返式观测以潜航设备为平台，观测时潜入水中，观测结束自动浮出水面。投弃式是以水面船舶为观测平台，观测时将其传感器部分投入海中，测量的数据通过导线或无线电波传递到船上，传感器用后不再回收。

遥感观测是利用仪器无接触、远距离探测并记录海洋的电磁辐射信息，分析获取海洋水文要素的时空分布状况。观测原理是仪器发射、接收电磁波，利用电磁辐射信息与海洋水文要素和环境条件间的内在关系，提取或反演海洋水文要素特性。遥感观测平台分为岸基、空基和天基平台。岸基平台是在海岸或海上平台设立雷达站，发射电磁波，经海面反射后接收其回波，分析处理后获得观测数据。常用于中、长期对目标海域的表层海流、波浪、潮汐等水文要素进行观测。空基平台以飞机、飞艇、热气球为载体，携带遥感探测仪接收海洋对太阳辐射的反射电磁辐射信息，分析获得影像资料或观测数据。常用于水温、水色、海冰等要素的一次性观测或定期观测。天基平台以卫星、空间站等航天器为载体，遥感探测方式与空基平台相同，只是其可探测面积更大、适用范围更广。

观测数据整理分析是海洋水文观测的重要环节，分为实时和非实时资料处理两类。实时处理通过计算机程序控制，将接收到的水文资料进行识别、检验、质量控制和分类编辑等处理。非实时资料处理是对水文资料按要求进行整理、分析，对质量控制要求更严格。经整理分析形成规格和质量标准统一的数据集，以及各类报表、图形、图像等成果。

5.2 海水温度及其测量

海水温度简称水温，是反映海水热力状况的一个物理量。太阳辐射和海洋大气热交换是影响水温的两个主要因素。水温的分布和变化影响着其他水文要素的变化，如海水密度、盐度等，水深测量中的声速改正、海洋水团的划分、海水不同层次的锋面结构与海流的性质判别等都离不开海水温度这一要素。此外，海洋的水温分布不均匀，导致海水发生水平方向和垂直方向的运动，并且海雾、气温、风等也直接或间接地与水温有关。因此，掌握海水温度的时空分布及变化规律是海洋测绘和海洋学的重要内容。

进入海洋中的太阳辐射能，除很少部分返回大气外，其余全部被海水吸收，转化为海水的热能。海水吸收的辐射能约60%被表层1m厚的水层吸收，因此海洋表层水温较高。

大洋表层水温介于−2~30℃，年平均值为17.4℃，比陆地气温的年平均14.4℃高3℃。各大洋表层水温的差异，是由其所处地理位置、大洋形状以及大洋环流的配置等因素所造成的。大洋在南北两个半球的表层水温也有明显差异，北半球的年平均水温比南半球相同纬度带内的温度高2℃左右，尤其在大西洋南、北半球50°~70°纬度带特别明显，相差7℃左右。这主要是因为北半球陆地阻碍了北冰洋冷水流入和南赤道部分流进南半球。

受太阳辐射能量、季节性洋流等因素影响，从地理纬度分布来看，海水表层温度从低纬向高纬递减。

在垂直方向上，海水温度随深度增加呈现出不均匀地递减，如图5.1所示。从表层到1000m深，水温随深度增加而迅速降低；1000m深以下，水温下降变慢。其原因主要是表层受太阳辐射影响大，海洋深处受太阳辐射和表层热量的传导、对流影响较小。

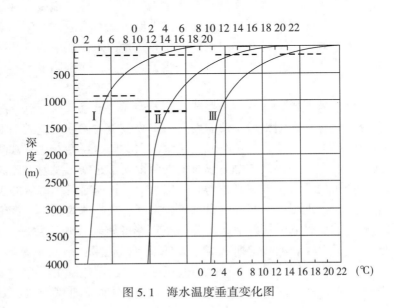

图 5.1　海水温度垂直变化图

144

在南、北纬45°之间，水温大致可分为上、下层，表层到600~1000m深处为对流层，对流层以下为平流层。对流层中，上部0~100m，由于大气与水体交换，风和波浪的扰动，温度无垂直梯度变化；100m以下至1000m深处，形成一个明显的温度梯度；水深大于1000m，水温4~5℃。在平流层中，垂直方向上温度梯度小，在2000m深处，水温为2~3℃，在3000m深处，水温为1~2℃。因此，占大洋体积75%的海水温度在0~6℃，全球海水平均温度为3.5℃。

海水温度测量是测定海水温度量值及其时空分布特征的技术。主要是以水面船舶、锚定浮标、潜水器或卫星为载体，利用温度测量仪器或远距离海表温度辐射探测等手段，确定海表或水体内部深层温度。海水温度测量可分为接触式水温观测和非接触式水温观测。

1)接触式水温观测

利用液体式温度计(表面温度计和颠倒温度计)、电子温度计(热电式温度计、电阻式温度计、电子式温度计、晶体振荡式温度计)等测量仪器(见图5.2)，与被测海水直接接触，达到热平衡时进行水温观测。液体式温度计是一种膨胀式温度计，根据物质的热胀冷缩原理测定温度。颠倒温度计由双温表组成，主温表测量水温，辅温表用以订正因环境温度变化而引起的主温表读数变化，适用于测量不同深度海水温度。温盐深仪CTD(Conductivity, Temperature, Depth)用于测量水体的电导率、温度和深度，是目前海洋水文调查的常用测量设备之一。抛弃式温盐深仪XCTD(Expendable CTD)是一种一次性的小型CTD。

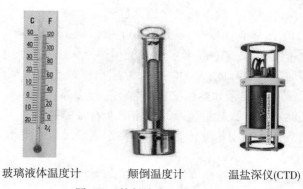

玻璃液体温度计　　　　颠倒温度计　　　　温盐深仪(CTD)

图5.2　接触式水温观测仪器

2)非接触式水温观测

非接触式水温观测是一种温度传感器与被测水体不直接接触，通过检测被测水体辐射热来进行水温观测的方式。水温观测根据作业方式可分为锚系定点水温观测、船载走航水温观测、自航潜水器(如全球ARGO系统、SMART浮标和水下滑翔机等)水温观测和带有红外传感器的卫星遥感水温观测。

5.3　海水盐度及其测量

海水盐度是1000g海水中所含溶解的盐类物质的总量(绝对盐度)，单位为‰或10^{-3}，是海水最重要的理化特性之一。海水盐度与沿岸径流量、降水及海面蒸发作用密切相关。盐度的分布变化也是影响和制约其他水文、化学、生物等要素分布和变化的重要因素，海洋中的许多现象和过程都与盐度的分布和变化密切相关。同温度一样，盐度也是计算海水中波束传播速度的一个关键参数。

世界大洋盐度的空间分布和时间变化，主要取决于影响海水盐度的各自然环境因素和各种过程(降水、蒸发等)。在低纬度地区，降水、蒸发、洋流和海水的涡动、对流混合起主要作用，降水大于蒸发，使海水冲淡，盐度降低；在高纬度地地区，溶解的冰降低了盐度。因此盐度最高的海区则是蒸发量高而降水相对较低的中纬度地区。此外，当盐度较高的洋流流经一海区时，可使当地海域盐度上升；反之，可使盐度降低。在大陆近岸海区，因河流的淡水注入可使盐度降低，如河流入海口水域。

世界大洋绝大部分海域表面盐度变化在33‰~37‰。海洋表面盐度分布的规律为：

(1)从亚热带海区向高低纬递减，形成马鞍形。

(2)盐度等值线大体与纬线平行，但寒暖流交汇处等值线密集，盐度水平梯度增大。

(3)大洋中的盐度比近岸海区的盐度高。

(4)世界最高盐度(>40‰)在红海，最低盐度在波罗的海(3‰~10‰)。

大洋表层盐度随时间变化的幅度很小，一般日变幅不超过0.05‰，年变幅不超过2‰。只有大河河口附近，或有大量海冰融化的海域，盐度的年变幅才比较大。

各大洋盐度平均值以大西洋最高为34.90‰，印度洋次之，为34.76‰，太平洋最低为34.62‰。盐度垂直分布，寒带、温带和热带海域在1000米以浅差异最大。寒带海域表层盐度低，盐度随深度增加，约200米水层增加到极大值，在此以深几乎没有很大的变化。温带海域表层盐度有季节性变化，200~300米以深的盐度随深度增加而变低，在1000米附近达到最小值，1000~3000米水层盐度稍稍增大。热带海域在100~200米水层出现盐度最大值，再向下急剧降低，800~1000米层出现最小值，深度再增加时，又缓慢升高。4500米以深，寒带、温带和热带三个海域的盐度基本一致。

海水盐度测量是测定海水含盐量值及其时空分布特征的技术。主要以水面船舶、锚定浮标或水下潜水器为载体，利用盐度计等设备，测定表层及以下海水实用盐度的量值，并获取其时空分布。

1670年，英国化学家Boyle在研究海水中盐度与密度关系的基础上发表了《海水盐度的观测和实验》，开创了海洋化学的研究。1901年，丹麦海洋学家Knudsen等给出了海水氯度和海水盐度定义，形成了克纽森盐度公式。20世纪60年代，英国国立海洋研究所Cox等建立了盐度-氯度新的关系式以及盐度-相对电导率的关系式，称为1969年电导盐度定义，从此盐度观测进入到电导率测盐时代。1982年以后，国际上采用1978年实用盐标，通过测定海水电导率来测定盐度，盐度测量设备从此也进入电极式盐度计阶段。随后加拿大盖德莱因仪器公司研发出采用四极结构的电极式盐度计，使得电极式盐度计再次被广泛使用。在实际中广泛使用的电子式温盐深剖面仪(STD或CTD)大多数采用的是电极式结构。

目前，海水盐度测定主要有化学法和物理法两类。化学法又简称硝酸银滴定法，物理法主要有光学法、比重法、声学法和电导法等。相对化学法，物理法易于实现。

1. 光学测定盐度法

光在不同盐度的海水中折射率不同，Rusby 据此于 1967 年给出了折射率与盐度的关系：

$$S = 35.000 + 5.3302 \times 10^3 \Delta n + 2.274 \times 10^5 \Delta n^2 + 3.9 \times 10^6 \Delta n^3$$
$$+ 10.59 \Delta n (t - 20) + 2.5 \times 10^2 \Delta n^2 (t - 20) \tag{5.1}$$

式中，S 为盐度，t 为温度（℃），$\Delta n = n_t - n_{35}$。公式的使用范围 $\Delta n = -8.000 \times 10^{-4} \sim 7.000 \times 10^{-4}$；$S$ 为 30.9‰ ~ 38.8‰；t 为 17 ~ 30℃。

光学法测量仪器有阿贝折射仪、多棱镜差式折射仪、现场折射仪等，其测量精度偏低。

2. 比重测定盐度法

依据国际海水状态方程，当测得海水密度、温度和深度时，可以反算出海水盐度。主要测量设备为比重计。虽然现场测定理论上可行，但现场测定其他参数精度不高，导致盐度计算精度不高，一般仅在室内测定用此方法。

3. 声学测定盐度法

利用声速 c 与海水盐度、温度和压力的经验公式，根据实测声速、温度和深度，反算海水盐度。这种方法的精度不高，反算中常采用的声速经验公式为：

$$c = 1449.2 + 4.6t - 0.055t^2 + 0.00029t^3 + (1.34 - 0.010t)(S - 35) + 0.016D \tag{5.2}$$

4. 1978 年电导率盐度测量法

1978 年 9 月在法国巴黎召开的 JPOTS 第九次会议通过了实用盐度标度 PSS78，通过选定一种浓度为精确值的氯化钾（KCl）溶液，用海水水样相对于 KCl 溶液的电导比来确定盐度。为保持盐度历史资料与实用盐度标度的连贯性，规定 KCl 溶液的浓度精确值为 32.4356‰，该溶液在一个标准大气压下，15℃时的电导率 $C(32.4356, 15, 0)$ 与同温同压下标准海水电导率 $C(35, 15, 0)$ 相同。

$$S = \sum_{i=0}^{5} a_i K_{15}^{i/2}$$

$$K_{15} = \frac{C(S, 15, 0)}{C(32.4356, 15, 0)}$$

$$a_0 = 0.0080, a_1 = -0.1692, a_2 = 25.3851, \tag{5.3}$$
$$a_3 = 14.0941, a_4 = -7.0261, a_5 = 2.7081$$

$$\sum_{i=0}^{5} a_i = 35.0000$$

式中，K_{15} 是在一个标准大气压下，15℃时水样的电导率 $C(S, 15, 0)$ 与同温同压下标准 KCl 溶液电导率 $C(32.4356, 15, 0)$ 的比值。

实用盐度公式适用范围为 $2 \leqslant S \leqslant 42$。实用盐度不再使用符号‰，因而其值是旧盐度值的 1000 倍。$K_{15} = 1$ 时，水样的实用盐度 S 精确为 35。海水的绝对盐度（S_A）单位质量（千克）海水中所有溶质的总质量是无法直接测量的，它与实用盐度值略有差异。

目前广泛使用的 CTD 等温盐深仪器也可测定海水的相对电导率 R、温度、压力数据，经过处理后可得海水盐度。现场测定的相对电导率 R 可分成三部分，即

$$R = \frac{C(S,\ T,\ P)}{C(35,\ 15,\ 0)} = \frac{C(S,\ T,\ P)}{C(S,\ T,\ 0)} \cdot \frac{C(S,\ T,\ 0)}{C(35,\ T,\ 0)} \cdot \frac{C(35,\ T,\ 0)}{C(35,\ 15,\ 0)} = R_P R_T r_T \quad (5.4)$$

式（5.4）中 $C(35,\ 15,\ 0)$ 是一个定标常数，与定标时实验室的条件有关。R_P、R_T 和 r_T 可用现场观测得到的温度和压力表示。

$$R_P = \frac{C(S,\ T,\ P)}{C(S,\ T,\ 0)} = 1 + \frac{P(C_1 + C_2 P + C_3 P^2)}{1 + d_1 T + d_2 T^2 + (d_3 + d_4 T) R}$$

$$C_1 = 2.070 \times 10^{-5},\ C_2 = -6.37 \times 10^{-10},\ C_3 = 3.989 \times 10^{-15}$$

$$d_1 = 3.426 \times 10^{-2},\ d_2 = 4.464 \times 10^{-4},\ d_3 = 4.215 \times 10^{-1},\ d_4 = -3.107 \times 10^{-3}$$

$$(5.5)$$

r_T 为标准海水的温度系数，多菲尼（Dauphince）等人得到的表达式为：

$$\begin{cases} r_T = \dfrac{C(35,\ T,\ 0)}{C(35,\ 15,\ 0)} = C_0 + C_1 T + C_2 T^2 + C_3 T^3 + C_4 T^4 \\ C_0 = 0.676612,\ C_1 = 2.00557 \times 10^2, \\ C_2 = 3.989 \times 10^{-4},\ C_3 = 2 - 7.04373 \times 10^{-7},\ C_4 = 1.11940 \times 10^{-9} \end{cases} \quad (5.6)$$

结合以上各式可以计算得到 R_T。

$$R_T = \frac{R}{R_P r_T} \quad (5.7)$$

通过 R_T 进一步计算出海水盐度 S。

$$S = \sum_{i=0}^{5} a_i R_T^{i/2} + \frac{T - 15}{1 + K(T - 15)} \sum_{i=0}^{5} b_i R_T^{i/2} \quad (5.8)$$

其中：

$$a_0 = 0.0080,\quad b_0 = 0.005,\quad a_1 = -0.1692,\ b_1 = -0.0056$$

$$a_2 = 25.3851,\ b_2 = -0.0066,\ a_3 = 14.0491,\ b_3 = -0.0375$$

$$a_4 = -7.0261,\ b_4 = 0.0636,\quad a_5 = 2.7081,\quad b_5 = -0.0144$$

$$\sum_{i=0}^{5} b_i = 0.00000,\ K = 0.0162,\ -2℃ <= T <= 35℃$$

利用 CTD 测盐度时，每天应选择一个比较均匀的水层，与实验室盐度计测量结果对比，如发现精度较低，应调整仪器零点或更换仪器探头。

在以上物理方法中，方便现场作业的方法主要采用电导率测定盐度法。在精度要求不高或电导率测定盐度法不便使用时，其他方法可作为辅助方法。

CTD 现场调查可分为两类：

（1）大面积或断面测站观测：以船载或潜水器等作为载体的定点测量。

（2）连续测站观测：以船舶或潜标锚系定位，采取分层观测方式，连续观测时间不少于 26 小时，时间间隔不大于 2 小时。

5.4 海水密度及其测量

海水密度 ρ 是指单位体积海水质量。海水密度是海水温度 t、盐度 S 和压力 P 的函数，用 S、t 和压力 P 表示的海水密度也称为现场密度。海水密度随位置、深度、时间变化而变化。

大洋上层，特别是表层，海水密度取决于温度和盐度。赤道地区温度最高，盐度较低，因而表层海水密度最小，约为 $1.0230\text{g}/\text{cm}^3$。由赤道向两极，密度逐渐增大。在副热带海域，虽然盐度最大，但因温度下降不大，仍然很高，所以密度虽有增大，但没有相应地出现极大值。海水最大密度出现在寒冷的极地海区，如在南极海区，密度可达 $1.0270\text{g}/\text{cm}^3$ 以上。

在垂直方向，温度对密度变化的影响要比盐度大，因此密度随深度变化主要取决于温度。海水温度随着深度增加呈现不均匀地递降，因而海水密度即随深度的增加而不均匀地增大。约从 1500m 开始，密度垂直梯度变小；在深层，密度几乎不随深度变化。

密度随时间的变化主要是表面海水密度的日变化和年变化。海水密度与温度和盐度及压力有关。在海面，密度分布和变化仅取决于温度和盐度。在盐度变化较小海区，海水密度主要决定于温度。近岸海域，特别是河口地区，海水盐度变化较大，密度分布和变化主要受盐度支配；远岸海区主要由温度支配。表层海水密度总的分布特点是：冬季密度最大，夏季最小；春季为降密期，而秋季为增密期。由于海水密度是温度和盐度综合作用的结果，因此其分布不如温度、盐度那样规则，总的趋势是沿岸密度小，海区中央密度大，河口密度最小。

海洋表层密度可以通过测定盐度 S，借助 Knudsen（1902 年）密度模型来计算：

$$\rho = -0.093 + 0.8149S - 0.000482S^2 + 0.0000068S^3 \tag{5.9}$$

表层以下海水密度一般采用数值计算的方法利用实测盐度 S、温度 $t(\text{℃})$ 和压力 $P(\text{MPa})$ 求得。F. J. Millero 等人于 1980 年提出了一个与 1978 年实用盐标相一致的海水状态方程。

$$\rho(S,\ t,\ p) = \rho(S,\ t,\ 0)\left[1 - 10 \cdot \frac{P}{K(S,\ t,\ p)}\right]^{-1} \tag{5.10}$$

其中，$\rho(S,\ t,\ 0)$ 为一个标准大气压下的海水密度，温度 $-2 \sim 40\text{℃}$，盐度范围在 $0 \sim 42$，ρ_0 为标准平均大洋海水密度，则实用海洋表层以下密度为：

$$\rho(S,\ t,\ 0) = \rho_0 + AS + BS^{3/2} + CS^2 \tag{5.11}$$

$\rho_w = 999.842594 + 6.793952 \times 10^{-2}t - 9.095290 \times 10^{-3}t^2 + 10001685 \times 10^{-4}t^3$
$\quad - 1.120083 \times 10^{-6}t^4 + 6.536332 \times 10^{-9}t^5$；

$A = 8.24493 \times 10^{-1} - 4.0899 \times 10^{-3}t + 7.6438 \times 10^{-5}t^2 - 8.2467 \times 10^{-7}t^3 + 5.3875 \times 10^{-9}t^5$；

$B = -5.72466 \times 10^{-3} - 1.0227 \times 10^{-4}t - 1.6546 \times 10^{-6}t^2$，$C = 4.8314 \times 10^{-4}$；

$K(S,\ t,\ p) = K(S,\ t,\ 0) + A_1p + B_1p^2$，$K(S,\ t,\ 0) = K_w + aS + bS^{3/2}$；

$K_w = 19652.21 + 148.4206t - 2.327105t^2 + 1.360477 \times 10^{-2}t^3 - 5.155288 \times 10^{-5}t^4$；

$A_1 = A_w + cS + dS^{3/2}$，$B_1 = B_w + eS$；

$A_w = 3.239908 + 1.43713 \times 10^{-2}t + 1.16092 \times 10^{-3}t^2 - 5.77905 \times 10^{-6}t^3;$

$a = 54.6746 + 0.603459t + 1.09987 \times 10^{-2}t^2 - 6.1670 \times 10^{-5}t^3;$

$b = 7.944 \times 10^{-1} + 1.6483 \times 10^{-2}t - 5.3009 \times 10^{-4}t^2;$

$c = 2.2838 \times 10^{-2} - 1.0981 \times 10^{-4}t - 1.0678 \times 10^{-5}t^2;$

$d = 1.91075 \times 10^{-3}, \quad B_w = 8.50935 \times 10^{-3} - 6.12293 \times 10^{-4}t + 5.2787 \times 10^{-6}t^2;$

$e = -9.9348 \times 10^{-5} + 2.0816 \times 10^{-6}t + 9.1697 \times 10^{-8}t^2。$

5.5　海水透明度和水色

海水透明度表示海水透明的程度，即光在海水中的衰减程度。水色则表示海水的颜色。海水透明度和水色，对海上交通运输、海上作战、水产养殖业、海洋测绘等具有重要的作用。航海中，可根据绿色或带黄色的水色判别浅滩存在，若发现水色忽然降低可据此估计接近大陆；海水透明度高，意味着远离暗礁或危险障碍。海洋军事中，利用水色可伪装水下潜艇或武器；海洋渔业中，可利用透明度和水色养殖不同的海产品，如鲍鱼、海参要求海水透明度高，而蚶、蛏、蚝则要求透明度低；机载激光测深和水色遥感是测量水深的重要手段，透明度决定着其获取水深的范围和精度。为了表示海水能见程度，一般采用直径为 30cm 的白色圆板（图 5.3 所示的塞氏盘），在阳光不直接照射的地方垂直沉入水中，直至看不见的深度，该深度信息即为海水透明度。透明度的含义表示水体透光的能力，取决于光线强度和水中的悬浮物和浮游生物的多少。光线强，浮游微生物少，透明度大；反之则小。通常，热带海域的海水透明度较高，可达 50m。马尾藻海，是世界上公认的最清澈的海，透明度可达 66m。

塞氏盘

普力特 FUC 水色计

图 5.3　透明度和水色观测设备

海水颜色是指来自海面及海水中发出的光的颜色，既不是太阳光线透入海水中光的颜色，也不是海水自身的颜色。水色取决于海水的光学性质和光线强弱，以及海水中悬浮质和浮游生物颜色，也与天空状况和海底底质有关。水体对光有选择性的吸收和散射。太阳光中的红、橙、黄等长光波易被水吸收来增温，而蓝、绿、青等短光波被散射，故海水多呈蓝、绿色。

水色在一定程度上反映了海水中悬浮和溶解组分的性质。黄河口的水体为黄色；美国加利福尼亚湾北部科罗拉多河在雨季将大量红土带到海湾，使海水呈褐红色；黑海水很深，下层水含大量硫化氢，缺乏氧气，形成缺氧环境，生物无法生存，海水呈现青褐色；

红海因有大量红色藻类繁殖而呈红色；近岸海域，短期内有大量夜光藻繁殖，海水呈红色，即赤潮；不少微生物和藻类发育，如绿色鞭毛藻繁殖使海水呈绿色，硅藻繁殖使海水呈现褐色。白海位于北极圈附近，海面上漂浮着白色的冰山和冰块，岸边山峰上白雪皑皑，把海水映成白色。

水色利用水色计目测确定。观测完透明度后，将透明度盘提升到透明度值一半的水层，根据透明度盘上方海水呈现的颜色，在水色计（如图 5.3 所示的普力特 FUC 水色计）中找出与之最相似的色级号码，即为该次观测的水色。

5.6 潮汐及水位观测和改正

5.6.1 潮汐及其变化特点

潮汐是指海水在天体（主要指月亮和太阳）引潮力作用下在垂直方向产生的一种周期性涨落运动。古人常把白天涨落称为潮，夜间涨落称为汐，合称潮汐。产生潮汐的天体引潮力由两个力矢量求和而成，如月球引潮力由月球对海水的万有引力和地球绕地月公共质心转动而产生的离心力合成。在地球的不同地方，月球引力方向不同、大小不等。引力方向指向月球中心，大小因地月距离不同而不同，因此地球上各点月球引潮力不同，如图5.4 所示。

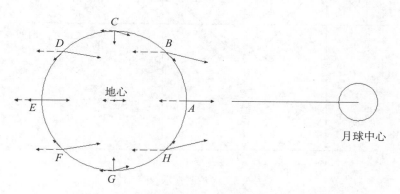

图 5.4 月球引潮力及在地球上的变化特征

地月间存在一个互相吸引的引力系统，并有一个公共质心位于距地心 0.73 倍地球半径位置。地球除绕日公转外，还绕地月公共质心转动，产生离心力，其大小和月球对地心吸引力相等，方向相反，从而使地-月保持一定距离。由于地球在绕公共质心运动时，地球上各点之间处于平动状态，所以在地球上的不同地方，这股离心力是方向相同，大小相等的。

月球引力和地球离心力矢量求和为月球引潮力，也是月球使海水发生潮汐现象的力量。月球引潮力在地球不同地方各不相同。在面向月球的直射点 A，引力大于离心力，两者合成的引潮力，使海水向上（向月球方向）运动，造成涨潮。在背向月球的对距点 E，离心力大于引力，两者合成的引潮力，也使海水向上（背向月球方向）运动，也造成海水上涨现象。在 C 点和 G 点，引力和离心力合成的引潮力向下（向地球中心），使海水向下运动，造成海水下降现象。在地球自转过程中，地球表面上任何一点，都有经过类似 A、E、C、G 四个位置的机会，因此在一个太阴日内常见的潮汐有两涨两落的现象。

水质点受到的最主要的是月球和太阳的引力，其他星球或者由于距离太远或者由于质量小，其吸引力都很小，可以略去不计。

1. 潮汐的基本要素

潮位上涨到最高位置称为高潮；其高度（一般指由基准面起算）为高潮高；潮位下降到最低位置时的高度称为低潮高。相邻的高潮与低潮的潮位高度差，称为潮差或潮高差。潮差的大小因地因时而异，我国最大的潮差在杭州湾（澉浦）竟达 8.93m。世界上最大潮差在北美芬地湾，约有 18m 之多，取一段时间内潮差的平均值叫平均潮差。涨潮时潮位不断增高，达到一定的高度以后，潮位短时间内不涨也不退，这种现象称为平潮；当潮位退到最低的时候，与平潮情况类似，也发生潮位不退不涨的现象，称为停潮。

平潮的中间时刻称为高潮时，停潮的中间时刻称为低潮时，从低潮时到高潮时的时间间隔称为涨潮时，对应的从高潮时到低潮时的时间间隔称为落潮时。两个相邻高潮或两个相邻低潮之间的时间间隔，则称为潮汐周期。潮汐要素示意图如图 5.5 所示。

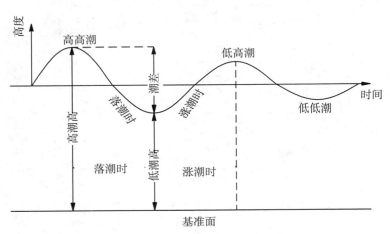

图 5.5　潮汐要素示意图

由太阳、月球、地球之间相对位置变化引起的每日潮差不等现象称为潮汐日不等现象。潮差最大的一天称为大潮，每月有两次大潮，一般在朔（农历初一）望（农历十五）后二三日出现；潮差最小的一天称为小潮，每月有两次小潮，一般在上弦（农历初八左右）下弦（农历二十二、三）后二三日出现，如图 5.6 所示。大潮时海面涨得最高，落得最低，产生大潮差。小潮时海面涨得不很高，落得也不太低，产生小潮差。从月中天至高（低）潮时的时间间隔，叫做高（低）潮间隙，取其平均值为平均高（低）潮间隙。

同一天的两次高潮（低潮）的高度不相等，较高的一次高潮叫高高潮，较低的一次高潮叫低高潮，较低的一次低潮叫低低潮，较高的一次低潮叫高低潮。当月球在赤道附近，则两高潮（低潮）的潮高约相等，这时的潮汐称为分点潮。日潮不等主要是由月球赤纬变化产生的，当月球在最北或最南附近时，所产生的日潮不等为最大，此时潮汐叫回归潮，

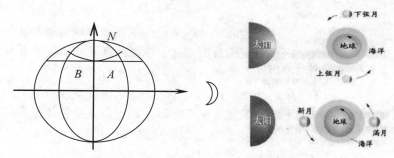

图 5.6　月中天(左)及引力引起的潮汐变化(右)

如图 5.7 所示。回归潮与分点潮都是随着赤纬变化而变化的，所以又称回归不等，其周期为半个回归月(一回归月等于 27.321582 平太阳日)。潮差大小是随着月球与地球的距离不同而变化的，月地距离近时，潮差较大，通常在月球经过近地点两天后，其潮差为最大，而在月球经过远地点两天后，其潮差为最小。此种潮汐不等现象叫做视差不等。视差不等的周期为一个近点月(一个近点月等于 27.55455 平太阳日)。

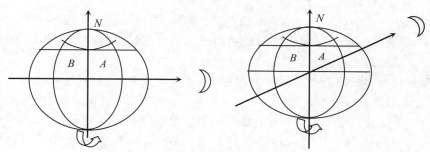

图 5.7　分点潮和回归潮

2. 潮汐类型

从各地的潮汐观测曲线可以看出，无论是涨、落潮时，还是潮高、潮差都呈现出周期性的变化。根据潮汐涨落的周期和潮差的情况，可以把潮汐大体分为如下的 4 种类型：

正规半日潮：在一个太阴日内，有两次高潮和两次低潮，从高潮到低潮和从低潮到高潮的潮差几乎相等，这类潮汐就叫做正规半日潮。

不正规半日潮：在一个朔望月中的大多数日子里，每个太阴日内一般可有两次高潮和两次低潮；但有少数日子(当月赤纬较大的时候)，第二次高潮很小，半日潮特征就不显著，这类潮汐就叫做不正规半日潮。

正规日潮：在一个太阴日内只有一次高潮和一次低潮，像这样的一种潮汐就叫正规日潮，或称正规全日潮。

不正规日潮：这类潮汐在一个朔望月中的大多数日子里具有日潮型的特征，但有少数日子(当月赤纬接近零的时候)则具有半日潮的特征。

5.6.2　潮位站及水位观测

潮位观测是在选定水域,利用固定或移动观测设备观测水体表面垂向变化的工作。在海区观测和记录因潮汐和气象因素引起的海面变化,称潮汐观测或验潮。在江河湖泊,观测和记录因降水和径流等作用引起的水面变化过程,称为水位观测。

潮位观测的目的是为了了解当地的潮汐性质,应用所获得的潮汐观测资料,来计算该地区的潮汐调和常数、平均海平面、深度基准面、潮汐预报以及提供测量不同时刻的水位改正数等,供有关军事、交通、水产、盐业、测绘等部门使用。潮汐观测是海洋工程测量、航道测量等工作的重要组成部分。

潮汐观测通常以验潮站为单位,根据对观测精度的要求和观测时间长短,可分为长期验潮站、短期验潮站、临时验潮站和定点验潮站。

长期验潮站:又称基本验潮站,其观测资料用来计算和确定多年平均海面、深度基准面,以及研究海港的潮汐变化规律等。一般应有 2 年以上连续观测的水位资料。

短期验潮站:是补充的验潮站,一般连续观测至少 30 天,用来计算该地近似多年平均海面和深度基准面。

临时验潮站:多是为了满足水深测量、疏浚施工、勘察性验潮,以及转测平均海面和深度基准面等的需要而建立的。

定点验潮站:是指离岸较远的海上验潮站。通常在锚泊的船上用回声测深仪进行一次或三次 24 小时的水位观测,参照长期验潮站或短期验潮站推算平均海面、深度基准面,计算主要分潮调和常数和进行短期潮汐预报。

水位观测分为传统的定点观测和移动观测两类。定点观测(见图 5.8)是在一个固定位置设立水位站,观测该站的水位过程,反映该站有效范围内的水位变化,常采用的方法有水尺读数法、水位计自动观测法(浮子式观测和记录系统、压力式水位计、声学水位计、GNSS 浮标等)、定点测深法等;移动观测包括 GNSS 在航潮位测量法、卫星测高法等方法。

1. 水尺读数法

采用水中直立的标尺(水尺),读取水面在水尺上的读数,该观测方法通常应用于短期和临时验潮站的水位观测。也用于长期验潮站对其他专用设备的校核观测。观测水位高度时,因波浪等因素的影响,海面往往存在短周期的剧烈起伏变化,一般通过观测波峰和波谷等多个读数,取平均值作为观测中间时刻的水位高度值,以正确反映水位的变化规律。在海洋潮汐观测时,高、低潮期间,观测和记录时间间隔为 10 分钟。

2. 浮子式观测和记录系统

该系统由验潮井、浮筒、平衡块、记录装置组成,其工作原理是浮筒随水面上下运动,驱动记录装置自动记录水位变化。其特点是坚固耐用,滤波性能良好,适合水位自动观测和遥报;缺点是建设成本较高,多适用于长期水位站。

3. 压力式水位计(压力传感器)观测

置于水中某一深度处,记录作用在它之上水柱的压力,并转换为水位 h;

$$h = \frac{p - p^o}{\rho g} \tag{5.12}$$

 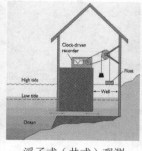   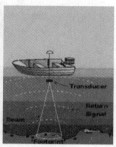

| 水尺观测 | 浮子式（井式）观测 | 压力式观测 | 雷达(超声波)观测 | 定点测深 |

图 5.8　定点水位观测

式中，p、p^o 为海水静压强和大气压（Pa），ρ 为海水密度（kg/m^3），g 为重力加速度。

在较浅水域，压力式验潮仪旁可安装水尺，同步获取水位，实现设备检校以及水位测量基准统一。

4. 雷达（超声波）水位观测

主要由探头、声管、计算机等组成，通常采用悬空安装。其基本工作原理是通过固定在水位计顶端的探头向下发射电磁波（声）信号，并记录发射和接收来自水面回波的时间，根据时间差 Δt、无线电波（声波）在空气中传播速度 C 及换能器高程 h，计算水面高程 H。

$$H = h - C\frac{\Delta t}{2} \tag{5.13}$$

电磁波、声波的测距精度均受气压、温度与湿度的影响，但对电磁波的影响要小于对声波的影响，电磁波的测距精度高于声波。无论采用雷达水位计还是超声波水位计，速度 C 均需要进行改正。

5. 定点测深法

采用锚泊的测量船或其他载体，在水域选定地点以一定的时间间隔测定水面到水底的瞬时深度变化，获取水位变化过程。通常用于海上短期定点水位观测。

6. 固定/走航 GNSS 水位测量

借助安装在锚定或移动浮标（见图 5.9）、测量船等载体上的 GNSS 天线实测高程、GNSS 天线到水面垂直距离、载体姿态等参数，计算瞬时水面高，并通过低通滤波、高程转换等处理，最终获得水位。

首先，对 GNSS 实测高程和姿态数据进行质量控制。

其次，利用瞬时 GNSS 实测高程和 GNSS 天线到水面的垂直距离，计算瞬时海面高 H_s：

$$H_s = H_g^k - h^k \tag{5.14}$$

然后，对 H_s 序列低通滤波，消除波浪、动吃水等带来的高频变化影响，得到水位 T。潮位的变化周期远大于波浪和动吃水，因此低通滤波时的截止周期要至少大于 1 小时。

最后，根据椭球面、似大地水准面和深度基准面关系，获得不同垂直基准下的水位。若 ζ 为高程异常，Δ_c 为椭球面与深度基准面分离量，则水位的正常高 H_g 和海图高 H_C 为：

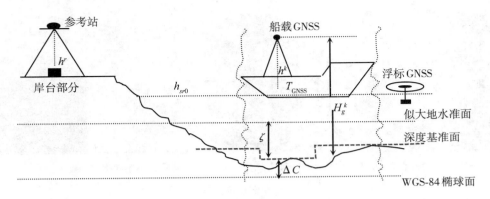

图 5.9   固定/走航 GNSS 水位测量

$$\begin{cases} H_g = H_s - \zeta \\ H_C = H_s - \Delta_C \end{cases} \qquad (5.15)$$

以上介绍了不同水位观测的基本原理，完整的水位观测数据处理还应包括垂直基准修正与归算、异常水位数据的检测及修补等预处理，将仪器记录零点起算的水位归算为以特定水位基准面起算的水位，绘制水位变化曲线，填写水位观测报表，供水位改正和潮汐分析等使用。根据以上水位观测原理，各水位观测方法的特点及适用性见表5-1。

表 5-1   水位观测方法的特点及适用性

观测方法	范围	适用性	特 点
水尺	固定	短期或临时	简单、方便，易于实现，受波浪影响大
浮子式	固定	长期	机械滤波，精度高，但成本也较高
压力式	固定	长期、短期、临时	易于实现，测量精度和频率较高，数据需滤波，需进行大气压改正，受沉降影响，易丢失
超声波	固定	长期、短期、临时	需要架设支架，测量精度和频率较高，需进行声速改正，数据需要滤波
定点测深	固定	临时	易于实现，适合无法架设水位站位置的临时水位观测，精度较低，数据需要滤波处理
固定 GNSS	固定	长期、短期和临时	易于实现，精度较高，数据处理较复杂
走航 GNSS	走航	长期、短期、临时	易于实现，精度较高，数据处理较复杂
卫星测高	大范围	长期	可实现大面积海域潮位数据的获取，近岸精度略低，数据处理较复杂

5.6.3　水位改正(水位控制)

水位改正也称水位控制，是水位观测的一个重要目的，其实质是在瞬时测深值中去除海面潮汐影响，将测得的瞬时深度转换为一定垂直基准上与时间无关的稳态深度场的数据处理过程。水深测量中无法获得测区内所有测深点的水位观测值，因此常采用以点代面的水位改正方法，即根据潮汐的变化规律，在测区内设置一定数量的验潮站，通过验潮站的实测水位，通过插值来推算测区内任一点处的水位变化情况。

在开展水下地形测量前，首先需收集测区内潮汐资料，了解当地潮汐性质，并对测区进行水位分区、分带。若无历史潮汐观测资料，则可根据海区自然地理条件，如海底地貌、海岸形状等，布设临时验潮站加以分析。水位分区、分带主要分为以下三种情况：

（1）测区范围较小且潮汐性质近似相同，可认为测区各点处水位高度在同一平面，在测区附近设立单一验潮站，用该站的水位进行单站水位插值。或布设多个验潮站（测区水位高度在同一直线或平面，但不是水平面），采用距离加权内插的方法进行水位插值。

（2）测区范围较大且潮汐性质近似相同，潮位高度不在同一平面上。根据潮汐传播规律，可采用分带法、时差法或最小二乘法进行水位插值。

（3）测区范围大且潮汐性质不同。应将测区按照潮汐性质划分为各个子区，使其潮汐性质相同，再根据情况采用内插法、分带法、时差法或最小二乘法，对各子区进行水位插值。

验潮站的有效作用距离对合理布设验潮站及决定采用的水位插值模型有着重要的意义。根据测区附近的已有两个验潮站的潮汐调和常数计算二者之间的瞬时最大潮高差，并按两个验潮站的距离计算测深精度相对应的距离，即为按测深精度要求的验潮站有效作用距离。

$$d = \frac{\delta S}{\Delta h_{max}} \tag{5.16}$$

式中，d 为验潮站有效距离，δ 为测深精度，Δh_{max} 为两站同时刻最大潮高差，S 为验潮站间距离。Δh_{max} 计算方法通常有如下三种：

同步观测比对法：根据两站同步观测资料，绘制出大潮期间几天的水位变化曲线（从平均海平面起算），从图上找出 Δh_{max}。

解析计算法：利用两站的 4 个主要分潮构成的准调和潮高模型，计算出 Δh_{max}；

数值计算比对法：利用两站的调和潮高模型，从一段时间潮高值中选出 Δh_{max}。

下面介绍常用的几种水位改正方法。

1. 单站水位插值法

当测区位于一个验潮站的有效范围内，可认为测区所有点水位变化与该站相同，因此可用该站的水位资料根据时间进行水位插值。

2. 距离加权内插法

测区范围不大，并假定测区内所有测点的水位处于同一直线或平面内，确定该直线或平面后，即可求得测点任意时刻的水位。距离加权内插法也是较常用的一种水位插值方法。当测区位于 A、B 两验潮站之间，任何测点的水位可根据 A、B 两站的水位观测资料进行距离加权内插获得。当已知验潮站多于两个，如三个时，距离加权内插法同样适用。其前提是三站之间的瞬时水位处于同一平面内，如图 5.10 所示。

双站距离加权内插法的数学模型：

$$Z_P(t) = Z_A(t) + \frac{Z_B(t) - Z_A(t)}{S}D \tag{5.17}$$

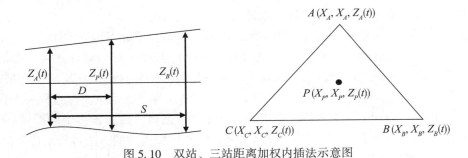

图 5.10　双站、三站距离加权内插法示意图

三站距离加权内插法的数学模型：

$$\begin{vmatrix} X_P - X_A & Y_P - Y_A & Z_P(t) - Z_A(t) \\ X_B - X_A & Y_B - Y_A & Z_B(t) - Z_A(t) \\ X_C - X_A & Y_C - Y_A & Z_C(t) - Z_A(t) \end{vmatrix} = 0 \tag{5.18}$$

式中，$Z(t)$ 为对应点（站）某时刻的水位值，X、Y 为对应点的平面坐标。

3. 分带法

当测点距验潮站超出了验潮站有效控制范围时，可采用分带法、时差法及最小二乘法等进行水位插值。水位分带的实质是根据验潮站的位置和潮汐传播的方向将测区划分为若干条带，内插出各条带的水位变化曲线。对位于验潮站有效作用距离内的测点，可直接用该验潮站水位观测值进行水位插值；对不在验潮站有效作用范围内的测点，可内插出其条带的水位变化曲线，再根据该曲线进行水位插值，如图 5.11（a）所示。

分带所依据的假设条件是测区内潮汐性质相同，两站间的潮波传播均匀，即两站间的同相潮时和同相潮高的变化与其距离成比例。同相潮时是指两站间的同相潮波点（如波峰、波谷等点）在各处发生的时刻，同相潮高是指两站间的同相潮波点的高度。如图 5.11（b）所示，假设 A、B 间潮波传播均匀，t_A、t_B 为同相潮时，则两站间的潮时差 $\tau_{AB} = t_B - t_A$，C 站（虚拟潮位站）离 A 站的距离等于 A、B 距离的三分之一，所以 C 站的同相潮时（如高潮时）应等于 $t_C = t_A + \tau_{AB}/3$，而 C 的同相潮高应在 A、B 同相潮高的连线上。

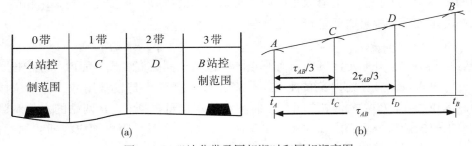

(a)   (b)

图 5.11　双站分带及同相潮时和同相潮高图

在潮波均匀传播的情况下，两验潮站之间的水位分带数 K 可由下式确定：

$$K = \frac{\Delta h_{\max}}{\delta} \qquad (5.19)$$

分带时，相邻带的水位最大差值不超过测深精度 δ，分带界线基本上应与潮波传播方向垂直。当测区非狭长形，分带后各带仍无法用同一水位曲线描述该带内水位变化时，需要对条带继续分区。如图 5.12 所示，测区有 3 个验潮站，其水位分带分区方法为：先进行两两站间分带，这样在每一带的两端都有一条水位曲线控制，如在第 Ⅱ 带，一端为 C 站的水位曲线，另一端为 AB 边的第 2 带的水位曲线。若两端水位曲线同一时刻的 $\Delta h_{\max}$ 值大于测深精度 δ，则该带还需分区，将第 Ⅱ 带分为 Ⅱ_0、Ⅱ_1 和 Ⅱ_2，Ⅱ_1 水位曲线由 C 站和 AB 边的第 2 带的水位曲线内插获得。对于更大范围的测区，验潮站的数量可能多于 3 个，其分带方法仍是以双站和三站分带为基础，对整个测区进行分带分区后再进行水位插值。

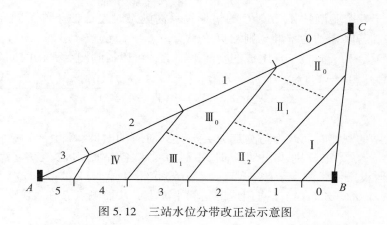

图 5.12　三站水位分带改正法示意图

4. 时差法

时差法运用数字信号处理技术中相关函数的变化特征，计算两个验潮站之间的潮时差，从而求得测点相对于验潮站的潮时差，再通过时间归化，求解测点水位的一种方法。

测区内潮汐性质相同，将两个验潮站 A、B 的水位视做信号，以验潮站 A 为基准，通过对两信号波形的研究求得两信号之间的时差，即为两验潮站间的潮时差，再根据待求点的位置计算其相对于基准验潮站的潮时差，并通过时间改化，最后求出待求点的水位值。设 A、B 两站潮位曲线的离散采样序列 X_n、Y_n 分别为：

$$X_n = T_A(t_0 + n\Delta t)$$
$$Y_n = T_B(t_0 + n\Delta t), \qquad n = 0, 1, \cdots, N$$

式中，t_0 为两站同步的初始时刻，Δt 为采样间隔，N 为总采样数。

两站水位曲线如图 5.13 所示。分析两站水位曲线的相关系数 R。$|R|$ 越接近 1，两曲线就越相似；$|R|$ 越接近 0，则两曲线越不相似。由于两站间存在潮时差，要确定两站水位曲线的相似性，需对其中一站的水位曲线进行延时处理，如将 Y_n 延时 τ，使之变为 $Y_\tau = T_B(t_0 + n\Delta t - \tau)$，则 X_n 与 Y_n 的相关系数为 R_τ。τ 为 τ_0 时，R_τ 最大，说明 Y_n 延时 τ_0 后与 X_n 最相似，τ_0 即为两站的潮时差。

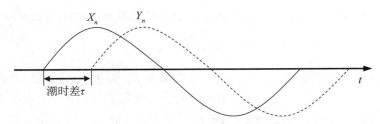

图 5.13　验潮站间水位变化曲线

$$R = \dfrac{\sum\limits_{n=0}^{N} X_n Y_n}{\sqrt{\sum\limits_{n=0}^{N} X_n^2 \sum\limits_{n=0}^{N} Y_n^2}}, \quad R_\tau = \dfrac{\sum\limits_{n=0}^{N} X_n Y_\tau}{\sqrt{\sum\limits_{n=0}^{N} X_n^2 \sum\limits_{n=0}^{N} Y_\tau^2}} \tag{5.20}$$

同样，对于三个验潮站 A、B、C 的情形，只需满足时差法的条件，同样可求得三站之间的潮时差。若以 A 站为基准，则测点 $P(X_p, Y_p, \tau_{AP})$ 必位于 $A(X_A, Y_A, 0)$、$B(X_B, Y_B, \tau_{AB})$、$C(X_C, Y_C, \tau_{AC})$ 三点组成的空间平面上，可以得到测点 P 的时间延迟 τ_{AP} 为：

$$\tau_{AP} = \dfrac{(X_P - X_A)\left[(Y_C - Y_A)\tau_{AB} - (Y_B - Y_A)\tau_{AC}\right] + (Y_P - Y_A)\left[(X_B - X_A)\tau_{AC} - (X_C - X_A)\tau_{AB}\right]}{(X_B - X_A)(Y_C - Y_A) - (Y_B - Y_A)(X_C - X_A)}$$

$$\tag{5.21}$$

将各验潮站的观测时间改为与测点 P 在 t 时刻对应的时间，即 $t_A = t + \tau_{AP}$，$t_B = t + \tau_{AP} - \tau_{AB}$，$t_C = t + \tau_{AP} - \tau_{AC}$，并分别求出对应时刻 A、B、C 各站的水位值 $Z_A(t_A)$、$Z_B(t_B)$、$Z_C(t_C)$。根据假设条件，测点 $P(X_P, Y_P, Z_P(t))$ 位于 $A(X_A, Y_A, Z_A(t_A))$、$B(X_B, Y_B, Z_B(t_B))$、$C(X_C, Y_C, Z_C(t_C))$ 三点组成的空间平面上，从而测点 P 在观测时刻 t 的水位观测值 $Z_P(t)$ 为：

$$\begin{cases} Z_P(t) = Z_A(t_A) + (M + N)/\left[(X_B - X_A)(Y_C - Y_A) - (Y_B - Y_A)(X_C - X_A)\right] \\ M = (X_P - X_A)\{(Y_C - Y_A)\left[Z_B(t_B) - Z_A(t_A)\right] - (Y_B - Y_A)\left[Z_C(t_C) - Z_A(t_A)\right]\} \\ N = (Y_P - Y_A)\{(X_B - X_A)\left[Z_C(t_C) - Z_A(t_A)\right] - (X_C - X_A)\left[Z_B(t_B) - Z_A(t_A)\right]\} \end{cases}$$

$$\tag{5.22}$$

5. 最小二乘拟合法

最小二乘拟合法与时差法类似，但在各点之间，除了计算潮时差之外，还考虑潮差比和基准面偏差。首先对两个已知验潮站的水位序列进行最小二乘拟合，确定出两站间的潮汐传递参数，即潮差比 γ_{AB}、潮时差 τ_{AB} 和基准面偏差 ε_{AB}，再计算待求点相对于基准站的潮汐传递参数，进而内插求出待求点的水位。

如图 5.14 所示，B 站水位相对于基准站 A 水位的关系为：

$$T_B(t) = \gamma_{AB} T_A(t + \tau_{AB}) + \varepsilon_{AB} \tag{5.23}$$

式中，γ、τ 和 ε 分别为两站的潮差比、潮时差和起算基准差异。为理论上有：

$$\begin{cases} \gamma_{AB} = \dfrac{1}{\gamma_{BA}} \\ \tau_{AB} = -\tau_{BA} \\ \varepsilon_{AB} = -\varepsilon_{BA}\gamma_{AB} \end{cases} \tag{5.24}$$

P 为待求点，则其潮差比 γ、潮时差 τ 及基准面偏差 ε 可由如下公式计算：

$$\begin{cases} \gamma_{AP} = 1 + \dfrac{(\gamma_{AB} - 1)R_{AP}}{R_{AB}} \\[3mm] \tau_{AP} = \dfrac{\tau_{AB} \cdot R_{AP}}{R_{AB}} \\[3mm] \varepsilon_{AP} = \dfrac{\varepsilon_{AB} \cdot R_{AP}}{R_{AB}} \end{cases} \tag{5.25}$$

P 点处的瞬时水位值为：

$$T_P(t) = \gamma_{AP} T_A(t + \tau_{AP}) + \varepsilon_{AP} \tag{5.26}$$

式中，$T_P(t)$ 表示由验潮站 A 推估 P 点处的水位值。

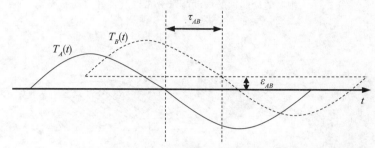

图 5.14　水位曲线最小二乘拟合法原理图

5.7　海洋波动及波浪测量

　　海洋波动是海水的重要运动形式之一，从海面到海洋内部处处存在波动现象。波动的基本特点是，在外力的作用下，水质点离开其平衡位置做周期性或准周期性运动。由于流体连续运动，必然带动其邻近质点，导致其运动状态在空间的传播，因此海洋波动是时间与空间的函数。受众多力的影响（如表面张力、风、地震、天体引力等），海洋存在许多波动。这些波动可就其形状、尺度、性质不同分成许多类型。各波动的周期可从零点几秒到数十小时，波高从几毫米到几十米，波长可以从几毫米到几十千米。风引起的波浪周期一般在 1~30 s，其所占能量最大；重力波为长周期波，周期从 30 s~5 min；风暴引起的波多以长涌或先行涌的形式存在；地震、风暴等会引起长周期波，周期从 5 min 到数小时；日、月引潮力产生的潮波周期为 12~24 h。按照波动周期把海洋中的波动分为如图 5.15 所示的几种类型。

　　如图 5.16 所示，波浪的基本要素有波峰、波顶、波谷、波底、波高、波长、周期、波速、波向线和波峰线等。其中波峰线指垂直于波浪传播方向上各波峰顶的连线；波向线为与波峰线正交的线，即波浪传播方向；波陡为波高 H 与波长 L 之比；波速 C 为波形移动的速度。

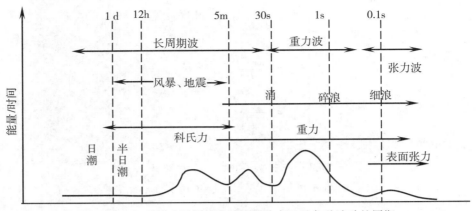

图 5.15　相对波动周期的波动能量分布以及各种波动的周期

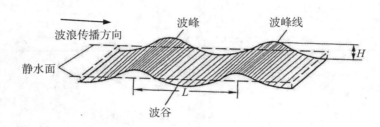

图 5.16　规则波波形示意图

波浪测量是测定波浪的波高、周期、波向等要素量值的技术。

岸边波浪测量：①光学测波法，通过借助光学仪器观测获取波浪要素的方法；②测波杆法，利用直立于水中测波杆的导线电阻(或电容、电感等)随海面起伏变化来测量波浪要素。

外海波浪测量：需要借助浮标、调查船和飞机等载体来完成，主要测量方法有：

(1)锚系浮标测波法：利用浮标内置的压力传感器测量波浪要素参数。

(2)波浪浮标测波法：借助 GNSS 定位技术，通过计算浮标的瞬时位置、速度，按照多普勒原理得出频率变量，计算得出各种海浪参数。

(3)机载侧视雷达(SLAR)测波法：利用飞行器在飞行时发射机不断向天线所扫掠的狭长地带发射强功率的窄脉冲波，天线接收从地面反射回来的回波，接收机输出视频信号采用脉冲压缩技术经数据处理后得到海浪参数。

(4)X 波段岸基雷达测波法：将二维小波变换应用到雷达影像处理中，分析波浪谱能量的空间分布，提取波浪参数。

(5)高频地波雷达测波法：利用 3～30MHz 高频雷达波，通过图像谱分析，获取波浪参数。

重力测波法、压力式测波法和声学测波法同时适合近岸和远海波浪观测，其中：

(1)重力测波法是一种定点、定时(或连续)测波方法，采用重力加速度原理进行波浪测量。当波浪浮标升降运动时，安装在浮标内的垂直加速度计输出一个反映波面升降运动的加速度变化信号，对该信号做二次积分处理后，即可得到对应于波面升沉运动高度变化的电压信号，将该信号做模数转换和计算处理后得到波高的各种特征值及其对应的波周期。

（2）压力式测波法，通过记录海水的压力变化，间接算出海面的波动。

（3）声学测波法，从海底垂直向海面发射窄幅水声脉冲信号，在起伏的海面处反射回来后被接收，利用发出和接收的时间差和声速计算距离序列，反映波高变化。

5.8　海流、流速及流量测量

5.8.1　海流及分类

海流又称洋流，是海水因热辐射、蒸发、降水、冷缩等形成密度不同的水团，加上风应力、地转偏向力、引潮力等作用大规模相对稳定的流动，是海水普遍运动形式之一。海洋里有着许多海流，每条海流终年沿着较固定的路线流动，将世界各大洋联系起来，使大洋得以保持其各种水文、化学要素的长期相对稳定。

海流在大范围里有着相对稳定的流动，既有水平又有铅直方向的三维流动。海流主要由具有周期性的潮流和相对稳定的常流（余流）两个部分组成。潮流是伴随潮汐涨落现象所做的周期性变化的海水流动，由月亮和太阳的引潮力引起。常流（余流）是海水沿一定方向的大规模的运动，它是由各种原因，如风的作用、海洋受热不均匀、地形的影响等产生的。常流有点像陆地上的江河，可将一个区域的海水输运到另一个区域，但比江河的能量又大得多，强大者其宽度有时可达 200km，深度可达 2000m。海流空间尺度大，可在几千公里甚至全球范围内流动，且运动路径、速率和方向在数月、一年甚至多年里保持一致。

1）按形成原因分类

按照形成原因，海流分为风海流、密度流、补偿流。

（1）风海流：受海面上风对海水的应力驱动，包括风对海水的摩擦力和施加在海面迎风面上的压力形成的稳定洋流，也称风生流。由于海水运动中黏滞性对动量的消耗，这种流动随深度的增加而减弱，直至小到可以忽略，其所涉及的深度通常只为几百米。世界各大洋近表层的某些主要洋流属于风海流，如太平洋、大西洋和印度洋的南、北赤道流由偏东信风引起。

根据艾克曼假定（1905），风海流是摩擦力与地转偏向力取得平衡时的一种稳定流的关系，可推导出风海流在不同层中的流速。表面流速可以根据风速建立如下经验关系：

$$V_0 = \frac{0.0127u}{\sqrt{\sin\phi}} \tag{5.27}$$

式中，V_0 为表面海流的流速（cm/s）；u 为风速（cm/s）；ϕ 为纬度（°）。

可见表层流流速的大小除与风速有关外，还与纬度有关。在风速相同条件下，纬度愈高，它的量值愈小。这是因为当 $\sin\phi$ 较大时，对一定的流速，地转偏向力大，它很快与摩擦力平衡；而当 $\sin\phi$ 较小时，只有流速 V 较大时，地转偏向力才能与摩擦力达到平衡。

风海流的流速和流向随深度而变化。随着深度增加，流向不断右偏(南半球左偏)，流速以指数规律递减。如果将等深间隔的海流用箭矢来表示，以箭矢的方向表示海流的流向，以箭矢的长度代表海流的速度，那么这些等深间隔的箭矢便形成了一个螺旋形的梯子，梯子的每一级随深度的增加方向不断右旋(北半球)，其宽度变得愈来愈窄。若将这些箭矢的终点投影在平面上就形成一条螺旋线，即艾克曼螺旋。风海流作用深度与风速 u 和纬度 ϕ 有关：

$$D = \frac{7.6u}{\sqrt{\sin\phi}} \tag{5.28}$$

从式中可以看出，纬度的变化对摩擦深度影响不大，随风速增加摩擦深度显著增大。

(2)密度流：也称异重流，主要由重力和密度差异引起的静压力导致高密度流体向低密度流体下方侵入。除多见于河口外，也常见于相邻海盆之间，由于各地海水的温度盐度不同，引起海水密度的差异，从而导致海水流动。引起海洋密度差异的因素有温度、溶解质含量及混合物含量等。例如，地中海蒸发大、盐度大、密度大，相邻的大西洋海水密度小，于是形成密度流。

(3)补偿流：指由于一处海水流失所形成的海流，是海水流向海水缺失的地方造成的海流。可分为水平补偿流和垂直补偿流。后者亦称升降流，包括上升流和下降流。如北赤道海流和南赤道海流不断把海水从北、南美洲海岸附近运走，造成海水减少，减少的海水是由北美海岸(加利福尼亚海流)和南美海岸(秘鲁海流)来的水所补充，因此形成补偿流。

2)按受力情况分类

按照受力情况，海流分为地转流和惯性流。

地转流在忽略湍流摩擦力作用的较深的理想海洋里，由海水密度分布不均匀所产生的水平压强梯度力与水平地转偏向力(也称为科氏力)平衡时的海流。这两种力不断地改变海水流动的方向(北半球朝右偏，南半球朝左偏)，直到水平压强梯度力与地转偏向力达到平衡时，流动便达到稳定。它虽和艾克曼漂流一样都是理想化的海流，但都能近似地反映海水的一些运动规律。例如在较厚的大洋下层水中的海流，近似于地转流；在较薄的大洋上层水中，同时存在着地转流和艾克曼漂流。这两种流动同为大洋的基本流动。

惯性流：又称余流。指引起海流的外力停止后，在惯性力作用下仍沿一定方向流动的水流，其特点是具有时间性。当惯性力被各种摩阻力抵消时，惯性流也就消失了。

3)按发生的区域分类

按照发生的区域，海流分为赤道流和边界流。

赤道流是在赤道南、北的低纬海域，自东向西流动的海流，赤道以北的叫赤道北流，赤道以南的叫赤道南流，是由东南信风和东北信风的作用形成。

边界流是信风流沿大洋边界流动的一种洋流，可分为东边界流和西边界流，均对大陆边缘具有较强的侵蚀和搬运作用。在北半球向极地流动时，速度快、水流窄而深；当它回转流向赤道时，流速减慢、水流变宽而浅。而南半球边界流的规模不如北半球。

4)按运动方向分类

按照运动方向，海流分为上升流和下降流。

上升流又称涌升流，是从表层以下沿直线上升的海流，由表层流场产生水平辐散造成。如风吹走表层水，下面的水上升得以补充。因表层流场的水平辐散，使表层以下的海

164

水铅直上升流动。上升流常发生在沿岸，是一种垂直向上逆向运动流。受风力吹送，将表层海水推离海岸，致使海面略有下降，为达到水压均衡，深层海水就在这里补偿上升，形成上升流。

下降流又称为沉降流，是从表层沿直线下降的海流，与上升流原理相反，是由表层流场的水平辐合引起。上升流和下降流合称为升降流，是海洋环流的重要组成部分。

在外海的反气旋流涡中心和锋面附近，发生沉降流，在大陆或岛屿迎风的沿岸地区，当风向与海岸垂直时，风力的吹刮使迎风的沿岸地区发生增水现象，也会导致沿岸区表层海水下沉，从而产生下降流。下降流流速一般较小，速度与上升流近似。由于下降流会引起海水温度、盐度、密度场的变化，从而对近岸海区的气候、水文要素和海洋生产力都具有重要意义。如在亚热带、中纬度及南极大陆附近都存在着一条海水下降带，与此相反，在赤道区存在海水上升带，对整个海水的垂直循环和温盐分布有着重要作用。

5）按与周围海水温度差异分类

按照与周围海水温度差异，海流分为寒流和暖流。

寒流，一种海水运动方式，指海洋上从水温低流向水温高的地方的洋流，绝大部分从高纬度流向低纬度，世界上最强大的寒流是环绕南极洲自西向东流动的西风漂流。世界大洋有 5 大著名寒流：北太平洋东部的加利福尼亚寒流、南太平洋东部的秘鲁寒流、北大西洋东部的加那利寒流、南大西洋东部的本格拉寒流和南印度洋东部的西澳大利亚寒流。寒流会改变经过水域的温跃层，给海洋测量中的声速带来一定的影响。

暖流是指从低纬度流向高纬度的洋流。在世界大洋中，湾流（又称墨西哥湾流）位于北大西洋西部，是世界上第一大海洋暖流。

5.8.2　流速测量方法

海水流速测量主要测定水流速度和方向，是掌握海水运动规律的主要方法，为海洋科学研究、军事活动、海洋运输、渔业生产、港口建设等提供基础数据。直到 18 世纪末，人类主要通过观察水面漂浮物来了解水流速度和方向。随着转子式测流仪面世，开启了从水面到较深层进行分层流速观测的技术。20 世纪中叶以后，在测流仪器研制中对电子学、声学技术的应用，推动了流速测量高精度、自动化的进程。声学多普勒海流剖面仪（Acoustic Doppler Current Profilers，ADCP）的面世使多层无扰动测流和走航测流技术得到快速推广，高频地波雷达探测海洋表面为表层流速观测开拓了新方式。当前，流速测量分为直接测量和遥感测量两类。

直接测量是利用仪器中的感应元件在流速变化时产生的物理性质相应变化，依据两者间的变化关系和技术手段转换成流速测量值，是对表层或垂向剖面流速测量的常用方法。采用的仪器有转子式海流计、电磁海流计、声学多普勒海流剖面仪等。流速的直接测量方式主要有定点测流、走航测流、浮标漂移测流等方法。

（1）定点测流，是以锚定的船舶、浮标、水上台架、水底基座等为载体，利用测流仪器按一定的时间间隔定时进行测量，以获得预定位置观测期间的流速数据。

（2）走航测流，是以船舶、潜航器为载体，综合运用导航定位设备和声学多普勒海流剖面仪，在航行的同时测量流速，以获得预定航线上的流速数据。

（3）浮标漂移测流，是以自由漂流的浮标为观测目标，按一定的时间间隔测定浮标的位置变化，获得该水域、该时段浮标所在层的流速流向值和流迹线。

遥感测流是以高频地波雷达向观测海面发射电磁脉冲并接收反射回来的脉冲，利用海洋表面对高频电磁波的一阶散射和二阶散射机制，在回波中提取相关信息反演流速，实现大范围、高精度和全天候海面监测。作业方式是在岸边或海上平台上设立雷达站，按一定的时间间隔定时探测海洋表面状态，以获得观测海域表面流速分布状况。

按照测量对象，流速测量又分为表层流速测量和垂线流速测量。

表层流速测量主要测定表层水流速度和方向，为了解表层水流在一定时间内流动状态开展的观测工作，是漂浮物运动趋势判断的基础，对船舶航行、水上救助、污染物扩散分析等有重要作用。表层流速主要借助浮标漂移测流法、遥感测流法等来测量，浮标漂移测流法适合小区域、近场测量，而遥感测流法适合大面积测量。

垂线流速测量主要以水面船舶、浮标、水上平台、水底固定架以及潜标为载体，综合应用流速仪、定位仪等设备，采用定点或走航方式测定水流垂线分层流速和流向。ADCP垂线流速测量是目前采用的主要垂线流速测量方法(见图5.17)。

图5.17　声学多普勒测流仪测量方式示意图

根据观测目的不同，垂线流速测量可以分为近岸工程类观测和海洋调查类观测，二者在观测过程中的分层方式、观测历时及准确度标准有较大差异。

(1)工程类观测。分层方式依据测站处观测时水深(H)确定，通常最多分为六层，各层测点位置为：表层(水面下0.2~0.5m)、0.2H、0.4H、0.6H、0.8H、底层(底面上0.2~0.5m处)。水深较浅时适当减少层数。准确度为流速±0.05米每秒，流向±2°。定点测流的观测历时一般不少于100s。

(2)海洋调查类观测。分层方式为表层(水面下3.0m以内)、底层(底面上2.0m)，其他各层测点位置为：水面下30m以内测点间隔为5.0m、水面下50~150m测点间隔为25m，水面下150m以深测点间隔不小于50m。准确度为流速±0.05m/s，流向±5°，观测历时3分钟。连续观测不少于25小时(间隔不大于1小时)。观测方法包括船只锚定测流、锚定潜标/明标测流和走航测流等。

5.8.3　ADCP测量原理及数据处理

ADCP测流是20世纪80年代开始发展起来的流量测验的一种新方法，可实现不同水深层连续、高频的三维流速和流向信息的获取，以及流场及流量的准确确定(图5.18)，也是当前的主流测流方法。同传统机械式流速仪测量法相比，ADCP具有精度高、速度快、机动性好、可获取大量垂线信息且对测量环境要求低等优势。

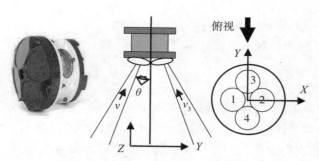

图 5.18　ADCP 4 个换能器布设示意图

ADCP 运用声学多普勒效应来计算水中颗粒物的移动速度。ADCP 一般配有 4 个换能器，每 2 个为一对，分别构成换能器坐标系下的 X 方向和 Y 方向（图 5.18）。各换能器发射的波束与 ADCP 中央轴线成一定夹角 θ（20°或 30°），相邻两波束水平投影的夹角为 90°。根据各个换能器获得的多普勒频移值计算出波束方向的速度值，进而通过坐标转换得到地理坐标系下的流速值。下面介绍 ADCP 流速测量原理。

1. 多普勒效应

ADCP 测量中，声源来自换能器，水中颗粒物则为声波接收者。当二者分别以速度 v_s 和 v_r 运动，且运动方向和声波的传播方向在一条直线上时，则水中颗粒物接收到的声波的频率 f_r 和换能器的发射声波频率 f_s 有如下关系：

$$f_r = \left(\frac{c \pm v_r}{c \mp v_s} \right) f_s \tag{5.29}$$

式中，c 为声波在水中的传播速度，±表示换能器和水中颗粒物的相对运动方向：当换能器和水中颗粒物之间的运动方向相向时，v_s 取+号，相背时则取−号。

f_r 较 f_s 发生了 2 次多普勒频移：

第 1 次频移：换能器为声源，水中颗粒物为反射物。

$$f_1 = \left(\frac{c \pm v_r}{c} \right) f_s \tag{5.30}$$

第 2 次频移：水中颗粒物接收到声波后并将其反射回去，此时水中颗粒物变为声源，而换能器就成为了声波接收者

$$f_2 = \left(\frac{c}{c \mp v_r} \right) f_1 = \left(\frac{c \pm v_r}{c \mp v_r} \right) f_s \tag{5.31}$$

当 c≫v_r 时，有

$$\Delta f = f_2 - f_s = \mp \frac{2v_r}{c} f_s \tag{5.32}$$

式中，Δf 为在换能器处发射声波和接收声波的频率差，即多普勒频移量。当水中颗粒物远离换能器时，取+号，反之则取−号。

获得了各个换能器原始的多普勒频移值 Δf，下一步就可以利用相关的转换公式将多

167

普勒频移值转换成地理坐标系下的流速值。

2. 速度转换

1）波束坐标系下的流速计算

由多普勒频移 Δf 可计算波束坐标系下的流速：

$$v_i = \Delta f_i \frac{c}{2f_s} \cos A \tag{5.33}$$

式中，Δf_i 为第 i 个波束的多普勒频移值，v_i 为相应的波束坐标系下的速度，取正值表示反射物的速度方向为朝向换能器方向，取负值表示二者运动方向相反；c 为声波在水中的传播速度，f_s 为声波的发射频率。由于换能器发射的声束方向与水体反射物的运动方向存在一定夹角 A，因此式中 $\cos A$ 为将反射物速度值分解至声波发射方向（图 5.19）。

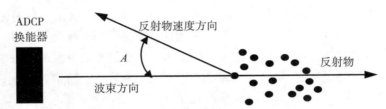

图 5.19 反射物运动方向速度值分解至声波发射方向

2）换能器坐标系下的流速

ADCP 包含的 4 个换能器两两构成一对（图 5.18），波束 1 和 2 构成换能器的 X 轴，波束 1 指向波束 2 的方向为正；波束 3 和 4 构成换能器的 Y 轴，波束 4 指向波束 3 的方向为正；垂直方向为 Z 轴，从水底指向水面的方向为正。波束方向的速度值分解至换能器水平方向的速度 v_h 和垂直方向的速度 v_z 的计算公式为：

$$v_h = \frac{v}{\sin\theta}, \qquad v_z = \frac{v}{\cos\theta} \tag{5.34}$$

式中，θ 为仪器的波束角（图 5.20）。

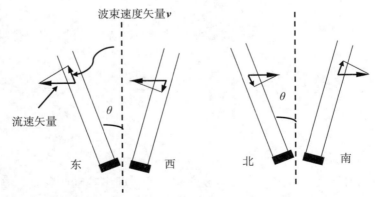

利用第 1 对波束计算东—西方向速度   利用第 2 对波束计算东—西方向速度

图 5.20 波束方向速度值分解至水平方向和垂直方向

换能器坐标系(TFS)下三维速度计算公式为:

$$\boldsymbol{V}_{\mathrm{TFS}} = \begin{pmatrix} u \\ v \\ w \\ e \end{pmatrix} = \begin{pmatrix} \dfrac{1}{2\sin\theta} & -\dfrac{1}{2\sin\theta} & 0 & 0 \\[2mm] 0 & 0 & -\dfrac{1}{2\sin\theta} & \dfrac{1}{2\sin\theta} \\[2mm] \dfrac{1}{4\cos\theta} & \dfrac{1}{4\cos\theta} & \dfrac{1}{4\cos\theta} & \dfrac{1}{4\cos\theta} \\[2mm] \dfrac{1}{2\sqrt{2}\sin\theta} & \dfrac{1}{2\sqrt{2}\sin\theta} & -\dfrac{1}{2\sqrt{2}\sin\theta} & -\dfrac{1}{2\sqrt{2}\sin\theta} \end{pmatrix} \begin{pmatrix} v_1 \\ v_2 \\ v_3 \\ v_4 \end{pmatrix} \quad (5.35)$$

式中，u、v、w 分别为换能器坐标系下速度在 x、y、z 三个方向的分量。由于可以获得 2 对速度，因此可以分别得到垂向速度 w_{12} 和 w_{34}，据此可以计算误差速度 e。

3)船体坐标系下流速计算

获得了换能器坐标下的速度，借助 ADCP 自带的倾斜计获得的 pitch 角(p) 和 roll 角(r)(图 5.21)，将换能器坐标下的速度 $\boldsymbol{V}_{\mathrm{TFS}}$ 转换为船体坐标系下的速度 $\boldsymbol{V}_{\mathrm{VFS}}$。

$$\boldsymbol{V}_{\mathrm{VFS}} = \boldsymbol{R}(p)\boldsymbol{R}(r)\boldsymbol{V}_{\mathrm{TFS}} \quad (5.36)$$

$$\boldsymbol{R}(\boldsymbol{p}) = \begin{pmatrix} 1 & 0 & 0 \\ 0 & \cos p & -\sin p \\ 0 & \sin p & \cos p \end{pmatrix}, \quad \boldsymbol{R}(\boldsymbol{r}) = \begin{pmatrix} \cos r & 0 & \sin r \\ 0 & 1 & 0 \\ -\sin r & 0 & \cos r \end{pmatrix}$$

4)地理坐标系下绝对流速计算

ADCP 自带磁罗经，可以获得实时的方位角 H；ADCP 借助底跟踪，可以获得绝对船速 $\boldsymbol{V}_{\mathrm{S}}$，联合可获得地理坐标系下绝对流速 $\boldsymbol{V}_{\mathrm{GRF}}$，并计算得到绝对流速。

$$\boldsymbol{V}_{\mathrm{GRF}} = \boldsymbol{V}_{\mathrm{S}} + \boldsymbol{R}(H)\boldsymbol{V}_{\mathrm{VFS}} \quad (5.37)$$

$$\boldsymbol{H} = \begin{pmatrix} \cos H & \sin H & 0 \\ -\sin H & \cos H & 0 \\ 0 & 0 & 1 \end{pmatrix}$$

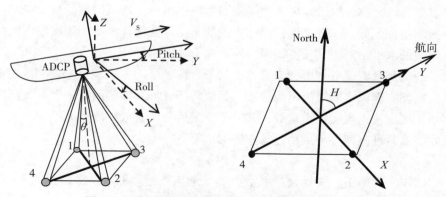

图 5.21 ADCP 换能器姿态改正及航向角改正示意图

3. ADCP 盲区推算

ADCP 换能器发射声脉冲后即切换为信号接收模式，但发射后的余振在没有完全消失的情况下接收回波信号，就会得到失真数据，即"余振效应"。如频率为 300kHz 的 ADCP，换能器切换时间大约为 1ms，则在该时段内声脉冲的传播距离约为 1.5m，该区段内流速是缺失的，称为上盲区（图 5.22）。上盲区的长度包括仪器的入水深度、仪器盲区以及滞后距离三个部分。仪器入水深度是指 ADCP 换能器距离水面的深度；仪器盲区则与声波的频率有关，声波频率越高，仪器盲区越小；滞后距离是由于换能器发射脉冲的过程中，前后脉冲之间有一定距离，这个距离就被称为滞后距离，其长度相当于深度单元长度的二分之一。

ADCP 下盲区则是由旁瓣波束干扰引起的（见图 5.22）。ADCP 换能器在发射声波时，会在主瓣波束的左右产生与之成一定夹角的旁瓣波束。这样，在主瓣波束到达水底之前，旁瓣波束已经到达，其回波信息污染了正在被接收的主瓣波束的回波信号，即产生"旁瓣效应"。旁瓣效应的影响区域（下盲区）的厚度 D_{bottom} 与 ADCP 波束与仪器轴线的夹角 θ 有关。

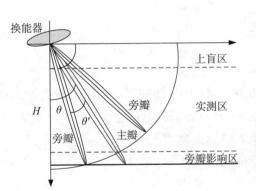 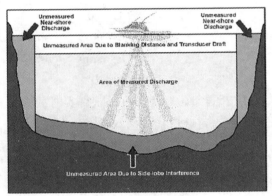

图 5.22　ADCP 上、下盲区和左、右盲区示意图

左、右岸盲区又称为岸边盲区，主要是因为岸边水浅，造成测量船只不能到达以致仪器不能直接测量该区域。一般来说，岸边盲区的长度以宽度计，等于当次断面测量的起点或终点至岸边的水平距离，其长度与岸边的水深有关。

通常借助幂函数流速分布模型来推算上、下盲区的平均流速和流量。我国的水文单位常使用常数模型，即假定表层流速为常数，其值等于 ADCP 实测的第一个有效深度单元流速。类似地，底层流速也假定为常数，其值等于最后一个有效深度单元的流速。

对于左、右盲区流速一般采用经验方法来估算：

$$V_\lambda = \lambda V_m \tag{5.38}$$

式中，V_λ 为岸边平均流速，λ 为流速系数，V_m 为起点或终点的数个微断面的平均流速。λ 则可参照我国的《河流流量测验规范》（GB 50179—2015）（见表 5-2）。

表 5-2	岸边流速系数 λ 的选择	
岸边情况		λ
水深均匀地变浅至零的斜坡岸边		0.67~0.75
陡岸边	不平整	0.8
	光滑	0.9
死水与流水交界处的死水边		0.6

以上基于经验模型或参数获取上、下盲区和左、右盲区流速，在一些水域会与实际存在一定偏差。为了获得准确的盲区流速，可根据垂向有效测量流速的变化推求上下盲区流速，根据断面流速变化推求左右盲区流速。

5.8.4　外部传感器辅助的流速测量及绝对流速计算

传统 ADCP 测量在下面情况下不能得到准确的绝对流速：①采用铁质测量船时，内置磁罗经不能得到正确的方位角 H；②海床表面存在流动底质时借助 ADCP 底跟踪不能得到绝对船速 V_s。借助外部传感器，如 GNSS 罗经提供的绝对船速 V_s 和方位 H 替代式（5.37）中船速和方位参数，可以实现绝对流速的测量。

图 5.23（a）给出了借助 3 台 GNSS、基于 RTK 技术实现船速和方位测定的传感器布置图。RTK-2 架设在船重心上方位置，RTK-2 和 RTK-3 沿船龙骨方向布设，与船坐标系 Y 轴重合；RTK-1 安装在 ADCP 换能器测杆上方位置，RTK-1 与 RTK-2 沿着船坐标系 X 轴布设。架设完成后，采用自由设站法测定 GNSS 天线在船体坐标系下坐标。利用 RTK-2 和 RTK-3 测量船方位角、纵摇角，利用 RTK-1 与 RTK-2 测量横摇角，利用 RTK-1 测量船速。也可利用 GNSS 罗经或光纤罗经提供船方位及姿态，替换图 5.23（a）中 RTK-2 和 RTK-3，实现方位和姿态参数的直接测定（图 5.23（b））。光纤罗经应安装在船重心位置，确保其轴向与船龙骨方向一致，其提供的方位和姿态为测量船的方位和姿态。另外，安装在 ADCP 换能器上方的 RTK 不仅用于姿态参数的确定，更重要的是利用其定位信息进行船速基准的确定。

借助 GNSS RTK 和 GNSS 罗经（或光纤罗经）等外部传感器，对传统 ADCP 测量基准进行整体替换，并重新计算所需参数，从而实现流速的精确测量。具体流程如图 5.24 所示。

5.8.5　流量计算

流量计算通常采用流速面积法、动船法、ADCP 流量测量法等。下面主要介绍流速面积法和 ADCP 流量测量法流量计算原理。

流速面积法最为传统，其基本思想是将断面划分为若干个子断面，然后分别获得各个子断面的流速和面积。利用流速面积法进行流量测量的基本步骤为：

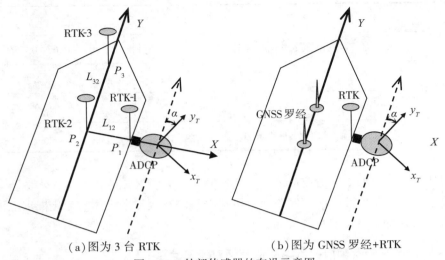

(a) 图为 3 台 RTK   (b) 图为 GNSS 罗经+RTK

图 5.23　外部传感器的布设示意图

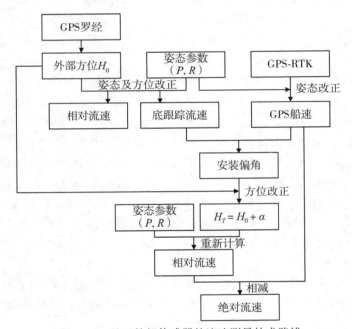

图 5.24　基于外部传感器的流速测量技术路线

（1）布设垂直于流向的横断面，进行断面地形测量。

如图 5.25 所示，首先在断面上布设若干垂线 f_1，f_2，f_3，…，f_n，采用回声测深仪在各垂线上测量水深，得到各垂线的水深值分别为 D_1，D_2，D_3，…，D_n，并测定垂线与岸上断面起点桩 f_0 间的距离，即起点距 d_1，d_2，d_3，…，d_n。这样，各个子断面面积可估计为：

$$A_i = \frac{1}{2}(d_{i-1} - d_i)(D_{i-1} + D_i) \qquad (5.39)$$

（2）对各垂线不同点位进行流速测量。

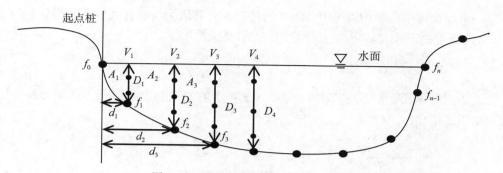

图 5.25 流速-面积法流量测量示意图

（3）获得了各个点位的流速，计算得到各垂线平均流速 V_1，V_2，V_3，…，V_n。

（4）流量计算。利用各子断面的面积以及各垂线平均流速，计算子断面流量：

$$Q_i = A_i \frac{V_{i-1} + V_i}{2} \qquad (5.40)$$

（5）计算断面总流量：

$$Q = \sum_{i=1}^{n} Q_i = \sum_{i=1}^{n} A_i \frac{V_{i-1} + V_i}{2} \qquad (5.41)$$

ADCP 流量测量法流量计算原理最早是由 Deines 在 1982 年提出来的，其计算流程如下：

若 D_{ADCP} 为 ADCP 入水深度，d_m 为 ADCP 实测水深，总水深 H 为：

$$H = D_{\text{ADCP}} + d_m \qquad (5.42)$$

ADCP 测量时，不但将断面划分为许多微断面，而且把每一个微断面划分为若干个水深单元。在某一微断面内（即垂线上），ADCP 测验有效深度单元的数目 n 由下式确定：

$$n = \frac{d_m \times \lambda - D_b - \Delta}{D_c} \qquad (5.43)$$

式中，D_b 为盲区深度，D_c 为深度单元长度，$\lambda = \cos\theta$ 为"旁瓣效应"影响区的厚度，θ 为仪器的波束角。若 D_p 为脉冲长度，D_0 为脉冲延时长度，则 Δ 为：

$$\Delta = \frac{1}{2}(D_p + D_0 - D_c) \qquad (5.44)$$

设 D_f 为微断面的第一个水深单元的深度：

$$D_f = D_{\text{ADCP}} + d_m + D_c + \Delta \qquad (5.45)$$

设 D_l 为微断面最后一个有效单元的深度：

$$D_l = D_f + (n - 1)D_c \qquad (5.46)$$

Z_1 为第一个有效单元上边界高度，Z_2 为最后一个有效单元下边界高度，则

$$\begin{cases} Z_1 = H - D_l - \dfrac{1}{2}D_c \\ Z_2 = H - D_f + \dfrac{1}{2}D_c \end{cases} \tag{5.47}$$

每一微断面内中层平均流速由 ADCP 直接测出，其值为所有有效单元实测流速的平均值。x 方向分量由下式计算得出（y 分量类似）：

$$V_{xM} = \frac{1}{n}\sum_{j=1}^{n} u_{xj} \tag{5.48}$$

式中，u_{xj} 为深度单元 j 实测 x 方向的流速。ADCP 走航测量起点和终点之间断面的中层实测流量由下式给出：

$$Q_M = \sum_{i=1}^{m}\sum_{j=1}^{n} f_i D_c \Delta t = \sum_{i=1}^{m}\big[\,(V_{xM}V_{by} - V_{yM}V_{bx})\,\big]_i \cdot (Z_2 - Z_1)_i \Delta t \tag{5.49}$$

根据上、下盲区的平均流速，则上、下盲区流量：

$$Q_T = \sum_{i=1}^{m}\big[\,(V_{xT}V_{by} - V_{yT}V_{bx})\,\big]_i \cdot (H - Z_2)_i \Delta t \tag{5.50}$$

$$Q_B = \sum_{i=1}^{m}\big[\,(V_{xB}V_{by} - V_{yB}V_{bx})\,\big]_i \cdot (Z_1)_i \Delta t \tag{5.51}$$

式中，V_{xT}、V_{yT} 为上盲区平均流速分量，V_{xB}、V_{yB} 为下盲区平均流速分量。

岸边非实测区域一般采用经验方法估算其流量。若 V_λ 为岸边平均流速，则岸边流量：

$$Q_{ab} = A_a V_\lambda \tag{5.52}$$

综上，断面总流量 Q 为中间层流量、上盲区流量、下盲区流量及左右岸流量之和：

$$Q = Q_M + Q_T + Q_B + Q_{ab} \tag{5.53}$$

5.8.6　ADCP 流速测量成果

ADCP 测验成果有多种输出（显示）格式，主要格式有反映流速大小的彩色断面图、反映测船航行的测船航线图、记录测量数据的文本文件等图表及文件，见表 5-3。

表 5-3　　　　　　　　　　　常用 ADCP 测验成果输出格式

格式名称	内　　　容	备　　　注
剖面图	各种测量参数的单线图	包含流速大小、方向、流量等
流速彩色图	由四个换能器测得的相对地球的速度组成	东/西、南/北、垂向三个方向及速度误差
测船航线图	ADCP 的水平方向行进速度	参考系为河床或 GPS
时间序列图	与时间相关的数据	包含航向、流速、船速等
文本文件	所有深度层的深度、流速、流向及流量	输出格式固定

ADCP 流速图如图 5.26 所示，反映了每个深度单元垂线号、深度、水平流速的大小，同时还能反映出河床底部起伏变化状况以及上、下盲区的位置及大小（图 5.26 中横线以下的空白区域为上盲区范围；底部粗线为河底，细线以下至底部粗线之间为下盲区范围）。

测船航迹图反映 ADCP 测船航行的路线及相同深度的水深单元组成的水平线上的流速及流向，如图 5.27 所示。该图是测船运动的"绝对计算图"，而测船运动是以 ADCP 底部航迹速度的水平分量为依据的。该图的横坐标(向右)为东向位置，纵坐标(向上)为北向位置。图中的每条射线为该点实测的水平流速及流向。

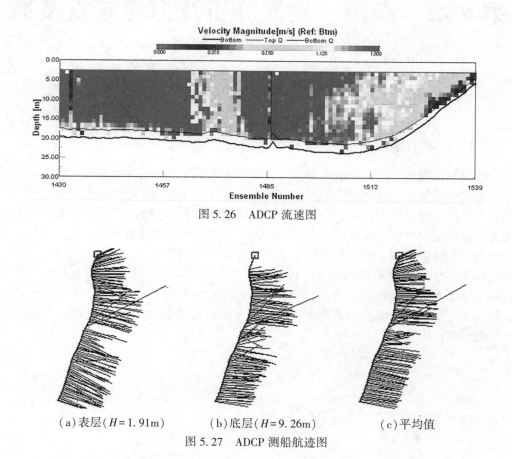

图 5.26　ADCP 流速图

　(a)表层(H=1.91m)　　　(b)底层(H=9.26m)　　　(c)平均值

图 5.27　ADCP 测船航迹图

测船航迹图可以反映出测船水平方向的位移(东/西向和南/北向)，并且可以分别反映同一深度单元的水平流速及流向，以及各垂线上的平均流速及流向。

第6章 潮汐、潮流分析及海洋垂直基准

6.1 平衡潮理论

6.1.1 引潮力(势)

海洋潮汐现象是一种长波强迫振动，是由于天体引潮力作用在海水上产生的。牛顿万有引力定律为引潮力的计算提供了理论依据。月球的万有引力和地球绕公共质心旋转产生的离心力是两种对立的力，两者的矢量和即为月球使海水发生潮汐现象的力量，称为月球引潮力。月球引潮力在地球不同地方各不相同。本节只讨论月球引潮力，而后推理得出太阳引潮力。在讨论引潮力时，假定把地球近似看成一个刚性体。设地球半径为 r，月球中心至地球表面任一点 P 的距离为 X，若考虑一个天体方位圈，即以地球为圆心，过天体(月球)、天顶(P)的大圆圈，则 θ 为天顶距，即天顶与天体(月球)在天球上所张开的角度，如图 6.1 所示。地球表面 P 点单位质量海水所受月球引力 f_{pm}，以及绕地月公共质心旋转的惯性离心力为 f_c。

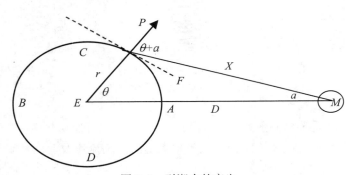

图 6.1 引潮力的产生

$$f_{pm} = K\frac{M}{X^2} = g\frac{r^2}{E}\frac{M}{X^2}, \quad f_c = K\frac{M}{D^2} = g\frac{r^2}{E}\frac{M}{D^2} \tag{6.1}$$

根据引潮力的定义，P 点的引潮力 F 可以写成二者的矢量和。

$$F = f_{pm} + f_c \tag{6.2}$$

如图 6.1 所示，将 F 投影到水平方向和垂直方向，则可以获得引潮力的两个分量为：

$$\begin{cases} F_h = f_{pm}\sin(\theta + \alpha) - f_c\sin\theta, \\ F_v = f_{pm}\cos(\theta + \alpha) - f_c\cos\theta \end{cases} \tag{6.3}$$

将垂直分量 F_v 展开：

$$\begin{aligned}
\boldsymbol{F}_v &= g\,\frac{M}{E}\,\frac{r^2}{X^2}(\cos\theta\cos\alpha - \sin\theta\sin\alpha) - g\,\frac{M}{E}\,\frac{r^2}{D^2}\cos\theta \\
&= g\,\frac{M}{E}\,\frac{r^2}{X^2}\left[\cos\theta\,\frac{D - r\cos\theta}{X} - \sin\theta\,\frac{r\sin\theta}{X}\right] - g\,\frac{M}{E}\,\frac{r^2}{D^2}\cos\theta \\
&= g\,\frac{M}{E}\,\frac{r^2}{X^2}\left[\frac{D}{X}\cos\theta - \frac{r}{X}\right] - g\,\frac{M}{E}\,\frac{r^2}{D^2}\cos\theta \\
&= g\,\frac{M}{E}\,\frac{r^2}{D^2}\left[\frac{D^3}{X^3}\left(\cos\theta - \frac{r}{D}\right) - \cos\theta\right]
\end{aligned} \tag{6.4}$$

上式中 $\cos\alpha = \dfrac{D - r\cos\theta}{X}$，$\sin\alpha = \dfrac{r\sin\theta}{X}$。在 $\triangle MEP$ 中 $X^2 = D^2 + r^2 - 2Dr\cos\theta$，则

$$\frac{X}{D} = \left[1 + \left(\frac{r}{D}\right)^2 - 2\,\frac{r}{D}\cos\theta\right]^{1/2}$$

$$\left(\frac{D}{X}\right)^3 = \left[1 + \left(\frac{r}{D}\right)^2 - 2\,\frac{r}{D}\cos\theta\right]^{-3/2} \tag{6.5}$$

地-月间距离为地球半径的 60 多倍，$\left(\dfrac{r}{D}\right)^2 = 0.0028 \ll 1$，$\left(\dfrac{r}{D}\right)^2$ 可以忽略不计，则

$$\left(\frac{D}{X}\right)^3 = \left(1 - 2\,\frac{r}{D}\cos\theta\right)^{-3/2} \tag{6.6}$$

将上述按照牛顿二项式展开并略去 $\left(\dfrac{r}{D}\right)^2$ 等高阶项后可得：

$$\left(\frac{D}{X}\right)^3 = 1 + 3\,\frac{r}{D}\cos\theta \tag{6.7}$$

将上式代入引潮力垂直分量上可得：

$$F_v = g\,\frac{Mr^2}{ED^2}\left[\cos\theta + 3\,\frac{r}{D}\cos^2\theta - \frac{r}{D} - 3\,\frac{r^2}{D^2}\cos\theta - \cos\theta\right] \tag{6.8}$$

略去 $3\,\dfrac{r^2}{D^2}\cos\theta$ 项后可得太阴引潮力的垂直分量为：

$$F_v = g\,\frac{Mr^3}{ED^3}[3\cos^2\theta - 1] \tag{6.9}$$

同理可得太阴引潮力的水平分量：

$$F_h = \frac{3}{2}g\,\frac{Mr^3}{ED^3}\sin2\theta \tag{6.10}$$

对于太阳引潮力，上述推导亦完全适用，只需将太阳质量 S，日地距离 D' 和太阳天顶距 θ'，分别代替上述公式里的 M，D 和 θ，便得太阳引潮力：

$$F_h' = \frac{3}{2}g\,\frac{S}{E}\left(\frac{r}{D}\right)^3\sin2\theta', \quad F_v' = g\,\frac{S}{E}\left(\frac{r}{D}\right)^3(3\cos^2\theta' - 1)$$

根据太阴、太阳引潮力公式，可得如下结论：

(1) 月球最大引潮力为太阳的 2.17 倍，潮汐主要由月球引潮力产生。

（2）引潮力的水平分力随天顶距 θ 变化而变化，且有一定的变化周期，水位振动也应随地月的相对位置而有复杂的周期变化。

（3）月球引潮力在 A、B 两点达到最大，但方向相反；在 C、D 两点引潮力均指向地心，量值为 A、B 两点的一半。

（4）月球引潮力的水平分量在 A、B、C、D 点为零。当月球位于天体赤道上，月赤纬为零时，月球引潮力的水平分量与地轴或赤道成对称分布，这些水平分量在一个半球上都指向 A，在另一半球上指向 B。当月赤纬不为零时，月球引潮力对地轴或赤道的分布则不对称。

当月球和太阳与地球处于同一平面时，潮汐出现最大值，这种朔望大潮每隔 14 天出现一次，即在新月和满月时出现。当月球和太阳彼此成直角时，就出现低潮。这种小潮每隔 14 天出现一次，即总是在上下弦月时出现。全日潮和半日潮起因于地球、月球和太阳之间的引力。月球绕地球运转一周需要 29.53 天（朔望月）。在地月运转过程中相互吸引，但这个引力被地月相对运动产生的惯性离心力所平衡。引力和离心力的相互作用是产生潮汐的主要原因。

引潮力势定义为：自地心（引潮力为零）移动单位质量物体至地球表面任一点克服引潮力所做的功，即为该点的引潮力势能。对于月球，引潮力势 Ω 为：

$$
\begin{aligned}
\Omega &= -\int_0^r K \frac{Mr}{D^3}(3\cos^2\theta - 1)\,\mathrm{d}r \\
&= -K\frac{M}{D^3}(3\cos^2\theta - 1)\int_0^r r\mathrm{d}r \\
&= -\frac{3}{2}K\frac{Mr^2}{D^3}\left(\cos^2\theta - \frac{1}{3}\right)
\end{aligned}
\tag{6.11}
$$

6.1.2 平衡潮理论及引潮力（势）的调和展开

考虑引潮力后的等势面为一椭球面，据此可以导出一个研究海水在引潮力作用下产生潮汐过程的理论，即潮汐静力理论或平衡潮理论。平衡潮理论假定：

（1）地球为圆球，表面完全被等深海水覆盖，不考虑陆地的存在。

（2）海水无黏性、无惯性，海面与等势面重叠。

（3）海水不受地转偏向力和摩擦力作用。

据此假定，海面在月球引潮力作用下离开原来的平衡位置作相应的上升或下降，直到在重力和引潮力的共同作用下达到平衡，因此海面便产生形变，考虑引潮力后的海面变成椭球形，即潮汐椭球，其长轴恒指向月球。由于地球自转，地球表面相对于椭球形的海面运动，造成了地球表面固定点发生周期性的涨落而形成潮汐，以上即为平衡潮理论的基本思想。按照平衡潮理论，海面随时与考虑引潮力后的等势面重叠，因此为了解潮高分布，应先了解等势面的形状。假设在不考虑引潮力的情况下，与海面重叠的那个等重力势面的位势为 C，考虑月球引潮力后，海面上升 h_m，海面的位势 C_1 为

$$
C_1 = C + gh_m + \Omega \tag{6.12}
$$

式中，C_1 为某一常数，可以根据考虑引潮力前后海面所围成的体积相等这一条件来确定。

将 $K = g\dfrac{r^2}{E}$ 和式（6.10）代入上式得:

$$h_m = \frac{3}{2}\frac{Mr^3}{ED^3}r\left(\cos^2\theta - \frac{1}{3}\right) + \frac{-C + C_1}{g}$$
$$= \frac{3}{2}\frac{Mr^3}{ED^3}r\left(\cos^2\theta - \frac{1}{3}\right) + C_2 \tag{6.13}$$

同理可得太阳平衡潮的潮高表达式为:

$$h_s = \frac{3}{2}\frac{Sr^3}{ED^3}r\left(\cos\theta'^2 - \frac{1}{3}\right) + C_3 \tag{6.14}$$

月球、太阳和地球的位置在不断改变，且各自在其轨道上围绕公共质心做圆周运动，而运动里又掺杂着多种周期。为便于计算由日月引起的潮汐，可将复杂繁多周期成分的潮汐看成由许多周期长短不一的分潮叠加而成，其展开可采用拉普拉斯、达尔文和杜德逊等方法。

1. 拉普拉斯展开

潮高公式中的月球天顶角变量 θ，可用月球赤纬 δ、观测点地理纬度 φ 和月球时角 T_1 来表示。如图 6.2 所示，在球面三角形 MPP' 中，应用边的余弦公式得:

$$\cos\theta = \cos(90° - \delta)\cos(90° - \varphi) + \sin(90° - \delta)\sin(90° - \varphi)\cos T_1$$
$$= \sin\delta\sin\varphi + \cos\delta\cos\varphi\cos T_1 \tag{6.15}$$

将上式代入式（6.14），可得月球引潮力产生的长周期潮簇 h_0、日潮簇 h_1 和半日潮簇 h_2:

$$h_m = h_0 + h_1 + h_2 = \frac{3}{2}\frac{Mr^3}{ED^3}r\left\{\left[\frac{3}{2}\left(\sin^2\theta - \frac{1}{3}\right)\left(\sin^2\delta - \frac{1}{3}\right)\right] + \frac{1}{2}\sin2\varphi\sin2\delta\cos T_1\right.$$
$$\left. + \frac{1}{2}\cos^2\varphi\cos^2\delta\cos2T_1\right\} \tag{6.16}$$

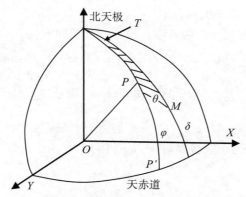

图 6.2　月球与地面观测点之间有关的天文变量

2. 达尔文展开

根据式（6.14），等式右边每一项均可展开为许多平衡分潮，即

$$\begin{cases} h_0 = \sum_i h_{0i} = \sum_i G\left(\frac{1}{2} - \frac{3}{2}\sin^2\varphi\right)G_{0i}(I) \times \cos[V_{0i}(s,\ h,\ p,\ t) + u_{0i}(\xi,\ v)] \\ h_1 = \sum_i h_{1i} = \sum_i G\sin2\varphi G_{1i}(I) \times \cos[V_{1i}(s,\ h,\ p,\ t) + u_{1i}(\xi,\ v)] \\ h_2 = \sum_i h_{2i} = \sum_i G\cos^2\varphi G_{2i}(I) \times \cos[V_{2i}(s,\ h,\ p,\ t) + u_{2i}(\xi,\ v)] \end{cases} \tag{6.17}$$

式中，$G = \frac{3}{4}\frac{M}{E}\left(\frac{r}{D}\right)^3 r$；$I$ 为月球轨道和赤道的交角，其周期为 18.61 年；$(\xi,\ v)$ 为与月球轨道缓慢变化有关的角度，t 为时间，s 为月球的平均经度，h 为平太阳的经度，p 为月球近地点的平均经度。根据式(6.17)，每一类分潮的振幅都包括三个因子，即 G，φ 和 I。$G(I)$ 和 $u(\xi,\ v)$ 有相同的 18.61 年周期，假设 $G(I)\cos u$ 近似为月球平衡分潮的振幅，并定义

$$f = \frac{G(I)}{\overline{G(I)\cos u}}$$

为节点因子，其值大小在 1 附近变动。将每类分潮的位相部分转换如下：

$$V + u = (V_0 + u)_{地} + \sigma t$$

令 $\overline{H} = GG(\varphi)\overline{[G(I)\cos u]}$，则月球平衡分潮的潮高可写为：

$$h_i = f\overline{H}\cos[\sigma t + (V_0 + u)_{地}] \tag{6.18}$$

3. 杜德逊展开

杜德逊 1921 年对引潮力(势)作出完全调和展开，与达尔文展开不同，引入了平太阴(月球)地方时 τ、月球的平经度 s、太阳的平经度 h、月球近地点平经度 p、月球升交点平经度 $N'(N'=-N)$ 和太阳近地点的平经度 p' 这 6 个天文变量。因此，其展开结果不出现赤、白交角 I 和由于升交点西退引进来的 ξ，v 的量值，而其辐角的通式为：

$$n_1\tau + n_2 s + n_3 h + n_4 p + n_5 N' + n_6 p'$$

n_1，$\cdots$，n_6 一般等于 0，±1，±2，±3，±4。如 T2 分潮，其辐角是

$$2\tau + 2s - 3h + p'$$

即 $n_1 = 2$，$n_2 = 2$，$n_3 = -3$，$n_4 = 0$，$n_5 = 0$，$n_6 = 1$。

Doodson 的展开式共取到大约四百项，最终展开式如下：

$$\begin{aligned} V = \sum_{m=0,\ 2}\left[G_2^m(\varphi)\sum_i A_2^i\cos\theta_i + G_3^m(\varphi)\sum_j B_3^j\sin\theta_j\right] \\ + \sum_{m=1,\ 3}\left[G_2^m(\varphi)\sum_i B_2^i\sin\theta_i + G_3^m(\varphi)\sum_j A_3^j\sin\theta_j\right] \end{aligned} \tag{6.19}$$

式中，φ 为观测点地理纬度，$G_2^m(\varphi)$，$G_3^m(\varphi)$ 是关于 φ 的函数，A、B 为各分潮的系数。

潮高的变化借助展开的引潮势除以重力 g 得到：

$$h = \frac{V}{g} \tag{6.20}$$

6.2　潮汐分析与预报

潮汐和潮流作为海水在垂直和水平方向的周期性运动，其产生原因都是源于天体引潮

力。由引潮力引起的分潮称为引力潮或天文潮，是水位变化的主要成分。此外，还有天文-气象复合潮和由浅水地形引起的浅水潮，与天文潮一起构成了水位中可预报的潮汐部分。而由气象扰动引起的水位不规则的变化则称为噪声，是引起潮汐分析误差的主要因素。

潮汐分析方法有很多，如拉普拉斯分析法、达尔文调和分析法、杜德逊分析法、傅氏分析法、最小二乘分析法等。达尔文调和分析法不很严谨，分析精度也不很高，在计算机用于潮汐分析之前，我国的潮汐分析和港口的潮汐预报主要采用该方法。杜德逊分析法为了人工计算的方便，对分析原理进行了近似处理，该方法仍不够严谨。自20世纪60年代，计算机逐渐代替了繁杂的人工计算，从而产生了一系列严谨的科学分析方法，如最小二乘分析方法由于具有较强的灵活性，且方法原理和操作都简单而被广泛采用。最小二乘分析法适合计算机处理，也是目前采用的主要分析方法之一。

受分潮周期影响，不同时序长度的潮汐分析方法不完全相同。通常，将利用1年及1年以上、1月到1年、一个月以内的潮位数据开展潮汐分析，分别称为长期潮汐分析、中期潮汐调和分析和短期潮汐调和分析。

6.2.1 长期潮汐分析

当水位观测数据长度达到1年以上时，可以开展长期潮汐分析。

根据物理学原理，任何一种周期性运动，都可以由许多简谐振动组成，并用相应的简谐波方程集合表示。潮汐变化是一种非常近似的周期性运动，可分解为许多固定频率的分潮波，进而求得分潮波的振幅和相位。某一时期的潮高可表达为：

$$h_t = S_0 + \sum_i^m (fH)_i \cos(\sigma_i t + G(V_{0i} + u_i) - g_i) + \gamma(t) \tag{6.21}$$

式中，S_0 为潮汐分析期间的平均海平面；t 为区时；f 为分潮的交点因子；σ 为分潮的角速率；$G(V_{0i} + u_i)$ 为格林尼治零时平衡潮分潮的初相角；$\gamma(t)$ 为非天文潮位，具有随机变化特征，可视为扰动项，在物理学上称为噪音；H 为分潮的平均振幅；g_i 为区时专用迟角。H 和 g 又称为分潮的潮汐调和常数。当地点不变时，调和常数一般不变。

令 $R = fH$，$G(V_{0i} + u_i) - g_i = -\theta$。

不考虑非天文潮位因素项 $\gamma(t)$，可得：

$$h_t = S_0 + \sum_i^m R_i \cos(\sigma_i t - \theta_i) \tag{6.22}$$

取 $A = R\cos\theta$，$B = R\sin\theta$，将式(6.22)余弦展开可得：

$$h_t = S_0 + \sum_i^m (A_i \cos\sigma_i t + B_i \sin\sigma_i t) \tag{6.23}$$

根据最小二乘分析法解算上式，得到各分潮所对应的 A_i，B_i 值后，利用式(6.24)求得 R_i、θ_i，最后求得各分潮的调和常数 H_i、g_i。

$$R_i = \sqrt{A_i^2 + B_i^2},$$

$$\theta_i = \arctan \frac{B_i}{A_i}$$

$$H_i = \frac{R_i}{f_i}$$

$$g_i = G(V_{0i} + u_i) + \theta_i \tag{6.24}$$

从傅里叶级数展开可知，分潮数较多，且分潮的频率随展开的周期不同而不同，即展开频率的选取是随意的。在实际应用中，大多数展开分潮的贡献并不大，因此在长期潮汐分析中，多采用其中的 8~13 个较大的分潮就可以得到相当好的结果，即

(1) 8 个主要半日分潮(M_2、S_2、N_2、K_2) 和全日分潮(K_1、O_1、P_1、Q_1)；

(2) 3 个浅水分潮(M_4、MS_4、M_6)；

(3) 2 个气象分潮(S_a 和 S_{sa})，主要由于气象因素(如风、气压、降水和蒸发等)产生的振动周期为一年和半年的长周期分潮。

各分潮的角速率、周期及相对振幅关系见表 6-1。

在分析时，f 和 $G(V_{0i}+u_i)$ 的计算，取观测数据的中间时刻为零时，分别计算该零时的 f，V_0 和 u。其中 V_0 的计算公式如下：

$$V_0 = k_2 s_0 + k_3 h_0 + k_4 p_0 + k_5 p_{s0} + \Delta$$

式中，s_0，h_0，p_0，p_{s0} 分别是零时的天文变量；系数 $k_i (i=2，3，4，5)$ 以及 Δ 在不同的分潮下对应不同的取值，具体见表 6-2。

表 6-1 潮汐主要的 13 个分潮

分潮	名称	角速率 (°/小时)	周期 (平太阳时)	相对振幅 (取 $M_2 = 100$)
M_2	太阴半日分潮	28.9841042	12.421	100
S_2	太阳半日分潮	30.0000000	12.000	46.5
N_2	太阴椭率主要半日分潮	28.4397295	12.658	19.1
K_2	太阴-太阳赤纬半日分潮	30.0821373	11.967	12.7
K_1	太阴-太阳赤纬全日分潮	15.0410686	23.935	54.4
O_1	太阴主要全日分潮	13.9430356	25.819	41.5
P_1	太阳主要全日分潮	14.9589314	24.066	19.3
Q_1	太阴椭率主要全日分潮	13.3986609	26.868	7.9
M_4	太阴浅水 1/4 日分潮	57.9682085	6.210	
MS_4	太阳浅水 1/4 日分潮	58.9841043	6.103	
M_6	太阴、太阳浅水 1/6 日分潮	86.9523127	4.140	
S_a	天文-气象分潮	0.0410686	8765.821	
S_{sa}	天文-气象分潮	0.0821373	4382.905	

表 6-2

	M_2	S_2	N_2	K_2	K_1	O_1	P_1	Q_1	M_4	MS_4	M_6	S_a	S_{sa}
k_2	−2	0	−3	0	0	−2	0	−3	−4	−2	−6	0	0
k_3	2	0	3	2	1	1	−1	1	4	2	6	1	2
k_4	0	0	2	0	0	0	0	1	0	0	0	0	0
k_5	0	0	0	0	0	0	0	0	0	0	0	0	0
$\Delta(0°)$	0	0	0	0	90	270	270	270	0	0	0	0	0

天文变量 s_0，h_0，p_0，p_{s0} 则是零时刻所对应的天文变量：

$$\begin{cases} s = 277.025° + 129.39481°(Y - 1900) + 13.17640°(D_1 + L) \\ h = 280.190° - 0.23872°(Y - 1900) + 0.98565°(D_1 + L) \\ p = 334.385° + 40.66249°(Y - 1900) + 0.11140°(D_1 + L) \\ p_s = 281.221° + 0.01718°(Y - 1900) + 0.000047°(D_1 + L) \\ N = 259.157° - 19.32818°(Y - 1900) - 0.05295°(D_1 + L) \end{cases}$$

式中，Y 代表计算日所在的年份，D_1 是从 Y 年 1 月 1 日 0 时起至计算日 0 时之间的总天数，$L = (Y-1901)/4$ 的整数部分，即从 1900 年年首至 Y 年元旦 0 时之间的闰年数。

各个分潮的 f 和 u 值的计算参照表 6-3 中公式进行。

表 6-3 f 和 u 的计算公式

M_2

$fcosu = 1 - 0.03733\cos N + 0.00052\cos 2N + 0.00058\cos 2p + 0.00021\cos(2p−N)$

$fsinu = −0.03733\sin N + 0.00052\sin 2N + 0.00058\sin 2p + 0.00021\sin(2p−N)$

S_2

$fcosu = 1 + 0.00225\cos N + 0.00014\cos 2p$

$fsinu = +0.00225\sin N + 0.00014\sin 2p$

N_2

$fcosu = 1 - 0.03733\cos N + 0.00052\cos 2N + 0.00081\cos(p−p_s) - 0.00385\cos(2p−2N)$

$fsinu = −0.03733\sin N + 0.00052\sin 2N − 0.00081\sin(p−p_s) + 0.00385\sin(2p−2N)$

K_2

$fcosu = 1 + 0.28518\cos N + 0.03235\cos 2N$

$fsinu = −0.31074\sin N − 0.03235\sin 2N$

K_1

$fcosu = 1 + 0.11573\cos N − 0.00281\cos 2N + 0.00019\cos(2p−N)$

$fsinu = −0.15539\sin N + 0.00303\sin 2N − 0.00019\sin(2p−N)$

O_1	

$f\cos u = 1 - 0.03733\cos N + 0.00052\cos 2N + 0.00058\cos 2p + 0.00021\cos(2p-N)$

$f\sin u = -0.03733\sin N + 0.00052\sin 2N + 0.00058\sin 2p + 0.00021\sin(2p-N)$

P_1	

$f\cos u = 1 - 0.01123\cos N - 0.00040\cos 2p_s - 0.00148\cos 2p - 0.00029\cos(2p-N) + 0.00080\cos 2N$

$f\sin u = -0.01123\sin N - 0.00040\sin 2p_s - 0.00148\sin 2p - 0.00029\sin(2p-N) + 0.00080\sin 2N$

Q_1	

$f\cos u = 1 + 0.18844\cos N - 0.00568\cos 2N - 0.00277\cos 2p - 0.00388\cos(2p-2N) + 0.00083\cos(p-p_s) - 0.00069\cos(2p-3N)$

$f\sin u = 0.18844\sin N - 0.00568\sin 2N - 0.00277\sin 2p + 0.00388\cos(2p-2N) - 0.00083\sin(p-p_s) + 0.00069\sin(2p-3N)$

M_4	$f = f_{M2}^2$	$u = 2u_{M2}$
MS_4	$f = f_{M2} * f_{S2}$	$u = u_{M2} + u_{S2}$
M_6	$f = f_{M2}^3$	$u = 3u_{M2}$
S_a	$f = 1$	$u = 0$
S_{sa}	$f = 1$	$u = 0$

6.2.2　中期潮汐调和分析

由于不同亚群分潮之间的会合周期最长约为一年，因此通常将长度为一年或一年以上的观测记录称为长期观测资料。依据同样原则，属于不同群分潮之间的会合周期最长约为一个月，将长度大于一个月但不足一年的观测资料称为中期观测资料。在长期观测资料的分析中引入了交点因子和交点改正角，以消除同一亚群中其他分潮对主分潮的影响。类似地，在中期资料分析中，假定同一群分潮中主分潮与随从分潮之间有确定的振幅比和迟角差，这种振幅比和迟角差称为差比关系。为了区别主分潮和随从分潮，将潮高表达式改写成

$$h_t = S_0 + \left(\sum_{i=1}^{P} + \sum_{i=P+1}^{P+Q} \right) f_i H_i \cos\left[\sigma_i t + G(V_0 + u)_i - g_i \right] \tag{6.25}$$

式中，各符号的含义与式（6.21）相同，但求和符分为两段，第一段表示 P 个主分潮求和，第二段则表示 Q 个随从分潮求和。

假设原始观测序列总共有 L 段，且每段记录的观测值个数分别为：$M^{(1)}$，$M^{(2)}$，$\cdots$，$M^{(l)}$。若观测值的时间间隔在每一段都固定且等于 1 小时，对于第 l 段，令

$$N^{(l)} = \frac{1}{2}(M^{(l)} - 1)$$

并取 $M^{(l)}$ 为奇数，则观测值可写成序列 $\{h_n^l\}$。其中 $l = 1, 2, \cdots, L$；$n = -N^{(l)}, -N^{(l)} + 1, \cdots, N^{(l)} - 1, N^{(l)}$。这时对于第 l 序列的第 n 个观测值，有方程

$$h_n^l = S_0 + \sum_{i=1}^{P} \left[f_i^l H_i \cos(n\sigma_i + G(V_0 + u)_i^l - g_i \right]$$

$$+ \sum_{i=P+1}^{P+Q} \left[f_i^l H_i \cos(n\sigma_i + G(V_0 + u)_i^l - g_i \right] \tag{6.26}$$

式中，f_i^l 和 $G(V_0 + u)_i^l$ 分别为分潮在第 l 子序列中间时刻的交点因子和天文初相角。

令 $a_i = H_i \cos g_i$，$b_i = H_i \sin g_i$，$\xi_i = f_i \cos G(V_0 + u)_i$，$\eta_i = f_i \sin G(V_0 + u)_i$

则式（6.26）变为：

$$h_n^l = S_0 + \sum_{i=1}^{P} \left[(\xi_i^l \cos n\sigma_i - \eta_i^l \sin n\sigma_i) a_i + (\eta_i^l \cos n\sigma_i + \xi_i^l \sin n\sigma_i) b_i \right]$$

$$+ \sum_{i=P+1}^{P+Q} \left[(\xi_i^l \cos n\sigma_i - \eta_i^l \sin n\sigma_i) a_i + (\eta_i^l \cos n\sigma_i + \xi_i^l \sin n\sigma_i) b_i \right] \tag{6.27}$$

上式是一个包含了 $2(P+Q)+1$ 个未知数的由 $\sum_{l=1}^{L} M^{(l)}$ 个方程组成的线性方程组。

考虑到主分潮和随从分潮关系，可以认为关于主分潮的 $2P+1$ 个未知数是需要由方程组确定的量，而关于随从分潮的 $2Q$ 个未知数将按照差比关系决定于主分潮的调和常数。因此上式可改成：

$$h_n^l - \sum_{i=P+1}^{P+Q} \left[(\xi_i^l \cos n\sigma_i - \eta_i^l \sin n\sigma_i) a_i + (\eta_i^l \cos n\sigma_i + \xi_i^l \sin n\sigma_i) b_i \right]$$

$$= S_0 + \sum_{i=1}^{P} \left[(\xi_i^l \cos n\sigma_i - \eta_i^l \sin n\sigma_i) a_i + (\eta_i^l \cos n\sigma_i + \xi_i^l \sin n\sigma_i) b_i \right] \tag{6.28}$$

引入 Q 个随从分潮与相应主分潮的差比关系后，将给出另外 $2Q$ 个方程。设随从分潮与主分潮的差比关系为：

$$\begin{cases} \kappa = \dfrac{H_q}{H_p} \\ \varphi = g_q - g_p \end{cases} \tag{6.29}$$

则
$$\begin{cases} a_q = (\kappa_q \cos\varphi_q) a_p - (\kappa_q \sin\varphi_q) b_p \\ b_q = (\kappa_q \sin\varphi_q) a_p + (\kappa_q \cos\varphi_q) b_p \end{cases} \tag{6.30}$$

$$(q = P+1, P+2, \cdots, P+Q)$$

采用类似长期潮汐分析展开方法，按照最小二乘法解算主分潮的 a_p 和 b_p，进而进一步解算出随从分潮的 a_q 和 b_q。根据下式解算主分潮和随从分潮的振幅与迟角。

$$H_i = \sqrt{a_i^2 + b_i^2}, \quad g_i = \arctan \frac{b_i}{a_i} \tag{6.31}$$

6.2.3 短期潮汐调和分析

受观测条件限制，实际水位观测时长较短，如小于 1 个月甚至几天。由于观测时间较短，分潮中周期相近的分潮如 P_1、S_1、K_1 间的最大角速度之差只有 $0.205°$/h，无法从短期观测数据中彻底分离开来。这些角速度相近的分潮只能作为一个小组被分离出来，其中

振幅最大的 K_1 分潮作为主分潮与其他各组的主要分潮在一起进行分析，然后再对分析的主分潮结果进行次分潮修订，以上即为准调和分析方法思想。准调和分潮表达式如下：

$$h_t = S_0 + \sum_i D_i H_i \cos(\sigma_i t - d_i^0 - g_i) \tag{6.32}$$

式中，S_0 为短期平均海面，σ 为分潮角速率，t 为区时，H 和 g 是调和常数，D 和 $d°$ 则是准调和分潮的振幅系数和格林尼治初相；涉及的主分潮 i 主要包括 O_1、K_1、M_2、S_2、M_4、MS_4。

准调和分潮模型的正确性在于 D、$d°$ 计算的合理性，即在分潮叠加时各分潮间的比例关系和位相差是否符合实际。否则 D、$d°$ 的残余量会转移到其他分潮调和常数的求解中。

由式(6.32)可得：

$$h_t = S_0 + \sum_{i=1}^{6} D_i H_i \cos[15nt - d_i^0 - g_i - (15n - \sigma_i)t] \tag{6.33}$$

式中，对于 O_1 和 K_1，$n=1$；对于 M_2 和 S_2，$n=2$；对于分潮 M_4 和 MS_4，$n=4$。

令 $t = t_b + t'$，t_b 是开始时间，对于 1 天 $t'=0$，1，2，3，$\cdots$，23，再令

$$d_i^{t'} = d_i° + (15n - \sigma_i)(t_b + t')$$

$d_i^{t'}$、D_i 随时间变化，但一天中变化很小，因此对一天中的 d_i，D_i 取其中间时刻值。

$$d_i^{中} = d_i° + (15n - \sigma_i)\left(t_b + \frac{23}{2}\right)$$

得到下式：

$$h_t' = S_0 + \sum_i D_i^{中} H_i \cos[(15nt' + 15nt_b - (d_i^{中} + g_i)] \tag{6.34}$$

将式(6.34)中的 O_1，K_1 分潮合并为日族；M_2，S_2 合并为半日族；M_4，MS_4 合并为 1/4 日族，以半日族为例，令：

$$\begin{cases} D_{M_2}^{中} H_{M_2} \cos(d_{M_2}^{中} + g_{M_2}) + D_{S_2}^{中} H_{S_2} \cos(d_{S_2}^{中} + g_{S_2}) = F_2 \cos f_2 \\ D_{M_2}^{中} H_{M_2} \sin(d_{M_2}^{中} + g_{M_2}) + D_{S_2}^{中} H_{S_2} \sin(d_{S_2}^{中} + g_{S_2}) = F_2 \sin f_2 \end{cases} \tag{6.35}$$

则有：

$$D_{M_2} H_{M_2} \cos[(30t' + 30t_b) - (d_{M2} + g_{M_2})] + D_{S_2} H_{S_2} \cos[(30t' + 30t_b) - (d_{S_2} + g_{S_2})]$$
$$= F_2 \cos(30t' + 30t_b - f_2) \tag{6.36}$$

式(6.34)进一步变换为：

$$h_t' = S_0 + \sum_{n=1,2,4} F_n \cos[15nt' - (f_n - 15nt_b)] \tag{6.37}$$

再令：$X_n = F_n \cos(f_n - 15nt_b)$，$Y_n = F_n \sin(f_n - 15nt_b)$，

式(6.37)变为：

$$h_t' = S_0 + \sum_{n=1,2,4} (X_n \cos 15nt' + Y_n \sin 15nt') \tag{6.38}$$

根据最小二乘法计算出 S_0，X_n，Y_n 后，根据下式可进一步计算出 F_n 和 f_n 值

$$F_n = (X_n^2 + Y_n^2)^{1/2}, \quad f_n = \arctan \frac{Y_n}{X_n} + 15nt_b \tag{6.39}$$

以半日潮族为例，在计算得到 F_2 和 f_2 后，可进一步依据式(6.37)计算 H_{M2} 和 g_{M2}。由于只有 2 个方程却有 4 个未知数，因此式(6.37)无法得到唯一解，需要引入差比数，使

方程式数与未知数相等,进而完成解算。引入振幅比 H'_2 和迟角差 g'_2 实现各分潮调和常数的确定。

$$H'_2 = \frac{H_{S2}}{H_{M2}}, \ g'_2 = g_{S2} - g_{M2} \tag{6.40}$$

在实际计算中,取附近已知验潮站的潮汐调和常数计算差比数。

6.2.4 潮汐预报及余水位改正

潮汐预报的主要任务是编制潮汐预报表,供航海、了解当地潮汐性质等使用。根据长期调和分析得到的各分潮调和常数 H_i 和 g_i 进行潮汐预报。当 t 按固定间隔 Δt 增加时,则得到按固定时间间隔的潮高预报序列。然后,采用插值法计算高、低潮的潮时和潮高。

(1)从第一个时刻起,对 $t_i = 1$,2,3,…,n,判断 h_{t_i} 是否满足 $h_{t_i} > h_{t_{i-1}}$ 并且 $h_{t_i} > h_{t_{i+1}}$ 或 $h_{t_i} < h_{t_{i-1}}$ 并且 $h_{t_i} < h_{t_{i+1}}$。如果满足其中之一,则表明在 i 时刻附近有高潮或低潮。

(2)当 t_i 时刻附近有高潮或低潮时,采用拉格朗日四次插值多项式计算潮高。

以上介绍的只是求极值的方法之一,计算极值的方法有多种,如在以日潮为主的港口或浅水潮不大的半日潮港,可使用二次插值计算高、低潮。

余水位即增减水,属于非周期性水位变化,一般是指由气象等随机因素引起的海面扰动,主要包括由风、气压、降水等短周期因素引起的水位异常和气候因素引起的海面季节异常。余水位大小一般为几厘米到 1 米,有时甚至超过 2 米,这种极端情况下的余水位在海洋科学中称为风暴潮。在海道测量中,余水位主要用于水深测量中的水位改正(水位控制),因此需要从沿岸已有的验潮站实测水位中有效分离出余水位,并将其合理配置到测量区域经潮汐预报得到的天文潮信息,以尽可能重现水深测量期间测区的真实水位信息。

结合实测水位和潮汐模型预报水位,借助差值法可以得到余水位:

$$\delta_t = h_t^M - h_t^o = \left\{ S_0 + \sum_i^m (fH)_i \cos\left[\sigma_i t + G(v_{0i} + u_i) - g_i \right] \right\} - h_t^o \tag{6.41}$$

式中,h^o 和 h^M 分别为观测水位和潮汐模型预报水位。

余水位实际上脱离了天文潮汐的范畴,属于非潮汐因素引起的水位。但需注意的是,由于潮汐分析所选择的分潮个数 m 有限,计算 S_0 所用到的潮汐观测时段受限等因素,δ_t 可能会存在少许部分天文潮因素在内。以上获得了单站的余水位,在该站有效控制范围内对预报潮位修正。利用几个验潮站上获得的余水位,可以构建所包围水域的余水位模型,对该水域的潮汐模型预报水位进行修正,进而实现对该水域的水位改正(水位控制)。

$$h_t = h_t^M - \delta_t(B, L) \tag{6.42}$$

式中,$\delta_t(B, L)$ 为多个验潮站包围水域的余水位模型,(B, L) 为位置的纬度和经度。余水位模型 $\delta_t(B, L)$ 可根据余水位变化,利用多项式曲面函数等几何方法来建立。

6.3 潮流分析及预报

6.3.1 潮流分析

同潮位一样,潮流起因于月亮和太阳等天体的引潮力,是海水在水平方向的位移,因此也可表示为许多分潮流之和的形式。由于流速为矢量，为便于分析和预报，一般将流速 w 分解为向北和向东两个分量，记为北分量 u 和东分量 v；流向记为 θ。

流速表示为：
$$\begin{cases} u = w\cos\theta \\ v = w\sin\theta \end{cases} \tag{6.43}$$

或
$$\begin{cases} u = U_0 + \sum_i f_i U_i \cos(v_i - \xi_i) = U_0 + \sum_i f_i U_i \cos(\sigma_i t + v_{0i} - \xi_i) \\ v = V_0 + \sum_i f_i V_i \cos(v_i - \eta_i) = V_0 + \sum_i f_i V_i \cos(\sigma_i t + v_{0i} - \eta_i) \end{cases} \tag{6.44}$$

式中，U_0、V_0 为除去全日、半日潮流后余流；U_i、ξ_i 和 V_i、η_i 分别为北、东分流调和常数。

潮流调和分析同上述潮汐分析一样，即利用式(6.44)计算各分潮流的调和常数 U_i、ξ_i、V_i、η_i 的过程。根据分析的结果进行潮流预报、潮流性质的分析以及潮流椭圆的绘制。潮流椭圆是用一些分潮流流速矢量端点的连线绘制而成的形如椭圆的图，是表示分潮流变化的一种类型。分潮流流动的类型与海岸和海底地形密切相关。实测潮流流速矢量端点的连线一般较为复杂，人们常把实测潮流分解为许多周期不同的分潮流，每个分潮流的流速和流向随时间而变化，一般呈回转流，是无数的水质点在潮波运动中水平方向的周期性运动。

6.3.2 潮流预报

同潮汐预报类似，获得了潮流调和常数后，可按照类似于潮汐预报的方法对未来时刻的潮流预报。相比潮位预报，潮流预报具有如下特点：

(1)潮流分北分量和东分量，在计算逐时的潮流预报值时，需先计算潮流的东、北两个分量，然后再矢量合成。

(2)回转式潮流常需逐时的流速流向，潮流预报可以给出流速、流向和流速极值时刻。

(3)由于观测流的条件比较困难，许多地点只有根据短期资料求得的少数主要分潮的调和常数，此时推算潮流时通常需引入差比常数来进行潮流预报。

(4)当各分潮流的椭圆长轴远大于短轴时，可将潮流视为只在两个相反方向上变化的往复式流。若将东、北分潮流的调和常数投影到主分潮或长轴上，则其预报过程同潮汐预报完全一样，即可以先计算逐小时流速，再求极值和流速等于零的时刻(即转流时)。

6.4 海洋垂直基准的确定

陆地高程与海洋深度均需要固定的起算面，这里统称这些垂直坐标的参考面为垂直基准，主要包括高程基准和水深基准。在第3章中，主要借助卫星测高数据建立了覆盖区域或全球的平均海面高、海洋大地水准面、深度基准面等格网模型。由于卫星测高数据在开阔水域具有较高的精度，这些格网模型在开阔海区精度较高，而在近岸精度略低，需要借助近岸长期潮位站潮位资料对其修正，提高其精度。此外，近岸海洋工程对海洋垂直基准也有着较高的精度要求。本节主要借助近岸长期潮位站资料，介绍国家高程基准和各潮位站上平均海平面、深度基准面的确定方法。

6.4.1 国家高程基准

世界各国或地区均以一个或几个验潮站的长期平均海平面定义高程基准，如美国以波特兰验潮站、日本以东京灵岸岛验潮站、欧洲地区以阿姆斯特丹验潮站的多年平均海平面定义各自的高程基准面。历史原因，新中国成立前我国的高程基准面较混乱，采用的基准面有十多个，如大沽零点、吴淞零点、罗星塔零点、珠江基面、大连基面、坎门基面等。这些基准面有的是验潮站的平均海平面，有的是海图深度基准面。1954 年，总参测绘局利用沿海部分水准观测资料，组成 24 个环进行水准网平差，并定义青岛（1953—1954 年两年数据）和坎门两站的平均海平面高程为零，作为约束条件建立了"1954 年黄海平均海平面基准"。1956 年则选定青岛大港验潮站 1950—1956 年 7 年的平均海平面作为全国统一的高程基准面，且一直沿用。

原则上应采用长期平均海平面定义高程基准，至少要顾及交点潮引起的平均海平面年际周期变化。这就要求作为高程起算面的平均海平面观测时间应不短于 19 年，而这样的时间长度，根据上节的稳定性分析，在青岛附近即便包含着交点潮影响，以 95% 置信概率指标，也可达 1cm 精度。基于这样的考虑和已积累的足够长时间的观测数据，建立了"1985 国家高程基准"。"1985 国家高程基准"在具体建立时，采用了 1952—1979 年共 28 年的数据（1950、1951 年数据因水尺变动原因而不使用）。具体计算则是采用 10 组 19 年数据滑动平均，最后取 10 组滑动平均值的总平均。国家水准原点在该基准面上 72.260m。1985 国家高程基准与 1956 高程系的差值仅为 2.9cm，这表明青岛附近的年平均海平面是非常稳定的。

陆地高程的控制体系由水准测量方法建立的高程网通过联测来实现。首先确定高程原点与高程零面的关系，然后建立国家高程控制网——水准网，并与该原点用水准测量方法联系为统一整体，形成覆盖沿海和陆地的水准网，建立正高或正常高系统中的统一垂直参考框架。

6.4.2 平均海平面

1）平均海平面的定义与计算

平均海平面是某一海域一定时期内海水面的平均位置，也是大地测量中高程的起算面，由观测潮位资料获得，其高度一般由当地验潮站零点起算。

假如水位观测是连续曲线 $y(t)$，则 T 时间内的平均海平面 MSL_T 可表示为：

$$\mathrm{MSL}_T = \frac{1}{T}\int_0^T y\,\mathrm{d}t \tag{6.45}$$

对按照一定时间间隔观测的水位时序取算术平均，可以获得该时段的平均海平面 MSL。

$$\mathrm{MSL}_n = \frac{1}{n}\sum_{i=1}^{n} h_i \tag{6.46}$$

式中，h 为水位观测值，n 为观测个数。

长期 MSL 可以由多个短期 MSL 的平均值计算得到，即在日平均海平面的基础上计算月平均海平面、由月平均值求年均值，也可由多个年均值求多年平均值。

借助潮汐调和分析也可以得到 MSL。MSL 作为潮汐振动的起算面，可以视为频率为零的分潮，这样计算的 MSL 的意义是潮汐振动相对应的平衡面，其数值表示滤除潮汐成分的海平面高度。当观测时间足够长时，调和分析给出的结果和直接算术平均结果的偏差甚微，如用 1 年或 1 年以上的潮汐观测数据，两种方法计算的结果非常一致。算术平均计算 MSL 实质上是一种滤波算法。MSL 的计算对非潮汐成分的消除程度取决于所用水位数据的观测时间长短。时序越长，计算的 MSL 精度越高。

2）平均海平面的精度及稳定性

由于所取的观测潮位时间长度不可能刚好为各分潮的整周期，因此平均海平面计算受剩余潮汐成分影响，短期平均海平面还包含有长周期分潮的贡献。另外，非潮汐因素（主要由气象因素引起）在不同时间长度内表现为不同性质，在足够长的时间内可视为噪声，而短时间内则表现为信号，即具有一定的规律性。这使得不同时间长度的平均海平面稳定性不同。因为日平均海平面受到上述因素的严重影响，在一个月内其数值会存在较大抖动。因受气象因素的年周期变化及半年变化产生的 S_a 和 S_{Sa} 分潮影响，一年内各月平均海平面有较大的变化；年平均海平面还受更长周期分潮的影响，如周期为 8.6 年分潮和周期为 18.61 年的月球交点潮，但其量值很小，对年平均海平面的周期性变化影响不明显。综上，不同年份的平均海平面具有偶然性变化的性质。

各年平均海平面的计算值可视为对理想的无扰动海平面的等精度观测值，作为理想无扰动海平面估计值的多年平均海平面的精度指标为：

$$\hat{\sigma}_0^2 = \frac{1}{n-1} \sum_{i=1}^{n} \left(MSL_{yi} - MSL_{my} \right)^2 \tag{6.47}$$

$$MSL_{my} = \frac{1}{n} \sum_{i=1}^{n} MSL_{yi} \tag{6.48}$$

多年平均海平面的方差为：

$$\hat{\sigma}_{my}^2 = \frac{\hat{\sigma}_0^2}{n} \tag{6.49}$$

表 6-4 表明，随着年数 n 的增加，多年平均海平面具有较高的精度，可视为理想的无扰动海平面，并可作为其他时间尺度平均海平面变化的基准。

表 6-4　　　　　　　　中国海区不同时间尺度平均海平面变化量

观测时间	1 月	3 月	半年	1 年	2 年	5 年
平均海平面与多年平均海平面的最大偏差（cm）	60	40	25	10	8	5

在海洋学中，常根据某地不同期平均海平面高度的最大互差统计平均海平面的稳定性。若认定平均海平面序列服从特定概率分布，可建立极差与中误差的关系。

根据平均海平面的精度要求 $\hat{\sigma}_{my}$，可计算多年平均海平面所需年数 n：

$$n = \frac{\hat{\sigma}_0^2}{\hat{\sigma}_{my}^2} \tag{6.50}$$

190

在以往的研究中，通常以 95% 的置信概率定义多年平均海平面的精度，并将该精度意义下的误差量值取为 1cm。此时需引入年平均海平面服从正态分布的假设：

由
$$P(|\mathrm{MSL}_y - \mathrm{MSL}_{my}| < 1\mathrm{cm}) = 0.95 \tag{6.51}$$

得
$$\left| \frac{\mathrm{MSL}_y - \mathrm{MSL}_{my}}{\hat{\sigma}_0 / \sqrt{n}} \right| = 1.96 \tag{6.52}$$

即
$$n = 1.96^2 \hat{\sigma}_0^2 \approx 3.84 \hat{\sigma}_0^2 \tag{6.53}$$

由此得到在 95% 概率意义下中国沿海几个验潮站达到 1cm 误差平均海平面所需观测年数(表 6-5)。可以发现，在不同海区，平均海平面的稳定性有较大差异。黄海沿岸在一个交点周期内即可得到相当稳定的平均海平面，而渤海的情况却较为复杂。

表 6-5 　　　　　　中国沿海几个重要验潮站 1cm 精度平均海平面所需要观测年数

验潮站	威海	乳山口	连云港	营口	秦皇岛	塘沽
所需年数 n(年)	18	16	17	50	28	118

受全球性因素如温室效应引起的极地冰盖消融等影响，平均海平面存在一定的变化，需对平均海平面进行定期更新。

6.4.3 深度基准面

1. 航行保障率及深度基准面

测深的起算面为瞬时海面，具有明显的时变特性。为方便水深数据在海图上表示和服务于航海，需选用稳定的垂直基准面，如长期平均海平面或深度基准面作为水深的起算面。

确定海图深度基准面需考虑舰船航行安全和航道利用率，常定义在当地稳定平均海平面之下 L 的位置，使得瞬时海平面可以但很少低于该面。将该面称为深度基准面，定义瞬时海面高于该面的概率称为航行保证率：

$$海图深度基准面航海保证率 = \frac{高于基准面的低潮次数}{低潮总次数} \times 100\% \tag{6.54}$$

我国采用深度基准面为理论最低潮面，其航行保证率接近 100%。

2. 理论深度基准面的计算

世界各沿海国家根据海区潮汐性质的不同采用不同的深度基准面计算模型(表 6-6)。

表 6-6 　　　　　　　　中国海区不同时间尺度平均海平面变化量

类型	模型	国　　　家
平均大潮低潮面	$L = H_{M_2} + H_{S_2}$	意大利、南斯拉夫、德国、阿尔巴尼亚、希腊、加拿大(大西洋沿岸)、丹麦、比利时、挪威、印度尼西亚、阿根廷和巴拿马等
平均低潮面	M_2	美国(大西洋沿岸)、瑞典(北海地区)和荷兰等

191

类型	模型	国　家
平均低低潮面	$H_{M_2}+(H_{k_1}+H_{O_1})\cos45°$	美国(太平洋沿岸、阿拉斯加)、菲律宾等
略最低低潮面	$H_{M_2}+H_{S_2}+H_{K_1}+H_{O_1}$	印度洋沿岸和日本等国家
最低潮面	$1.2(H_{M_2}+H_{S_2}+H_{K_2})$	法国、葡萄牙和巴西等;中国、苏联、朝鲜、越南等

我国采用理论最低潮面作为理论深度基准面,由弗拉基米尔斯基模型计算,即由 M_2、S_2、N_2、K_2、K_1、O_1、P_1、Q_1 八个分潮叠加计算相对于长期平均海平面可能出现的最低水位,并附加考虑 3 个浅海分潮 M_4、MS_4 和 M_6 及 2 个长周期分潮 S_a、S_{Sa} 的贡献。

8 个主要分潮叠加后相对于平均海平面的潮高可表示为:

$$h(t) = \sum_{i=1}^{8} f_i H_i \cos(\sigma_i t + V_{0i} + u_i - g_i) \tag{6.55}$$

将该潮高表示的最低潮位置作为深度基准面在长期平均海平面下的 L 值,即

$$L = -\min\Big[\sum_{i=1}^{8} f_i H_i \cos(\sigma_i t + V_{0i} + u_i - g_i)\Big] \tag{6.56}$$

因为预报潮高是时间 t 的三角函数,显然该极值问题难以解析求解,因此通过简化与变换寻求简便的求解方式。为简便起见,采用如下简化符号:

$$\begin{cases} f_{M_2}H_{M_2} = M_2, \ \sigma_{M_2}t + V_{0M_2} - g_{M_2} = \varphi_{M_2} \\ f_{S_2}H_{S_2} = S_2, \ \sigma_{S_2}t + V_{0S_2} - g_{S_2} = \varphi_{S_2} \\ \quad\cdots\cdots \\ f_{Q_1}H_{Q_1} = Q_1, \ \sigma_{Q_1}t + V_{0Q_1} - g_{Q_1} = \varphi_{Q_2} \end{cases} \tag{6.57}$$

于是,略去分潮相角的交点改正后,展开式(6.55)并改写为:

$$\begin{aligned} h(t) = &M_2\cos\varphi_{M_2} + S_2\cos\varphi_{S_2} + N_2\cos\varphi_{N_2} + K_2\cos\varphi_{K_2} \\ &+ K_1\cos\varphi_{K_1} + O_1\cos\varphi_{O_1} + P_1\cos\varphi_{P_1} + Q_1\cos\varphi_{Q_1} \end{aligned} \tag{6.58}$$

将各分潮相角 φ 用基本天文变量的 Doodson 数组合表示,则存在如下关系:

$$\begin{cases} \varphi_{M_2} - \varphi_{O_1} = \varphi_{K_1} + (g_{K_1} + g_{O_1} - g_{M_2}) = \varphi_{K_1} + a_1 = \tau_1 \\ \varphi_{S_2} - \varphi_{O_1} = \varphi_{K_1} + (g_{K_1} + g_{P_1} - g_{S_2}) = \varphi_{K_1} + a_2 = \tau_2 \\ \varphi_{N_2} - \varphi_{Q_1} = \varphi_{K_1} + (g_{K_1} + g_{Q_1} - g_{N_2}) = \varphi_{K_1} + a_3 = \tau_3 \\ \varphi_{K_2} = 2\varphi_{K_1} + 2g_{K_1} - g_{K_2} - 180° = 2\varphi_{K_1} + a_4 \end{cases} \tag{6.59}$$

于是以分潮相角为变量(时间 t 隐含在分潮相角中)的潮高表达式为:

$$\begin{aligned} h(t) = &M_2\cos\varphi_{M_2} + O_1\cos(\varphi_{M_2} - \tau_1) + S_2\cos\varphi_{S_2} + P_1\cos(\varphi_{S_2} - \tau_2) \\ &+ N_2\cos\varphi_{N_2} + Q_1\cos(\varphi_{N_2} - \tau_3) + K_2\cos(2\varphi_{K_1} + a_4) + K_1\cos\varphi_{K_1} \end{aligned} \tag{6.60}$$

对每对分潮叠加形式 $A\cos\varphi + B\cos(\varphi - \tau)$ 进行如下变换:

$$A\cos\varphi + B\cos(\varphi - \tau) = (A + B\cos\tau)\cos\varphi + B\sin\tau\sin\varphi \tag{6.61}$$

令

$$A + B\cos\tau = R\cos\varepsilon, \quad B\sin\tau = R\sin\varepsilon$$

则

$$A\cos\varphi + B\cos(\varphi - \tau) = R\cos(\varphi - \varepsilon) \tag{6.62}$$

其中 $R = \sqrt{A^2 + B^2 + 2AB\cos\tau}$，$\varepsilon = \arctan \dfrac{B\sin\tau}{A + B\cos\tau}$。

将以上处理过程代入式(6.60)，得到以四个分潮的相角为变量的函数：

$$\begin{aligned} h(\varphi_{K_1}, \varphi_{M_2}, \varphi_{S_2}, \varphi_{N_2}) = & K_1\cos(\varphi_{K_1}) + K_2\cos(2\varphi_{K_1} + a_4) + R_1\cos(\varphi_{M_2} - \varepsilon_1) \\ & + R_2\cos(\varphi_{S_2} - \varepsilon_2) + R_3\cos(\varphi_{N_2} - \varepsilon_3) \end{aligned} \tag{6.63}$$

注意到后三项的振幅及迟角也均是 K_1 分潮相角的函数：

$$R_1 = \sqrt{M_2^2 + O_1^2 + 2M_2O_1\cos\tau_1}, \quad \varepsilon_1 = \arctan\dfrac{O_1\sin\tau_1}{M_2 + O_1\cos\tau_1}$$

$$R_2 = \sqrt{S_2^2 + P_1^2 + 2S_2P_1\cos\tau_2}, \quad \varepsilon_2 = \arctan\dfrac{P_1\sin\tau_2}{S_2 + P_1\cos\tau_2} \tag{6.64}$$

$$R_3 = \sqrt{N_2^2 + Q_1^2 + 2N_2Q_1\cos\tau_3}, \quad \varepsilon_3 = \arctan\dfrac{Q_1\sin\tau_3}{N_2 + Q_1\cos\tau_3}$$

直接求式(6.63)极值仍很困难，采用进一步近似，即首先化简它们为极小值形式，即取

$$\varphi_{M_2} - \varepsilon_1 = 180°, \quad \varphi_{S_2} - \varepsilon_2 = 180°, \quad \varphi_{N_2} - \varepsilon_3 = 180° \tag{6.65}$$

于是，潮高表达式仅变为以 K_1 分潮相角为自变量的单变量函数：

$$h(\varphi_{K_1}) = K_1\cos(\varphi_{K_1}) + K_2\cos(2\varphi_{K_1} + a_4) - (R_1 + R_2 + R_3) \tag{6.66}$$

对式(6.66)在 K_1 分潮相角的一个变化周期内以适当取值间隔对自变量离散化，获得一组函数值，取最小值(符号为负，绝对值最大)，即得所需深度基准面的 L。

我国采用理论深度基准面，相对弗拉基米尔斯基模型计算 L 采用的 8 分潮，又增加了 3 个浅水分潮 M_4、MS_4、M_6 和 2 气象分潮 S_a、S_{Sa}，即采用 13 分潮计算 L 值。

3. L 计算中的几个关键问题

1) f 的选取

式(6.57)中交点因子 f 被合并到分潮振幅中，不同的取值会产生不同的 L。为了获得最低潮位值，应考虑 f 的最大影响。各分潮 f 根据月球轨道升交点经度 N 而定，可由表6-7查出。

表 6-7   **交点因子 f 值**

分潮	月球轨道升交点经度 N			
	0°	90°	180°	270°
M_2	0.963	1.000	1.038	1.000
S_2	1.000	1.000	1.000	1.000
N_2	0.963	1.000	1.038	1.000
K_2	1.317	1.016	0.748	1.016

分潮	月球轨道升交点经度 N			
	0°	90°	180°	270°
K_1	1.113	1.015	0.882	1.015
O_1	1.183	1.024	0.806	1.024
P_1	1.000	1.000	1.000	1.000
Q_1	1.183	1.024	0.807	1.024
M_4	0.928	1.000	1.077	1.000
MS_4	0.963	1.000	1.038	1.000
M_6	0.894	1.000	1.118	1.000

当变化周期基本为 18.61 年，即主要取决于月球轨道升交点经度 N，两个太阳分潮 S_2 和 P_1 的交点因子 f 恒为 1。对于 M_2 和 N_2，当 $N=180°$ 时 f 取值最大，$N=0°$ 时 f 取值最小。K_1、O_1 和 Q_1 的 f 值与 N 的关系则与 M_2、N_2 刚好相反，需根据潮汐性质取不同的 f 值组合。当潮汐为半日潮性质，则最大值取决于半日分潮，故 $N=180°$ 时潮汐有最大潮差。当潮汐性质为全日潮时，则最大潮差值取决于日分潮，取 $N=0°$。若为混合潮，则要考虑其潮汐类型与半日潮或全日潮中哪一个更相似，若与半日潮相似则取 $N=180°$ 的量值，若与全日潮相似则取 $N=0°$ 时的量值。据此，借助式(6.66)计算 $h(\varphi_{K_1})$ 极小值时，f 选择依潮汐类型分别为：

(1)对半日潮类型，交点因子 f 取 $N=180°$ 时的量值。

(2)对全日潮类型，交点因子 f 取 $N=0°$ 时的量值。

(3)对于混合潮，首先把所有分潮的交点因子取值为 1.000 时计算出 L，并找出所对应的 φ_{K_1} 值，然后根据 φ_{K_1} 由 $N=0°$ 和 $N=180°$ 的交点因子计算出 L，并取绝对值较大者。

2)关于浅海分潮和长周期分潮改正算法

浅海分潮振幅和 $H_{M_4}+H_{M_6}+H_{MS_4}>20\text{cm}$ 时，应加浅海分潮改正。利用 8 分潮计算可能的最低水位的优点在于可将分潮分为四对，每对分潮相角组合都与 K_1 分潮的相位有关，从而使简化后极值解可以在 K_1 分潮的一个周期内寻找。浅海分潮的改正应先计算它们的相位。浅海分潮的相角与其源分潮的相角有如下关系：

$$\begin{cases} \varphi_{M_4} = 2\varphi_{M_2} + 2g_{M_3} - g_{M_4} \\ \varphi_{M_6} = 3\varphi_{M_2} + 3g_{M_3} - g_{M_6} \\ \varphi_{MS_4} = \varphi_{M_2} + \varphi_{S_2} + g_{M_3} + g_{S_2} - g_{MS_4} \end{cases} \quad (6.67)$$

考虑式(6.65)的前两式，可得浅海分潮相角与辅助角 ε，进而确定与 τ 再与 K_1 分潮相角的关系。从而根据式(6.66)取极小值的 K_1 分潮相角推导得到满足式(6.65)的主要分潮 M_2 与 S_2 的相角，再由式(6.67)得到浅海分潮相角，从而计算浅海分潮对深度基准值的修正：

$$\Delta L_{\text{Shallow}} = f_{M_4}H_{M_4}\cos\varphi_{M_4} + f_{M_6}H_{M_6}\cos\varphi_{M_6} + f_{MS_4}H_{MS_4}\cos\varphi_{MS_4} \quad (6.68)$$

两个主要长周期的相角可表示为：

$$\varphi_{S_a} = \varphi_{K_1} - \frac{1}{2}\varepsilon_2 + g_{K_1} - \frac{1}{2}g_{S_2} - g_{S_a} - 180° \tag{6.69}$$

$$\varphi_{S_{Sa}} = 2\varphi_{K_1} - \varepsilon_2 + 2g_{K_1} - g_{S_2} - g_{S_{Sa}} \tag{6.70}$$

根据式(6.66)，取极小值的 K_1 分潮相角，可获得这两个长周期分潮的相角，从而计算对深度基准值的改正量。

$$\Delta L_{\text{long}} = H_{S_a}\cos\varphi_{S_a} + H_{S_{Sa}}\cos\varphi_{S_{Sa}} \tag{6.71}$$

理论深度基准面在平均海平面下的数值 L 是通过简化的计算模型得到的，在这些简化处理过程中多次引入近似假设。第一个主要假设出现在式(6.65)中，从而使式(6.63)先获得后三项的部分极小值形式，将多变量函数变为单自变量函数，这个处理方式可能使最终获得的计算值偏大。而浅海分潮和长周期潮改正是另外一个主要近似，即这些分潮贡献对深度基准数值的修正是在取极值时的 K_1 分潮相角处获得的，而不是所有分潮的综合极小值，这样的改正有可能反映不出这几个分潮的贡献。

两个长周期分潮 S_a 和 S_{Sa} 名义上为分潮，但并非天文分潮，而是气象分潮，需要一年以上水位观测数据分析求得。实践表明，这两个长周期分潮的年际差异较大。

用极值法计算的深度基准面本身不顾及航海保证率要求，若海平面动态变化仅由潮汐引起且潮高模型是完善的，则由此确定的深度基准面的航海保证率应为100%。考虑非潮汐因素和其他分潮影响，得到的保证率会略有降低，但仍会满足95%的航海保证率。

6.5　海洋垂直基准传递与推估

只有在长期验潮站、利用长期水位观测数据才能获得稳定的平均海平面 MSL 和深度基准面 L 值。利用短期水位观测数据只能得到短期 MSL 和 L，难以满足水位和测深成果的高精度、稳定表达的需要，此时需通过传递方法推估这些短期站的垂直基准。

6.5.1　1985 国家高程推估

若开展了 GNSS 联测并具备该水域的大地水准面模型，则利用 p 站的大地高 H_p 和大地水准面差距 N_p，可以实现 p 站的 1985 国家高程确定。下面介绍利用长期潮位站上的海面地形和待推估站 p 的平均海平面 MSL，实现 p 站的 1985 国家高程传递方法。

根据第 3 章海洋大地测量相关知识，海面地形定义为平均海面相对于(似)大地水准面的起伏变化，即平均海平面的正高。由于海上大地水准面与似大地水准面非常接近，可以近似地认为海面地形即为平均海平面的正常高。对于我国而言，海面地形即为平均海平面的 1985 国家高程。在岸边潮位站 O，根据潮位站水准点高程和该站的 MSL，通过水准联测，可以得到 MSL 的 1985 国家高程，即

$$\zeta^O = h^O_{\text{MSL}-1985} \tag{6.72}$$

式中，ζ 为海面地形值，h 为平均海面 MSL 的 1985 国家高程。

若包围 O 和待推估水位站 p 水域的海面地形稳定，则可以将 ζ^O 直接用于 p 站，作为 p 站 MSL 的 1985 国家高程 $h^p_{\text{MSL}-1985}$：

$$h^p_{\text{MSL}-1985} = \zeta^O \tag{6.73}$$

若包围待推估水位站 p 水域的海面地形变化，则根据周边几个长期潮位站获得的海面

地形值，建立海面地形模型 $\zeta(B, L)$，内插得到待推估水位站 MSL 的 1985 国家高程：

$$h^p_{\text{MSL}-1985} = \zeta(B_p, L_p) \tag{6.74}$$

式中，ζ 为根据周边长期潮位站上的海面地形值建立的海面地形模型，可以借助曲面拟合等几何方法来构建；(B_p, L_p) 为待推估点 p 的纬度和经度。

6.5.2 平均海平面的传递

1. 水准联测法

若长期验潮站和短期验潮站的水准点均连接在国家水准网中，或两站水准点间可直接进行水准观测，则可以获得两站主要水准点的高差为 h_{AB}：

$$h_{AB} = H_B - H_A \tag{6.75}$$

长期验潮站长期平均海平面的高程 H_{OA} 可由水尺零点在水准点下的高度 h_{OA}（正值表示）和平均海平面在水尺零点上的高度 MSL_A 获得：

$$H_{OA} = H_A - h_{OA} + \text{MSL}_A \tag{6.76}$$

假定两验潮站的长期平均海平面位于同一等位面上，则有：

$$H_{OB} = H_{OA} \tag{6.77}$$

于是，短期验潮站 B 的长期平均海平面在水尺零点上的高度为：

$$\text{MSL}_B = h_{OB} - (H_B - H_{OB}) = h_{OB} - h_{AB} - h_{OA} + \text{MSL}_A \tag{6.78}$$

式中，h_{OB} 为短期验潮站水尺零点在水准点下的垂直距离（高度，记为正值）。

该方法要求两站水准点间高差可以通过水准测量获得，因此验潮站必须位于沿岸；另外，认为两站的平均海平面处于同一等位面上，忽略了海面地形影响，即要求站间距离较近。

2. 同步改正法

基本原理是在同一段时间内，两验潮站的短期平均海平面与长期平均海平面的差距（称为短期平均海平面的距平）一致，其依据是两验潮站的气象因素对水位作用的平均效应及长周期分潮的贡献相同。一定时间长度的平均海平面已基本消除了主要潮汐成分的作用，所以潮汐性质的不同对传递精度的影响不大。

在长期验潮站有以水尺零点为基准的长期和两站同步期间的短期平均海平面 MSL_{AL}、MSL_{AS}，因此在长期验潮站处平均海平面的短期距平为：

$$\Delta\text{MSL}_A = \text{MSL}_{AS} - \text{MSL}_{AL} \tag{6.79}$$

在短期验潮站也可写出相同的距平公式：

$$\Delta\text{MSL}_B = \text{MSL}_{BS} - \text{MSL}_{BL} \tag{6.80}$$

在两站短期距平相等 $\Delta\text{MSL}_B = \Delta\text{MSL}_A$ 假设下，求得短期站的长期平均海平面相对其水尺零点的高度：

$$\text{MSL}_{BL} = \text{MSL}_{BS} - \text{MSL}_{AS} + \text{MSL}_{AL} \tag{6.81}$$

用这种方法实施平均海平面传递的可靠性取决于实际与假设条件的一致性和同步时间长度。该方法对验潮站的潮汐种类没有特殊要求，在距离不太远的情况下，可以传递沿岸和岛屿验潮站的稳定平均海平面。

3. 回归分析法

同步改正法假定两验潮站的平均海平面短期距平相等，下面将该假设进一步放宽，认为两站的平均海平面短期距平具有比例关系：

$$\Delta \mathrm{MSL}_B = k\Delta \mathrm{MSL}_A \tag{6.82}$$

这样的假设与实际情况更为接近，因为，这种比例关系实质上考虑到了两站天文、气象效应在不同的水深和岸形作用下表现的量值不同。

根据式(6.79)和式(6.80)，将式(6.82)展开，有

$$\mathrm{MSL}_{BS} = k\mathrm{MSL}_{AS} + \mathrm{MSL}_{BL} - k\mathrm{MSL}_{AL} \tag{6.83}$$

令

$$\mathrm{MSL}_{BL} = k\mathrm{MSL}_{AL} + C \tag{6.84}$$

则短期平均海平面有如下关系：

$$\mathrm{MSL}_{BS} = k\mathrm{MSL}_{AS} + C \tag{6.85}$$

即两站的长期平均海平面与短期平均海平面有相同的线性关系，常数 C 是两站的水尺零点偏差。取两站同步期间的日平均海平面序列，获得一系列形如式(6.85)的观测方程，在这些方程中，因为两站的日平均海平面均是具有一定误差的观测量，故可以将式(6.85)的关系看作线性回归问题，而两个参数的估计可由最小二乘法实现。求得 k 和 C 参数后，代入式(6.84)。长期站长期平均海平面已知，故可得短期验潮站的长期平均海平面。

作为参数估计问题，可以根据平差理论对两个参数的精度进行估计，并根据误差传播定律对由式(6.84)获得的短期站长期平均海平面进行精度评定。作为回归分析问题，上述求得的参数则可视为回归系数，并可进行方差分析和回归方程显著性检验，根据检验结果对模型本身的合理性，即有关假定的合理性做出评价。

4. 多站传递推估数据的处理

有时会有两个以上同步观测的长期验潮站可以用于短期验潮站长期平均海平面的传递，此时可用每个验潮站实现传递获得多组短期验潮站的长期平均海平面估值，然后根据短期站与长期站的空间分布或单纯地以距离倒数加权得最终结果。

6.5.3　深度基准面的传递

用短期潮位观测数据进行潮汐分析难以得到稳定的潮汐调和常数，若据此计算深度基准面 L 值的精度也会较低，此时深度基准面需采用传递的方法来推估。深度基准面传递的主要方法是潮差比法，即认为深度基准面数值等效于最大半潮差，可以假定两站的短期潮差比与两站的理想最大潮差比相等，即有

$$\frac{R_B}{R_A} = \frac{L_B}{L_A} = r \tag{6.86}$$

因此，由同步观测时间的潮差比 r 可以获得短期站 B 的深度基准面 L 值：

$$L_B = rL_A \tag{6.87}$$

由短期站的平均海平面高度获得深度基准面在水尺零点上的高度：

$$H_{LB} = \mathrm{MSL}_B - L_B \tag{6.88}$$

潮差比法的传递精度受同步潮位时序长度以及是否满足以上假设影响。

当存在多个长期潮位站且与短期潮位站均存在同步观测潮位时，可借助多个长期潮位站传递得到短期站的 L 值，再根据某种内插方法，如距离倒数加权内插法得到短期站的最终 L 值。综合传递可以改善 L 的传递精度及传递结果的可靠性。

$$L = \frac{\sum\limits_{i=1}^{n} \dfrac{L_i}{S_i}}{\sum\limits_{i=1}^{n} \dfrac{1}{S_i}} \qquad (6.89)$$

在短期站和长期站($i=1$，2，$\cdots$，n)的四个主要分潮(H_{M_2}、H_{S_2}、H_{K_1}、H_{O_1})的振幅已知，或各站的略最低潮面 $L_{略}$ 值已知时，以略最低潮面值为中介，即按如下方法推估：

$$L = \left(\frac{1}{n} \sum_{i=1}^{n} \frac{L_i}{L_{略i}} \right) L_{略} = \left[\frac{1}{n} \sum_{i=1}^{n} \frac{L_i}{(H_{M_2} + H_{S_2} + H_{K_1} + H_{O_1})_i} \right] (H_{M_2} + H_{S_2} + H_{K_1} + H_{O_1})$$

$$(6.90)$$

6.5.4 平均海平面和深度基准面的综合传递

若长期和短期验潮站的水位观测序列分别为 $C(i)$ 和 $D(i)$，综合传递法则假设二者存在如下关系：

$$D(i) = xC(i+y) + z \qquad (6.91)$$

式中，x 为两站的潮差比；y 为两站间潮波传播延迟系数，即潮时差，z 为基准面偏差。

根据长期和短期两站实时的观测数据，并结合最小二乘原理可解算出最优 x，y，z 估值。然而实际水位观测序列以离散化表示，因此在采用最小二乘法之前，需将离散化的水位序列拟合，以期获得 $C(i)$ 和 $D(i)$ 的连续变化的函数形式。

首先，线性化式(6.91)并利用逐时潮位对，形成误差方程组：

$$V = AX - l \qquad (6.92)$$

式中，$l_i = x_0 C(i+y_0) - D(i)$，系数矩阵 A 的第 i 行元素为 $\left[C(i+y_0), \ x_0 \dfrac{\partial C(i+y_0)}{\partial y}, \ 1 \right]$，前二项采用拟合后的函数 $C(i)$ 得到，而未知数向量为：$X = [\Delta x, \ \Delta y, \ \Delta z]^{\mathrm{T}}$。$x$，$y$，$z$ 初始值分别取 $x_0 = 1$，$y_0 = 0$，$z_0 = 0$。

在最小二乘意义下对式(6.92)求解，获得 X 后由

$$(x, \ y, \ z)^{\mathrm{T}} = (x_0, \ y_0, \ z_0)^{\mathrm{T}} + (\Delta x, \ \Delta y, \ \Delta z)^{\mathrm{T}} \qquad (6.93)$$

将 $(x, \ y, \ z)$ 再次作为初始值，采用迭代求解法求解，直至 Δx、Δy 和 Δz 小于给定阈值。

最终的 x 值即深度基准值传递所需的潮差比。由于每天各分潮的相互作用不同，用日观测潮位序列求得的 x 不稳定，因此需要较长时间的观测资料，在进行综合传递后所得的 x 值作为潮差比，传递结果要更加趋于稳定。

最后，利用 x 和 z，根据长期潮位站的平均海平面 MSL_L 和深度基准面 L 值，计算短期站的长期平均海面 MSL_S 和深度基准面 L_S 值。

$$\mathrm{MSL}_S = x \times \mathrm{MSL}_L + z, \quad L_S = x \times L_L \qquad (6.94)$$

6.6 平均海平面和深度基准面确定及传递案例

在某海域，同步收集了 A、B 和 C 三个长期验潮站多年的潮位观测资料，以及与短期验潮站 D 的半年同步潮位数据。各站的空间位置分布如图 6.3 所示。

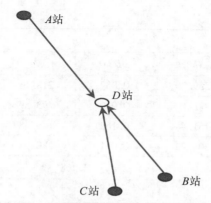

图 6.3　长期站和短期站的空间分布

为了获得各站的多年平均海面 MSL 和理论深度基准面 L 值，采用潮汐调和分析方法获得了 3 个长期站的各分潮调和常数和平均海平面 MSL，再利用 13 个分潮的调和常数计算各站的理论深度基准面 L 值。A、B 和 C 三个长期验潮站的各分潮的调和常数、MSL 和 L 计算结果见表 6-8。短期潮位站的平均海面 MSL 的传递分别采用同步改正法和综合传递法来实现，其深度基准面则采用潮差比和综合传递法来实现。为了比较传递结果的正确性，分别从 A、B 和 C 向 D 传递，MSL 和深度基准面的传递结果见表 6-9 和表 6-10。图 6.4 是根据综合传递法求解长期站和短期站潮位曲线间的潮差比 x、潮时差 y 和基准面偏差 z，利用 x 和 z 计算出短期站的平均海面和深度基准面 L 值。从表 6-9 看出，无论是同步改正法还是综合传递法，传递结果互差较小，传递精度较高。在传递深度基准面时（表 6-10），潮差比法与综合传递法存在差异，其原因是综合传递法确定的 x 代表同步期间潮差比的均值，而潮差比则是最大半潮差之比，由于同步时序长度有限，显然潮差比均值和最大半潮差比存在差异，导致深度基准传递结果存在差异。此外，不同长期站与 D 站的潮汐性质差异，也给 D 站 L 值的传递带来一定的影响。

表 6-8　　　　　　　　　　　　　长期验潮站潮汐分析及基准计算

分潮名	A		B		C	
	H/m	$G/°$	H/m	$g/°$	H/m	$g/°$
M_2	1.329	338.24	1.104	298.20	1.251	304.80
S_2	0.633	18.84	0.552	343.00	0.588	350.12
N_2	0.260	321.94	0.209	284.64	0.220	289.30
K_2	0.227	19.73	0.199	343.48	0.205	350.93
K_1	0.254	165.79	0.293	177.73	0.295	183.65
O_1	0.147	107.68	0.181	128.12	0.170	134.77
P_1	0.067	167.23	0.071	178.95	0.081	183.59
Q_1	0.014	79.99	0.028	110.39	0.023	124.94
M_4	0.128	206.08	0.050	173.13	0.045	140.13

分潮名	A		B		C	
	H/m	$G/°$	H/m	$g/°$	H/m	$g/°$
MS₄	0.111	259.79	0.037	218.13	0.029	177.04
M₆	0.009	60.21	0.010	293.59	0.005	351.07
Sa	0.176	151.44	0.162	146.48	0.171	146.20
Ssa	0.020	304.72	0.011	280.93	0.016	311.91
MSL	1.909		2.268		2.272	
L	2.697		2.153		2.454	

表 6-9   **平均海面传递**

传递方法	$A→D$	$B→D$	$C→D$
同步改正法	1.985	1.967	1.975
综合传递	1.970	1.963	1.954

表 6-10   **深度基准面传递**

传递方法	$A→D$	$B→D$	$C→D$
潮差比法	2.279	2.359	2.279
最小二乘综合传递	2.193	2.241	2.113

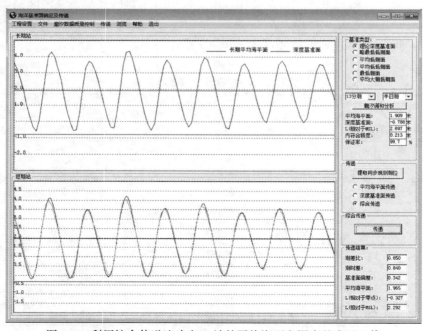

图 6.4   利用综合传递法确定 D 站的平均海面和深度基准面 L 值

第7章 海底地形地貌测量

7.1 海底地形地貌测量及其发展历程

海底地形地貌是海洋基础地理信息内容之一。海底地形地貌测量是利用声波、激光等测量海底起伏变化、纹理特征、底质属性等信息的技术和方法，是海洋测量的重要组成部分，为航海图和各类专题海图的编制、海洋工程设计与施工、水下潜器导航定位等提供基础数据。

20世纪60年代，海底地形测量的概念首次由苏联提出，按海洋区域的不同，划分为海岸带、大陆架和大洋海底地形测量，并开展了较大规模的大陆架海底地形测量。海底地形测量技术的发展与测深技术的发展密不可分，经历了利用测深锤（水铊）、测深杆进行的点状测量，到使用单波束回声测深仪实施的测线断面测量，发展到以多波束测深和机载激光测深为标志的条带面状测量。水铊和测深杆是最早用来测量浅水水深的工具，且一直沿用至今。1807年，法国科学家阿喇果提出"回声测深"的构思。1917年，法国物理学家郎之万发明了装有压电石英振荡器的超声波测距测深仪。1920年单波束回声测深仪开始应用于船舶航行中连续测深，提高了水深测量的工作效率。单波束水深测量只能完成对海底地形线状测量，受波束角、测量比例尺等限制，难以详细反映海底地形。20世纪70年代出现的多波束测深系统，因其宽扫幅、全覆盖、高精度等优点，已成为目前海底地形地貌测量的最有效工具。集成多传感器的机载激光测深系统，可以对浅水区域实施高精度、高分辨率、高动态快速水深测量。为了获取大面积、高分辨率海底地貌信息，声呐成像系统如多波束声呐、侧扫声呐、合成孔径声呐等先后被采用，获得的地貌图像精细地反映了海底地貌的特征分布和纹理变化。为了获取海床以下一定深度的底质特征，双频测深仪、浅地层剖面仪常被采用，借助其回波图像反映海底浅表层的底质层位分布。除以上实测手段外，遥感反演海底地形地貌方法在近二十年来得到了快速发展，先后出现了卫星遥感反演水深、重力反演海底地形、声呐图像反映海底地形等方法，极大地丰富了海底地形地貌获取的途径，也解决了实测手段未涉足水域的海底地形地貌获取难题。

7.2 单（多）波束测深及水下地形测量

7.2.1 单波束回声测深

单波束回声测深借助单波束回声测深仪来实现。单波束回声测深仪由发射机、接收机、换能器、显示设备和电源组成（图7.1）。发射机在中央控制器的控制下周期性地产生一定频率、一定脉冲宽度、一定电功率的电振荡脉冲，由发射换能器按一定周期向海水中辐射。接收机将换能器接收的微弱回波信号进行检测放大，经处理后送入显示设备。发射时，换能器实现电能—机械能—声能的转换，将声波发射出去；接收时，换能器实现声能—机械能—电能转换，得到电信号和测深值。显示设备直观地显示所测得的水深值。

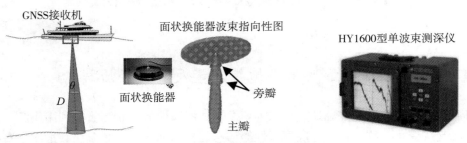

图 7.1　单波束声呐换能器及波束指向性

单波束回声测深原理如图 7.1 所示。换能器在 t_0 时刻向下发射声波，遇到海底后反射，在 t_1 时刻接收回波，根据时间差 $\Delta t = t_1 - t_0$ 和平均声速 C，计算换能器到海底的距离 D。

$$D = \frac{1}{2}C \cdot \Delta t \qquad\qquad (7.1)$$

以上仅得到了换能器到海底的垂直距离，测深点的绝对三维坐标借助以下步骤获得。

1）数据滤波

为确保测量成果质量，在测深数据处理前需对测深、定位和姿态等数据滤波，消除异常观测。测深数据滤波参考前后测深点，根据地形变化趋势，对异常测深数据检测和滤除；GNSS 定位数据滤波可借助 Kalman 滤波来实现；姿态滤波采用滑动平均或中值滤波方法。

2）换能器瞬时平面和垂直基准计算

换能器是测深的起算，将 GNSS 天线坐标归算到换能器可以为测深提供绝对起算坐标。图 7.2 给出了船体坐标系的定义，即船体中心为坐标系原点，沿龙骨指向船艏为 X 轴，过原点垂直 X 轴指向右船舷为 Y 轴，Z 轴过原点且垂直 XOY 面，构成右手坐标系。

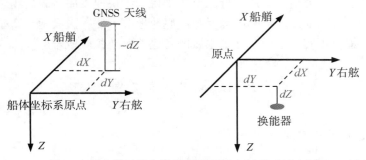

图 7.2　GNSS 天线和换能器在船体坐标系下的坐标

若 GNSS 天线在地理坐标系（Geographic Reference Frame，GRF）下的坐标为$(X，Y，Z)_{GNSS}$，VFS 坐标系下 GNSS 天线的坐标为$(x_0，y_0，z_0)_{GNSS}$、换能器的坐标为$(x_0，y_0，z_0)_{Trans}$，船体方位 A、横摇 r、纵摇 p 以及上下起伏 Heave，则换能器的地理坐标为：

$$\begin{pmatrix} X \\ Y \\ Z \end{pmatrix}^{GRF}_{Trans} = \begin{pmatrix} X \\ Y \\ Z \end{pmatrix}^{GRF}_{GNSS} - \boldsymbol{R}_A \boldsymbol{R}_p \boldsymbol{R}_r \left[\begin{pmatrix} x_0 \\ y_0 \\ z_0 \end{pmatrix}^{VFS}_{Trans} - \begin{pmatrix} x_0 \\ y_0 \\ z_0 \end{pmatrix}^{VFS}_{GNSS} \right] \tag{7.2}$$

式中，$\boldsymbol{R}_A$、$\boldsymbol{R}_p$、$\boldsymbol{R}_r$ 分别为由 A、p 和 r 角构成的 3×3 旋转矩阵。

3）声速改正

测深过程中，深度 D_0 受声速影响。若利用声速剖面仪测量水域的声速剖面，则计算 Harmonic 平均声速 C_H 并输入到测深仪中，根据式(7.1)计算换能器到海底的垂直距离。

$$C_H = \frac{z - z_0}{t} = (z - z_0) \left[\int_{z_0}^{z} \frac{dz}{C(z)} \right]^{-1} \tag{7.3}$$

式中，z 为声速剖面测量位置的水深；z_0 为水表层深度，可以设置为 0。

为简便起见，C_H 可以利用声速剖面的算术平均声速来替代。C_H 也可以借助比测法获得。将检查板置于换能器下方一定深度 D 处，调整测深仪声速，直至实测深度 D_s 等于 D，此时换能器采用的声速也就是该水域的平均声速。

若测深中采用的声速 C_m 不等于实际声速 C_0，则需进行声速改正 ΔD_c，实际深度 D 为：

$$D = D_c + \Delta D_c，\quad \Delta D_c = H_S \left(\frac{C_0}{C_m} - 1 \right) \tag{7.4}$$

4）测深点的三维坐标计算

测深点与换能器可认为在同一垂线上，换能器的平面坐标也就是测深点 P 的平面坐标。

$$X_P = X_{Trans}，\quad Y_P = Y_{Trans} \tag{7.5}$$

测深点 P 的高程计算可分为水位减水深计算方法和 GNSS 三维水深计算方法。

（1）水位减水深计算方法：

联合水位 Z_{Tide}、实测深度 D 和吃水（静吃水 ΔD_s、动吃水 ΔD_d），测深点 P 的高程 Z_p 为：

$$Z_P = Z_{tide} - (D - (\Delta D_s + \Delta D_d)) \tag{7.6}$$

静吃水改正 ΔD_s 和动吃水改正 ΔD_d 联合称为吃水改正。静吃水改正值即测量船静止时换能器在水面下的深度。动吃水改正是消除换能器的瞬时运动和姿态变化对测深值的影响而进行的改正，可以借助涌浪传感器测量，也可以借助实验来测定。实验时，在测区平均水深区域选定一位置；测量船以不同速度通过该位置并测量水深，测量水深与实际水深的差值也即该速度下对应的动吃水改正量。在不同速度下开展实验，得到与速度和动吃水改正量对应的序列，用于实际水深测量中不同船速下的动吃水改正。

（2）GNSS 三维水深计算方法：

若水深测量中采用高精度 GNSS 定位技术，如 RTK 或 PPK，则由式(7.2)得到的 Z_{Trans} 即为换能器的高程，联合实测水深 D，计算得到测深点 P 的高程 Z_P。

$$Z_P = Z_{Trans} - D \tag{7.7}$$

需要指出的是，水位是参考某个垂直基准面如深度基准面下的海面变化，而 GNSS 实测高程为大地高。因此，由以上两种方法得到的海底点高程存在参考基准不一致问题，需要根据垂直基准转换关系，将 Z_p 统一转换到海底地形测量要求的垂直基准面下。

单波束测深仪一般采用连续面板或多阵元面状基阵实现波束发射。面板半径越大，发射声波频率越高，形成的波束角 θ 越小，在海底的声照面积越小；反之，声照面积越大。单波束测深系统根据回波时间最短和回波强度最强的底部检测原则实现深度测量。海底平坦时，最短耗时和最强回波来自波束在海底的声照面中心，由此根据式(7.1)计算得到换能器到海底的垂直距离；海底不平坦时，如坡面地形，此时的最短耗时和最强回波来自波束在坡面声照面积的上部边缘，计算得到的是斜距，而非水深。因此，为了得到真实水深，在地形变化复杂水域开展单波束测深，通常要求采用窄波束测深仪、测线布设为沿地形梯度方向。

7.2.2　多波束回声测深

相较单波束测深系统，多波束测深系统通过束控技术实现了条带式、全覆盖海底地形测量，大大提高了水深测量的效率和精度。

与单波束类似，多波束声呐系统通过测量给出了每个波束的入射角和传播时间，由此计算测深点相对于换能器的水平和垂向偏移量，海底测深点绝对坐标还需要依赖载体平台提供的定位、姿态、航向以及潮位、声速剖面等信息，因此多波束声呐系统是一个多传感器集成系统。多波束测深系统包括换能器、GNSS、罗经、船姿传感器、声速剖面仪、数据采集工作站、数据后处理工作站及显示等配套设备(图7.3)。多波束声呐是多波束测深系统的核心单元，主流多波束系统多为数字式束控声呐，声波发射和接收的束控原理参考第2章内容。多波束声呐系统换能器多采用"十"字米氏阵列或"T"型阵列(图7.4(a))。阵列由两个相互垂直的阵列单元组成，分别为发射阵列和接收阵列，二者独立工作。每个阵列都由若干(几百个)阵元组成；根据测深范围及精细程度，阵列长度可为几十厘米至几米。一般浅水多波束阵列尺寸相对较小，采用高频声波，测点密度高；深水多波束为了增大作业距离，需采用更大尺寸阵列提高发射能级，采用低频声波降低声能衰减，测点密度稀疏。

换能器安装后，发射阵列沿载体艏尾向布设，根据束控原理，发射阵列在垂直阵列主轴方向上形成具有指向性的窄角波束，沿航迹向观测则为大开角扇形波束，如图7.4(b)所示。图中窄角波束主瓣前后两侧存在旁瓣，现代主流多波束通过加权振幅处理可以较好地抑制旁瓣波束能级，将主要能量汇聚至中心主瓣上，从而使发射波束在海底照射面为换能器正下垂直于航迹的窄条带。

接收阵列垂直艏尾向布设，在发射阵列声信号激发的瞬间，同步开始接收回波。工作时各阵元独立接收回波信号，海底同一 θ 方向回来的信号到达各阵元的时间或行程略有差异，根据时延量可知该方向回波信号依次到达各阵元的行程偏移量(图7.4(c))。因此，对各阵元信号依次补偿相应的时间偏移量可实现同一 θ 方向回波的同步，累加各阵元时序信号就可得到该方向的相长干涉回波，而对其他方向的信号则不会相长干涉(图7.4(d))。

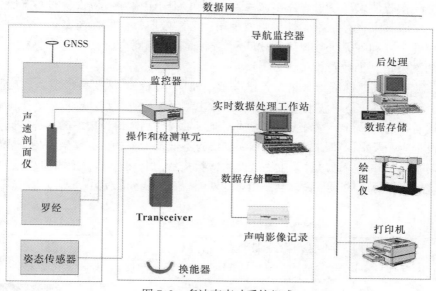

图 7.3　多波束声呐系统组成

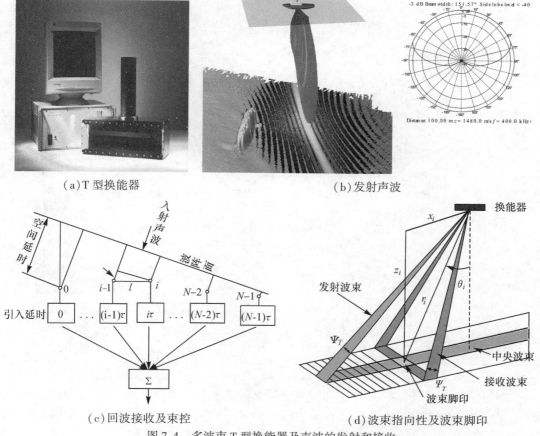

（a）T型换能器

（b）发射声波

（c）回波接收及束控

（d）波束指向性及波束脚印

图 7.4　多波束 T 型换能器及声波的发射和接收

基于上述接收波束形成思想，多波束换能器可形成任意方向和数量的回波信号。但按上述操作，接收波束也存在指向性接收波束角、旁瓣效应等性质，在实际操作中，束控形成接收波束的个数和阵元个数与尺寸相匹配，保证实现海底全覆盖，表7-1给出了常见多波束声呐的波束角、个数及相关参数。

对于多波束海底地形测量，测线布设应考虑波束开角、水深及条带重叠宽度要求等因素，做到全覆盖测量。与单波束测深类似，布设主测线、检查线和加密测线。主测线布设方向应按工程需要选择平行于等深线、潮流向、航道轴线或测区最长边中的一种方向布设；主测线间距设定应顾及水深和扫宽，确保相邻测线有不低于15%的公共覆盖；检查线应垂直于主测线均匀布设，并至少通过每条主测线一次，检查线总长度应不少于测线总长的5%。加密测线围绕特定目标或局部海底布设，相对计划测线，测线间隔更小、密度更大。

表 7-1   SONIC 系列多波束声呐系统参数列表

型号	频率（kHz）	最小/最大深度（m）	最大条带宽度	可用配置	发射/接收阵列/成图
Kongsberg EM 710	70~100	3~2000	5.5 倍水深/2300m/140°	0.5°×1°，1°×1° 1°×2°，2°×2°	
Kongsberg EM 302	30	10~7000	5.5 倍水深/8000m/143°	0.5°×1°，1°×1°，1°×2°，2°×2°，2°×4°，4°×4°	
Wärtsilä ELAC SeaBeam1180	180	1~600	1000m	发射：1.5° 接收：1.5°	
Wärtsilä ELAC SeaBeam3020	20	50~9000	10000m	发射：1°/2° 接收：1°/2°	
Teledyne Reson SeaBat7125	200	0.5~400	140°/165°	发射：2° 接收：1°	
	400	0.5~150	140°/165°	发射：1° 接收：0.5°	
Teledyne ATLAS HYDROSWEEP DS	14~16	10~11000	5.5 倍水深/140°	发射：0.5°/1°/2° 接收：1°/2°	
R2SONIC SONIC2024	200~400	400+	160°/500m	0.3°×0.6°（700kHz） 0.45°×0.9°（450kHz） 1°×2°（200kHz）	

决定测深点在水下实际尺寸，即波束照射面积或波束脚印，关键因素是多波束的束控角。无论是早期的物理多波束还是目前主流的束控多波束，发射各个波束均为相等角度，有些新型多波束通过更加复杂的电路和信号处理，可以实现波束脚印的等距模式。

采用等角束控模式时，波束脚印在垂直航迹方向大小 L 由束控角度 α、入射角 θ、水深 H 综合决定：

$$L_{\text{across}} = \frac{H}{\cos\theta} \times \alpha \tag{7.8}$$

测深数据处理包括质量控制、声线跟踪、姿态改正、水深改正、测线编辑与滤波等环节。

1）数据质量控制

根据系统组成，多波束原始测量数据主要包括声速剖面、潮位、姿态、导航、测深等。对这些数据滤波，消除异常观测值，确保原始观测数据质量。数据滤波可以根据人工经验，采用人工滤波方法剔除异常数据；也可以采用自动滤波方法，如潮位数据采用多项式拟合法，定位数据采用 Kalman 滤波法，声速剖面数据采用中值滤波等，姿态数据采用中值滤波法等。

2）条带测深数据编辑

多波束每发射一次称为 1Ping。根据该 Ping 内所有波束的传播时间、入射角和平均声速等参数，计算该 Ping 内各波束在海底的测深点在以换能器为中心、垂直航迹的断面内的水平距离和深度，从而形成 Ping 断面地形。根据 Ping 发射间隔和船速，可以计算 Ping 间距，利用 Ping 间距，将沿测线测量的所有 Ping 断面地形排列起来，形成该测线的条带地形。

受异常回波、不正确的底部检测等影响，Ping 断面内地形点中部分波束测深存在异常，可以借助自动滤波如根据点间距、深度、地形梯度等阈值判断异常测深点并对其标定。为避免自动滤波错误地标定或滤除水下特征地物点，条带地形编辑常借助人工方法来实现。基于地形变化一致性，通常在条带编辑中选择连续多 Ping 地形断面，根据形成的俯视、后视图，发现与整体地形不一致的异常点，并通过人工框选的方式，对这些异常点进行标注（图 7.5）。在条带编辑中对地形点采用标注而非删除，标注的点将在后续数据精细处理中不参与计算。

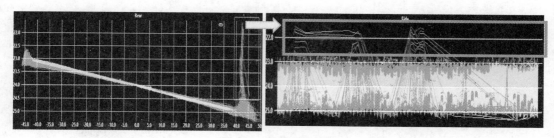

图 7.5　条带数据编辑

3）声线跟踪

声线跟踪已在第 2 章 2.2.3 节介绍，利用声速剖面、入射角和传播时间，追踪海底点在理想船体坐标系下相对于换能器的水平和垂直偏移量。无论采用层内常声速还是层内常梯度跟踪，各层内追踪的要素包括层内入射角 θ_i、垂向偏移 Δz_i、水平偏移量 y_i、层内声线行程 S_i、层内耗时 t_i。当船体姿态发生改变、传感器存在安装偏角时，实际波束入射角为空间角（图 7.6）。若换能器绕 X、Y 轴的安装偏角为（dr_t，dp_t），姿态传感器安装偏角为（dr_m，dp_m），某波束相对于换能器零方向的夹角为 θ_0（接收阵束控时为每个波束分配的方向），则波束在如图 7.6 所示坐标系的 YOZ 面和 XOZ 面内投影与 Z 轴夹角分别为：

$$\theta = \theta_0 + r - \mathrm{d}r_m + \mathrm{d}r_t, \quad P = p - \mathrm{d}p_m + \mathrm{d}p_t \tag{7.9}$$

则波束相对于 Z 轴的入射角 I 为：

$$I = \arctan\sqrt{\tan^2\theta + \tan^2 P} \tag{7.10}$$

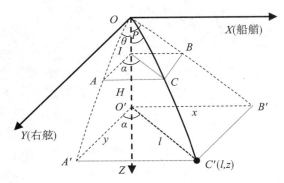

图 7.6 多波束声呐入射波束空间角结构

声线跟踪后得波束脚印空间面 $OC'O'$ 的位置 $C'(l, z)$，根据图 7.6 的几何关系，利用 $OC'O'$ 面与 YOZ 面夹角 α，可知波束脚印相对于瞬时换能器在船体坐标系下的坐标为：

$$\begin{pmatrix} x \\ y \\ z \end{pmatrix}_{\text{VFS}} = \begin{pmatrix} \dfrac{l \cdot \tan P}{\sqrt{\tan^2 P + \tan^2\theta}} \\ \dfrac{l \cdot \tan\theta}{\sqrt{\tan^2 P + \tan^2\theta}} \\ z \end{pmatrix} \tag{7.11}$$

4）换能器瞬时三维坐标计算

图 7.7 给出了地理坐标系与传统坐标系的关系。与单波束测深中换能器绝对三维坐标计算方法类似，借助 GNSS 实测三维坐标、GNSS 天线、换能器在船体坐标系下的坐标，通过位置归算，得到多波束换能器的三维坐标。

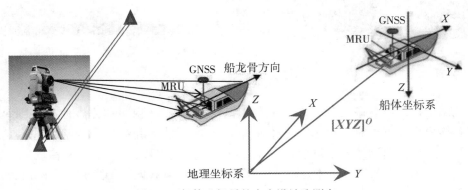

图 7.7 船体坐标系的自由设站法测定

若初始状态换能器（Trans）、GNSS 天线、MRU 的船体坐标分别为 $(x_0, y_0, z_0)_{Trans}^{VFS}$、$(x_0, y_0, z_0)_{GNSS}^{VFS}$ 和 $(x_0, y_0, z_0)_{MRU}^{VFS}$，换能器绕 X、Y 轴的安装偏角为 (dr_t, dp_t)，姿态传感器安装偏角为 (dr_m, dp_m)；考虑姿态传感器安装偏差及姿态测量值 $r(roll)$ 和 $p(pitch)$，换能器相对 GNSS 在理想船体坐标系下的相对关系变为：

$$\begin{pmatrix} \Delta x \\ \Delta y \\ \Delta z \end{pmatrix}_{Trans-GNSS}^{VFS} = \boldsymbol{R}(p - dp_m)\boldsymbol{R}(r - dr_m)\left[\begin{pmatrix} x_0 \\ y_0 \\ z_0 \end{pmatrix}_{Trans}^{VFS} - \begin{pmatrix} x_0 \\ y_0 \\ z_0 \end{pmatrix}_{GNSS}^{VFS}\right] \tag{7.12}$$

结合 GNSS 测得的地理坐标系（GRF）下坐标 $(X, Y, Z)_{GNSS}^{GRF}$、罗经安装偏角 dA 及罗经测量方位 A，计算换能器在 GRF 下的三维坐标 $(X, Y, Z)_{Trans}^{GRF}$。

$$\begin{pmatrix} X \\ Y \\ Z \end{pmatrix}_{Trans}^{GRF} = \begin{pmatrix} X \\ Y \\ Z \end{pmatrix}_{GNSS}^{GRF} + \boldsymbol{R}(A - dA)\begin{pmatrix} \Delta x \\ \Delta y \\ \Delta z \end{pmatrix}_{Trans-GNSS}^{VFS} \tag{7.13}$$

5）海底测深点 GRF 下的三维坐标计算

利用 GRF 下换能器的绝对三维坐标，结合式（7.11）获得的每个波束测深点在船体坐标系（VFS）下坐标，计算每个波束在 GRF 下绝对坐标。

$$\begin{pmatrix} X \\ Y \\ Z \end{pmatrix}_{P}^{GRF} = \begin{pmatrix} X \\ Y \\ Z \end{pmatrix}_{Trans}^{GRF} + \boldsymbol{R}(A - dA)\begin{pmatrix} x \\ y \\ z \end{pmatrix}_{P-Trans}^{VFS} \tag{7.14}$$

类似单波束测深数据处理方法，根据提供的多波束换能器高程方法的不同，多波束测深点高程计算分为两种方法：

（1）传统多波束测深数据处理方法：即利用潮位和吃水获取换能器高程，换能器高程减去水深，得到测深点高程。

（2）GNSS 三维水深数据处理方法：即利用高精度 GNSS 定位技术，如 GNSS RTK、PPK，获得换能器大地高 Z_{Tans}^{GRF} 减去水深 $z_{p-trans}^{VFS}$，最终得到测深点的大地高 Z_{p}^{GRF}。

两种方法得到的测深点高程参考不同的垂直基准，需要进行高程转换，获得与海底地形测量要求的垂直起算基准一致的测深点高程值。

6）子区测深数据滤波

受复杂海洋环境、附属参数如声速测量误差、安装偏差探测误差等影响，以上处理得到的多波束条带地形点云数据常受粗差、系统误差影响，造成虚假地形，需借助子区滤波消除。子区滤波常采用人工滤除和自动滤波两种方法，两种方法均基于地形变化一致性实现滤波，前者主要借助人工经验，后者则通过构建局部地形模型来实现滤波。

对于粗差，通过构建地形趋势面，标定偏离趋势面 2 倍或 3 倍标准差的测深数据；也可以根据邻域数据，利用中值滤波或均值滤波来标定粗差。对于因声速测量误差、校准误差带来的测深系统误差，尤其是显著的边缘波束测深误差，可以通过调整声速或校准参数来实现相邻条带公共覆盖区测深数据的一致；也可以借助人工方法，根据相邻条带公共覆盖区深度不符值，标定与整体地形不一致的深度值，以保证条带点云反映地形变化一致（图 7.8）。

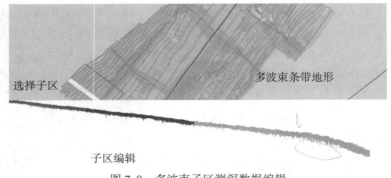

选择子区　　　　　　　　　　　　　　　多波束条带地形

子区编辑

图 7.8　多波束子区测深数据编辑

7）全区域地形点云数据滤波

为了进一步保证测深结果的正确性，需要在子区滤波后，在成果输出前对整个条带或区域的地形点云数据进行滤波处理。常见的滤波算法包括均值、中值、趋势面滤波等，以上方法都基于一定的统计准则，将这些测深点标记为"保留"或标识为"剔除"。此外，很多主流的商用测深后处理软件，均集成了 CUBE（combined uncertainty and bathymetry estimator）滤波算法，它与传统滤波方法不同，每个测深点都带有测量不确定度（uncertainty），通过大量的带有测量不确定度的测深点来确定水深曲面上任意位置的最佳水深值和不确定度估算。

7.2.3　船载单波束/多波束水下地形测量

1）设备的安装校准

无论是单波束测深系统还是多波束测深系统，均是一个多传感器集成的综合测量系统，除声学换能器外，还包括 GNSS 接收机、姿态传感器、罗经、声速剖面仪、导航和数据采集等辅助设备。所有设备在使用前，均需要进行校验，确保设备工作正常。在测深之前，应测定各传感器在船体坐标系下的坐标，方便后续测深点位的归算。此外，在设备使用前还应进行换能器、姿态传感器、罗经等设备的安装偏差探测，获得各设备坐标系与理想船体坐标系在横向、纵向的安装偏角，用于后续数据处理。

2）测线设计

对于单波束海底地形测量，应根据作业区情况，合理布置测线。主测线布设方向应与地形梯度变化方向尽量一致；检查线应与主测线正交且长度不小于主测线长度5%；局部复杂地形如沙嘴、岬角、石陂、暗礁等延伸处，可布设加密辐射线，重要海区礁石和小岛周围可布设螺旋型测深线（图 7.9）。根据《海道测量规范（GB 12327—2022）》，测深线间隔的确定应顾及海区的重要性、海底地貌特征和水深等因素。原则上主测深线间隔为图上1cm。对于需要详细探测的重要海区和海底地貌复杂的海区，测深线间隔应适当缩小或进行放大比例尺测量。螺旋形测深线间隔一般为图上 0.25cm；辐射线的间隔最大为图上1cm，最小为 0.25cm。

对于多波束海底地形测量，测线布设应考虑波束开角、水深及条带重叠宽度要求等因素，做到全覆盖测量。与单波束测深类似，布设主测线、检查线和加密测线。主测深线布设方向应按工程需要选择平行于等深线、潮流向、航道轴线或测区最长边中的一种方向布设；主测线间距设定应顾及水深和扫宽，确保相邻测线有不低于15%的公共覆盖；检查线应垂直于主测线均应布设，并至少通过每条主测线一次，检查下总长度应不少于测线总长的5%。

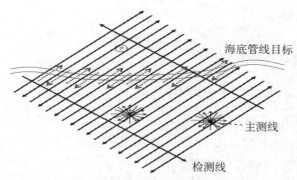

图7.9 单波束测深海底线布设示意图

3）水下地形测量

无论是单波束还是多波束水下地形测量，均需要同步实施深度、姿态、方位、GNSS导航定位、潮位等测量。水深测量中，测量船沿着测量线匀速行驶，根据一定的时间或距离间隔记录深度。单波束测深中测深点记录间隔为测线间距一半；多波束测深中测深点记录间隔和Ping扇面的扫宽设定，需根据水深和波束宽度，在确保每个波束脚印全覆盖水深的情况下来设定。姿态、方位和GNSS数据尽量采用高频输出，确保获得与测深相同时刻的观测数据。

测深期间，应测量表层声速和声速剖面。若具备走航式声速剖面仪，在测深时同步测量声速剖面；否则应在测量前、中、后，在测量水域最大深度处开展定点声速剖面测量；流态变化复杂水域应加测声速剖面，以反映声速场变化和消除声速误差给测深带来的代表误差。

在传统水下地形测量中，水位起着为测深换能器提供瞬时起算基准的重要作用，测深期间应同步测量水位，数据记录间隔不大于10min。在水位变化复杂水域，记录间隔不大于5min。在无验潮水深测量中，GNSS的采样间隔应不低于5Hz。

4）数据质量检测

对野外观测数据进行滤波处理，消除异常观测影响，确保数据质量。对测深数据预处理，根据航迹线、测深点分布、反映水下地形的一致性等初步评估水下地形测量质量。对漏测水域需补测；对与周围实测地形不一致的测深数据，应检查原始数据，发现问题并消除问题；若发现水深异常、测深信号质量差等不符合测量精度要求的情况，应进行补测。

5）数据处理及精度评估

根据上一节单波束、多波束测深数据处理原理和方法，计算各测深点的三维坐标，获得水下地形点云数据。根据往返测线、计划线与检查线测量获得的同名格网上两次测量地形点深度 z^1 和 z^2 的不符值 Δz，计算不符值的均值 Δz_0 和标准差 σ_0，评估水下地形测量精度。

$$\begin{cases} \Delta z_0 = \dfrac{1}{n}\sum_{i=1}^{n}\Delta z_i = \dfrac{1}{n}\sum_{i=1}^{n}(z_i^2 - z_i^1) \\ \sigma_0 = \sqrt{\dfrac{1}{2n}\sum_{i=1}^{n}\Delta z_i \Delta z_i} = \sqrt{\dfrac{1}{2n}\sum_{i=1}^{n}(z_i^2 - z_i^1)(z_i^2 - z_i^1)} \end{cases} \tag{7.15}$$

6）水下地形产品制作

获得了满足精度、分辨率要求的地形点云数据后，借助点云数据构建 TIN 或格网，进而绘制地形等深线，制作海底地形图。

7.2.4　机载激光测深及水下地形测量

机载激光测深（Airborne LiDAR bathymetry，ALB）是一种主动遥感测深技术，以飞机为载体，利用蓝绿激光较易穿透海水、红外光不易穿透海水的特点，同时对海面测高和海底测深，结合定位和姿态控制，经数据处理获取浅水海底地形。较多波束测深系统，ALB 具有快速、灵活、经济高效等优点，但仅适用于水质较好的浅水水域，ALB 对清澈海水的最大探测深度可达 50~70m，对混浊水体的探测深度较低，测深精度为 0.3~1m。

ALB 主要包含激光传感器、GNSS 接收机、惯性单元 IMU 和数据显存单元等。激光传感器通过发射激光脉冲和探测回波实现测距；GNSS 和 IMU 分别采集定位、速度、加速度和方向信息，通过卡尔曼滤波等融合算法获得载体设备的高精度空间位置和三维姿态信息。

激光传感器通过发射激光脉冲并接收回波信号实现测距，主要由激光激发器、光学系统、光探测器和数字化仪组成。激光激发器常采用钕-钇铝石榴石晶体（Nd：YAG）或钕-钒酸钇晶体（Nd：YVO4）固体激光器发射波长为 1064nm 红外激光和通过倍频获得的波长为 532nm 绿激光波束。光学系统使发射的激光以一定角度和扫描方式发出，并对回波信号分通道接收。光学系统比较重要的结构有旋转菲涅耳棱镜和视场角分离装置。旋转菲涅耳棱镜的作用是将垂直发射的激光以一定天底角发射，同时使返回信号进入接收装置，如图 7.10（b）所示。

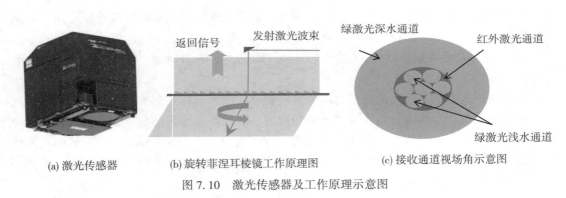

(a) 激光传感器　　(b) 旋转菲涅耳棱镜工作原理图　　(c) 接收通道视场角示意图

图 7.10　激光传感器及工作原理示意图

视场角分离装置负责把激光回波信号进行分离，使红外激光和绿激光进入不同通道分别接收。红外激光通道视场角为 6mrad，绿激光通道被分为 8 个独立通道，其中 7 个浅水通道视场角为 1.9mrad，深水通道视场角为 6~40mrad，如图 7.10（c）所示。光探测器的作用是各通道返回的激光光能转换为电能，其中光探测器有 PIN、APD 和 PMT 三种，其中 PIN 探测 TO 发射激光，APD 探测红外激光回波信号，PMT 探测绿激光回波信号，如图 7.11 所示。

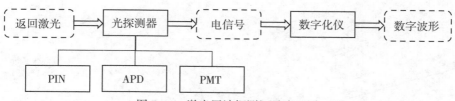

图 7.11　激光回波探测记录流程图

光波在水体中传播存在一个透光窗口，海水中 470~580nm 蓝绿波段激光功率的衰减比其他光波段的衰减要小很多，目前几乎所有的 ALB 系统都采用蓝绿波段内波长为 532nm 的绿激光进行水深测量，主要是因为激光激发器输出波长一般为 1064nm，通过倍频可以很方便地获得 532nm 的绿激光。绿激光以一定的波束扫描角从发射器发射，沿准直路线在空气中传播。到达气-海交界面后部分能量被反射，大部分能量则遵循斯涅耳定律折射进入水体(图 7.12)。

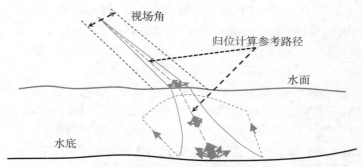

图 7.12　绿激光传播示意图

ALB 通过发射激光脉冲并探测回波信号来确定激光传播时间进而实现激光测距，然后与相应的位置姿态数据合并，最终获得水面、水底点在地理坐标系下的三维坐标。双激光 ALB 系统采用红外激光和绿激光分别探测水面和水底。单绿激光 ALB 系统采用单绿激光探测水面和水底。激光传感器发射激光脉冲并探测脉冲回波，组合导航系统输出载体高精度位置姿态数据。对波形数据进行波形检测获得激光传播时间进而计算激光传播斜距。通过合并激光测距数据和位置姿态数据获得水面和水底点三维坐标(图 7.12)。

图 7.13 给出了 CZMIL 测量俯视图和剖面图，图中 t_0 为发射脉冲波形，t_1 位置表示接收到的红外激光波形，t_2 位置表示接收到的绿激光波形。$t_0~t_2$ 表示激光脉冲发射时刻，红外激光回波往返时刻，绿激光底回波往返时刻。φ、θ 分别表示激光入射角和折射角。

ALB 原始测量数据主要由激光波形数据、位置姿态数据等组成。ALB 数据处理包括对原始测量数据解码、脉冲波形检测、各脉冲对应水面和水底点在地理框架下的三维坐标计算。

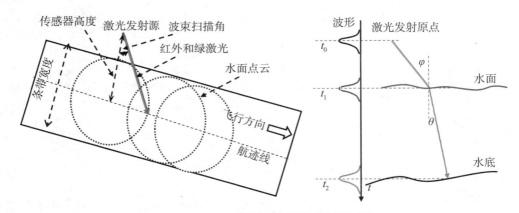

图 7.13 CZMIL 测量俯视图和测量剖面图

1）文件解码

ALB 原始文件一般保存在固定格式的二进制文件中，需按照文件格式对原始文件解码，获得波形数据和位置姿态数据。

2）波形检测

为获得激光在空气中和水体中的传播时间，进而计算传播斜距，需对原始波形中面回波和底回波进行检测。目前 ALB 波形检测算法主要有：

（1）波峰检测法：通过检测面回波和底回波波峰位置来确定激光在空气和水中的传播时间。该方法简单实用，但易受噪声影响导致检测结果不准。

（2）前沿检测法：通过检测面回波和底回波前沿位置来确定激光在空气中和水中的传播时间。该法增强了抗噪能力，稳健性更强，是一种较常用的检测算法。

（3）反卷积法：激光回波波形为发射波形与脉冲响应函数的卷积，如发射波形为高斯波形，返回波形实为超高斯波形。通过反卷积先消除脉冲响应函数对回波波形影响，再进行波峰或前沿检测更准确地获得回波位置。该方法精度较高但效率相对较低。

（4）波形分解法：对双激光 ALB 采用前沿或波峰检测可有效确定红外激光面回波位置；对单绿激光 ALB，绿激光面回波是气-海交界面回波和水体后向回波的叠加，通过前沿或波峰检测法获得的面回波位置并不真正代表气-海交界面回波位置。波形分解法常采用高斯函数、三角形函数和韦伯函数分别表示气-海交界面回波、水体回波和底回波，将波形各部分分离，然后对分离后的气-海交界面回波进行检测（图 7.14）。

3）归位计算

将激光测距数据和位置、姿态数据融合，获得水面和水底点的三维坐标。通过对原始波形进行识别分别得到激光在空气和水体中的传播时间，进而转化为传播斜距，然后与脉冲发射时刻对应的位置姿态数据经过合并得到水面和水底点三维坐标，如图 7.12 和图 7.13 所示。

水面点矢量计算公式为：

$$r_s = o + r_{air} \frac{\Delta t_{air} c_{air}}{2}, \quad r_{air} = (\sin\varphi, \cos\varphi) \tag{7.16}$$

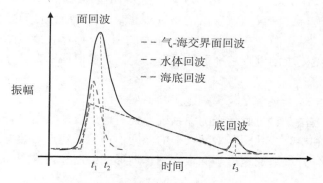

图 7.14　波形分解法检测单绿激光面回波

式中，o 为激光发射原点，c_{air} 为激光在空气中的传播速度，$\boldsymbol{r}_{air}$ 为激光在空气中传播的单位向量；φ 为激光在空气中的入射角，Δt_{air} 为激光在空气中的往返时间。

水底点矢量计算公式为：

$$r_b = o + \boldsymbol{r}_{air} \frac{\Delta t_{air} c_{air}}{2} + \boldsymbol{r}_{water} \frac{\Delta t_{water} c_{water}}{2} \tag{7.17}$$

式中，c_{water} 为激光在水中的传播速度，Δt_{water} 为激光在水中传播的往返时间，$\boldsymbol{r}_{water}$ 为激光在水中传播的单位向量，可由激光在水中的折射角 θ 计算：

$$\boldsymbol{r}_{water} = (\sin\theta, \ \cos\theta) \tag{7.18}$$

在保证高精度位置和姿态的前提下，水面点和水底点位精度主要受激光测距精度影响，而激光测距精度取决于波形检测精度。绿激光传播相对复杂，反映到回波波形上表现为底回波受脉冲展宽效应影响而失真以及面回波是气海交界面回波和水体回波的线性叠加。对失真的底回波或者叠加的面回波波形检测必定会出现偏差，进而影响 ALB 测深精度。双激光 ALB 由于采用了附加的不能穿透水体的红外激光代替绿激光精确测量水面而不存在此问题。综上，底回波波形失真引起的深度偏差以及绿激光水面不可靠问题引起的单绿激光点云高度偏差是影响 ALB 测深精度的两个主要因素。ALB 测深能力主要受水质透明度、激光器平均功率、飞行高度等影响。一般情况下，ALB 最浅测深能力为 0.2m，最大为 50m，一般用于岛礁周边和沿岸水域的浅水地形测量，获得全覆盖的高分辨率的海底地形地貌数据。

ALB 水下地形测量包括如下过程：

（1）设备安装及校准。ALB 通常以固定翼飞机或者直升机为平台，飞机底部预留激光扫描窗口。测量前，激光扫描仪、POS（Positioning and Orientation System，GNSS+IMU）等设备需处于良好工作状态，在飞机坐标系下安装各设备，测定各设备在飞机坐标系下的坐标。

（2）测量要求。测量时，飞机飞行高度一般为 400~1000m，飞行速度一般为每小时260km 左右。为了实现对海底的全覆盖测量，相邻的两条测带应有一定的重叠。机载激光测深技术属于海底地形全覆盖测量技术，其覆盖海底的宽度与水深无关，仅与飞机的航高有关，覆盖宽度一般为航高的 0.7 倍左右。测量时，POS 系统应同步、高频地采集数据。

(3)数据处理。ALB 采用式(7.16)~式(7.18)给出的数据处理过程。集合每个激光在海底测量点的三维坐标,获得测量区域的海底地形。ALB 海底地形测量根据 POS 系统提供的扫描器大地高,结合激光在水面和海底的回波时间,计算获得了海底点的大地高。为了获得海底地形测量要求的垂直基准下的地形深度,需要根据垂直基准间关系,进行垂直基准转换。

4)点云数据滤波、精度评估及海底地形产品制作

采用前面所述方法,对机载激光测深系统得到的地形点云数据进行滤波,消除异常数据,并根据计划线和检查线的同名格网点上的深度不符值,对点云数据进行精度评估。确保点云数据质量后,开展海底地形等深线绘制、地形渲染图和三维图等地形产品制作。

7.2.5 船载水上、水下一体化地形测量

尽管 ALB 可实现海岸带水下和干出地形的一体化测量,但穿透能力和测量精度受海水浑浊度影响较大,有些水域难以实施测量。近年来,出现了集多波束、激光扫描仪、稳定平台、POS 等于一体的、安装在测量船或气垫船上的水上、水下一体化地形测量系统,同步测量浅滩水深以及激光测程内的岸边地形,同时获取水下和干出地形(图 7.15)。

图 7.15 多传感器水上、水下一体化测量硬件系统

该系统在堤坝、码头等水域有较好的应用,但在浅滩地带存在测量盲区。尽管多波束具有旋转声呐探头实施水下地形测量的功能,但依然难以扫测获得接近干出部分的浅水地形。

7.3 海底地形反演

7.3.1 卫星遥感反演水深

卫星遥感反演水深是借助可见光在水中传播和反射后的光谱变化,结合实测水深,构建反演模型,实现大面积水深反演,再结合遥感成像时刻水位反算得到海底地形。目前可用的影像主要来源于 IRS、IKONOS、QuickBird、AVIRIS、Sentinel-2,Landsat、TM、SPOT 等卫星。卫星遥感反演水深具有经济、灵活等优点,但反演精度需提高,范围需扩大(图 7.16)。

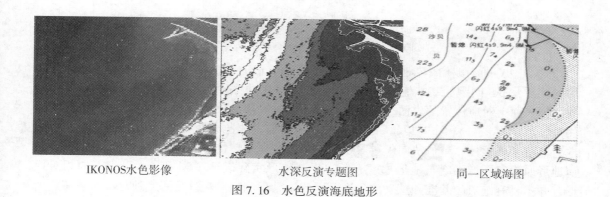

| IKONOS水色影像 | 水深反演专题图 | 同一区域海图 |

图 7.16　水色反演海底地形

反演水深的关键是构建不同波段或组合波段与水深间的反演模型，包括波段优选、波段组合及反演模型构建三部分。波段优选目前借助主成分分析法或相关法分析各波段反演水深的显著性或相关性来选择。波段组合是分析不同显著波段组合对反演水深精度改善程度而进行的最优波段组合。最后构建显著波段或组合波段与实测水深的关系模型，如线性模型、附加幂函数非线性修正的线性模型、基于底部反射模型建立的单/双/三波段反演模型、结合多光谱遥感信息传输方程推导出的水深对数反演模型等，并用于水深反演。

7.3.2　重力反演海底地形

重力异常和海底地形在一定波段内存在高度相关，据此可反演大尺度的海底地形。反演模型构建经历了直接建模和修正建模过程，目前多采用修正建模。如利用 ETOPO5 模型、GMT 岸线数据、卫星测高重力异常和船测水深建立海底地形模型。采用垂直重力梯度异常可以反演得到独立于重力异常的海底地形模型。在不同海底模型假设的基础上，许多学者开展了水深反演，如在椭圆形海山模型假设的基础上利用垂直重力梯度异常、采用非线性反演方法对全球的海山分布进行了反演，基于高斯海山模型，通过分析地壳密度、岩石圈有效弹性厚度及截断波长对反演的影响，采用垂直重力梯度异常反演得到海底地形。

7.3.3　声呐图像反演高分辨率海底地形

在中浅水，高精度和高分辨率海底地形主要借助多波束测深获得，但在深水其测深分辨率会随着波束入射角和水深增大而显著降低。侧扫声呐通过深拖可获得 20~100 倍于测深分辨率的海底声呐图像，但缺少高程信息。基于侧扫声呐成像机理及光照理论，借助 SFS(Shape From Shading)可实现基于声呐图像的海底高分辨率地形反演。SFS 方法是基于声波在海床表面遵循的反射理论，通过构建回波强度与入射方向、地形梯度等之间的关系，对模型求解即可得到海床地形。同底质下，接收到的海底回波多为粗糙表面的散射波，理想散射体的散射强度满足朗伯体法则，即当入射强度 I_0 和入射方向 $\boldsymbol{n}_s$ 一定时，能量经朗伯体表面反射，反射强度仅与入射方向和物体表面法线夹角的余弦有关，(x, y) 处的反射强度 $I(x, y)$ 满足：

$$I(x, y) = I_0\cos\theta = I_0\cos\angle(n, n_s) \tag{7.19}$$

根据床表法向量的不同形式，式(7.19)可以表示为如下形式：

$$I(x,\ y) = I_0\ \frac{\pmb{n}}{\parallel \pmb{n} \parallel}\ \cdot\ \frac{\pmb{n}_s}{\parallel \pmb{n}_s \parallel} = I_0 \frac{n_x n_{sx} + n_y n_{sy} + n_z n_{sz}}{\sqrt{n_x^2 + n_y^2 + n_z^2}\ \sqrt{n_{sx}^2 + n_{sy}^2 + n_{sz}^2}} \qquad (7.20)$$

式(7.20)即为朗伯体表面下图像辐照度方程,该方程表征了反射强度与地形梯度之间的关系,SFS问题的基本任务就是对给定的图像I,根据每个像素灰度值$I(x,\ y)$求定被测物体表面上对应位置的表面相对地形参数,如法向量参数$(n_x,\ n_y,\ n_z)$,进而重构物体的三维形状$z(x,\ y)$(图7.17),该问题的求解还需要根据情况添加强度、光滑性、可积性、二阶导连续性、单位法向矢量等约束条件,联立并转化为泛函值问题。根据SFS反演地形原理,图像强度与地形梯度有关,反演地形实际表征了床表某一尺度下的相对地形,并不具有绝对的基准和正确的尺度。因此,采用侧扫声呐进行海底地形反演还需要少量外部水深数据提供约束和校准。

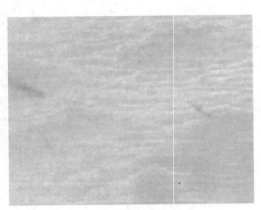

声呐图像　　　　　　　　　　最小化法海底地形反演结果

图7.17　采用最小化法获得的声呐图像反演地形

7.4　声呐成像及海底地貌图像测量

7.4.1　多波束声呐底回波成像

多波束声波到达海底后,其能量根据床表底质属性、表面粗糙程度、入射波波长及入射角等重新分布,海床表面回波主要存在镜面反射和散射两种,如图7.18中P_A和P_B。

多波束系统的波束基本为具有一定入射角的波束,对应的回波为散射波,其方向和入射方向相同,因此常称为背向散射回波(Backscatter,也可称为反向散射或后向散射),在换能器正下方小角度范围内则接收到镜面反射回波。底部检测标定了每个波束脚印中心对应的底回波时序位置,该位置前后一段时序内回波均在波束包络内,存储该段回波序列,形成波束脚印片段(Snippet)回波数据(图7.19)。对该片段数据进行振幅加权平均,得到一个反映波束脚印回波强度的平均值,与该波束的测深点对应,称为多波束声呐背散射平均回波强度数据,因此多波束背向散射数据常见的两种记录形式为:

（1）单个/平均波束强度（Single/Average Beam Intensity）;

（2）单独波束时间序列（Individual Beam Time Series，也称为片段数据 Snippet）。

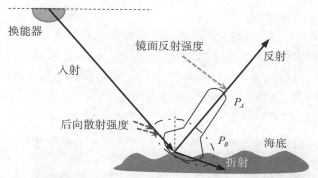

图 7.18　声波在海底床表的入射、反射、散射、折射示意图

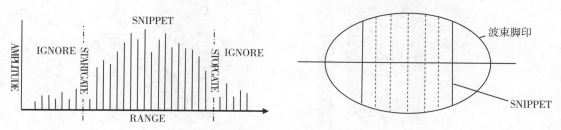

图 7.19　多波束声呐测量中一个波束脚印内的回波数据采样

　　多波束背向散射数据以声呐图像的形式反映海底地貌变化。无论是平均强度还是 Snippet 强度数据，数据处理过程包括解码、辐射畸变改正、地理位置计算、地理编码及条带图像形成、图像镶嵌等步骤(图 7.20)。

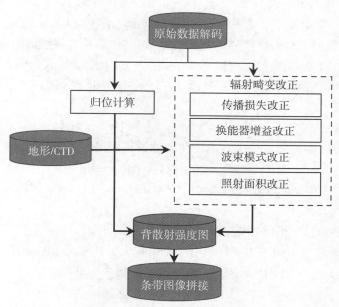

图 7.20　多波束声呐图像处理流程图

1. 数据解码及瀑布图生成

根据数据格式对多波束二进制原始观测文件解码，获得每 Ping 波束数、估算垂直航向与沿航向波束点相对位移、波束点平均回波强度、Snippet 采样数、回波强度序号等信息。提取回波强度，以航迹为中心，依照序号从左舷至右舷排列波束点回波强度，其内部的 Snippet 采样点按指向性参数排列，据此获得的回波强度瀑布图如图 7.21 所示。

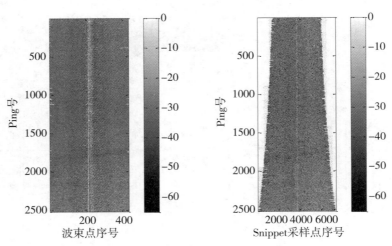

图 7.21　多波束条带回波强度瀑布图

2. 辐射畸变校正

每个波束在传播过程中遵循如下声能方程：

$$EL = SL + BP_T - 2TL + BTS + SH + BP_R + G_R \tag{7.21}$$

式中，SL 为发射声源能级，2TL 为两倍声程的传播与吸收损失，BTS 为底部目标强度，BP_T、BP_R 分别是发射、接收换能器的指向性系数，SH 为接收换能器的敏感性系数，G_R 是设备的接收增益，EL 是换能器阵列接收到的强度。为了能从接收到的声呐信号中获取反映海底底质属性的背散射强度 BS，需开展 TVG 增益、传播吸收损失、照射面积等辐射畸变改正。

1) 传播损失改正

声波在水中传播会使强度产生衰减变化，称为传播损失 TL。

$$TL = \alpha R + 20\lg RTL = \alpha R + 20\lg R \tag{7.22}$$

式中，R 是波束的声程，α 为吸收系数，单位为 dB/km。2TL 表示往返程传播损失。

2) 声照射面积改正

受水深、波束角、地形等影响，波束在海底的声照面积 A 会不同，由此给底部目标强度 BTS 带来的影响也不同。为了获取与照射面积无关的强度 BS，借助下式对其改正：

$$BTS = BS + 10\lg ABTS = BS + 10\lg A \tag{7.23}$$

$$\begin{cases} BTS = BS + 10\lg \theta_x \theta_y R^2, & \varphi \approx 0° \\ BTS = BS + 10\lg \dfrac{c\tau}{2\sin\varphi} \theta_x R, & \varphi > 0° \end{cases} \tag{7.24}$$

式中，θ_x 与 θ_y 分别为沿航方向波束宽度、垂航方向波束宽度，共同决定波束的几何大小，φ 为入射角，c 为声速，τ 为传播脉冲宽度。

3）角度响应效应移除

时变增益补偿（Time Varied Gain，TVG）增益在多波束测量时已借助硬件进行了改正，但仍存在残余。不同入射角下海底回波模式不同，在换能器正下方多为镜反射回波，随着入射角增加逐渐接收到的回波为漫反射回波。无论是 TVG 残余还是波束模式影响，带来的回波强度变化均与波束角度相关，统称为角度响应效应（Angle Respond，AR）。AR 移除常采用经验改正模型。图 7.23 给出了 EM 改正模型，将整个 Ping 回波序列分为三个区：

（1）入射角 θ 在 0°~30° 的为镜反射区 D_1；

（2）30°~60° 的为漫反射 D_2 区；

（3）余下的高入射角 D_3 区。

在 D_1 区对强度进行一个线性角度响应改正，在 D_2 和 D_3 区利用 Lambert 法则对强度数据进行角度响应改正。

$$\begin{cases} \mathrm{BS} = \mathrm{BS}_o + (\mathrm{BS}_N - \mathrm{BS}_o) \times (30° - \theta)/30 & 0° < \theta < 30° \\ \mathrm{BS} = \mathrm{BS}_o + 10\lg\cos^2\theta & \theta \geqslant 30° \end{cases} \tag{7.25}$$

其中，BS_N 为 0° 入射角下的散射强度，BS_o 为平坦海底的平均背散射强度，BS 为改正值。

经验改正模型会与实际存在一定差异，影响改正效果。AR 移除也可以借助统计法实现。首先利用非监督分类进行底质预分类；然后统计同底质不同角度回波强度的平均值，构建同底质下入射角—平均回波强度曲线；再以漫反射区的平均回波强度为参考，计算不同角度下的差距量，得到不同入射角下的改正量，对该底质下的不同入射角的回波强度进行改正（图 7.23）。

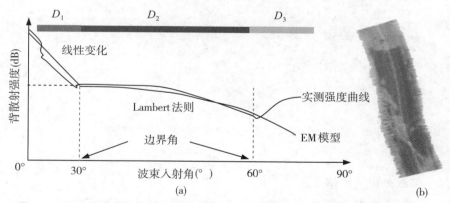

图 7.22　EM 系列多波束采用的角度响应改正模型及改正后的条带回波强度图像

3. 地理位置归算

平均回波强度的地理位置也即波束测深点归位计算得到的位置，Snippet 回波位置根据与波束中央点的相对位置（图 7.20）来计算。

221

$$\begin{pmatrix} x_1 \\ y_1 \\ z_1 \end{pmatrix} = \begin{pmatrix} x_0 \\ y_0 + \Delta s \\ z_0 \end{pmatrix} = \begin{pmatrix} x_0 \\ y_0 + \dfrac{c\Delta N}{f\sin\theta} \\ z_0 \end{pmatrix} \tag{7.26}$$

式中，$(x_0，y_0，z_0)$为波束中央点船体坐标系下坐标，$(x_1，y_1，z_1)$是与波束中央点采样点号差异为ΔN的Snippet采样点在船体坐标系下的坐标，f是设备的采样频率，c是海底局部声速。

获得了每个Snippet回波在船体坐标系下的坐标后，采用测深数据处理中位置归算方法，计算各Snippet回波的地理坐标。

4. 声呐图像生成

声呐图像生成包括强度到灰度的转换、条带图像去噪及拼接等内容。强度到灰度的转换是根据多波束回波强度的分布范围，将其转换到0~255的灰度值。条带图像地理编码是依据多波束回波采样点的地理位置，构建格网模型，每个格网对应图像的像素。条带图像拼接是将编码后的图像在地理坐标系下拼接成一个全区域的海底地貌图像(图7.23)。

图7.23　借助多波束回波形成的海底地貌图像

7.4.2　多波束声呐水体成像

多波束系统各方向接收回波信息包含了声波穿透整个水体到达海底的所有回波，将这些回波按时序记录下来，即获得水体(Water Column)数据。若将各方向回波按角度和时间(距离)展开，可以得到一幅反映整个水体空间的回波图像，称为水体图像。在每一Ping测量数据中，水深数据的个数也就是形成的波束数，从几十至数百个，而水体数据的数量与设置的采样频率有关，往往是上万甚至是几十万个(图7.24)。

图7.25给出了某一波束回波位置的计算过程。接收器阵列按照等时间间隔采样得到S_1，S_2，…，$S_i(i=1~N)$共N个采样点，在声速V(m/s)不变的情况下，根据仪器固定的

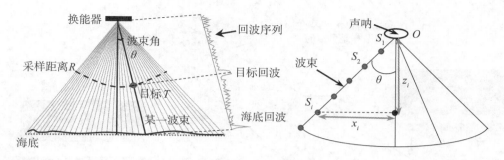

图 7.24　水柱影像形成原理

采样率 $F(\mathrm{Hz})$ ，可以得到第 i 个采样点的往返传播时间为：

$$T_i = \frac{i}{F} \tag{7.27}$$

则第 i 个采样点的斜距为：

$$S_i = \frac{VT_i}{2} = \frac{iV}{2F} \tag{7.28}$$

根据该波束的指向角 θ ，进而得到第 i 个采样点在深度-垂直航迹坐标系下的垂直航迹距离 x_i 和深度 z_i ，分别为：

$$x_i = S_i \sin\theta = \frac{iV\sin\theta}{2F}, \quad z_i = S_i\cos\theta = \frac{iV\cos\theta}{2F} \tag{7.29}$$

多波束水体数据的上述成像过程并非等分辨率处理，局部可能出现缝隙，需根据各回波采样点坐标，采用扫描填充法确定好填充区域，然后在填充区域内按反距离加权法，内插各填充区域的回波强度，图 7.25 显示了利用反距离加权差值以后得到的无空隙水体影像。

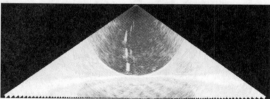

图 7.25　空缺点内插前后水柱影像

在实际应用中，水体数据还可能以其他形式显示，如图 7.26(a)中的时间-角度图像，图 7.26(b)中的深度-垂直航迹图像(也称扇面图)，图 7.26(c)中某个波束的航向叠加图。

7.4.3　侧扫声呐系统

侧扫声呐系统为一种线性拖体装置，拖体左右两侧各布置一个线性阵列来实现两侧波束的独立接收，拖曳式侧扫声呐通过拖缆同测船相连，既可以减少船体尾流和海面波浪对声信号的影响，同时可以贴近海底获取高分辨率的水下地貌图像，其成像分辨率比主流的

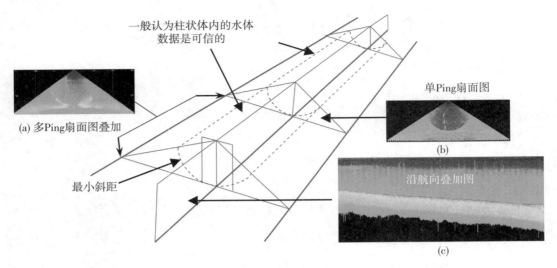

(a) 多Ping扇面图叠加

一般认为柱状体内的水体数据是可信的

最小斜距

单Ping扇面图

(b)

沿航向叠加图

(c)

图 7.26　水柱数据的不同显示方式

多波束系统要高出几十倍甚至上百倍,在海洋开发方面具有广泛的应用。

　　为了高效地获得海底表面的回波强度,侧扫声呐在垂直航迹方向上发射一开角很大的扇形波,而该波束在平行于航迹方向上则很窄(图 7.27)。这种波束使得每次接收到的回波仅反映航迹两侧很窄的线状区域的地表特征。与多波束声呐不同,为了达到较高的采样率,侧扫声呐采用等时间采样记录反射的回波,每个回波的方向无法准确确定,为了区分从左右两侧同时返回的回波,侧扫声呐两侧各有一个水听器,分别接收左、右舷的回波。

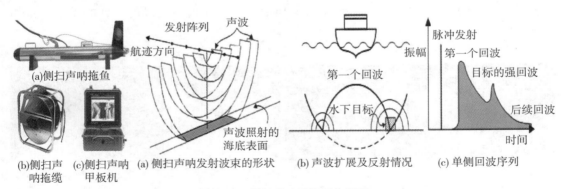

(a)侧扫声呐拖鱼

(b)侧扫声呐拖缆　(c)侧扫声呐甲板机

(a) 侧扫声呐发射波束的形状

(b) 声波扩展及反射情况

(c) 单侧回波序列

图 7.27　侧扫声呐系统工作原理

　　图 7.28 为侧扫声呐左、右两侧水听器接收回波的示意图。两个水听器独立工作,互不干扰。在声波脉冲完成发射的瞬间,水听器开始工作,按采样间隔记录信号。由于声波从拖鱼传至海底再反射回拖鱼需要一段时间,此间水听器仅能监测到海水中的混响及噪声,这段区域内的回波在条带图像中称为"水柱"区。第一个从海底返回的回波来自拖鱼正下方,其强度较大,紧随其后的回波在强度上具有较好的连续性,准确判断第一个海底回波的位置,便可以知道拖鱼至海底的高度。受传播损失影响,越远处的回波其强度越

224

弱，当距离大到一定程度，水听器将难以从环境噪声中区分目标的回波。侧扫声呐往往设置最大量程 R 以此结束一次回波的接收。一次测量可得到同等长度的左、右舷回波序列，称它们为 1Ping 回波。

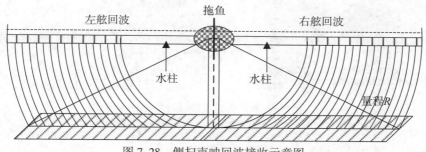

图 7.28　侧扫声呐回波接收示意图

随着船体的运动，侧扫声呐不断地向海底垂直发射扇形窄波束并记录回波，将采集的每 Ping 回波按测量的先后顺序堆叠在一起即可形成侧扫声呐图像。图 7.29 为侧扫声呐实时测量的过程，每 Ping 测量获得回波强度序列，转换为 0~255 灰度级，形成 Ping 扫描线。将测量过程中 Ping 扫描线按照沿航迹时序排列，形成沿航迹的侧扫声呐条带瀑布图。由于回波强度的强弱变化与底质类型、海床表面纹理等相关，因此侧扫声呐图像具有反映海底地貌变化及分布特征的能力。

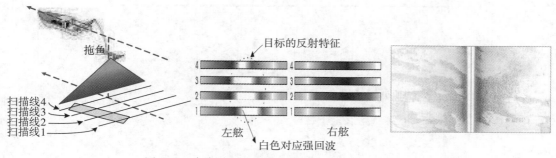

图 7.29　侧扫声呐测量及条带图像(瀑布图)的形成

侧扫声呐系统主要包括拖鱼(声学换能器)、绞车、拖缆、GNSS 接收机和工作站等(图 7.30)，有些侧扫声呐系统还配备压力传感器、罗经、运动传感器等辅助设备。为实现拖鱼的准确定位，还配备有拖鱼水下定位系统，如超短基线系统(USBL)。

侧扫声呐作业前应布设测线。测线布设应遵循如下原则：①测线布置应沿逆流方向直线布设，避免较小水流冲击对换能器成图的影响；②测线不宜过长，应综合考虑水下目标分布范围、设备安全等因素而定；③扫幅一般为拖鱼距离海底表面高度的 3 至 8 倍；④多条带扫床时，测线间距应保证条带之间具有一定的重叠宽度，条带间距 $D \leqslant 2nR$(R 为侧扫单侧量程，$n = 0.5 \sim 0.8$)。施测过程中合理设置船速、拖缆长度和拖鱼深度，航向变化或船速变化时，应合理收放拖缆长度，防止拖鱼触底。

侧扫声呐数据后处理主要包括海底追踪、辐射畸变改正、斜距改正、拖鱼船体坐标的

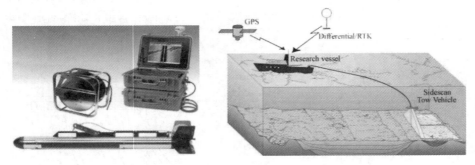

图 7.30 侧扫声呐系统组成及其拖曳作业模式

推估、图像的地理编码和重采样、条带图像镶嵌等工作。

1）海底追踪

在瀑布图像中可以观察到，水柱与海底回波图像之间存在一条明显的界线，即所谓的海底线，它是由每行的第一个海底回波组成的强回波线。通常将确定每行第一个海底回波位置的过程称为海底追踪，如图 7.31 所示。一般情况下，左右两侧的海底线关于发射线对称，海底第一个回波来自拖鱼正下方，海底线与发射线的横向距离即为拖鱼至海底的高度。

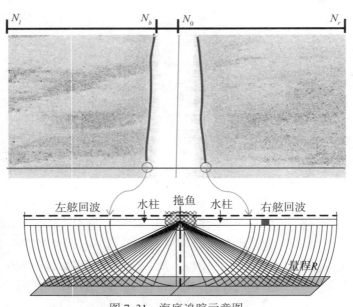

图 7.31 海底追踪示意图

在图 7.31 中，N_0 为发射线的位置，N_b 为海底线的位置，声呐图像单个像素的横向尺寸为 Δd，则拖鱼距海底的高度可以表示为 $H = |N_b - N_0| \times \Delta d$。海底线是侧扫声呐横向增益的起始线，也是斜距改正的基准线，正确提取海底线是瀑布图像后续处理的基础。

2) 辐射畸变改正

受扩展损失和吸收损失等影响，侧扫声呐图像存在辐射畸变，表现为横向回波强度（图像灰度）变化不均衡（图7.32），可借助时变增益法、统计法等方法来消除。

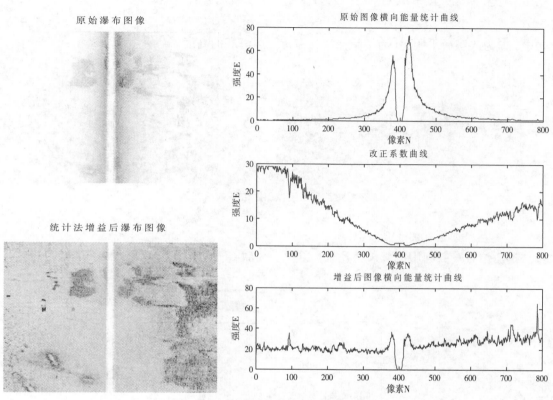

图 7.32　利用统计法实现灰度横向均衡

时变增益 TVG（Time Vary Gain）是利用经验公式来补偿回波随传播时间或距离增加而产生的扩展损失和吸收损失。式（7.30）是计算声波传播损失的一般形式，系数 n 与波束形状有关，吸收系数 α 与发射频率、海水温度和盐度等有关。根据侧扫声呐发射波束，$n=1.5$，考虑往返程的回波补偿量 GL_r：

$$GL_r = 20n\lg r + 2\alpha r \tag{7.30}$$

在底质和地形变化较快的水域，时变增益法的改正效果会受到影响。

统计法是实现辐射畸变改正的一种有效方法（图7.33）。在沿条带纵向，统计各列信号的平均回波强度或灰度，形成原始图像横向能量统计曲线；设置合理的强度或灰度参考值，结合原始图像横向能量统计曲线，得到横向能量改正曲线；对窗口内的每个像素，根据该像素的横向像素数，结合改正量，对原始回波强度或灰度值进行改正。

3) 斜距改正

受斜距记录影响，侧扫声呐图像横向上存在倾斜几何畸变；水柱的存在也导致拖鱼正下方目标被分离到两侧，因此，需对侧扫声呐图像进行斜距改正。斜距改正需引入如下假设：

（1）第一个海底回波来自换能器正下方。

（2）海底近似平坦，目标至拖鱼的垂直距离等于拖鱼至海底的高度。

（3）忽略声速的变化，认为声波在海水中直线传播。

基于以上假设，利用拖鱼、海底及回波的三角关系（图7.31），计算每个回波的平距。利用平距和回波强度形成侧扫声呐条带图像（图7.33）。

$$S = \sqrt{l^2 - D_f^2} \qquad (7.31)$$

式中，S 为改正后平距，l 为斜距，D_f 为拖鱼距离海底的高度。

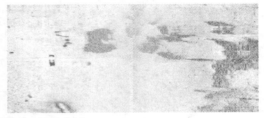

图7.33　瀑布图像斜距改正前后实例

4）拖鱼船体坐标的推估

拖鱼位置一般利用拖缆长度、航行方位、船载 GNSS 坐标等来联合推算（图7.34）。

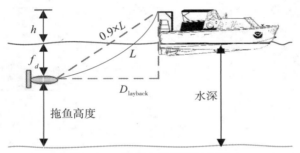

图7.34　拖鱼坐标推算示意图

设拖缆长度为 L，常根据经验通过对拖缆长度乘以小于 1 的系数来近似计算斜距，结合绞架至水面高度、拖鱼至水面深度（拖深）f_d，计算绞车到拖鱼的水平距离 $D_{layback}$。最后，基于拖鱼与船体航向 A 的一致性，通过拖点位置 $(x，y)_{GRF\_T}$ 求出拖鱼地理坐标 $(x，y)_{GRF\_TOW}$。

$$\begin{pmatrix} x \\ y \end{pmatrix}_{VFS\_TOW} = \begin{pmatrix} x \\ y \end{pmatrix}_{GRF\_T} + \begin{pmatrix} D_{layback} \times \cos(A + \pi) \\ D_{layback} \times \sin(A + \pi) \end{pmatrix} \qquad (7.32)$$

5）图像的地理编码与重采样

瀑布图像经过斜距改正后，每行正中央像素理论上对应拖鱼正下方位置，根据拖鱼的位置，可以确定每行正中间像素的地理坐标，每行像素皆与拖鱼当前航向垂直，每个像素至中央的宽度均为平距。基于上述关系，可以计算每个回波在地理坐标系下的位置。

如图7.35 所示，在平面直角坐标系中，该 Ping 回波测量时拖鱼正下方投影点的地理坐标为 $P_0(X_0，Y_0)$，侧扫声呐单侧扫幅为 R，每个通道的采样率为 N，航行方位角为 α，由于每 Ping 回波垂直于航行方向，因此，左舷通道回波的方位角 $\theta=\alpha-\pi/2$，右舷通道回波的方位角则为 $\theta=\alpha+\pi/2$，P_i 为某通道的第 i 个回波，则 P_i 的地理坐标 $(X_i,\ Y_i)$ 为：

$$X_i = X_0 + R \times \cos(\alpha \pm \pi/2) \times i/N$$

$$Y_i = Y_0 + R \times \sin(\alpha \pm \pi/2) \times i/N$$

$$(7.33)$$

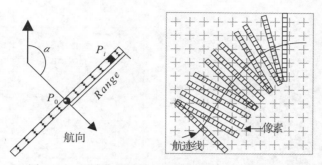

图 7.35　回波位置计算及瀑布图像地理编码示意图

当每个回波的地理坐标确定以后，就可以获得条带声呐图像的实际地理范围，根据成图分辨率，进而确定图像宽度，每个回波的像素坐标均可根据像素步长由地理坐标一一换算。然而受侧扫声呐回波纵横向采样率不一致影响，地理编码后的声呐图像各扫描线之间产生缝隙，航向的变化还使得缝隙大小在各处不均匀，由航迹向弯道外侧，扫描线之间的缝隙越来越大，由航迹向弯道内侧，扫描线之间的缝隙逐渐减小甚至相互交叉，如图 7.36(a)所示，这使得图像上的目标难以识别。因此还需要对地理编码后的声呐图像进行重采样，以消除扫描线之间的缝隙。

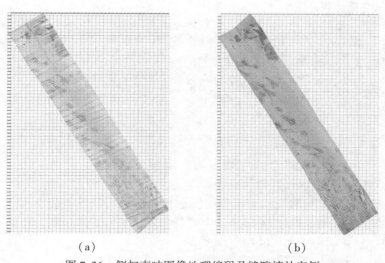

（a）　　　　　　　　　　　　（b）

图 7.36　侧扫声呐图像地理编码及缝隙填补实例

6）条带图像镶嵌

在数字图像技术推广之前，侧扫声呐系统常用长条状记录纸实时绘制声呐图像，如图

7.37 所示，纸质声呐图像的镶嵌，常根据估算的坐标信息进行对准，并在公共覆盖区域，寻找一条使两侧灰度均衡过渡的裁剪线，基于这条线，每一侧图像都裁剪掉外侧多余部分，将剩下部分粘贴在坐标网格上，便形成了一幅多条带镶嵌图像。裁剪法镶嵌一直沿用至数字声呐图像，其关键是在公共覆盖区域寻找裁剪线，并且无需考虑多源图像的融合问题。

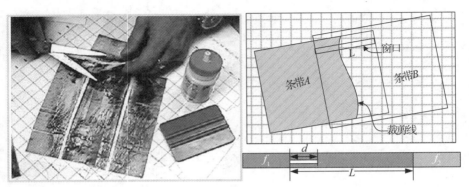

图 7.37　传统纸质声呐图像的镶嵌及裁剪线镶嵌原理

利用数字图像处理技术，可以实现相邻条带间同位像素多源回波的融合，图像融合多为像素级别处理，融合效果的好坏与配准精度有很大的关系，但从融合算法自身角度讲，好的融合方法应当尽可能地保留原图像信息，同时消除重叠区域的拼接痕迹。目前基于像素级图像融合的方法主要有：加权平均法、主成分分析法、拉普拉斯金字塔法和小波变换法。

7.4.4　合成孔径声呐

合成孔径声呐(Synthetic Aperture Sonar，SAS)是一种高分辨率成像声呐。利用小尺寸基阵沿空间匀速直线运动来虚拟大孔径基阵，在运动轨迹的顺序位置发射并接收回波信号，根据空间位置和相位关系对不同位置的回波信号进行相干叠加处理，从而形成等效的大孔径，获得沿运动方向的高分辨率成像声呐。SAS 按照载体的不同分为船载式和潜用式；按照作业深度不同分为浅水、中水、深水型；按照工作频率不同可以分为单频、多频系统；按照工作原理不同分为干涉侧扫式合成孔径声呐、逆合成孔径声呐、多波束合成孔径声呐。

合成孔径声呐系统组成主要包括：

(1)声学系统：声呐信号发射与接收换能器和 SAS 信号处理与控制单元。

(2)声呐载体：搭载 SAS 系统运动，完成对扫测区域的走航扫测，载体可以使用拖鱼装置、科考船只、水面无人船、水下 AUV/ROV 等。

(3)主控计算机和实时操作软件。

除了上述单元外，拖曳式 SAS 还包括绞车、拖机轮、拖缆、拖体等及拖曳单元(图7.38)。

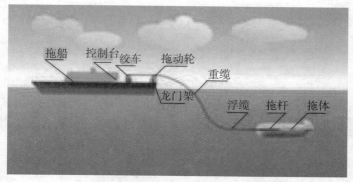

图 7.38　拖曳式合成孔径声呐系统组成及作业示意图

传统成像声呐的角度分辨率是固定不变的，会导致方位向分辨率与传播距离相关。SAS 的方位向分辨率却与距离无关。SAS 构建的合成阵列尺寸或合成孔径大小是传播距离的函数，合成阵列的最大尺寸是由每个收发阵元的视场决定的（图 7.39），所以距离 R_1 的最大合成孔径大小为：

图 7.39　合成孔径声呐及其角度分辨率

$$L_1 \approx \beta R_1 \tag{7.34}$$

式中，$\beta = \lambda/d$ 是合成阵列的视场。此时合成阵列中心的方位向分辨率为：

$$\delta x \approx R_1 \frac{\lambda}{2L_1} \tag{7.35}$$

式中，加入的"2"是由于发射阵和接收阵沿着同一方向同时匀速运动，发射信号在介质中传播的时间里整个阵列并未静止不动，而是仍然沿着既定方向前进，即相当于同向运动的相对距离问题，将 L_1 代入上式可以得到下式：

$$\delta x \approx R_1 \frac{\lambda}{2L_1} = R_1 \frac{\lambda}{2\beta R_1} = R_1 \frac{\lambda}{2 \times \lambda/d \times R_1} = \frac{d}{2} \tag{7.36}$$

上式表明 SAS 方位向分辨率由单个阵元大小决定而与距离无关，SAS 图像上近远处方位向分辨率相同，避免了传统成像声呐方位向分辨率随传播距离增大而降低产生的图像畸变。

SAS 的测量方法与侧扫声呐基本相同，但要求测量中速度较慢（一般为 2~4 节）。SAS 数据处理内容及方法与侧扫声呐图像处理基本相同，包括原始数据解码、瀑布图生成、海底线跟踪、斜距改正、辐射畸变改正、位置归算及地理编码、条带图像拼接等内容(图 7.40)。

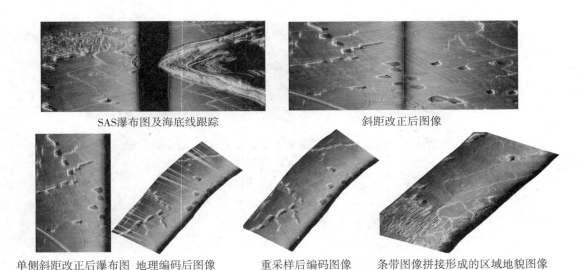

SAS瀑布图及海底线跟踪　　　　　　　　斜距改正后图像

单侧斜距改正后瀑布图　地理编码后图像　　重采样后编码图像　　条带图像拼接形成的区域地貌图像

图 7.40　合成孔径声呐图像处理

7.5　浅地层剖面声学探测

　　海底浅表层多为沉积物形成的海床面下一定深度的地层，探测其底质类型及分布结构，对于海洋矿产资源开发和利用、海洋工程、海洋军事等具有重要作用。海底浅表层探测常利用声学、光学、电磁波、采样等技术，鉴于声学探测简便性、有效性和可靠性，下面主要介绍利用浅地层剖面仪(简称浅剖)探测海底浅表层底质结构的方法。

7.5.1　浅地层剖面测量系统及其工作原理

　　浅地层剖面测量(浅剖)系统包括载具、GNSS、姿态仪、浅剖仪、数据处理软件和其他辅助设备，浅剖仪是测量的主体单元，由发射/接收基阵、发射/接收机、记录器组成。

　　(1)发射机：即声源，形成一定周期的电子脉冲信号，其类型包括电陶瓷式、电磁脉冲式、电火花、参量阵、气枪等。

　　(2)发射基阵：按照发射机的电子脉冲信号进一步形成一组声脉冲信号发射到水中，按照一定的规律和角度射向海底，并穿透一定深度的海底浅地层。

　　(3)接收基阵：接收浅地层返回的声反射信号，并将声信号转换为电子脉冲信号。

　　(4)接收机：将电子脉冲信号放大，并进行滤波等处理。

　　(5)记录器：记录回波信息的位置、强度、时间等基本信息。

　　浅剖的声学发射机制与单波束声呐类似，但其发射声波频率更低、能量更大，可穿透床表以下几十至上百米，所形成的浅地层回波剖面图像，可用于判断海底浅表层沉积层属性和结构。浅剖常采用面状发射单元(图 7.41)，将控制信号转换为不同频率的声波脉冲，垂直向下发射带有一定开角的锥形单波束声波。当声波传播介质的成分、结构和密度等因素发生变化时，声波的传播速度、能量衰减及频谱成分等也将发生相应的变化，在弹性性质不同的介质分界面上会发生明显的反射和透射，透射向下的声波到达更深的底质分界面时，进一步发生反射和透射，直到声能衰减完全。

（a）面状浅剖换能器

（b）多阵列式浅剖换能器

图 7.41　浅剖换能器类型示例

　　声能在各介质层界面处反射和透射的分配比例与界面上下介质的阻抗 ρv 有关（图 7.42）。声波传播过程中是否发生强反射，取决于反射面两边介质的差异（图 7.43）。波阻抗相差越大，反射系数越大，发生的反射越强；反之，波阻抗差异越小，反射系数越小，反射越弱。由于反射波特征与介质密切相关，可通过分析浅地层剖面回波信号特征，得到海底底质信息。

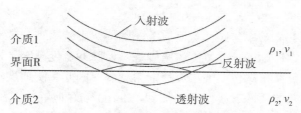

图 7.42　声波在介质阻抗有差异时发生强反射

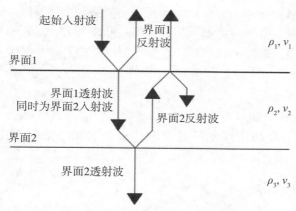

图 7.43　声波穿透若干层界时反射和透射示意图

233

浅剖换能器从发射声波的瞬间便开始记录回波，回波先后经历水体、水体与海床界面和浅表层以下可能探测到的介质层。如图 7.44 所示，一个波束内，床表及介质面处存在强回波，水体或浅表层有小体积强反射目标时，由于波束角的延展效应而出现绕射弧回波特征。

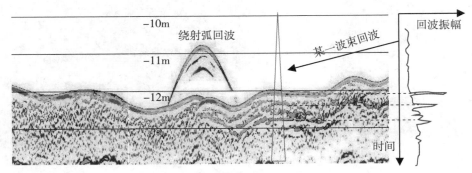

图 7.44　浅地层剖面图像

浅剖图像的分辨率包括垂向分辨率和水平分辨率两部分。

垂向分辨率指能分辨两层面的最小间隔，其大小直接影响到浅地层剖面测量结果的好坏。实际信号处理中会采用匹配滤波将回波信号与发射脉冲信号进行卷积计算，此时信号域可分辨最小目标的大小刚好对应脉冲长度的一半，因此浅剖的垂直分辨率为：

$$R_v = \frac{1}{2} C\tau \tag{7.37}$$

式中，R_v 为垂直分辨率，C 为声速，τ 为脉冲宽度。

声速一定时，垂直分辨率与脉冲宽度有关。脉冲宽度越窄，分辨率越高，即要提高浅地层剖面仪垂直分辨率，则需脉冲宽度越窄越好。但脉冲宽度越窄，发射功率越低，从而声波在地层中传播时衰减得越快，地层穿透能力越弱。因此，浅地层剖面仪的探测分辨率与地层穿透能力是相互矛盾的。线性调频技术（Chirp）较好地解决了浅剖测量中分辨率与穿透深度的矛盾。在发射较宽的线性调频脉冲的同时，也能够保证一定的穿透深度和较高的垂直分辨率。

浅剖水平分辨率取决于第一菲涅耳带半径大小。测量中声波以球面波向海底传播，触及反射界面时发生反射，并被检波器所接收。第一菲涅耳带就是在第一时间被检波器所接收的反射声波记录下来的有限圆域。理论上常把第一菲涅耳带半径 R 作为水平分辨率。

$$R = \frac{1}{2} C \sqrt{\frac{t}{f}} \tag{7.38}$$

式中，t 为声波到达反射界面所用的时间（s）；f 为声波信号频率（Hz）。R 越小，水平分辨率越高，剖面声图越能反映所探测反射界面的小隆起和凹陷形态；反之，水平分辨率越低。

7.5.2　浅地层剖面测量

浅剖常采用拖曳作业模式，部分采用船舷固定测量模式（图 7.45），通过专业软件进

234

行换能器控制、数据记录、数据处理及显示。测量中，除浅剖外，测量船上还安装有GNSS定位系统，同步采集剖面和定位数据。

拖曳式

悬挂式

深拖系统

图7.45　浅地层剖面换能器安装示意图

7.5.3　浅剖数据处理

浅剖数据处理主要包括SEGY数据解码、浅地层剖面图像生成、灰度增益、海底线提取、多次波压制、层位提取等内容。

1）原始SEGY数据解码

浅剖数据一般以标准SEGY二进制格式文件存储，标准SEGY文件完整结构如图7.46所示，包括可选磁带标签、3200字节文本文件头、400字节二进制文件头、可选扩展文本文件头、道头和数据道等部分。根据SEGY格式对文件解码，提取原始观测信息。

SEGY 磁带标签 (可选)	3200 字节文本文件头	400 字节二进制文件头	1st 3200字节扩展文本文件头 (可选)	⋮	Nst 3200字节扩展文本文件头 (可选)	1st 240 字节道头	1st 数据道	⋮	Mst 240字节道头	Mst 数据道

图7.46　标准SEGY数据文件结构

2）数据滤波及图像生成

由于设备的不稳定性、海洋环境噪声以及散射回波等因素，使得浅剖图像的质量降低。考虑到浅剖测量的干扰噪声常来自船只发动机、尾流气泡以及海浪海流等产生的噪声，与浅剖有效回波在频率上存在显著差异，因此频域滤波方法作为一种能够滤除特定频段的干扰信息而保留有效信息的方法可用于浅剖数据滤波去噪。

浅剖接收的是回波信号的瞬时采样值，并以相对发射声波振幅 $X(t)$ 记录（图7.47），因此需对 $X(t)$ 进行希尔伯特 Hilbert 变换。将 $X(t)$ 的 Hilbert 变换记作 $Y(t)$，则

$$Y(t) = X(t) * \frac{1}{\pi t} = \frac{1}{\pi} \int_{-\infty}^{+\infty} \frac{X(\tau)}{t-\tau} d\tau \tag{7.39}$$

瞬时振幅 $A(t)$ 为：

$$A(t) = \sqrt{X^2(t) + Y^2(t)} \tag{7.40}$$

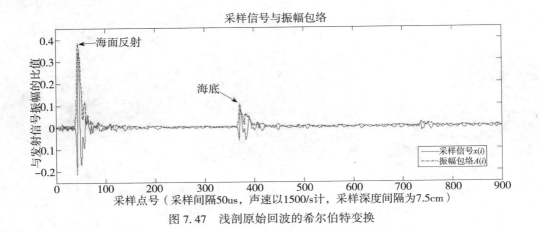

图 7.47 浅剖原始回波的希尔伯特变换

将 A 按其变化范围映射到灰度值范围便可形成图像。

$$\frac{\text{Gray} - \text{Gray}_{\min}}{\text{Gray}_{\max} - \text{Gray}_{\min}} = \frac{A - A_{\min}}{A_{\max} - A_{\min}} \tag{7.41}$$

式中，A 为当前采样点的声强度，$A_{\min}$、$A_{\max}$ 分别为回波振幅最大值与最小值，Gray 为该声强数据对应的灰度值，$\text{Gray}_{\max}$ 和 $\text{Gray}_{\min}$ 通常分别取 255 和 0。

3) 灰度增益

浅剖的声波在传播过程中声能逐渐衰减，实际接收到的回波强度满足声能方程：

$$\begin{aligned}\text{RT} =& SL - 20\lg(2H + 2H_s) - 2\alpha H - 2\alpha_s H_s + 20\lg(W_{ws} W_{sw}) \\ & + 20\lg V - \text{NL} + \text{DI}\end{aligned} \tag{7.42}$$

式中，SL 为发射能级，H 为水深，H_s 为穿透地层深度，α 为吸收系数，W_{ws}、W_{sw} 为往返双程界面反射系数，V 为界面目标反射系数，NL 为噪声级，DI 为指向指数。

方程中第二项为声波扩展产生的几何损失，第三、第四项为介质吸收损失，这些损失表现为图像垂向灰度的不均衡，一般根据经验公式和环境参数对第二、第三、第四项进行自动增益。

4) 海底线提取

海底一般是浅剖声波向下传播过程中遇到的第一个强反射面，由于海水与底质间的差异，该分界面上下两层介质间声阻抗差异较大，声波在海底表面会发生强反射，在浅剖图像上表现为一条连续变化界面线(图 7.48)，其垂向变化表征了换能器距离海底的高度变化。因此海底线可以通过检测每 Ping 回波序列中第一个显著的灰度突变来提取。

$$A(i) - A(i - 1) > \text{TH} \tag{7.43}$$

式中，$A(i)$ 为当前 Ping 第 i 个采样点对应的瞬时振幅；TH 为给定的阈值。

5) 层界提取

声波在底质变化的交界面(强阻抗界面)会发生强回波，同底质内产生弱回波，据此特点可以采用阈值法提取底质变化的交界面，即层界，反映浅地层底质分布。

$$\begin{cases} \text{Gray}_p(m) - \mu_p > k\sigma_p &, \text{接受} \\ \quad \text{其他} &, \text{拒绝} \end{cases} \tag{7.44}$$

236

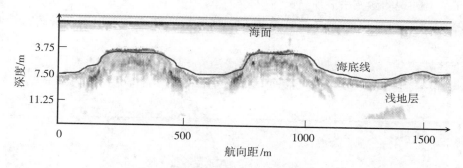

图 7.48　浅剖图像海底线提取实例

其中，μ_p 和 σ_p 为一个 Ping 中像素灰度级的均值和标准差；$\text{Gray}_p(m)$ 为该 Ping 中第 m 个采样点的灰度值；k 通常设为 2。所有 Ping 回波序列中满足上式的像素构成层界线，并将接受的层界点设为 255，其余设为 0，形成二值图像(图 7.49)。

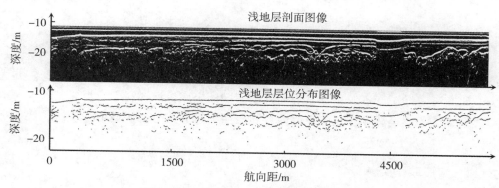

图 7.49　浅地层剖面图像级层界分布图像

6) 多次波压制

由于海面、硬海底等强反射界面的存在，声波在传播中会有一部分反射波在各强反射界面间多次震荡，这些反射波就构成了多次波。多次反射波能力很强，且常与一次反射波混杂在一起，干扰甚至掩盖有效信号，严重影响剖面成像质量，甚至导致错误的地质解释。常见的多次波类型包括表面多次波、层间多次波、微曲多次波、鸣震等(图 7.50)。

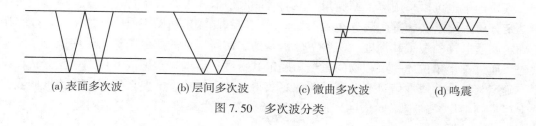

图 7.50　多次波分类

目前，对多次波的压制方法主要分为两类，一类是基于波动方程的预测相减法，另一类是基于信号处理的滤波法。预测反褶积算法属于基于信号处理的滤波方法，是目前多次波压制的常用方法，其原理是依据多次波与一次波周期性差异来识别出多次波进而进行压制。

经上述处理后，得到反映海底浅地层底质结构特征的声学剖面图（图 7.49 和图 7.51），并根据绕射弧成像特征检测浅地层埋设管线等目标的状态（图 7.51）。

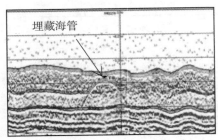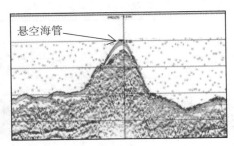

图 7.51　浅地层剖面仪记录的海管典型图像

7.6　海底底质探测

海底底质探测是获取海床表面、浅表层沉积物类型及其分布等信息的技术，主要为海洋动力学研究、海洋矿产资源调查、舰船锚泊、潜器坐底等海洋科学、海洋工程、海上交通及海洋军事服务，是海洋测量的重要内容。按照测量方式分为底质取样探测和底质声学探测两类。

7.6.1　底质取样探测

取样探测主要包括海底底质取样、海上测深和定位、取样样本底质属性实验室分析以及底质类型分布图绘制等内容。海底底质取样方法有采样器取样和钻探取样两种（图 7.52）。

采样器取样依托测量船，利用现场取样设备采集海床表面底质样品。常用的底质采样器有水铊、箱式采泥器、蚌式采泥器、重力式取样管、重力活塞式取样管和挖泥机等。其中，用于深水作业的底质取样管采到样品后，取样管留在海底，上浮装置将装有样品的衬管带到海面，由船只回收。取样管采集的柱状样品可达 1～2m。

底质样本也可以采用海上钻探来获取。海底底质取样可在某个特定位置实施，也可按照一定分辨率要求实施等间隔分布的面采样。定位和测深是辅助底质取样的测量工作，用于确定底质取样的位置和深度。实验室分析是确定底质属性的测量工作。将底质样本烘干磨碎，通过称量单位体积沉积物的重量，确定其密度；借助显微镜或专用的粒度分析仪量测，确定其粒径等属性信息。对于钻孔取芯获得的柱状样本，需要按照一定的深度间隔开展上述量测工作，确定不同层的底质密度、粒径等属性参数，以确定不同底质层的类型分布。

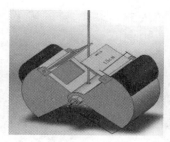
水下抓斗取样

水下钻孔取芯

柱状芯

图 7.52　底质取样

7.6.2　底质声学探测

底质声学探测是借助声呐设备发射的声波及接收来自海底的回波信息，结合海底沉积物底质类型的声学特征或声波回波强度的统计特征，判别海底沉积层类型的技术。底质声学探测主要包括声呐测量、底质声学特征提取、底质分类及底质分布图绘制四部分内容。

声呐测量目前主要借助单（多）波束测深仪、侧扫声呐、浅地层剖面仪等来实现。对接收的回波强度进行传播损失、增益、声照面积等补偿，获得与声波频率、入射角及与底质相关的回波强度数据。提取和分析与海底底质强相关的声学特征参数或声波的回波强度统计特征参数，是底质声学分类的基础。底质的声学特征参数主要包括反射系数、声阻抗、声吸收系数等，声波的回波强度统计特征参数包括回波强度的分布特征、与角度的响应关系特征等，以及回波强度形成的声呐图形的统计特征。围绕这些特征，目前的海底底质声学分类主要采用声学参数反演法和声波回波强度统计特征分类法两类方法。

1）声学参数反演法

基于不同海底底质对声波回波信号的相干分量贡献的不同这一机理，通过反演海底表层不同沉积物的声阻抗、声吸收系数等声学参数，结合不同沉积物的密度、声速、孔隙率和颗粒度等物理参数，通过构建经验模型，实现海底底质分类。

2）声波回波强度统计特征分类法

利用不同海底底质的回波强度或振幅特征，借助聚类分析方法，实现不同底质类型划分。按照是否具备先验底质样本，回波强度统计特征分类法又分为监督分类和非监督分类两种。监督分类通过构建先验底质样本与对应位置回波强度的关系模型实现底质分类，采用的方法有模板匹配法、判别函数法和神经网络分类等；非监督分类无需底质样本，根据回波强度间的相似性关系实现底质分类，常采用的分类方法有神经网络分类法和聚类分析法。也可在后续具备底质样本后，将非监督分类结果与实际底质样本对照，实现底质类型的划分。

根据获取的特征不同，基于声波回波强度统计特征的分类常采用如下三种方法：

（1）基于混合高斯模型的底质分类法：

基于回波强度统计属性的分类方法是以同底质、同海底入射角的平均回波强度服从高斯分布为出发点，生成测区全覆盖的类别概率图，最后实现全测区声学底质分类。假设不同入射角下各类别沉积物均有高斯分布，当测区包含 m 种底质时，经过统计的某一特定

入射角的强度直方图可以表示为多个高斯分布曲线的线性组合(图 7.53):

$$h(y_j) = \sum_{k=1}^{m} c_k \exp\left[-\frac{(y_j - \mu_k)^2}{2\sigma_{y_k}^2} \right] \tag{7.45}$$

式中,y_j 为统计直方图中第 j 个区间的强度值,μ_k、σ_k、c_k 表示不同沉积物高斯分布的均值、标准差以及对直方图的贡献。为了确定各类别的概率密度分布曲线,以各区间的样本数为观测值 L,以高斯分布参数 $x_k = (\mu_k, \sigma_k, c_k)$ 为待估值,使用非线性最小二乘对直方图曲线进行拟合:

$$\hat{\mu},\ \hat{\sigma},\ \hat{c} = \min \| L - A(x) \|^2 \tag{7.46}$$

通过迭代增加高斯分布个数,根据简化的卡方拟合优度指标,评估拟合曲线(图7.53)与直方图的吻合程度来确定类别数目:

$$\chi^2 = \sum_{j=1}^{n} \frac{(p_j - h(y_i \mid x))^2}{\sigma_j^2},\ \chi_v^2 = \frac{\chi^2}{v} \tag{7.47}$$

式中,p_j 为直方图中第 j 个强度区间的样本数,σ_i^2 为样本的方差,$h(y_i \mid x)$ 为强度 y_i 处曲线的拟合值,在泊松分布的前提下 $\sigma_j^2 \approx p_j$。当 χ_v^2 接近 1 或随着高斯分布的个数增加 χ_v^2 不发生显著变化时,即认为直方图与拟合曲线达到最佳吻合,对应的 m 值即是最优的分类数目。最后,根据高斯分布下类别概率确定类别标签,生成测区声学底质分布图。

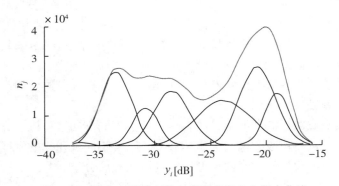

图 7.53　混合高斯模型及各类别高斯分布拟合曲线

(2)GSAB 模型及基于角度响应的底质分类法:

GSAB 模型是在 Lambert 模型的基础上提出的一种启发式的背散射强度经验模型,由于对强度偏差不敏感,成为目前使用最多的角度响应参数化描述方法。该模型用高斯曲线描述镜面反射区域的散射特性,用类似 Lambert 曲线描述低掠射角区域。

$$BS(\beta) = 10\lg\left[A\exp(-\beta^2/2B^2) + C\cos^D\beta \right] \tag{7.48}$$

式中,β 为海底入射角;A 量化镜面区的最大幅度,沉积物表面越平滑、水-沉积物阻抗差异越大,A 量级越大;B 量化镜面区的角度范围,代表海床表面微小地形的坡面差异,表征海床界面的粗糙程度;C 量化斜入射区域的平均回波强度水平,参数 C 随着声信号频率、声阻抗和床表粗糙度的增大而增大;D 描述强度随角度变化的衰减率,Lambert 模型中取 2。各符号的意义见图 7.54。尽管上述四参数 GSAB 模型在多数情况下可以对背散射强度的 AR 曲线进行描述,但对于镜面反射现象强的底质类型常需要一个中间项去实现镜面反射区到低掠射角区域的平滑过渡，该过渡项用另一个高斯曲线进行描述，因此 GSAB 模型被扩展为：

$$BS(\beta) = 10\lg\left[A\exp(-\beta^2/2B^2) + C\cos^D\beta + E\exp(-\beta^2/2F^2)\right] \qquad (7.49)$$

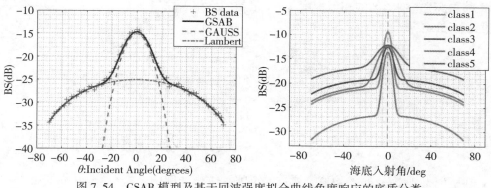

图 7.54　GSAB 模型及基于回波强度拟合曲线角度响应的底质分类

GSAB 模型只需 4 个参数便可描述回波强度变化曲线。将各入射角下回波强度 $BS(\beta)$ 均值作为观测值，其方差的倒数作为观测值权重 w_i，以 GSAB 模型为函数模型拟合待定参数 $A\sim D$，利用非线性最小二乘估计待定参数。底质类型已知时，借助以上方法可以获得对应底质的 GSAB 模型参数及曲线，并将其作为参考。对于未知底质水域，根据入射角—平均回波强度拟合 GSAB 模型曲线，根据参考模型参数和曲线实现底质分类（图 7.54）。

（3）基于地形纹理特征的底质分类方法：

对于由回波强度处理得到的声呐图像，借助灰度共生矩阵（GLCM）提取出的纹理特征，如二阶矩、熵、对比度、均匀性、相关性、逆差分矩、最大概率、纹理方差、共生和均值、共生和方差、共生和熵、共生差均值、共生差方差、共生差熵等，通过显著性分析，得到与底质强相关的纹理特征信息，构建特征集，实现底质分类。下面给出角二阶矩、熵、相关性、对比度、协方差和逆差矩 6 个常用的纹理特征计算方法。

角二阶矩 ASM：

$$ASM = \sum_{i=0}^{n-1}\sum_{j=0}^{n-1} P^2(i, j; d, \theta) \qquad (7.50)$$

式中，$P(i, j; d, \theta)$ 表示 θ 方向上相隔距离 d 的一对像素分别具有灰度值 (i, j) 出现的概率，n 为图像灰度级。ASM 表示图像灰度分布均匀度和纹理粗细度，其值越大纹理变化越稳定。

熵 ENT：

$$ENT = \sum_{i=0}^{n-1}\sum_{j=0}^{n-1} P(i, j; d, \theta)\lg P(i, j; d, \theta) \qquad (7.51)$$

熵表示声呐图像灰度分布的复杂程度，其值越大，图像越复杂。

相关性 Cor：

$$Cor = \sum_{i=0}^{n-1}\sum_{j=0}^{n-1} \frac{i*j*P(i, j; d, \theta) - \mu_1 - \mu_2}{d_1^2 d_2^2} \qquad (7.52)$$

$$\mu_1 = \sum_{i=0}^{n-1} i \sum_{j=0}^{n-1} P(i, j; d, \theta), \quad \mu_2 = \sum_{i=0}^{n-1} j \sum_{j=0}^{n-1} P(i, j; d, \theta)$$

$$d_1 = \sum_{i=0}^{n-1} (i - \mu_1)^2 \sum_{j=0}^{n-1} P(i, j; d, \theta), \quad d_2 = \sum_{i=0}^{n-1} (i - \mu_2)^2 \sum_{j=0}^{n-1} P(i, j; d, \theta)$$

相关性描述声呐图像的相似程度，Cor 值越大，相关性越大。

对比度 Con：

$$\text{Con} = \sum_{i=0}^{n-1} \sum_{j=0}^{n-1} (i-j)^2 P^2(i, j; d, \theta) \tag{7.53}$$

对比度用来描述声呐图像的清晰度和纹理的沟纹深浅。纹理的沟纹越深，对比度越大，则表明明暗交替越明显，效果越清晰，反之对比效果模糊断。

协方差 Var：

$$\text{Var} = \sum_{i=0}^{n-1} \sum_{j=0}^{n-1} (i - m)^2 P^2(i, j; d, \theta) \tag{7.54}$$

式中，m 为 $P(i, j; d, \theta)$ 的均值，协方差反映了纹理的周期，Var 越大，周期越大。

逆差矩 HOM：

$$\text{HOM} = \sum_{i=0}^{n-1} \sum_{j=0}^{n-1} \frac{P(i, j; d, \theta)}{1 + (i-j)^2} \tag{7.55}$$

利用这些特征，可采用监督分类法或非监督分类法，实现海底底质分类。

在基于混合高斯模型的分类方法中，若将一个 Ping 中某个指定入射角的回波强度划分为某个底质类，则该 Ping 即为该底质类；在基于 GSAB 模型的底质分类中，若几个连续 Ping 的平均角度-回波强度曲线的 GSAB 拟合模型参数对应于某个底质类的 GSAB 模型参数，则这几个 Ping 覆盖范围内的底质即为该对应底质。基于声呐图像纹理统计特征的底质分类方法，采用的回波强度在数据处理中已经消除了与角度（距离）相关的影响，借助像素灰度来实现底质分类，因此底质分类的精细度要优于前两种方法。

无论采用哪一种方法实现底质分类，均需要对底质分类的可靠性进行评估。若底质采样数为 n，正确分类数为 m，则底质分类的可靠性 P 为：

$$P = \frac{m}{n} \times 100 \tag{7.56}$$

根据底质声学分类结果，绘制底质类型分布图（图 7.55）。对于借助单波束测深仪、多波束测深仪和侧扫声呐系统测量的回波强度数据底质分类得到的海床表面底质及其分布，可绘制二维底质分布图，并用不同的颜色表示不同的底质类型。对于借助浅地层剖面仪回波强度底质分类的海底浅表层底质类别和层界分布，可绘制三维底质分布图；也可绘制以横坐标为断面起点距、纵坐标为深度、不同颜色表示不同层底质类型的二维底质断面图。

底质取样探测划分的海底沉积物底质类型是通过实验室分析获得的，划分的底质类别比较精细，但海上取样工作量大，成本较高；底质声学测量实施简单方便，成本低，但因采用反演法或聚类分析法，获得的海底底质类别相对粗糙，通常只能对沙、泥、砾石和基岩等 8 类差别较显著的底质类别进行区分。以上两类底质测量方法在海洋工程建设中常综合应用。

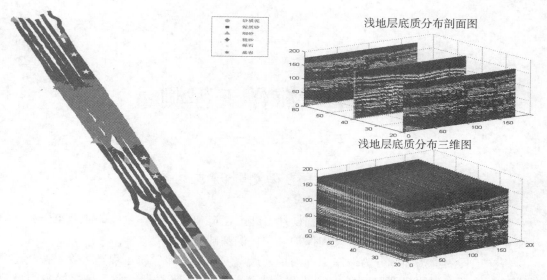

（a）利用多波束回波强度获得底质分布图　　　（b）利用浅剖回波强度获得的浅地层底质分布图

图 7.55　某水域底质声学分类图

第8章 海洋工程测量

8.1 海洋工程测量及其内容

海洋工程测量是海洋工程建设勘察设计、施工建造和运行管理阶段的测量工作，是海洋测量的组成部分，为利用、开发和保护海洋提供基础支撑。

海洋工程测量按区域分为海岸工程测量、近岸工程测量和深海工程测量等，按类型分为港口与航道工程测量、海底路由管线测量、海洋平台场址测量、水下目标探测与监测等。按建设过程分为规划设计阶段测量、施工阶段测量和运营管理阶段测量。

规划设计阶段测量内容有控制测量、海岸地形测量、水深测量、障碍物探测、底质探测、水文观测等，提供工程所需的平面、高程和深度基准，工程区域的地形图和水深图、障碍物分布图、海底沉积物和底质分布图以及潮汐、波浪等资料。以海底管线路由测量为例，规划设计阶段的测量应根据海底路由前期的桌面研究报告，确定路由测量的宽度和路径，分阶段开展测量工作，包括用全站仪或三维激光扫描仪等测量登陆点地形图，用单波束或多波束测深仪测量路由水深地形，用侧扫声呐和磁力仪等对路由区域的障碍物进行探测，使用面层和重力取样器对海底底质进行取样分析，利用浅地层剖面仪对海底地层进行探测，并同时使用潮位仪和海流计等观测路由区域的潮汐、潮流。

施工阶段水下地形测量主要采用单波束和多波束回声测深仪，定位多采用 GNSS。大部分海洋工程施工会用到移动施工船或专用施工平台，因而需采用高精度导航定位测量。以海上石油平台为例，平台位置测量要求多点同步的高精度定位，必要时需要采用动力定位系统，以使平台位置达到设计的要求。海底管道和电缆敷设施工不但要求实时、高精度导航定位，还需要采用侧扫声呐、多波束声呐或者水下电视等手段进行实时检测，检查管道和电缆敷设后的掩埋状况，以确保施工的质量。

运营管理阶段测量主要是在海洋工程施工期间及竣工后，由于海底地质条件、工程构筑物荷载、海流或波浪冲刷、台风和风暴潮等极端海况作用，会对工程安全造成不利甚至严重影响，而开展的周期性重复观测和自动化的持续监测。以海岸工程为例，港口工程建筑物形变观测基本采用陆地建筑物形变监测的技术和手段，即采用全站仪、水准仪、GNSS 观测港口码头等建筑物的水平位移和垂直沉降。海底冲刷和海底沙波移动等状况监测主要采用周期性的重复测量，使用的手段包括侧扫声呐、多波束声呐、浅地层剖面仪、三维水下激光和水下摄影等，进行海底地形测量、海底障碍物与地貌测量、海底底质调查等工作。对于跨海大桥形变监测最常见的是采用 GNSS 连续桥面沉降观测和多波束声呐、三维扫描声呐等的桥墩底部泥沙冲刷监测。对于海洋勘探平台，实时在线监测是测量的主要内容，其中沉降观测主要采用 GNSS、光纤变形沉降传感器等。

观测和监测成果应及时整理和分析，对工程设计和施工质量进行评估，判断工程安全状况，对可能的影响做出预报，为工程管理部门提供处置依据。

随着海洋资源开发需求的增长，海洋工程测量技术也日益发展，海洋工程逐渐由近岸向深海拓展，海洋工程种类逐渐增多，建设海域逐步扩大，海洋工程测量类型和要素趋于多样化。近岸的浅水工程测量技术日臻成熟和完善，已经实现了数字化、自动化的测绘作业模式，测量方式也实现了由点到线再到面的发展。搭载多种声呐设备的无人测量船、水下机器人（如 AUV、ROV）等被不断研发出来，用于海底资源开发等各种工程。海洋工程测量技术将朝着多样化、信息化、智能化和集成化的方向发展。

8.2　海岸港口工程测量

对海港工程设施及相关陆域、水域实施的测量工作，是海洋工程测量的组成部分。

港口工程原是土木工程的一个分支，随着港口工程科学技术的发展，已逐渐成为相对独立的学科，但仍和土木工程的许多分支，如水利工程、道路工程、铁路工程、桥梁工程、房屋工程、给水和排水工程等分支保持密切的联系。港口工程包括码头、防波堤、航道等设施进行新建、改建、维护修复之类的工程，有的把所有港口设施的新建、改建、维护修复所进行的工程或与港口建设有关的工程统称为港口工程。海港工程测量贯穿于工程设计、施工建设、运营及维护全过程，包括工程勘测设计测量、施工测量和运营管理测量（图 8.1）。

图 8.1　港口及防波提

8.2.1　港口工程勘测设计测量

港口工程勘测设计阶段的主要测量工作有海港控制网测量，含平面控制和高程控制，是整个海港工程建设中测量和施工的基础。在此基础上，开展陆地和水下地形测量，其中：

（1）在规划选址阶段，需要 1∶5000~1∶10000 的海湾地形图；

（2）初步设计阶段，需要 1∶1000~1∶2000 的地形图；

（3）在施工设计阶段，需要 1∶500~1∶1000 的地形图。

同时还应开展海洋水文观测，如浪高测量、潮流观测、潮汐观测等。此外，还需要气

245

象和地质等方面的资料。设计人员综合上述资料,进行港口位置选定和方案比较,对码头、船坞、防波堤以及其他一些附属建筑物总体布置,并精确确定建筑物的位置和尺寸。

8.2.2 码头施工测量

码头施工测量主要是按照图纸的设计要求,将海港工程设施放样到实地的测量工作,包含施工控制网的建立、施工基线的测设、细部放样工作及大型工程建筑过程中和竣工后的变形监测。施工测量贯穿整个施工过程,用于指导和衔接各工序之间的施工,验证工程设计、施工是否合理,监测建(构)筑物的状态,使海港的建(构)筑物各部分的尺寸、位置符合设计要求。

常见的码头有高桩板梁式和重力式(图 8.2)。由于港口施工工作大部分在水下,因此必须利用船只在水上作业。高桩码头要用打桩船打桩;重力式码头需用挖泥船挖掘水下基槽,并且利用抛填船只运载沙石料到指定地点筑基床,还要有潜水员配合检查水下施工的情况。

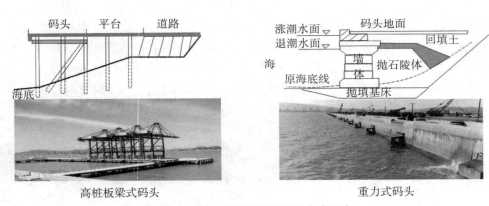

高桩板梁式码头 重力式码头

图 8.2 高桩板梁式码头和重力式码头

为了配合码头施工,必须根据码头特点和要求建立施工控制网和选择定线放样的方法。施工控制网一般采用施工基线的形式(图 8.3),采用全站仪或 GNSS 测量方法建立控制网。

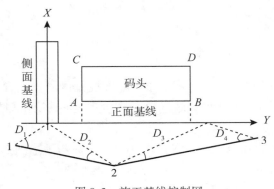

图 8.3 施工基线控制网

1. 高桩板梁式码头施工测量

直角交会法打桩定位(方型桩)：根据桩位布置图，事先在基线上标出各桩的定位控制点，施工时在控制点上安置全站仪或 GNSS RTK 开展定位，如图 8.4 所示。

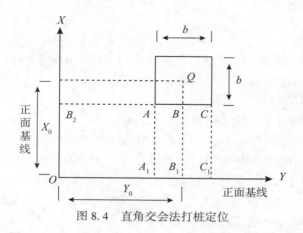

图 8.4　直角交会法打桩定位

斜桩定位时，基线上定位控制点的计算应考虑斜桩的倾斜度，打桩架可以调节桩的俯角和仰角，使斜桩在打桩过程中保持在设计的倾斜度上，用免棱镜的全站仪直接测量桩顶部的坐标、高程即可实现。

2. 重力式码头施工测量

重力式码头主要由墙身、基床、墙后抛石棱体和上部结构四部分组成。按形式可分为方块码头、沉箱码头和扶壁码头。重力式码头的特点是依靠码头本身及其填料的重量维持稳定，因此要求施工时具有良好的地基。重力式码头的施工测量主要有施工基线的测设、设置挖泥和抛填导标(图 8.5)、基床整平和预制件安装等内容。

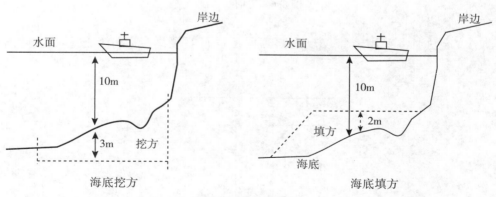

图 8.5　挖方和填方

重力式码头施工基线测设可以在码头相关区域建立控制网来进行测量、放样和监测等。在进行海底挖填时，必须在挖填的范围内抛设相应的浮标作为施工的导标，即设置挖泥和抛填导标，如浮标。浮标抛设好后，施工部门即可按照设计要求安装预制件。

8.2.3 港口工程建筑物变形观测

在港口工程建筑物施工期间或竣工后，监视工程安全状况及维护的测量工作。变形观测的手段主要有全站仪、水准仪、三维激光扫描仪等。沉降观测是观察码头在垂直方向上的变动。

1. 码头沉降观测

测定码头及其他建筑物的沉降量，必须设置一个稳定的高程基点（水准点）或独立高程起点，沉降监测采用高精度水准仪测量。

2. 码头水平位移观测

可以采用方向线法或前方交会法测定水平位移。

方向线法根据码头所在地区的地形条件布置方向线，方向线的两端基点布设在码头的左右两侧岸坡上，有时受地形限制可将两个基点设于码头的同一侧或者将另一基点设在垂线上，但尽可能使两基点间的距离远些（图8.6）。基点应设在稳固的基础上，且能够与其他控制点联测，基点上可设置观测墩。为了减少仪器与观测墩的安置误差，在观测墩顶面常埋设固定强制对中设备，其偏心误差可控制在0.1mm以内。

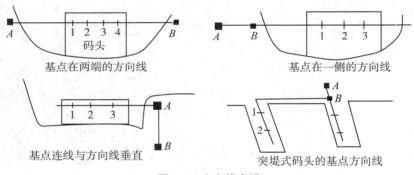

图8.6 方向线布设

前方交会法通常采用经纬仪以全圆测回法进行观测，最后计算位移量，如图8.7所示。

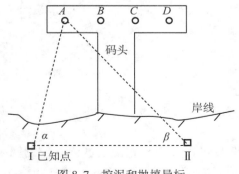

图8.7 挖泥和抛填导标

另外，也可以借助高精度全站仪，采用方位-距离法、GNSS静态测量、三维激光扫描等技术对码头工程进行变形监测。

8.3 航道与水库库容测量

8.3.1 内河航道测量与维护

1. 航道测量

航道测量分为航道基本测量和航道检查测量两类。航道基本测量是指定期进行的航道及相关区域的全面测量；航道检查测量是指定期或不定期对航道及相关区域部分要素进行以水深测量为主的测量。航道测量包括通航河道全部河床范围内的水下、水上地形与地物和两岸范围内的地物标志测量、水流观测、地磁偏差测量、航行障碍物及限航物的测量以及资料整理和航道图绘制等工作，这对于合理组织航道开挖、过程控制、回淤分析等起着指导作用。

如图8.8所示，受潮汐影响的航道图，其水深数据采用深度基准面下的水深表示；不受潮汐影响的内河航道水深数据，采用水面高程作为基准，实测水深数据表示。

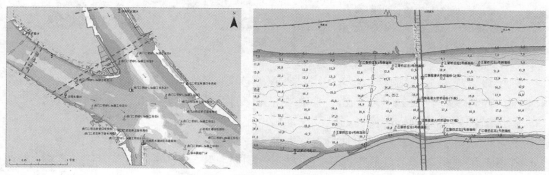

图8.8 航道图

2. 航道维护测量

航道维护包括水文测验、浅滩航道维护测量、长河段航道网测绘。

水文测验要求进行水位、流量、流速、流态和泥沙等水文测验。

（1）对通航起控制作用的航道缺乏水位资料时，应观测一个水文年以上的水位。

（2）通航枢纽下游航道，应在通航建筑物下游引航道口门区连接段及下游河段设置固定的水尺，观测多年水位，记录相应的下泄流量，测定因河床下切所引起的水位降落值。

（3）水库变动回水区航道，应根据具体情况在碍航滩段设置固定水尺进行长期水位观测，并应记录同步坝前水位及相应入库流量。

（4）复核天然河流滩险的设计最低通航水位时，应在滩段受影响范围内设置若干临时水尺，进行枯水期瞬时水面线观测，并应记录相邻水位站的同步水位和流量。

（5）因自然或人类活动引起河床较大变化的河段，应在枯水期进行瞬时水面线观测。

（6）碍航的滩险河段应进行比降、表面流速、流向和必要的航迹带观测。

（7）在枢纽上下游引航道口门区及连接段，应进行表面流速、流向和流态的观测，坝下游航道，必要时应进行泄水波观测，并应记录下泄流量、坝上水位和坝下水位。

（8）在航道各汊道内布设水文测验断面，观测不同水位期的分流比和分沙比。

浅滩航道维护测量的测区范围应包括浅滩及上下游深槽的相邻部分，测量内容包括水下地形、表面流速、流向、比降等和无明显变化的堤线、岸线和陆上地形测量。

3. 航标维护测量

航标（图8.9）的维护内容包括航标的设置、调整、检查、保养和维修等。

图8.9　航标

航标设置应充分利用自然水深，并应满足规定的航道水深、航道宽度和弯曲半径的要求。通航条件变化较大的滩险航道，应根据航道变化和船舶安全航行调整航标位置和数量。标示航道界限的浮标应保证回转或摆动后所标示航道内有规定的维护水深。桥区、碍航礁石和滩嘴等关键位置航标失常时需立即恢复，其他航标失常时应及时恢复。

在新开辟航道和季节性航道开放前，航道内碍航物位置及碍航程度不明、崩崖、滑坡和泥石流等碍航情况、有变化的卵石河床航道水深接近规定的维护水深等情况下，应进行河床扫测。

4. 潮汐河口航道维护测量

潮汐河口的河流段航道维护应按天然径流航道维护的有关规定执行，通常分为三级：

一级航道维护指具有下列条件之一的航道：其一，昼夜通航3万吨级以上海轮或国际航线集装箱船的航道；其二，年货运量超过5000万吨的航道。

三级航道维护：通航500~3000吨级海轮的航道。

二级航道维护：条件介于一级维护和三级维护之间的航道。

潮汐河口航道维护测量包括下列主要内容：①水文观测；②浅滩河段水下地形测量；③航道整治建筑物观测；④航道疏浚区水下地形测量；⑤航道图测绘。

水文观测应根据航道的具体情况及维护要求进行潮汐、流速、流向、波浪、含沙量、含盐度、浮泥、河床质、降水量、雾、风向、风速和冰凌等观测。

航道浅滩和周边浅区的水下地形测区范围应根据航道维护和演变分析要求合理确定。

航道整治建筑物应定期进行变形观测，测量范围应根据建筑物特点和维护要求确定。

航道疏浚区域水下地形测量周期，见表 8-1。潮汐河口航道应定期进行航道检查测量，测量范围包括航道浅段及两侧边坡水域，测量周期见表 8-2。

表 8-1 　　　　　　　　　　　　航道疏浚区域水下地形测量周期

维护等级	一级	二级	三级
枯水期测量周期	1 次/月	1 次/月	1 次/月
洪水期测量周期	2 次/月	2 次/月	2 次/月

表 8-2 　　　　　　　　　　　　　　定期航道测量周期

维护等级	一级	二级	三级
周期	4 次/年(每季度一次)	2 次/年	1 次/年

5. 航道维护水深年保证率及其计算方法

航道实测水深、宽度、弯曲半径和通航水流条件除应满足航道维护标准外，还要满足航道维护水深年保证率 P：

$$P = \frac{T - d}{T} \times 100\% \tag{8.1}$$

式中，T 为全年日历天减去因不可抗力因素而被迫停航的天数；d 为可通航期内航道水深不满足航道维护水深的天数。其中山区、丘陵的石质和卵石河段航道在水位低于设计最低通航水位时，航道水深应按换算为水深 D' 来考核：

$$D' = D + \Delta Z \tag{8.2}$$

式中，D 为实际水深(m)，ΔZ 为浅滩实际水深相对应的水位低于设计最低通航水位的数值。

8.3.2 水库库区测量

水库是蓄水发电、灌溉、防洪调度、饮用水供给等的重要设施，库容是水库的重要参数，其精度直接影响着水库的功能。

1. 测量内容及水位站布设

(1)测量内容主要包括：

①控制测量：平面和高程控制测量，施工前全库区地形、固定断面测量及床沙取样等。

②基本测量：进出库水沙观测、水位(含沿程水面线水位变化)测量、淤积测量(包括控制测量、地形测量、固断测量、淤积物组成测量、淤积物干容重测量、库容测量)、库区上游和库区水文调查、支流拦门沙测量等内容。

③专题测量：建库前水流携沙力、不平衡输沙、异重流、过机泥沙、变动回水区河床演变、重点浅滩演变等测量以及塌岸观测、拉沙观测、波浪观测、蒸发观测、水温观测、非恒定流观测、引航道往复流观测、流态及水环境监测等内容。

(2)进、出水库水位站布设要求：

a. 一般水库的入库水文站应能控制入库水、沙总量的 60%以上。其中水、沙量占入库总量 10%以上的支流应设支流入库控制水文站。

b. 重要水库和有泥沙问题的水库的入库水文站应能控制入库水、沙总量的 80%以上。水、沙量占入库总量 5%以上的支流，应设支流入库控制水文站；沙量占入库总量 5%的支流，可设支流汛期控制站；水、沙量占入库总量 3%以下者，可通过调查取得资料。

c. 反调节水库区间入汇水、沙量大于入库总水、沙量的 10%时，宜设入库水文站。

d. 大型水库区间入汇水、沙量大于入库总水、沙量的 10%时，区间宜增设入库水文站。

e. 大型及特别重要的中型水库应设出库水文站。

f. 出库水文站应能控制出库的水、沙总量。库区引出的水、沙量超过总出库量 5%或年引水总量超过 $1×10^8 m^3$ 的河道、渠道，宜设站观测，影响较小的可进行调查。

g. 当泥沙来量较少且水库管理运用不需要了解入库泥沙过程，入库沙量能通过淤积测量或调查方法取得者，可不设进、出库站。

h. 当所测进、出库资料，不能揭示入库水、沙含量分配或运动规律，宜在变动回水区下端加设专用水文站。

i. 进、出库水文站测验断面的布设应满足：入库水文站测验断面宜布设在最高回水淤积影响范围以上；出库水文站测验断面宜布设在坝址下游汇流后水流较稳定的河段；入库、出库水文站测验断面宜选择河段顺直、等高线走向大致平顺、水流集中的河段。

j. 进、出库水文站测验基本观测项目，包括：水位、流量、降水量、泥沙(包括悬移质、床沙、推移质颗粒级配分析)和水质；来沙量较大的水库入库水文站，宜同时观测比降、水温和床沙；受推移质泥沙淤积影响的水库运用时，应开展推移质泥沙观测。

（3）水库水位站布设：

坝前水位站应设在坝前跌水线以上水面平稳、受风浪影响较小、便于观测处；坝前水尺宜兼作泄(引)水建筑物的上游水尺。坝前水位站一经选定不应变迁。

库区水位站布设要求如下：

①常年回水区除应观测坝前水位外，还应在水库最低运用水位与河床纵剖面交点下游附近布设水位站；如常年回水区较长，可在两站之间增设水位站。

②变动回水区布站应能反映水库各级运用水位水面曲线的转折变化，宜在上段、中段、下段各设一个。上段站宜设于正常蓄水位回水末端附近，下段站宜设于最低运行水位附近。如变动回水区河段较长，可加密水位站。

③水库主要支流入汇口处应布设水位站。

④对于综合利用和有泥沙问题的大型水库，库区水位站应不少于 8 个。

⑤水位站应结合其他观测断面布置，其位置应选在岸边稳定、便于观测并避开对水位有局部影响的地方。

（4）水库淤积观测：

水库淤积观测方法有输沙量法、地形法、断面法。断面法是常用的、最简便的方法。

①固定断面布设以能控制库区地形、满足计算淤积量和库容精度，反映淤积为原则。

②采用断面法计算的总量与地形法计算的总量，允许误差为±10%。

③固定断面的密度在库区干流断面的平均间距宜为 1.5km；水、沙量占入库总量 10%

以上的库区支流断面平均间距不宜超过 3.0km；水、沙量占入库总量 5%~10% 的库区支流断面平均间距不宜超过 4.0km。

④应结合已有的水沙断面布设固定断面。

断面法测量的测次布置应先多后少，重点淤积区多测，一般淤积区少测，冲淤厚度在 ±0.1m 以内，可停测。

2. 库容测量

水库的蓄水量称为库容量，即水库蓄水位面以下的容积。在水文学中，水库库容可分为总库容、设计库容、正常库容、调洪库容、校核库容、调节库容、兴利库容、重复库容，如图 8.10 所示。水库库容测量主要包括：控制测量、水深测量、淤泥探测、水位观测、纵横断面测量、库容计算。对于正在运营的水库，通常以 1∶500~1∶2000 的比例施测，每 2~3 年施测一次。

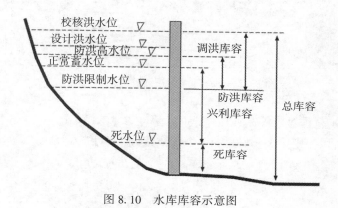

图 8.10　水库库容示意图

库容测量常采用的设备主要有 GNSS、全站仪、水准仪、单/双频测深仪、无人船测量系统、多波束测深系统等。测深主要采用回声测深方法。例如，经各项改正后的库区等深（高）线图和三维地形图如图 8.11 所示。

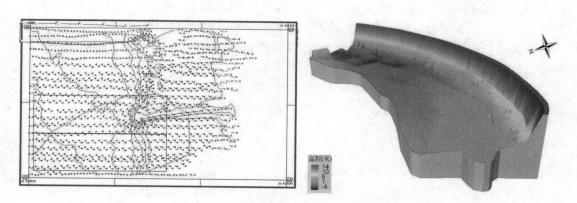

图 8.11　库区等深（高）线图和三维地形图

水库库容计算方法主要有等高线法、DEM 法、断面法、方格网法等。

用水面高程减去水深后，绘制出水库的等高线。先求出各条等高线所围成的面积，然后计算各相邻两等高线之间的体积，其总和即为库容(图 8.12)。

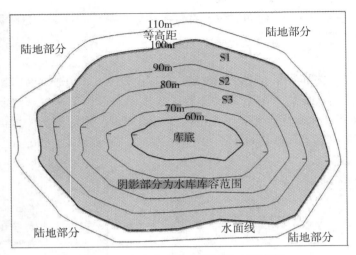

图 8.12　水库库容等高线计算法示意图

设 S_1 为水面线高程对应等高线所围成的面积，S_2，S_3，…，S_n，S_{n+1} 为水面线以下各等高线所围成的面积，则第 i 个与第 $i+1$ 个等高线间的容积 V_i 为：

$$V_i = \frac{(S_i - S_{i+1}) \times (h_i + h_{i+1})}{2} \tag{8.3}$$

库底部分容积为：

$$V'_n = \frac{1}{2} S_{n+1} \times h' \tag{8.4}$$

由各等高线之间围成的容积加上库底体积即为整个水库库容体积。

$$V = \sum_{i=1}^{n} V_i + V'_n \tag{8.5}$$

DEM 法也称三角网法，根据实测点坐标(x, y)和水深 h，通过生成不规则三角网，整个计算库容范围地形形成了由三角锥组成的集合，并以设计高程作为零面计算库容。

断面法首先按照测量出的断面线，分别计算每个断面的面积，由两端横断面的平均面积乘以两横断面之间的距离算得，称为断面法容积计算。

方格网法通过生成多边形方格网，计算各方格面积，再求取各方格各个角高程的平均值，乘以该方格面积即可得出该方格的容积，各个方格容积之和即为库区库容。

8.4　海底管线路由测量

海底管线路由测量是指对海底管道和线缆路径及两侧一定宽度范围内工程环境条件的测量。路由测量综合应用高精度定位设备、测深仪、侧扫声呐、浅地层剖面仪、磁力仪和底质取样设备等，采用走航连续观测或定点取样方式，对海底输水管道、输油输气管道、通信光缆、输电电缆等管线路径廊带区域内的水深地形、海底地貌、海底浅部地层、海底底质、海底障碍物等进行测量，为海底管道和线缆工程的选址、设计、施工及维护等提供基础地理信息资料和技术依据。

8.4.1　测量内容及方法

海底管线路由测量通常分为初测、施工测量和运营监测等阶段。海底管线路由线路设计阶段，初测是根据路由预选提出的不同路由方案，对路由中心线及两侧一定范围的地形、地质和水文等要素进行较详细的测量；海底管线路由线路施工测量阶段，是对路由中线和坡度按设计位置进行实地测设；在海底管道和线缆运营阶段，路由测量工作主要是对海底路由工程的重要和危险地段进行定期和不定期的复测和监测。

海底路由测量通常包括水深地形测量，海底面状况测量，海底障碍物探测，海底浅地层的结构特征、空间分布及物理力学性质探测，海底灾害地质、地震因素探测等。海底路由测量通常包含管线路由预选、登陆段测量、导航定位、工程地球物理勘察、底质取样、工程地质钻探、原位试验和实验室土工试验等工序。使用的测量仪器设备包括 GNSS、单（多）波束测深仪、侧扫声呐、浅地层剖面仪、磁力仪、表层取样器、重力柱状取样器、工程地质钻机、水位计等。对于重要或复杂的海底管线路由，则采用水下潜器携带测量设备近底勘测。

水深地形测量通常采用声学测量方式，利用单（多）波束测深系统获得管线路由区测量范围内的水深。海底面状况测量主要使用侧扫声呐对管线路由进行全覆盖测量，以全面了解海底面形态及沉积物类型和障碍物等特征。浅地层剖面测量应用地层剖面仪探测浅表地层结构，了解是否有岩石、固结半固结沉积物或其他障碍物等。磁法探测主要用于确定管线区海底已建电缆、管道和其他磁性物体的位置和分布。底质采样分为柱状采样和表层采样两种，通过现场定点采集海底底质，分析沉积物粒度、类型以及进行土体物理力学性质测试等。

8.4.2　海底管道状态测量

海底管道状态测量是指对一个已埋设在海底、运营多年的管道状态进行测量，分析其掩埋或裸露状态以及相对最初埋设形态在深度和位移方面的变化。

1. 测量及数据处理方法

若管道裸露在海床上，可借助多波束测深系统和侧扫声呐系统获取的海底地形和地貌图像来反映。测线设计时，以管道的初始埋设路线为中心测线，根据水深和设备扫幅宽度，在中心测线两侧增加测线，对管道及两侧一定范围内的海床全覆盖扫测，获得扫测区域的海底地形和海底地貌图像。当管道在海床下掩埋深度较浅时，可采用双频侧扫声呐系统或双频合成孔径声呐系统，通过对海底扫测，同时获取管道在海床面和海床下状态。双频侧扫声呐的低频声波可穿透海床下 0.2~0.5m，双频合成孔径声呐的低频声波可穿透海床下 0.5~1.0m。

浅地层剖面仪发射的声波频率低于多波束系统和侧扫声呐系统，主要用于探测掩埋在海床下的管道。浅地层剖面测量中测线设计成"Z"字形，穿过管道的初始埋设路线，对称分布。为获取准确的海底地层结构及管道在海底的埋设深度，在测量海域还开展部分钻孔作业，获取地层结构及不同深度的底质类型。

2. 特征提取

若管道暴露在海床面上，侧扫声呐图像上管道会呈现"亮条"和"阴影"。"亮条"主要由于管道多为强反射体，也是侧扫声呐声波的迎波面；"阴影"则主要由于管道阻断了声波传播造成的无回波现象。由于海流和波浪等作用，管道周围海床地形发生变化，在图像中也呈现明暗变化特征。图 8.13 中显示了一条裸露管道及其周围海床的侧扫声呐图像。借助多波束全覆盖扫测得到的海底地形也可以反映管道及其周围的地形变化。

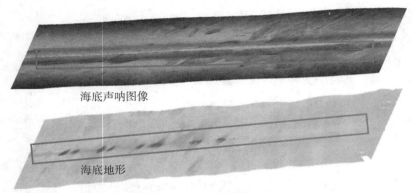

图 8.13　侧扫声呐和多波束扫测得到的管道周边地形地貌

对于掩埋在海床下的管道，借助浅地层剖面仪形成的浅地层剖面图像可以发现管道。由于绕射现象，管道在剖面上的反射会呈现特有的绕射弧曲线特征（图 8.14）。

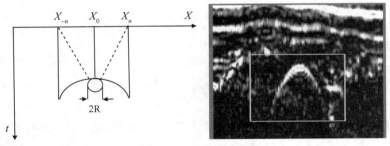

图 8.14　回波示意图

由于海底管道有悬空、出露和埋设三种状态，各种桩体下管道在浅地层剖面图像中的成像特征如图 8.15 所示。管道目标会有标准的绕射弧（图 8.15(a)），左右不对称绕射弧（图 8.15(b)）、半弧（图 8.15(c)），与层界相连（图 8.15(d)）等情况，并且随管道半径、深度的不同绕射弧有不同的曲率。甚至会由于航速、风浪、与层界相连等因素的影响，管道目标已经失去了绕射弧的特征（图 8.15(e)和图 8.15(f)）。

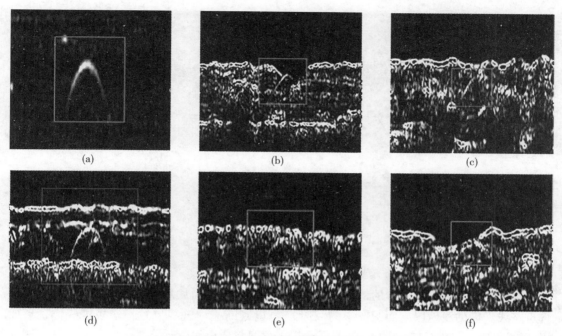

图 8.15　不同条件下管道在浅剖图像中的成像特征

　　基于以上特征，可以对管道进行探测。管道探测方法主要有人工探测和自动探测两种。人工探测通过人工浏览每条浅地层剖面测线，发现"弧段"来实现；自动探测基于数字图像中目标识别算法，实现剖面图上管道目标自动定位。基于管道双曲线特征进行管道自动提取工作。管道提取工作分为数据预处理、特征增强、边缘提取、模板匹配四个步骤。

　　假设声波速度为 v，半径为 R 的管道位于 (X_0, Z_0) 处，剖面仪从 X_{-n} 到 X_n 处剖面目标呈绕射弧曲线特征，其理论公式为：

$$t_i = \frac{2}{v} \left| \sqrt{(Z_0 + R)^2 + (X_i - X_0)^2} - R \right|, \quad -n \leqslant i \leqslant n \tag{8.6}$$

$$Z_0 = \frac{t_0 v}{2} \tag{8.7}$$

$$n = Z_0 \tan \frac{\theta}{2} \tag{8.8}$$

式中，t_0，t_i 为仪器测得的延时，θ 为仪器波束开角。

　　对于待识别的边缘，其包含双曲线状绕射弧边缘、层界边缘，且提取的边缘存在非对称绕射弧曲线，半边绕射弧曲线等情况。考虑到绕射弧曲线和二次函数曲线相差不大，为减小计算量，采用二次函数拟合的方法求得边缘顶点，然后将顶点坐标代入绕射弧曲线公式中，求得理论情况下该顶点处的绕射弧曲线。依次求取理论绕射弧曲线与实际绕射弧曲线的相关系数，相关系数最大的即为疑似管道的边缘，其边缘顶点即为管道位置。联合人工探测和自动探测，得到的部分管道结果如图 8.16 所示。

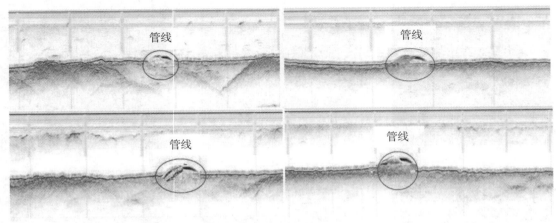

图 8.16   在不同浅地层剖面图像中探测到的管道

3. 联合多源信息的管道路线及状态参数确定

根据多波束测深结果中的地形特征、侧扫声呐形成的海底地貌图像特征可以判别裸露管道路线。借助浅地层剖面图像中的"弧段"可以判断掩埋管线位置，连接这些位置形成海底管道路线。图 8.17 和图 8.18 是综合以上信息形成海底管道路线。

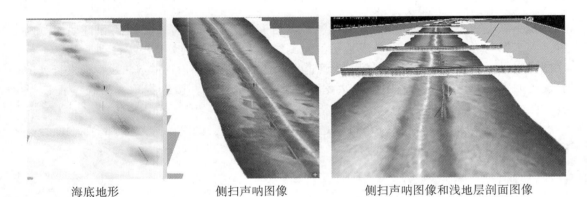

海底地形　　　　　　　侧扫声呐图像　　　　侧扫声呐图像和浅地层剖面图像

图 8.17   联合海底地形、地貌图像和浅地层剖面图像的管道探测

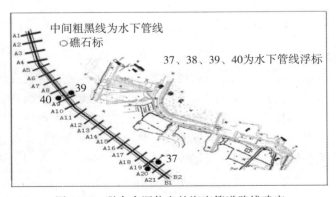

图 8.18   联合多源信息的海底管道路线确定

258

管道在海底的状态参数主要包括管道的半径、管道的裸露高度或掩埋深度等。

管道的半径可以借助侧扫声呐图像和多波束测量形成的海底地形点云数据来确定。根据侧扫声呐图像分辨率，结合管道在图像中的形状及所占的像素，可以计算管道的半径；借助多波束形成的地形点云，根据地形点云深度的变化，可以确定管道悬空的高度以及管道的半径，综合给出悬空管道的状态参数，如图 8.19 所示。

图 8.19　由海底地形点云确定裸露管道段及其悬空量

管道的埋深量可借助浅地层剖面图像来获取。首先，提取浅地层剖面层位，获取浅地层底质层位分布(图 8.20)；然后，根据钻孔数据给出的不同深度底质类型，对浅地层层位修正，形成浅地层底质分布层如图 8.21 所示；最后根据修正后的层位计算掩埋管道的深度。

若仅有单一的浅剖数据，管道的埋深则直接根据底跟踪得到海床、海床下"弧状"或"双曲线"顶端以下管道图像厚度的 1/3 位置确定管道的埋设深度。

深埋管道深度：

$$z_p = z_b + \Delta_1 + \frac{\Delta_2}{3} \tag{8.9}$$

露出管道深度：

$$z_p = z_b + \frac{\Delta_2}{3} \tag{8.10}$$

式中，z_p 和 z_b 分别为管道和海底高程，Δ_1 为管道顶面到海床表面距离；Δ_2 为管道顶面图像厚度。

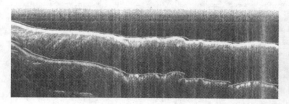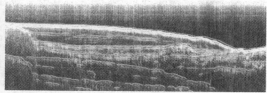

图 8.20　层界提取图

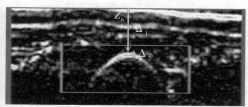

图 8.21　钻孔约束的浅地层底质层界分布及管道埋设深度计算

8.5　预制物件及平台安装测量

在水下基床整平完成后，在引导预制物件安装时，需测量物件在水上水下的位置、姿态和高程。平面位置测量水上通常采用 GNSS-RTK、水下采用声学测量方法。离岸较近时，平面位置测量可以采用直角交会法、极坐标法、前方交会法。安装测量除了位置，还有姿态和高程等。采用多手段测量法进行测量作业，包括水准仪、全站仪、高精度 GNSS 接收机、罗经、惯性导航系统、姿态传感器、超短基线定位系统、长基线定位系统等，实时获取预制物件的水上水下位置、姿态、高程等数据，并结合可三维实时显示的导航定位系统，引导预制物件进行浮运、安放、对接等施工的测量方法，它代表着水运工程测量的先进技术和发展方向，在深水区及大型预制物件安装施工中已取得成功的应用经验和良好的应用效果。

8.5.1　管节沉放对接测量

水底隧道作为重要的跨域交通基础设施，因其对航运的影响小，被普遍认为是跨越航运繁忙水域的第一选择。沉管法由于其独特的优越性而成为重要工法，其基本施工方法是在水底预先开挖好基槽，把预制好的管节浮运到基槽上方，按顺序沉放到基槽上，将各个管节连成一体，并回填基槽保护沉管，铺装隧道内部，形成一个完整的水下通道(图 8.22)。

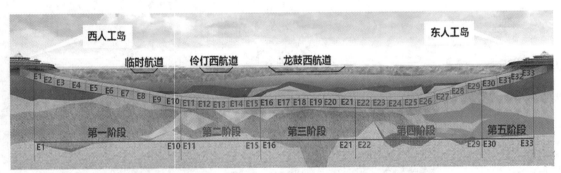

图 8.22　港珠澳大桥主体工程岛隧工程断面图及管节布置图

1. 基槽填石整平测量

为确保管节沉放安平到预设高度，需对基槽填埋碎石并对填料高度测量。碎石填埋采用整平船来实施，填料高度借助 GNSS-RTK 和测深技术来综合监测。利用固定在填埋管上方的 GNSS 天线高程及填料管到海底填料面的垂直距离，计算瞬时填料面高程；根据 GNSS 天线相位中心到安装在填料管下方的单波束测深仪换能器间的垂直距离，计算换能器高程，结合测深计算碎石面高程。利用两套方案得到的高程，控制填料管高度，确保基槽平整。

2. 管节沉放对接测量

管节沉放对接采用的测量系统包括测量塔定位系统、声学定位系统和姿态测量系统。

测量塔定位系统如图 8.23 所示。在管节中轴线两端安装测量塔 A 和 B，在每个测量塔顶面安装 GNSS 天线和棱镜(LJ)，设备安装全部采用强制对中装置。GNSS 天线及 LJ 在深水坞舱装件安装后进行，在测量塔上标定棱镜点 LJ1 和 LJ2，GNSS 天线 GPS3 和 GPS4。根据预制时标定的管节 4 个角点 JD1~JD4，LJ1、LJ2 和 GPS3、GPS4 上同时架设 GNSS 接收天线，同步多次联测，标定棱镜点和 GNSS 点与管节的相对位置。由于距离人工岛较近，可在人工岛已知点上架设 GNSS 基准站，采用 RTK 确定两个测量塔瞬时绝对位置和方位。

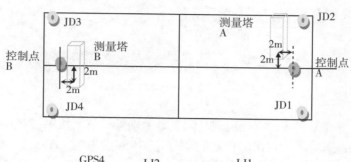

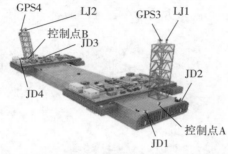

图 8.23　测量塔、GNSS 天线和棱镜在测量塔上的安装

全站仪和基准站 GNSS 架设在人工岛控制点上的观测墩上，如图 8.24 所示。GNSS 接收机定位和全站仪定位数据处理在各自系统内完成，定位结果均为工程坐标系下坐标。借助通信系统将其每个历元的定位数据提取出来，利用无线通信方式发送到数据处理中心。

图 8.24　全站仪和基准站 GNSS 安置

声呐差分定位系统由发射换能器和接收换能器阵列组成，作为管节沉放辅助系统，其换能器安装在沉放平台上，应答器安装在已沉管和待沉管上。2 套光纤罗经安装于待沉管首尾，监测待沉管下沉、对接过程中姿态和方位的变化，为待沉管上各控制点在工程坐标系下坐标的计算提供参数，如图 8.25 所示。通信系统将测量塔和管节上的所有传感器观

测数据实时发送到数据处理中心，数据处理中心接收这些信息并进行处理。

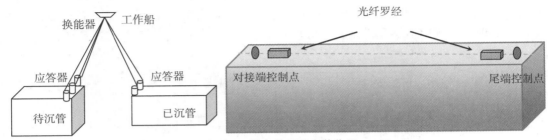

图 8.25　设备单元的安装位置

在完成了设备安装之后，再开展现场测量。为确保管节沉放对接测量定位的精度，采用的主测量方法为测量塔全站仪定位法和测量塔 GNSS 定位法（图 8.26），光纤罗经和倾斜仪提供沉管的姿态参数，辅测量方法为声呐定位法。

图 8.26　测量塔上的 GNSS 天线、棱镜及通信电台

为实时跟踪沉管运动，利用岸上 2 个控制点上架设的全站仪分别跟踪 A 塔上 LJ1 和 B 塔上的 LJ2，如图 8.27 所示；同时开展 GNSS RTK 测量，获得两个测量塔上 GNSS 天线位置坐标，如图 8.26 所示。两个全站仪分别安装无线电通信装置，将数据实时发送到监控中心。在监控中心安装无线电，接收来自 A、B 塔上 GNSS 实时定位结果以及 2 个全站仪的定位结果，并实现定位结果的存贮以及管节上四个角点坐标的实时计算。

图 8.27　全站仪 1、2 和 GNSS 基准站架设

从图 8.28 给出的过程曲线可以看出，在整个监测过程中，GNSS 数据连续，除个别数据异常外，其他观测数据均正常。全站仪定位精度较高，虽然由于中间吊车的晃动、移位，出现了部分异常或者中断观测，但与 GNSS 观测数据比较，仍正确地呈现了管节在不同时刻平面和垂直方向的实际运动。结合上述观测数据、各设备在管节坐标系下的坐标以及坐标转换关系，分别计算得到用于对接的管节上 4 个角点坐标，并将之与待沉管设计坐标、已沉管坐标比较，计算偏移量，实时给出待沉管和已沉管间关系，如图 8.29 所示，并指导管节沉放。

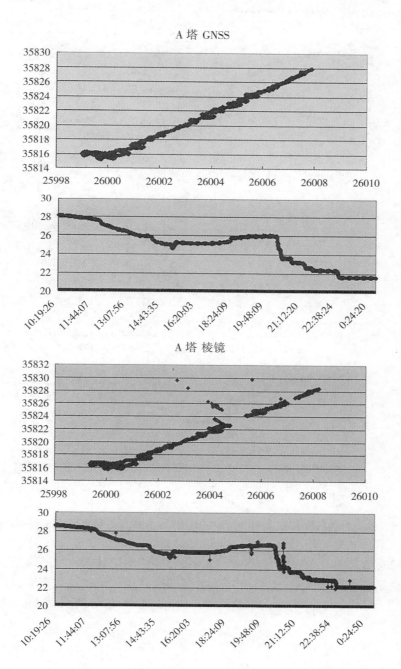

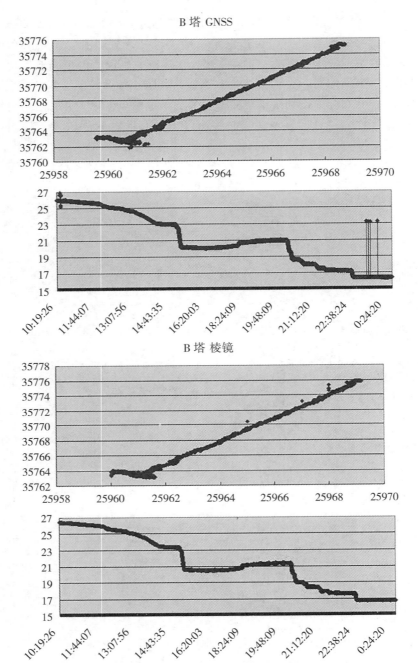

图 8.28　管节沉放中 A、B 塔上 GNSS 天线和棱镜的平面和高程变化过程曲线

　　利用管节对接后四个角点实时定位坐标与设计坐标的偏移量、贯通测量成果，最终给出了测量塔全站仪和测量塔 GNSS 综合定位系统的最终定位精度。从表 8-3 看出，最终的对接定位精度平面最大为 2.0cm，最小为 1.0cm；垂直方向最大偏差为 2.0cm，最小为 1.0cm。

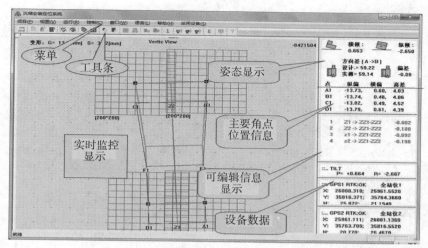

图 8.29　管节沉放对接实时计算及监测系统

表 8-3　　　　　　　　　　　　　　测量定位精度

控制点	x 方向偏差/m	y 方向偏差/m	h 方向偏差/m
A	0.01	0.02	−0.01
B	0.01	0.02	−0.02
C	0.02	0.01	0.01
D	0.01	0.02	0.02

8.5.2　石油生产平台安装与维护测量

1. Cognac 石油生产平台安装测量

Cognac 石油生产平台为国际壳牌石油公司所有，在墨西哥湾，水深 313m，是 20 世纪 80 年代初世界上最大的石油生产平台。

Cognac 平台安装采用了声学定位技术、光学成像技术和定位杆定位技术。

首先，在平台安装位置的周围布设应答器阵列，通过对应答器阵列进行水下定位，确定各应答器的绝对坐标(图 8.30)。

然后，借助 LBL 长基线声学定位系统开展水下声学定位。整个平台由三部分组装而成，在每一部分都安装换能器，与海底应答器阵列测距，通过测距交会，实时定位下放平台的位置；借助平台上安装的压力传感器，实时确定平台下放的深度。

当平台的底部与已安装平台部分的顶部接近时，借助水下光学成像技术，实时成像并监测下放状态；借助定位杆定位，实现两个平台的对接。

2. 平台修理时的测量

水下结构物常由于某种原因受到损伤而需要修理和加固，因此需要及时把握损伤情况，深水环境不允许借助常规方法进行实地测量。现代 AUV/ROV 携带的三维成像系统，可以近距离地对损伤构件进行测量，获取其三维模型，为维修方案制定以及维修结构体的

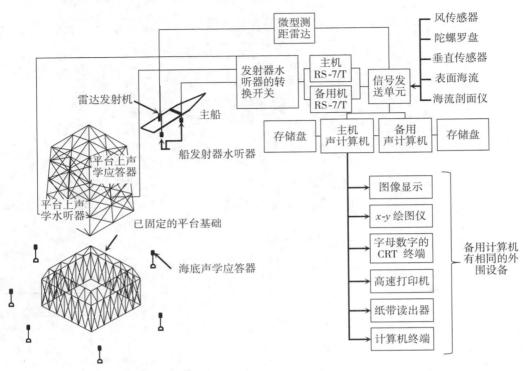

图 8.30　Cognac 平台安装时声学定位参考系统

制作提供量化参数。

3. 半潜式"海洋石油 981"平台测量系统

海洋石油 981 深水半潜式钻井平台是我国于 2008 年 4 月 28 日开工建造的中国首座自主设计、建造的第六代深水半潜式钻井平台，如图 8.31 所示，能够抵御恶劣海况、满足深水石油钻井需要。981 平台的优越性能很大一部分得益于采用了 DP3 动力定位系统。

图 8.31　半潜式"海洋石油 981"平台

DP3 动力定位系统根据测量系统提供的各项参数对平台进行实时调控，以确保平台稳定。其测量系统主要包括：GNSS 定位系统和长基线水下定位系统、电罗经(或 GNSS 罗经)和姿态传感器组成的定姿系统、风向风速仪、ADCP 流速仪等。将各传感器实时获得的高精度位置、方位、姿态(横摇、纵摇和上下起伏)等状态参数，以及风向、风力、流速等环境参数，通过接口输入到控制器中。控制器对这些测量系统提供的数据进行分析和运算，给出推力器的控制指令，实现平台系统的稳定及状态维护。

8.5.3　水下构筑物监测与检测

水下构筑物监测与检测是对海底构筑物，如海底桥墩、海上平台、桩柱、海底管道、海底电(光)缆、防波堤等状态或其赋存环境状况等进行的监视和检测的工作。根据监测对象的不同将海底构筑物监测分为两大类：一是以海底构筑物本身为对象的监测活动，如：构筑物的变形监测、腐蚀程度监测等；二是以海底构筑物赋存环境为对象的监测活动，如构筑物周边的海底地形地貌监测、沉积物监测、水文要素监测、化学要素监测、生物要素监测等。海底构筑物监测内容主要有：

(1)海底构筑物变形监测。采用前视声呐扫描、水下机器人摄像或潜水摄像、测量等方法，确定在各种荷载和外力的作用下，海底构筑物的形状、大小及位置变化的空间状态和时间特征，分析变形机理，为安全诊断提供必要信息，以便及时发现问题并采取措施。

(2)海底构筑物腐蚀程度监测。采用水下机器人摄像或潜水摄像、测量等方法，确定海底混凝土或钢铁构筑物在水动力、化学、生物等作用下发生腐蚀破坏的程度，为采取适当的修复和维护措施以保持其正常功能提供必要信息。

(3)海底构筑物周边海底地形地貌监测。采用单波束或多波束测深、侧扫声呐探测等方法，定期或不定期地测量构筑物周边的海底地形地貌情况，了解水深地形和地貌变化规律，结合水动力环境判定冲淤状态，为构筑物的稳定性分析提供数据支撑。

(4)海底构筑物周边沉积物监测。采用侧扫声呐探测、水下机器人摄像、潜水摄像和取样分析等方法，确定构筑物周边的海底沉积物类型、成分、粒度及腐蚀性等情况。

(5)海底构筑物周边水文监测。采用温盐深仪、测波仪、水位计、海流计等在构筑物周边进行定期或不定期的观测，结合地形和沉积物等，采用数值模拟获取构筑物周边的水文变化。

(6)海底构筑物周边生物要素监测。采用水下机器人摄像、潜水摄像和取样分析等方法，确定构筑物周边的海洋生物要素，分析评判其对构筑物的生物腐蚀性。

8.6　水下目标探测与监测

8.6.1　水下考古

水下考古学是考古学的一个分支，是对淹没于江河湖海下面的古代物体、遗迹和遗物进行调查、勘测和发掘的工作。水下考古除发掘水下的古代遗址、打捞沉船和水下文物外，还可通过相关文物进一步研究古代造船术、航海术、海上交通和贸易情况等。水下考古技术包括潜水技术和物探测量技术。物探测量是利用定位设备、单/双频测深设备、多波束测深系统、浅地层剖面仪、侧扫声呐、SBL/USBL、水下机器人（ROV）、波浪仪、电罗经、磁力/重力仪等设备，按照设计的测量方法，在船只航行时实测海床及海床下淤泥中的物体，并生成海底地形图以及淤泥中的物体特征图，对海底情况进行全面的分析，从而发现水下文物的技术。

目前，常借助 GNSS 对测量船定位，借助多波束测深系统对疑似文物周围进行水下地形测量，借助浅地层剖面仪对埋藏在淤泥中的文物进行测量。

在进行水下考古测量时，需要进行测深线布设、航迹控制及探测趟设计。

测深线布设时，测深线垂直等深线的总方向。确定主测深线间隔时，对于需要详细探测的重要海区和海底地貌复杂的海区，测深线间隔应适当缩小，或进行放大比例尺测量。

布设探测趟时，应选择测图比例尺，以利于清晰地显示探测资料和减少重叠宽度，减少重叠宽度的原则是：在保证能反映地貌并"不漏空"的前提下，即相邻两条测深线的声波在海底的阴影之间要衔接，尽可能少地布设探测趟，以利于提高效率。当需要精密探测时，可根据实际情况设计。探测趟的方向设计成与流向一致。在布设探测趟时，为使探测区内不遗漏探测，在探测区域的边界线和相邻两探测趟之间应有一定的重叠，重叠的宽度为 S：

在探测区边界处：

$$S = 2M + d \tag{8.11}$$

在相邻两探测趟之间：

$$S = 3M + d \tag{8.12}$$

$$M = \pm\sqrt{m_1^2 + m_2^2 + m_3^2} \tag{8.13}$$

式中，M 为换能器的定位中误差；d 是换能器偏离探测线的距离；m_1 为探测船只的定位中误差；m_2 由探测船只测量换能器位置的中误差。其值可以从下式求得：

$$m_2 = \pm\sqrt{m_{AC}^2 + \left(\frac{D_{AC} \times m_H}{\rho}\right)^2} \tag{8.14}$$

式中，m_{AC} 为量取由 A 到 C 的距离时产生的中误差；m_H 为测定船位 A 时，由罗经上读取的中误差；m_3 由换能器的坐标在图上记入其点位时的中误差。

图 8.32 表示利用多波束扫测可疑文物点时的测线设计。

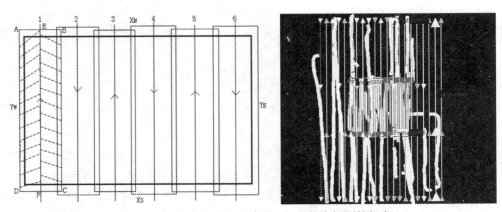

图 8.32 多波束探测趟设计及可疑文物点探测趟加密

为确保测量成果精度，测量船航行时，

（1）根据该区域的风速、风向和流速、流向，采用偏航指示法航迹控制进行测量。

（2）根据每条测深线的起点坐标(X_A，Y_A)和终点坐标(X_B，Y_B)计算出船位与测深线的偏航向及相应的偏航距，根据偏航向及相应的偏航距对测量船只进行修正，使之回到设计的测深线上，从而保证测量的海底不漏测，保证测量的精度。

对于水下文物可能的疑点需进行加密探测。多波束测深数据经改正后形成可疑点位置附近的水深数据、DEM 如图 8.33 所示。

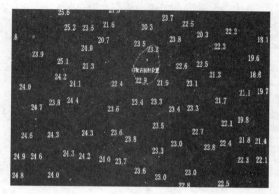
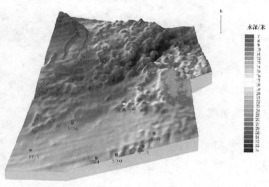

图 8.33　可疑文物点周围水深数据及海底三维图

在确定可疑点海底地形的同时，利用浅地层剖面仪探测数据，确认可疑文物的位置及特征(图 8.34、图 8.35)，并据此探测和打捞文物(图 8.36)。

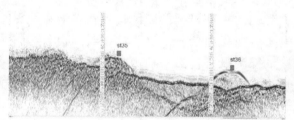
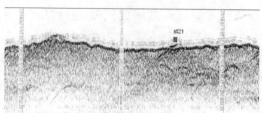

图 8.34　疑似文物的浅地层剖面图

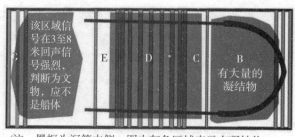
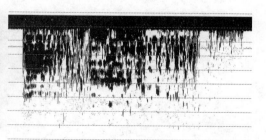

(注：黑框为沉箱内侧，图中灰色区域表示有凝结物)

图 8.35　古沉船区域划分及浅地层强回波特征

图 8.36　开挖后实际文物概貌

8.6.2　水下目标探测

对水下构筑物、障碍物、水下潜器、生物体等目标进行测量、探测和识别的工作。探测的内容包括目标的位置、形状、性质、运动状态等信息。水下目标探测和识别通常分为：

1. 声学探测法

声学探测法是应用得最早、发展得最为成熟的水下目标探测技术。利用声波在水中的传播特性，通过测距或成像，获取目标体的位置和形状。根据工作原理可分为主动探测和被动探测两类，主动探测指安置在船舶或水下潜器上主动声呐发射信号，通过接收目标体反射的回波信号进行目标探测，常用的主动声呐探测设备包括多波束测深系统和侧扫声呐等。被动探测是指系统本身不发射任何信号，仅通过接收周边目标体自身发出的噪声或信号进行探测，常用的被动探测设备包括被动声呐和置于海底的水听器阵列等。声学探测具有探测距离远、成像分辨率高、低功耗等特点，是水下目标探测的最主要的技术手段。

2. 磁法探测

磁法探测是非声学探测中发展较早、技术较成熟的探测方法。磁法探测通过测量水下磁性物质在地磁场中叠加产生的异常磁场来探测目标。常将磁力仪或磁力梯度仪安置在飞机或船舶等载体上，实现走航探测。磁法探测技术在探测水下低噪声潜艇、海底掩埋的铁质或水泥质强磁性物体等方面具有独特优势。

3. 水下光学成像

水下光学成像一般是指在水中进行的照相和电视摄像，虽然成像作用距离有限，但成像分辨率高、信息量大、画幅速率高，特殊情况下能弥补声呐成像在水下目标探测的不足。水下成像技术多采用微光成像、水下激光成像、水下偏振光成像等技术。通过借助水下机器人（ROV）等载体，水下光学成像已成为水下目标的观察、搜索、识别等的重要技术手段。

4. 激光探测

激光探测是处于发展中的水下目标先进探测技术。其工作原理与声学探测类似，通常以飞机为载体，利用机载蓝绿激光雷达向海面发射高功率、窄脉冲的激光，同时测量水面反射光(主要是红外激光)与海底反射光(蓝绿激光)的脉冲时间差计算被测点的水深，并结合目标识别技术进行水下目标探测。激光探测技术集激光、通信、信号处理、目标识别等技术于一体，具有机动性强、效率高、精度高、抗干扰性强等优势，但探测距离有限。

图 8.37 是利用磁力仪探测异常海域，通过对其磁场强度数据处理而绘制的磁场强度二维图。从图中可以清楚地发现磁场异常显著的水域，该水域即为可疑物体的位置。

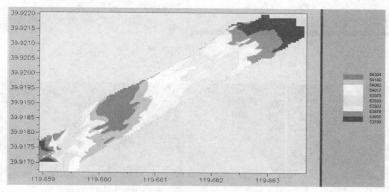

图 8.37 调查区域的磁场强度二维渲染图

借助多波束和侧扫声呐对海底扫测，根据获得的高分辨率地形和地貌图像，可以给出海床上的目标形状、尺寸、位置、属性等信息。图 8.38 是利用多波束测深数据获得的海底沉枕形状和位置，图 8.39 是利用侧扫声呐图像探测到的失事飞机和沉船的影像。

借助以上方法也可以探测水体中的目标。图 8.40 是借助多波束水柱数据探测到的海水中的天然气水合物泄漏形成的"冷泉"。

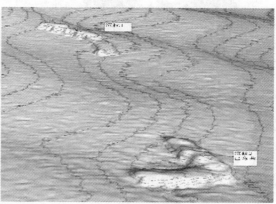

图 8.38 海底沉枕的发现

图 8.39　失事飞机和沉船的侧扫声呐图像

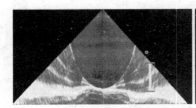

图 8.40　借助多波束水柱数据探测到的海水中的"冷泉"

对于掩埋在海床下的磁性目标，可以借助磁力仪探测其位置，但无法给出其形状参数。对于非磁性目标则，无法借助磁力仪探测，而三维浅地层剖面仪为掩埋物探测提供了可能。图 8.41 是借助三维浅地层剖面仪的沉船点云恢复的沉船形状。

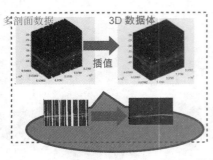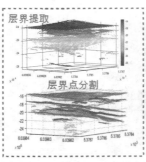

图 8.41　借助三维浅地层剖面仪点云数据恢复的被掩埋沉船

传统的水下目标识别常根据目标图像纹理、目标属性等特征，通过构建特征集，借助支持向量机等分类器，实现不同水下目标的识别。受海洋环境、成像机理等影响，提取的特征代表性差，目标识别可靠性较低。深度卷积神经网络 DCNN 通过对收集的不同水下目标样本图像不断地学习，自适应地学习目标特征，并借助分类器对目标分类，进而实现水下目标的识别。相对传统的目标识别方法，DCNN 具有较高的目标识别可靠性。图 8.42 是借助 DCNN 对沉船、集装箱和礁石图像的识别和定位结果。

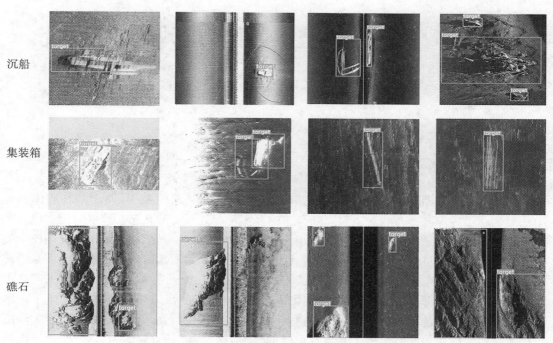

图 8.42　利用 DCNN 识别和定位沉船、集装箱和礁石

第9章 海图制图与海洋地理信息系统

9.1 海 图

9.1.1 海图的发展历程

海图起源于石器时代古人类制作的简陋而原始的"立体海图"，是基于某种载体的简单图形表示世界海陆分布状况，对海陆分布的真实情况处于无知状态。这一时期，以太平洋塔希提人用木桩做成的其与所住岛屿相互关系的立体模型，马绍尔群岛土著人用椰子的叶柄、椰叶纤维和贝壳制作的立体海图，以及爱斯基摩人用漂木雕刻成的涂色海图最为典型。航海、贸易、殖民和战争丰富了希腊人的地理知识，公元前9—8世纪出现了以地中海和黑海为中心的海图。古希腊天文学家 Hipparchos 约在公元前190—125年提出了在地图上用经纬度表示地面上点和地图的投影方法，并在海图上绘制了航线。中世纪时期海图仍处于缓慢发展中，此时出现了密克罗尼亚的"棒海图"、波托兰(Portolan)海图、中国明代的"郑和航海图"等。其中，13世纪出现的波托兰海图被认为是世界上真正意义并绘制在纸上的最早海图，在海图发展史上具有特殊重要的意义，标志着海图从地图中分离出来，成为地图一个重要的独立分支。图上详细描绘海岸线，注记海湾、岛屿和海滩等名称，对有的山峰、教堂等陆标夸大表示，并在图中适当位置绘有罗盘。14世纪，罗盘、测星盘的改进以及欧洲从中国引进了唐代就已盛行的刻版印刷术，使海图成批复制成为可能，为大规模航海探险奠定了基础。

15—16世纪航海探险事业的发展，进一步推进了海图及海图制图技术的发展。海图表示的内容逐步增加，表示的范围不断扩大，表示的方法进一步精细。期间出现了海域符号、水深注记、方位圈、水深基准面、墨卡托投影海图等概念。1589年，荷兰地图学家墨卡托(1512—1594)首次把等角正圆柱投影用于航海图编制，使海图编制具有更强的科学性，更便于航海。从18世纪开始，法国、丹麦、英国等国家相继成立海道测量机构，开展系统的海道测量工作，并利用实测资料编制了海图，有效促进了海图事业发展。19—20世纪，海图的表示方法和生产工艺有了多方面改进，出现了许多海洋专题海图如海流、潮汐、水温、地磁图等。在世界海图的系统生产中，美国首先制定了正规的海图图式，规范了海图内容的表示，1840年出版了图式符号标准参考图。1919年，在伦敦召开了国际海道测量大会，成立了国际海道测量组织IHO，协调各成员国海道测量活动，促进海图和航海资料的统一。随着计算机和信息技术的飞速发展，到20世纪后期，出现了电子海图、数字海图以及海图应用系统等。

9.1.2　海图的特点及功能

国际海道测量组织 IHO 将海图定义为：海图是以海洋为主要描述对象的一种地图，包括航海图、海底地形图和各种专用海图。国内则多将海图定义为：按照一定的数学法则，将地球表面的海洋及其毗邻的陆地部分的空间信息，经过科学的制图综合后，以人类可以感知的方式缩小表示在一定载体上的图形模型，用以满足人们对海洋地理信息的需求。

海图与其他地图图种之间虽然有许多不同之处，但在基本特性上是一致的，如严密的数学法则，简洁高效的符号系统和科学的制图综合。相对地图来说，海图具有以下明显特点：

(1)多采用墨卡托投影(等角正轴圆柱投影)编制，利于舰船按等角航线航行。

(2)海图比例尺没有固定的系列，可根据海域地理特点灵活确定。

(3)深度起算面不是平均海面，而是选用有利于航行的特定深度基准面。

(4)图幅主要沿岸线或航线划分，邻幅间有供航行时换图所需的重叠部分(叠幅)。

(5)与分幅相适应的特有编号系统。

(6)制图综合的具体方法，因内容差异和用途不同而与陆地地图制图综合有所不同。

(7)有不同于地形图的特定符号系统。

(8)采取独特的更新方式，能及时、不间断地对海图进行更新，以保持其良好的现势性。

(9)海图尤其是航海图为满足国际通用性要求，其制作须遵循一系列相关国际标准。

海图的基本功能概括为：

1)信息传输功能

信息论是现代通信技术和计算技术运用的概念和理论，近年被引进海图学中，形成海图信息论，就是研究海图图形获取、传递、转换、存储和分析利用的空间信息理论。海图就是空间信息的图形传递形式，是信息传输工具。海洋空间的许多物体和现象，都可以在海图上表达出来，人们可以通过海图得到信息。

2)信息载负功能

一幅海图上能容纳的信息量很大。据统计，一幅地形图能容纳 1~2 亿个信息单元(bit)。航海图上内容载负量虽比地形图要小一些，但其图面面积大约是地形图的 4 倍，因此作为连续的空间模型，其信息容量应该说比地形图还要大。

海图作为信息的载体，以图形形式表达、储存和传输空间信息。海图只能让人们直接感受读取信息，机器不能直接读取和利用，而必须经过数字和代码转换才能读取和处理。随着海洋地理信息系统、海图数据库和数字海图的发展，可以弥补这一不足。

3)模型功能

由于海图具有严格的数学基础，采用符号系统和经过制图综合，其实质就是以公式化、符号化和抽象化来反映客观世界，所以海图可以认为是经过简化和概括了的再现客观世界的空间模型，或者说海图是反映自然和社会现象的空间分布、组合和联系及其在时间中的变化，是再现客观世界的形象-符号模型。而一部综合性海图集可称为"地理系统模型"。

海图作为图形-数学模型具有其他形式模型所不具备的优点。例如，同物理模型比较，它具有抽象(概括)性、合成性等优点，同一般数学模型比较，它具有直观性、一览性、可量测性、几何相似性与地理对应性等优点。

4)认知功能

海图具有认知功能是海图的本质决定的。海图用图形来表达信息，给人一种不同于自然语言的特殊的感受效果。海图能够直观地表示任何范围制图对象的质量特征、数量差异和动态变化，而且能反映各现象的分布规律和相互联系，有"地理学第二语言"之称。发挥海图的认知功能，有助于认识规律，进行综合评价、预测预报和规划设计，为科学研究提供帮助。

9.1.3 海图的主要内容

一般把海图的内容划分成数学要素、地理要素和辅助要素三大类。

1. 海图数学要素

数学要素是建立海图空间模型的数学基础，因而是海图内容中非常重要的要素，包括海图投影及与之有关的坐标网、基准面、比例尺及大地控制基础。制图工作必须先按海图用途选择投影，再计算坐标网并展绘到平面上。多数海图以经纬网作为坐标网。海图基准面包括高程基准面和深度基准面。基准面是建立海图三维空间模型的重要数学基础之一，和坐标网一起使海图地理要素不仅能确定平面位置，而且还可确定立体位置。比例尺常定义为海图上线段长度与实际长度之比，其确切含义是图上线段与实际线段在地球椭球面上之水平投影长度之比，反映实际长度的缩小程度。大地控制基础用于将地球表面上的地理要素转移到椭球面上。大地控制基础通常也表示在海图上，但在较小比例尺海底地形图、航海图和多数专题海图上不表示。与海图数学基础有关的其他内容，如图廓、方位圈等也属海图的数学要素。

2. 海图地理要素

海图的地理要素是读图者要获取信息的主体，是任何一种海图的主要组成部分。海图以图形表示海区各种要素的数量、性质、分布和联系，有时还要表示其发展，是海洋地理信息的某种程度的总和。海图地理要素是借助海图符号系统和注记来表达的。习惯上将海图地理要素分成海域要素(海部要素)和陆地要素(陆部要素)两大类。

海部要素包括岸线及以下要素如海岸线、干出滩、海底地貌、航行障碍物、助航标志和水文要素等。

(1)海岸线：是海陆分界线。在大比例尺航海图上，海岸分成岸线和海岸性质两部分表示。岸线是指多年大潮高潮面时的水陆分界线，海岸性质指海岸阶坡的组成物质及其高度、坡度和宽度等。在航行图、港口图和航道图上要表示海岸性质，在其他海图上常只表示岸线。

(2)干出滩：海岸线与干出线(零米等深线)之间的海滩地段称干出滩，相当于地理学中的潮浸地带，高潮时淹没，低潮时露出。

(3)海底地貌：即海底表面的起伏形态和组成物质。各种天然的航行障碍物(如礁石、浅滩、海底火山、岩峰等)也属海底地貌范畴。

(4)航行障碍物：除天然的礁石、浅滩等以外，人工的主要有沉船、水下桩柱、钢管

（钻井遗物）、爆炸物、失锚等。

（5）助航标志：分成航行目标和助航设备两类。航行目标是指从海上可望见的有明显可辨特征的、航行时能用于导航定位的各种地物，如突出山头、著树、烟囱、无线电塔、海角、海中岩峰等。助航设备是专为航行定位设立的，如灯塔、灯桩、浮标、立标、信号台(杆)等。

（6）水文要素：主要指潮流、海流、潮信、急流、旋涡及冰情等要素。

此外，海岸以下要素还有航道、锚地、海底管线，水中界线、境界线等。

陆地部分要素的种类与地形图基本一致，也有水系、居民地、道路网、地貌、境界线等。航海图上除土壤植被一般不表示外，其他要素均表示，与航行有关的要素则需要突出详细。

3. 海图辅助要素

辅助要素是帮助读者读图和用图的要素，是海图元数据的重要组成部分。海图辅助要素主要有海图图名、海图图号、出版机关全称、出版机关徽志、出版时间及版次说明、图幅尺寸、等高距说明、图式采用说明、图幅索引图、潮信表、潮流表等。

9.1.4　海图的分类

目前，我国海图的基本类型是按内容和用途标志划分的，如图 9.1 所示。

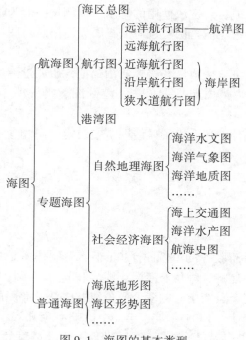

图 9.1　海图的基本类型

1. 海图按表现形式划分

海图按表现形式可划分为纸质海图、数字海图和电子海图。纸质海图即传统的海图，以海图纸为介质，模拟形式的图形符号为依据，用人工目视分析、判读、作业为基础的，因此也称模拟海图。数字海图是计算机制图产品。以数字形式存储在介质上的海图，应用于航海上可等同于电子海图。电子海图是显示在屏幕上的可视化海图，如将矢量海图在屏幕上符号化显示后或直接将栅格海图显示后即得到电子海图。有时也将电子海图等同于数字海图。广义上的电子海图指的是电子海图系统，即一种集海图信息、航海信息等为一体的导航系统。

2. 海图按比例尺划分

海图比例尺对海图设计和海图使用都具有直接影响。海图按比例尺大小可分为大比例尺海图、中比例尺海图和小比例尺海图三类。目前海图常用的或习惯的比例尺类型是：大比例尺海图：大于1：10万(或大于1：20万)的海图；中比例尺海图：1：10万至1：100万(或1：20万至1：100万)的海图；小比例尺海图：小于1：100万的海图。

海图按用途标志分为航海图、通用海图、专用海图；按使用对象分为军用海图、民用海图、外轮用海图；按印色分为单色海图、彩色海图；按使用方式分为桌面用图、挂图、屏幕图(电子海图)；按幅面大小分为全张图、对开图、四开图、八开图等；按图幅数量分为单幅图、图组、成套图、系列图和海图集。根据用途和比例尺分为海区总图、航行图和港湾图：

海区总图，是指表示相对完整海区的小比例尺海图。比例尺一般为1：300万或更小，但必要时也可大于1：300万。多用于航海人员研究海区一般情况，制订航海计划，拟定计划航线使用，有时也可作为远洋或远海航行使用。

航行图，供舰船海上航行、定位使用的海图。比例尺一般为1：10万~1：299万。按航行的不同海域又可分为远洋航行图、近海航行图、沿岸航行图、狭水道航行图和江河航行图。

港湾图，供舰船进出港口、海湾和选择驻泊锚地，研究港湾地形及实施工程使用。比例尺一般大于1：5万。港湾图包括港口图、港区图、码头图、港池图、锚地图及水道图等。

除上述基本的航海图外，还有大圆航线图、空白定位图和参考海图等。

9.2 海图制图

9.2.1 发展历程

现存最早的为海上活动服务的海图是1300年前后制作的地中海区域的波托兰海图，详细表示了海岸各要素，岛屿、岬角、港湾、浅滩和其他海岸特征的相关位置比较准确且有很多注记，并绘有以几个点为中心的罗经方位线。波托兰海图的出现，标志着海图作为一个独立的地图种类而诞生。1405—1433年，中国航海家郑和(1371—1435年)7次下西洋，利用沿途水深测量和底质探测资料绘制了世界上现存最早的系统航海图集——《郑和航海图》。1504年葡萄牙在编制海图时采用逐点注记的方法表示水深，这是现代航海图表示海底地貌基本方法的开端。1569年，荷兰地图制图学家墨卡托创立了等角正圆柱投影，此方法被各国在海图编制中沿用至今。17世纪以后，海图覆盖的地理范围日益扩大，内容不断增加。从18世纪起，法国、丹麦、英国、西班牙、美国、俄国、日本、意大利、荷兰等国家先后成立了海道测量机构，开始对本国沿岸海区进行系统的海道测量和航海图编制出版工作。这一时期还出现了以等深线表示海底地貌的海图。19世纪，海洋测绘从沿岸海区向大洋发展，大洋测量资料不断增加，为编制世界大洋水深图提供了条件。1899年，在柏林召开的第7届国际地理学大会上决定出版《大洋地势图》，并于1903年出版了第一版。1921年，国际海道测量局成立后，在修订出版了新版《大洋地势图》的同时，还陆续出版了国际航海使用的国际海图(INT海图)，并颁布了系列相关国际标准，促进了全球海图制图事业的发展。

海图载体从羊皮纸、普通纸到专用海图纸和其他特种介质。20世纪50年代起采用刻图的方法制作海图，缩短了成图周期。之后，美国、德国等国家着手研究制图自动化，并在60年代取得了进展。20世纪70年代起，一些发达国家已开始采用机助制图方法。中国在80年代末用机助制图方法绘出了第一幅实用航海图。自20世纪80年代起，海图制图技术全面进入数字化阶段，出现了数字海图和纸质海图并重发展的局面。21世纪起，海图制图向信息化迈进，制图能力和水平得到极大提升。

9.2.2　定义、对象、特性及体系结构

海图制图是海洋测绘学的一个分支，是研究海图及其编制、出版、更新和应用等的一门学科。其主要目的是将海洋及其毗邻陆地的自然和社会经济现象，以图形图像方式模拟并传递给用图者。具体地，就是利用海上实测成果、现有海图和其他制图资料，按照不同用户需求，制作成各种纸质海图和数字海图，为海上交通运输、海洋权益维护、海洋资源开发、海洋工程建设、海洋环境保护、海上军事活动和海洋科学研究等提供准确可靠的海洋环境信息。

海图制图的对象包括海域及其邻近陆地区域，重点是海洋区域。海洋与陆地最大的不同是海底被海水隔断，而在海洋各处，海水又有不同的深度、温度、盐度、密度和透明度。由于天文、气象、地壳运动等诸多因素影响，引起海水在上下、前后方向上的不停运动，如垂直运动的潮汐现象，水平运动的潮流、海流以及海啸、波浪、漩涡等。这些复杂的情况造成了作为表示海图制图对象的海洋环境信息数据，具有不同于普通地理信息数据的显著特点。

海图制图在许多方面脱胎于陆地制图，具有陆地制图的基本特性。但海图制图尤其是航海图制图在某些方面又明显区分于陆地制图。海图制图的主要特性如下：

(1)在投影选择和基准面确定上有特殊要求。

为了满足航海的特定应用需求，航海图除了在地球两极附近地区选择日晷投影或其他投影外，均采用墨卡托投影，使得任意两点之间的等角航线在海图上都可表示为一条直线。为了达到既要充分保障舰船航行安全，又要合理表示可航水域的目的，还要根据相关海域的潮汐观测资料确定合适的深度基准面，以满足海图上科学地表示海水深度的需要。

(2)在资料采用上有自身的特点。

面对的制图资料通常要比陆地制图资料来源更加多样、结构更加复杂、质量差异更加显著，在尺度和时间跨度上一般也比陆地制图资料要大，而在精度和可靠性上往往要比陆地制图资料低，这些因素给海图制图资料的收集、分析、评价、处理和使用带来了诸多困难。

（3）在分幅与编号上更加灵活多样。

海图分幅要保持制图区域内的港湾、锚地、岛屿、水道、航线以及附近的障碍物等地理单元的相对完整，在分幅与编号上比地图更加灵活多样。

（4）在制图综合原则上有特殊要求。

为保障舰船航行安全，在对航海图上岸线进行综合时主要遵循"扩陆缩海"的原则化简岸线；在对水深注记进行制图综合时，主要按照"取浅舍深"的原则选取水深注记；在对等深线进行制图综合时，主要遵循"取浅舍深"的原则选取等深线和"扩浅缩深"的原则化简等深线。

（5）在执行标准上更加系统、完整和严格。

由于航海图具有国际通用性和强制使用性等不同于地图的特殊性，决定了海图制图与陆地制图相比，其所遵循的国际标准体系也更加系统、完整和严格。

（6）在内容更新上有更严格的规定和要求。

海图在内容更新上比陆地制图有更加严格的规定和要求。海底的不可视和海洋环境的复杂性、易变性和多变性决定了航海图在保障舰船航行安全中有着不可替代的重要作用，而其前提就是海图内容必须保持良好的现势性。国内外相关部门为了保障舰船海上航行安全，都从法律的角度对出版后的纸质航海图和电子航海图的更新做出明确的规定和要求。

在传统的海图制图阶段，海图制图主要由海图设计、海图编绘和海图复制（海图制印）3个主要技术环节组成。现代海图制图的体系结构如图 9.2 所示，主要由海图设计、数据输入、数据综合、数据编辑、产品输出、海图更新和质量控制等技术环节组成。

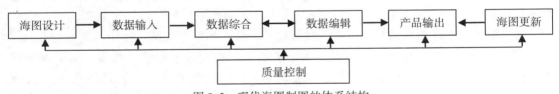

图 9.2   现代海图制图的体系结构

9.2.3   海图设计

海图总体设计主要包括海图控制基础确定、比例尺确定、投影选择、图幅与编号设计等。

1. 海图控制基础确定

海图与地形图一样，均需要地理坐标系和平面坐标系。我国海图地理坐标系先后采用过 1954 年北京坐标系、1980 年国家大地坐标系、新 1954 年北京坐标系和 WGS-84 坐标系，2008 年 7 月 1 日起统一采用 CGCS2000 大地坐标系。世界各国海图大多采用 WGS-84坐标系。采用墨卡托投影的海图上通常只表示经纬网和控制点。对于某些军用海图也可同时表示平面直角坐标网，亦称公里网或方里网。

海图上的高程基准面和深度基准面，总称为海图基准面。海图上各要素的高度一般从高程基准面向上起算，而深度则是从深度基准面向下起算。我国海图设计中确定高程基准时，规定高程基准面采用"1985 国家高程基准"或"当地平均海面"。深度基准面是海图上水深的起算面。我国航海图深度基准面原先采用的是理论深度基准面，现采用的是理论最低潮面。

2. 海图比例尺确定

海图设计中，对比例尺的确定通常有 3 种情况：

(1)根据用途要求直接给定海图比例尺。

(2)根据海图编绘规范所规定的比例尺区间来确定比例尺。这种情况多指航海图制图而言。如编制一套沿岸航行图，可在 1：10 万～1：20 万比例尺区间进一步确定其具体的比例尺。

(3)在制图区域范围一定的情况下确定海图比例尺，多用于对挂图和图集图幅的编制。

3. 海图投影选择

海图投影选择受多种因素影响，主要因素包括：海图性质和用途、制图区域形状和地理位置、制图区域面积大小及海图比例尺、海图使用对象和使用方法，以及特殊要求等。

世界各国仍普遍采用墨卡托投影编制航海图。为避免墨卡托投影在高纬度地区长度和面积变形太大的缺点，小比例尺航海图，通常采用日晷投影。

海底地势图投影选择的一般原则为：较大比例尺、中低纬度地区，采用墨卡托投影较为适宜；小比例尺、高纬度地区，用任意正圆柱投影为好；极地附近，则宜采用正方位投影。

4. 海图图幅与编号设计

图幅设计是按标准海图规格，根据比例尺、经纬线网和制图区域特点确定海图的范围。当以经纬线作内图廓线时，应求出图廓 4 角的经纬度值；否则，应大致确定其图幅范围。

海图图幅设计主要受比例尺、制图区域地理特点及海图投影等因素的影响。一般情况下，海图图幅设计是在比例尺和投影确定以后进行的，但有时也和比例尺的确定同时进行。

海图编号，即海图图号，不仅仅是一幅海图区别于其他海图的一个代号，科学的海图编号使每个数字或字母都代表一定的意义，使之有利于管理和使用。由于各类海图分幅方法都不一致，其编号方法也很不相同。各个国家的海图编号方法也有很大的区别，即使一个国家，不同时期的海图编号也有不同的方法。

海图内容选题是指根据海图的种类和用途，确定海图要表示什么要素的问题。具体分为以下三种：

1)航海图内容选题

从航海用途出发，航海图应突出对航海要素的选择。所谓航海要素是指那些直接用于航海导航定位、选择航线和保证航行安全的要素。航船海上活动大致可分为远洋航行、近海航行、沿岸航行和狭水道航行及港湾海区活动。不同的航海用途和不同的航海活动区域需要不同比例尺的相应海图，因此对航海要素的最低限度的选择也不同。

导航定位对航海要素的选择。导航手段主要有地文、天文、无线电及卫星等。为满足导航需要，海图重点选择各种定位用的助航标志、磁偏差、叠标线、陆地地貌、方位物和显著目标。为了更好地显示舰船定位后的位置关系，海图还需详细表示水深注记、底质及海岸线。

制定航海计划对航海要素的选择。为满足航海人员制订航海计划需要，海图选择的主要要素包括水深、等深线、航行危险物、航道及导航线，其次是海岸线、港湾和水文及地名等。

海上航行安全对航海要素的选择。为保证舰船海上航行安全，航海人员需要了解和掌握那些直接威胁航行安全的人为因素和有助于安全航行的服务机构及设施，包括海底管线、架空电线或索道，各种军事训练区，各种区界线，各种信号台站、海岸无线电台，各种航行注意、航行警告的说明，海图基准面的说明，港口设施，底质，以及海关、港务机构等内容。

2）海底地形图内容选题

海底地貌是海底地形图最基本的内容选题。小比例尺海底地形图多选择宏观地貌单元，诸如洋中脊、海底平原、断裂带、海沟等。对于中大比例尺海底地形图，通常是大陆架范围的各种海底地貌形态。在大地貌形态中，如大地构造形态、沉积形态、侵蚀形态、冰川构造形态及珊瑚形态等，不但要在中比例尺海底地形图上表示，而且在小比例尺海底地形图上也要表示。大比例尺海底地形图多选择微型地貌，包括各种礁石、浅滩、水下沙堤等。

海岸是各种比例尺海底地形图必须选择的要素。比例尺不同，表示的详细程度也不同。如小比例尺海底地形图只选择海岸线，大比例尺地形图还要选择海岸的性质及干出滩等。

海底地形图上除选择海底地貌和海岸外，对海洋生物、水文要素、海底沉积物质等也应加以选择。另外，海洋各种地理名称对于海底地形图也是要选择的一类要素。

3）海区形势图的内容选题

海区形势图的最大特点是全面表示海域和陆地的各种要素。陆部要素的表示和小比例尺普通地理图无大的区别，但是海部通常是比较详细的。除地貌要素之外，海洋水文要素、气候要素、地磁要素等均应适当表示。尽管海区形势图不是直接为航海服务，但与航海关系密切。因此，航海要素也可不同程度地加以选择，诸如航线、详细的港湾分布、时区划分等。

海图上的各种地理内容主要是通过符号(含注记)来表示的。海图符号又称海图语言，是作为信息传递工具所不可缺少的媒介。按分布范围，海图符号可分为点状符号、线状符号和面状符号。按符号的尺寸与海图比例尺的关系，分为依比例尺符号、半依比例尺符号和不依比例尺符号。海图符号外形虽然只有点状、线状和面状三类，但却各有特色，这主要是改变各种具体符号的色相、亮度、尺寸、形状、密度和方向等所取得的效果。

海底地貌是海图最重要的地理要素，通常采用深度数字注记法和等深线表示。

1）深度数字注记法

海洋的深度注记与陆地的高程注记相类似，也称为水深。从航海图的用途来说，用水深显示海底地貌有三个主要优越性，首先是深度注记正确反映了测点的深度，根据深度变化情况可以概略地判别海底起伏情况，航海人员根据海图上的水深可以选择航道、锚地等；其次是海图比较清晰，便于航海人员在图上作业；第三是绘制简便。用水深表示海底地貌的缺点是缺乏直观性，不能完整、明显地表示出海底地貌形态；当水深注记的密度较小时，表示的海底地貌更为概略。为了克服这些缺点，航海图上用深度注记为主表示海底地貌的同时，还采用等深线作为辅助方法，同时还在浅水层设色。

2）等深线法

等深线法是表示海底地貌的一种方法，是目前表示海底地形图最基本、最精确的方法。以等深线的形式及组合情况反映海底表面形状的特征。在大、中、小比例尺海底地形图上，等深线的间距一般都有具体要求。标准等深线间隔为图上 1cm 时，对于 1：2.5 万、1：10 万、1：25 万比例尺图上分别代表 250m、1000m 和 2500m。

此外还有明暗等深线法、分层设色法、晕渲法、写景法等。

对于同时兼顾纸质海图和数字海图等多种产品形式的现代海图制图，则要在上述基础上，针对数字海图需求与特点，去掉不适合于数字海图的设计内容（如标题和图面配置设计等），增加数字海图产品所必须的设计内容（如要素模型设计、要素编码设计、要素属性结构设计、数据模型设计、数据字典设计、交换标准设计等）。

9.2.4 海图制图综合

制图综合是在海图主题和用途的要求下，在海图比例尺的限制下，通过选取、概括和化简等手段，将制图要素表示在海图上，以反映客观实际的某一局部的基本规律和典型特征。

海图制图综合主要包括比例综合、目的综合和感受综合。

比例综合。由于海图比例尺的缩小，使得图上物体过分密集、符号相互拥挤、图形缩小不清，有必要实施选取、化简和概括等方法，以保持海图的清晰易读性。

目的综合。制图要素表示与否及表示的详细程度取决于要素本身的重要性，而重要性不仅取决于要素平面图形的大小，还受海图主题和用途的制约。尺寸过小的重要物体可以采用不依比例尺的符号表示或夸大表示，不因其小而舍去。制图综合不仅仅是比例综合，更应该强调从海图主题和用途出发，选取重要、实质性物体，有目的地加以化简（或夸大）和概括。

感受综合。除以上两个综合外，用图者在读图过程中也存在着由于感受过程产生的无意识的综合。人眼感觉大的物体和色调清晰的符号要比小的轮廓和色调不清楚的符号要快，且易记忆。感受综合由记忆综合和消除综合两部分组成。

1. 海图制图综合的基本方法

制图综合作为编制海图的理论和技术方法，其表现形式是多种多样的。就普通海图制图而言，制图综合的基本方法有 4 种：选取、概括、化简和移位。

1）选取

选取是制图综合最基本、最重要的方法，又称取舍，是从编图资料中选取那些海图用途上需要的、比例尺上可容纳的、地理分布上相互联系和制约的制图要素。

选取有两层含义。其一为"内容要素选取"，即按照海图主题和用途的要求，选取某种或某几种对海图主题和用途是必要的且有意义的内容，而舍去次要的或无用的内容。因此，这种选取的结果是减少或改变了海图内容要素的种类及结构。在海图编辑设计阶段，很重要的一项工作就是确定海图内容要素的种类和数量。因为航海图上表示的内容要素已经确定，这一工作变得非常简单，对普通地形图亦是如此。对于专题海图而言，这项工作却非常重要。在专题海图上，除了一般都要表示的地理基础要素（如水系、居民地等）外，还需选择表示与海图主题相适应的某一种或几种专题要素，如地势图要选择水深、等深线和等高线等表示地貌的专题要素；底质图则以少量水深、等深线等作为基础要素，以底质作为专题要素。

第二层含义为"制图物体选取"，即在每种内容要素中确定具体的选取对象，如在大量的水深注记中选取有意义的水深。物体选取的结果是减少了某类要素中的物体数量。

总之，选取的实质是通过解决海图内容的构成以及制图物体的数量问题，达到简化区域整体的图形特征，来满足海图主题与用途要求的目的，解决海图的内容详细性与清晰易读性之间的矛盾。选取不是简单的"取"或"舍"，而必须以制图资料为基础、以海图用途为依据，以海图清晰易读为条件，经过全面、系统和科学的分析，选择那些重要的、有用的、相互联系的制图物体，舍去次要的、无用的制图物体，从而构成科学、完整、清晰的海图内容。

2）概括

概括是减少制图要素的分类分级或进行质量转换与图形转换，减少制图要素在质量和数量上的差异。概括主要表现为对制图物体的分类和分级表示。制图物体在图上是用符号表示，物体的种类千变万化，不可能在图上对实地具有某种差别的物体都用不同的符号表示出来。海图用一种符号来表示实地上质量或数量特征比较接近的物体。制图物体在图上是分类或分级表示的，每类或每级都是对实地制图物体的一种概括。尽管分类分级会损失细节，但却是必要的，它能够增强对物体信息的解译能力。

在制图物体的各种特征中，质量特征是决定物体性质的本质特征，是区分制图物体并对其进行分类的基础和依据。物体分类的目的在于以概括的分类代替详细的分类，以综合的质量概念代替个别、具体的质量概念，分类的结果是减少了制图物体的类别。

制图物体的数量特征是对物体分级表示的基础和依据。物体分级以扩大级差或重新划定分级界限的方法来减少分级的数量，其结果是以概略的分级代替详细的分级，减少制图物体在数量特征上的差异。除了分类和分级方法外，常用的概括方法还有质量（概念）转换方法和图形转换方法等。如将一小片泥滩进行质量转换合并到邻近的大片沙滩中，如图9.3所示。

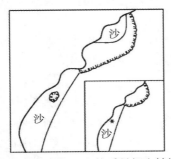

图9.3　按质量概念转换法实施干出滩制图综合

制图物体的质量特征和数量特征是相互联系的，因此概括的诸种方法也是可以相互转化，如分级方法在大多数情况下是对数量特征的概括，但有时也表现为对质量特征的概括，如对居民地人口数的分级合并是对数量特征的概括，但人口数量的不同等级又在一定程度上反映了居民地的质量概念(如大、中、小城市)。

3) 化简

化简，就是简化制图要素的平面图形(线状图形和面状图形)，其结果是以简单图形代替复杂图形。在编制海图时，由于比例尺的缩小，其图形越来越小，弯曲越来越多，防碍了其主要特征的显示。或者由于海图主题和用途的不同而不必表示过于详细的图形等，因此有必要对制图物体的平面图形加以化简。化简的目的就是保留物体图形所特有的轮廓特征，并显示出从海图用途来看是实质性的或必须表示的特征，保持图面的清晰易读性。"化简"就是简化物体平面图形的碎部，以简单的平面图形代替复杂的平面图形，甚至以不依比例的符号图形代替平面图形。对于道路、等深线等线状物体，图形化简就是减少曲线弯曲，使之逐渐平滑，最终以直代曲；对于居民地等面状物体，则既要化简其外部轮廓形状，又要简化其内部结构，最终是以点代面，如图9.4所示。

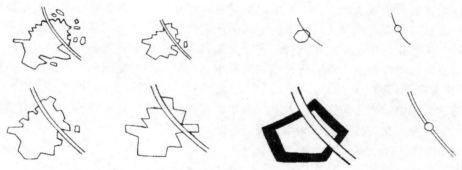

图9.4 制图要素的形状化简

形状化简的方法包括删除、夸大、合并和分割4种(图9.5)。删除，是舍去无法清晰表示的细小弯曲和碎部；夸大，是将按其大小本应删除的但却具有典型特征的细小弯曲和碎部夸大表示出来；合并，是将相互间距离很小的同类物体的各个部分合并在一起；分割，是有限度地将平面图形拆拼组合以保持其图形特征的相似性。

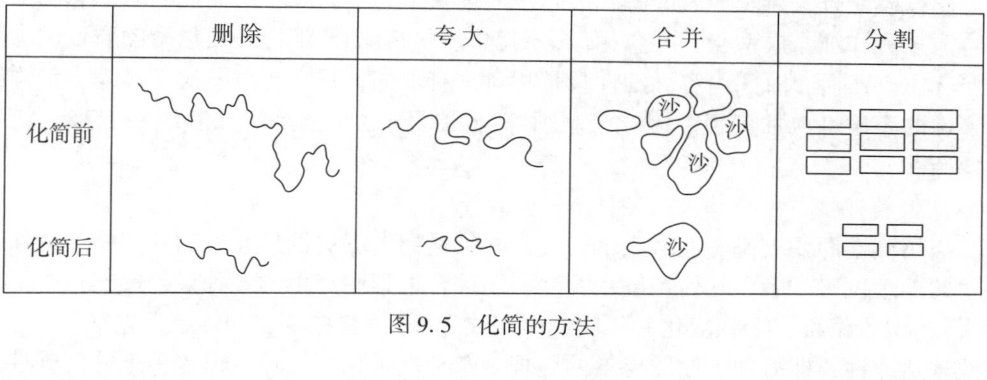

	删除	夸大	合并	分割
化简前			沙 沙 沙 沙	
化简后			沙	

图9.5 化简的方法

为了达到图形简化的目的和要求，化简必须遵循以上原则和严格的方法步骤进行。为了控制物体平面图形简化程度，化简也具有一定的数量指标，即根据海图用途要求和制图物体本身图形特点，规定出删除或合并细小碎部的最小尺度标准或化简前后碎部数量比例标准。

4) 移位

制图物体的图形移位也是制图综合中的常用方法。"移位"不仅利于反映制图物体的主要特征，更重要的是能更好地处理物体之间的相互关系，解决由于海图比例尺缩小而产生的几何精确性与地理适应性之间的矛盾。

在海图编绘时，将资料图按新编图比例尺缩小后，图上以符号表示的各个物体之间的距离亦相应缩小。若不能将其舍去，且仍然要按图式标准规格描绘出来，则必然产生符号拥挤甚至压盖现象，致使要素间的关系变得模糊不清，难以判读。为此，除缩小符号尺寸外。移位即移动次要物体的位置，使符号之间保持最基本的间隔(如 0.2mm)。

综上所述，选取、概括、化简和移位是制图综合的 4 种基本方法，构成了制图综合的完整过程。"选取"是制图综合的第一步，在"概括"或"化简"等之前实施。制图综合的 4 种方法是相互区别和联系的，在一定情况下又可以相互转化。如线状要素图形化简，实际上是通过取舍弯曲实现的，化简程度决定弯曲选取的数量。此外，从广义上讲，除上述 4 种方法外，符号化方法也是制图综合的重要措施，甚至是根本性措施。这是因为一切制图要素在图上均以符号表示，符号化是制图的基础。在编绘普通海图和航海图时，按照国家标准《中国海图图式》(GB 12319—2022)来编绘，因而不需或很少运用符号化方法。然而，在专题海图制图中，由于海图类型及其所表示要素种类的多样化和特殊化，没有统一的图式符号，因此符号化方法便显得相当重要。

2. 海图制图综合的原则

海图制图综合采用如下基本原则：

1) 海图内容详细性与清晰易读性相统一

内容详细性是相对于海图主题和用途而言的，有两方面含义：其一是要素种类完备，即保证对海图主题和用途而言是必要的要素种类都表示在图上；其二指在海图要素一定前提下，保证各类要素在分类分级上详细，物体选取数量足够，图形符号形状和位置真实。

海图清晰易读性是相对使用者而言的，即保证海图具有良好视觉感受效果。影响清晰易读的因素主要是海图载负量，图形符号的形状、大小和复杂程度、色彩等。

海图以模型方式再现地表或海底形态、地理要素的空间分布及彼此联系。海图上表示的内容愈多愈详细，模型与实际愈相似，因此海图内容的详细性是衡量海图质量优劣的一个重要标志。然而，海图内容详细性只是相对、有限的，且随着海图比例尺缩小，详细性与清晰性的矛盾将愈加尖锐。因此，制图综合的原则之一就是将二者统一起来，使之和谐、均衡。

2) 几何精确性与地理适应性相统一

几何精确性即要求海图上所表示的要素必须达到海图比例尺允许的几何精度，保持制图要素的地理位置准确。几何精度主要受制图综合过程中产生的各种误差影响，主要包括化简误差(位置偏移、形状变化、长度或面积改变等)、移位误差和描绘误差等。

地理适应性，即海图上制图要素的地理分布特点及相互间相对位置关系的正确性。几何精确性与地理适应性是一对尖锐的矛盾，它随海图比例尺的缩小而产生并加深。在大比例尺海图上，要素相对稀疏，一般都具有很高的几何精度。同时，制图要素的相对位置关系也是真实准确的。这时海图的几何精确性与地理适应性同时得到满足，彼此矛盾很小。在这种海图上，只要保证制图要素的几何精确性，也就基本保证了地理适应性。

随着海图比例尺的缩小，图上各种非比例符号越来越多，要素之间相互拥挤，争位矛盾突出，要素图形渐趋复杂，读图困难，几何精确性与地理适应性之间的矛盾就变得尖锐起来。为保持要素的相互关系(距离、位置、相交等)，就必须将一部分要素移位或用组合符号表示(移位误差)，将一部分要素图形加以化简(化简误差)，即以有限度地牺牲要素的几何精度来换取地理适应性，如当水深注记和礁石符号争位时移动水深注记。

在小比例尺海图上，几何精确性要求降低，对地理适应性则有更高要求。如在小比例尺海图上，等高线的大量小弯曲失去了同实地的对应关系，也失去了其位置和形状的精确意义。这时在综合地貌时不应过分强调精确性，而应通过对地貌形态和类型的正确分析和认识，对等高线整理(化简、移位和夸张)，使等高线间协调一致，表现地貌形态生动、典型。

3) 保持景观特征的真实性

(1) 制图区域的景观特征是客观存在的。保持制图区域景观特征的真实性是制图综合的必然要求。景观特征主要分为两类：分布密度特征，如按稠密、中等和稀疏来划分密度等级；形态特征，如海岸是侵蚀型或是冲积型，河系是树状或是平行状，等等。

(2) 密度特征的保持。对制图要素实施各种制图综合时，需考虑保持景观特征的问题。对于选取方法而言，主要是保持分布密度特征，即真实反映要素分布特征及不同地区的分布密度对比。随着海图比例尺缩小，密度差别逐渐减小的趋势会愈加明显，最终要素的分布密度会趋于一致。但是，无论这种密度差别怎样减小，图上都不允许出现密度对比倒置的现象。

(3) 形态特征的保持。制图综合方法中的形状化简方法的重要原则之一，就是保持物体平面图形的形态特征即相似性，进而揭示要素的内在规律。如河系图的化简通过取舍河流来实现，而河流的选取通常是以河流的最小尺度为标准的。在化简羽毛状河系时，由于支流短小且近于平行，两侧支流大致对称，形如羽毛，因而在选取河流时除选取满足尺度标准的河流外，还应选取长度不足尺度标准的短小支流，以保持羽毛状的特殊景观。再如，综合达尔马提亚式海岸(纵海岸)时，应着重显示出海岸的纵向分布特点，即海湾、海峡、半岛及大小岛屿，是沿着海岸线的总方向延伸的。其中的一些小岛，如果是稍微具有延伸方向特征的，即应显示出其方向性，而不应将其绘成圆形的岛屿。海岸线的形状化简也是如此，对切割强烈的侵蚀海岸，应用尖锐的弯曲来表现其形态特征，而不能绘成圆滑的弯曲形态，如图 9.6 所示。

4) 协调一致

制图综合方法、制图综合指标和制图要素关系处理等方面要协调一致。其目的是使所表示的制图要素达到统一、客观、可检验、易阅读。这种协调一致要体现在同一图幅的不同地区和不同要素之间、同一比例尺的不同图幅之间以及系列比例尺海图之间。

同一幅图的不同区域之间，制图物体的形态和分布密度可能不同，其综合指标在这些不同地区应相互协调。如一幅图上有两个不同类型、不同河网密度等级的河系，在选取河流时，对两个河系应分别采用不等(但却是协调的)尺度标准，以反映出两种河系的差别。

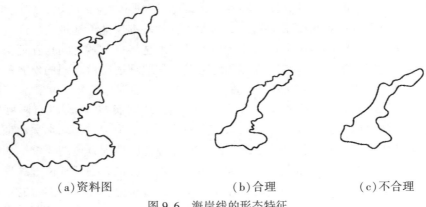

| (a)资料图 | (b)合理 | (c)不合理 |

图 9.6　海岸线的形态特征

同一比例尺(或相近比例尺)的不同图幅之间应协调一致。例如，航海图一般是按比例尺成套编制的，在成套海图叠幅部分各要素的表示应基本一致。同一比例尺图的叠幅部分，应采用"抄接边"的方法编制，相近比例尺图的叠幅部分，应先编制比例尺较大的图，然后将其作为比例尺较小的邻幅图的编图资料，使二者叠幅部分基本一致。同时，叠幅部分应与整幅图的其他部分相协调，要素密度、形状化简程度等都应基本一致。

在系列比例尺图(如1∶10万、1∶20万、1∶50万和1∶100万)之间或海图集中诸图幅之间，制图综合的协调一致也是很重要的。

海图上同时包含了海洋和陆地两个毗邻区域，海陆协调还表现在海底地貌和陆地地貌的协调。海底地貌是陆地地貌在海水下的延伸，二者在形态结构上有着密切的联系，综合时应照顾到二者关系，使之协调一致。如在陆地河流的入海口都分布有水下河谷，通过等深线可以很好地反映出河流与水下河谷的联系；等深线的走向与形态应与海岸的方向相一致等等。

为了正确表示出制图要素的空间分布及其相互联系，不同要素的制图综合应该协调一致。例如，化简等高线图形时必须兼顾已经表示在图上的河流图形的化简，以保持河曲与等高线弯曲之间的协调关系。

3. 海图制图综合的特点

海图制图综合具有如下特点：

1)海洋是海图制图综合的重点

海图是以海洋为主要描述对象的，因此以海洋作为制图综合的重点也是很显然的。海图对海洋要素的表示，其详细程度要远胜于对陆地要素的表示。但是，海洋是与陆地毗连成一体的，海图内容包括海洋及与其毗邻的陆地部分。因此，海图制图综合必须正确地反映出海洋要素与陆地要素的相互联系。

航海图是海图中数量最多的一个种类，是服务于舰船航行的。因此，为保证舰船的航行安全，在制图综合时应特别注意显示航路和水道、各类助航标志以及各种航行障碍物。

2)海图制图综合必须适应海图的特殊用图方式

由于舰船的摇晃不定，增加了读图的困难，因此要求海图具有较好的视觉识别效果。

从制图综合角度讲，应从下面这几方面对海图加以改进：海图的图式符号应比地图大；图式符号的基本线划要较粗(一般线划比地图粗 0.05cm)；各类制图要素形状化简和选取的最小尺度要较大(如曲线的最小弯曲尺度)；海图的用色较多，重要要素要用突出醒目的色彩表示(如禁区界线等均用紫色印刷)等。总之，与地形图相比，海图具有较小的内容载负量，而具有较大的制图综合程度。

3)海图制图综合有其特殊的原则

除了要服从普通制图综合的基本原则之外，海图制图综合还有其特殊的原则，这主要表现在海岸线的形状化简方面。对于海岸线的形状化简，地形图及其他地图采用的方法是凸向海域的岸线夸大陆地、舍去海域碎部；凹入陆地的岸线则夸大海域、舍去陆地碎部。这种方法基本保持了海陆面积的对比，并且反映了海岸线的形态特征，是符合制图综合基本原则的。而航海图上海岸线化简的方法则有所不同，它必须遵循"扩大陆地、缩小海域"的原则，即不论是在凸向海域的岬角还是凹入陆地的海湾，都必须是删除小海湾。这一特殊原则对于保证舰船的航行安全、增大"安全系数"是正确而重要的。

9.2.5　海图生产

1. 国际标准数字海图生产

国际标准数字海图专指符合 IHO 所制定和颁布的 S-57 标准的一种矢量海图产品，即各 IHO 成员国按照 S-57 标准生产和发布的电子航海图(ENC)产品(数据集)。为指导各 IHO 成员国开展 ENC 数据的生产，IHO 还颁布了 IHO S-65 标准，即《电子航海图生产、维护和发布指南》。目前，除香港、澳门特别行政区和台湾省之外，我国的 ENC 分别由国家交通运输部和海军海道测量局组织生产。前者是由各海事局制图部门利用有关海洋测绘资料，直接通过 CARIS HOM(早期)或 CARIS HPD 软件编辑制作 ENC。后者是由中国海道测量局中国航海图书出版社，利用其在 Arc/Info 系统中生产的海图数据，经转换生成符合 S-57 标准的毛坯数据后，再利用 dKart Editor 软件编辑制作 ENC；或者直接以扫描后纸质海图为基础，利用 dKart Editor 软件经矢量化和编辑处理后制作 ENC。中国航海图书出版社生产 ENC 的流程主要包括编辑设计，图历表审批，数据导入、修编和作业员自查，校对员校对，编辑审查和验收编辑验收，ENC 数据发布等技术环节。

(1)编辑设计：主要包括资料分析、编辑计划拟定和图历表填写三部分工作。资料分析部分主要工作是：首先根据 S-57 标准 ENC 产品规范中的命名规定，确定 ENC 数据单元范围及名称、编辑比例尺；然后根据 ENC 数据单元的名称借阅、分析制图资料，查阅航海图书目录，确定相同比例尺 ENC 的接幅关系；最后将 VCF 格式数字海图数据转换为 S-57 格式毛坯数据。编辑计划拟定工作是：根据 ENC 数据单元的名称确定数学基础、基本技术标准、制定技术、质量保证措施等。图历表填写部分主要工作是填写 ENC 数据的基础信息(如单元名称、坐标系、比例尺及图廓范围等)、资料来源、作业方法、作业依据、注意事项等。

(2)图历表审批：是 ENC 数据生产的一个重要环节，因为审批后的图历表是作业员进行 ENC 数据生产作业的依据，也是日后进行核实的重要依据。图历表审批工作主要是由编辑组长和相关领导负责，审查的内容主要包括图历表填写是否符合有关要求，图历表内容是否完整准确，图历表中给出的主要技术指标和作业方法是否合理等。

（3）数据导入、修编和作业员自查：是 ENC 数据生产的中心环节。首先阅读图历表，了解 ENC 数据的数学基础、作业方法及注意事项。由于是对现有数据的修编，作业员需利用 dKart Editor 软件建立新图，并从指定位置把经由相应软件转换好的 S-57 标准毛坯数据导入新建图中。之后，再根据 ENC 产品规范及物标处理规定，逐一对物标及其属性进行处理。完成数据导入、修编后，对数据质量进行自查。自查可采取两种方法，一是与扫描的底图进行目视对照检查，即首先利用 dKart Image 软件对海图图像进行配准处理，然后利用底图对 ENC 数据进行对照检查。二是利用 dKart Editor 软件自带的查错功能进行检查，确保数据质量。

（4）校对员校对、编辑审查和验收编辑验收即三级检查验收。检查 ENC 数据有无遗漏物标，各物标及其属性是否准确、合理等；编辑则侧重检查 ENC 数据的数学基础和物标正确性；验收编辑检查 ENC 数据中的关键物标及其属性，负责对整个 ENC 数据质量把关。

ENC 数据发布：经过三级检查验收后，可以对其进行发布（输出），提供给用户使用。

2. 非国际标准数字海图生产

非国际标准数字海图生产是指不遵循 IHO 所制定和颁布的 S-57 标准所生产的数字海图，根据数据形式分为矢量海图和栅格海图，但一般是指矢量海图。出于各种原因，目前美国、中国的有关海图生产部门，以及一些非官方数字海图生产商，仍然在按照各自的标准制作和生产非国际标准（即非 S-57 标准）矢量海图。美国军方的国家地理空间情报局（NGA）按照 VPF（Vector Product Format）格式生产和提供矢量海图；我国有关海图生产部门首先按 Arc/Info 系统的 E00 格式生产矢量海图，然后按 VCF 格式为用户提供矢量海图数据。以下以 VCF 矢量海图为例介绍非国际标准矢量海图生产与更新内容。VCF 数字海图生产分为编辑设计与资料准备、数据获取与编辑、数字海图数据入库，以及数字海图数据输出等四个阶段。

（1）编辑设计与资料准备：完成航海图编图资料搜集、整理、扫描和建库，根据上级业务管理和制图部门的要求为作业员提供制图资料。再由制图编辑进行制图区域研究和资料分析，确定资料采用情况、数字化图幅范围和填写图历表。图历表审批后，作为本幅图的作业依据。

（2）数据获取与编辑：第一，由制图编辑对上一阶段提供的资料分析，制定制图方案。第二，根据资料的不同类型进行相应的数据获取与输入处理，解决海图要素几何和属性数据的数字化获取和输入问题，如对纸质资料扫描矢量化输入，对图表资料键盘录入，对数字资料（数字海图/地图、测量数据等）格式转换后导入等。第三，制图作业与三级检查验收。按照海图编辑设计要求和制图综合原则，利用 Arc/Info 对海图要素进行交互编辑，完成制图作业形成数字海图后，打印输出数字海图的属性样图和全要素样图并交给校对员，由其对数字海图的几何数据和属性数据校对。作业员根据校对员意见进行修编处理和复校，完成一级检查验收。在此基础上，打印输出属性样图和全要素样图并交给制图编辑，由其对数字海图的几何数据和属性数据检查验收，作业员则根据制图编辑意见进行修编和复验，完成二级检查验收。之后，再打印输出全要素样图并交给验收编辑，由其完成对数字海图中障碍物、地名、国界等重点要素的审查验收。最后由作业员根据意见修编处理和复审，完成三级检查验收。

（3）数字海图数据入库：按照有关规定，对数字海图数据进行数据结构、拓扑关系和要素错误等检查。检查无误后通过坐标转换、数据剪切和数据入库预处理等完成数字海图入库。

（4）数字海图输出：首先按照生产方案，从海图数据库中提取数字海图数据，经剪切、坐标转换、数据格式转换后生成 VCF 格式的交换集数据。然后对交换集数据加密、封装和预安装测试，确认无误后制作数字海图数据母盘。最后复制光盘，完成数字海图数据光盘输出。

3. 纸质海图生产

国际标准纸质海图即国际海图，又称 INT 海图（International Chart），是按照 IHO 发布的《IHO 海图规范及 IHO 国际海图条例》《INT 1 海图图式》等相关国际标准组织生产的。

目前，包括我国在内的世界上不少海洋国家已经实现了数字海图和纸质海图的同步生产。其做法通常是利用已制作好的数字海图数据，经适当的制图编辑处理后，再按海图制印要求输出分版数据文件，最后经数字制版和印刷后得到符合本国标准的纸质海图。

不管是国际标准的，还是非国际标准的纸质海图，作业员通常均需要完成符号化显示、绘制校样图、数据分版、修编等工作。

9.2.6 海图更新

常用比例尺海图是基于资料编制出版的，反映的是在测量时海域实际。由于海域状态的变化，海图所表示的地理信息会逐渐变得与实地不一致。为了保证海图的现势性，需要对海图进行不断更新。由于海上航行的特殊性，海图更新方式与陆图有明显差异，对更新的时效性要求更高，因而是通过小改正、大改正、改版的方式实施的。

1. 小改正

小改正是指利用航海通告进行的改正，又称通告改正。航海通告是报告海区变化情况的国家级权威出版物，将海区的变化情况及时地通过给有关单位、人员及舰船，并以它为依据在海图上直接修改海图要素信息，使海图随时处于最新状态。

航海通告通常每七天出版一期，其内容包括助航设备的设置、撤销与变更，航行障碍物的发现、清除与变更，水深的变化，港湾、码头的变化，各种区域的划定、废除与变更，航行规章制度、航法的宣布、废除与变更，航海图书的出版、改版、作废情况，及有关航行的其他内容。航海通告以无线电通告（航行警告）和书面通告两种形式发布。无线电通告由相关单位发布，迅速及时；书面通告由航保部门发布，定期每周出版一期，根据用途分为军用、民用和英文通告三种。航海人员在出航前都必须把海图改正到最新。航海图图廓左下角设有小改正记载栏，专门记载本图改正的年份和航海通告的期数。

2. 大改正

在海图印刷版上进行的改正，称为大改正。大改正后的海图一般习称为添印海图，图上要注明第几次印刷及年月。当小改正过多而影响到图面清晰和使用时，需要进行大改正并补充印刷；当海图数量不足需要添印时，也同时进行大改正。大改正后的原图，要重新制版印刷，并累计印刷次数。经大改正印刷的海图发行后，原海图并不作废，仍可以通过小改正进行改正，使海图保持最强的现势性。

3. 改版

当海区重新进行了实地测量或获得了新资料，海图内容有较大变动，需要重新编制出版，但不改变原海图的图幅范围、图名、图号，称为改版（或称再版）。该海图习称为改版海图，版次从第 1 版后开始累计，依次为第 2 版、第 3 版，依次类推。图上注明版次及改版年月。

按照《IHO 海图规范及 IHO 国际海图条例》，国际海图更新也是由生产国和翻印国负责的，但并未对国际海图的具体更新方法进行明确。无论是国际标准还是非国际标准纸质海图，其在更新的技术方法上并无本质区别。传统的做法是通过手工的方法，利用航海通告提供的改正信息完成纸质海图小改正。随着计算机技术的应用，出现了计算机辅助的方法，利用航海通告提供的改正信息，打印输出可用于在纸质海图上转印改正图文的"改正蜡纸"，以及用于改正图形（含注记）快速准确定位的一组经纬线格网线，为实现纸质海图的高精度、规范化快速改正提供了一种现代化手段。对于数字海图，由于大改正、改版等其实就是重新编辑生成新的数字海图数据，而小改正则是对已发布海图数据的局部修改和更新。

9.3　海洋 GIS

地理信息系统技术被应用到海洋领域后，与海洋的特性相适应而发展起来的相关理论与技术，被称为海洋地理信息系统（Marine Geographic Information System，简称 MGIS 或海洋 GIS）。海洋 GIS 是 GIS 技术结合海洋科学特点形成的海洋领域研究的强有力的工具和工作平台，是在计算机硬件条件和软件系统的支持下，以海底、海面、水体、海岸带及大气的自然环境与人类活动为研究对象，对各种来源的空间数据进行处理、存储、集成、显示和管理，进而作为平台为用户提供综合制图、可视化表达、空间分析、模拟预测及决策辅助等服务的系统，并且结合 Web 技术可以实现海洋数据和相关 MGIS 功能的实时共享。

9.3.1　海洋 GIS 的发展

海洋 GIS 的研究和应用最早可以追溯到 20 世纪 60 年代早期美国国家海洋测量局进行的航海自动化制图。20 世纪 80 年代以来，地理信息系统作为对地学信息进行存储、处理、分析和表示的强有力工具，被国内外许多研究机构、政府机关和公司企业应用于海洋领域，并建立了一系列的海洋地理信息系统。特别是最近 20 年来，GIS 越来越被海洋界所接受，在科学需求和技术进步共同驱动下，海洋 GIS 得到了巨大的发展。推动海洋 GIS 发展的因素主要来自以下 3 个方面：一是海洋测量技术和设备的飞速发展，特别是海洋遥感卫星的发射极大地提高了海洋数据获取的能力，积累了海洋环境参数的海量数据；二是若干 GIS 的关键技术得到了迅速发展；三是很多研究机构、政府机关和私营企业在 GIS 的应用方面取得了大量成功案例，因而起到了很好的示范作用。我国海洋 GIS 研究始于 20 世纪 80 年代中期，陈述彭院士在国内提议开展海岸与海洋 GIS 研发，并提出了"以海岸链为基线的全球数据库"构想。由于对海洋 GIS 的基础建设、科学讨论到实际应用开展了长期大量工作，使其具有了较完整的数学模型系统、空间分析功能、海洋专业模型、数据库存储交换系统和制图功能等，并运用到海洋科学研究和渔业生产管理、海洋管理、海洋环境监测、污染扩散、海洋油气资源预测、矿产勘探等领域，陆续建立了相关的海洋地理信息系统。

目前，海洋 GIS 的发展主要有以下 3 种形式：

(1)专题研究型海洋 GIS。海洋工作者以 GIS 为平台来改进和加强研究工作，表现为借助一个通用 GIS 软件或环境完成某个海洋专题研究，目前多数海洋 GIS 属于这一类型。

(2)扩展型海洋 GIS。传统的 GIS 软件厂商通过对其产品的数据结构和功能等的扩展，例如 ESRI 公司于 2002 年底推出的 ArcGIS 海洋数据模型(Marine Data Model)，形成了专门用于完成对海洋和海岸带环境数据管理和处理的海洋 GIS。

(3)开发型海洋 GIS。着重于海洋 GIS 技术本身的发展，在海洋科学研究所需要解决问题的基础上发展海洋 GIS 技术，如资源与环境信息系统国家重点实验室研制的具备海洋数据管理、分析和信息服务等功能的通用桌面型海洋综合应用技术系统——MaXplorer。

海洋环境多维动态变化的特性决定了海洋 GIS 在数据管理、时空分析和数据表现 3 方面都与基于陆地的传统 GIS 有很大的区别。专题研究型和扩展型海洋 GIS 都以通用 GIS 系统为支持来完成的，必定会有诸多限制，从而影响到对海洋环境数据信息挖掘的充分性和方便性。陆地 GIS 和海洋 GIS 的区别类似于作为陆地交通工具的车辆和作为水上交通工具的舰船的区别，只有从底层做起的开发型海洋 GIS，才有可能完全解决这种区别所带来的问题。

结合 GIS 发展方向和海洋 GIS 面临的困难，海洋 GIS 将向如下几个方面发展：

(1)Web 技术与海洋 GIS 结合。目前，海洋 GIS 研究与应用主要集中在一些政府部门和科研机构，社会普及程度不高，无法进行共享，造成资源和信息的浪费。WebGIS 是 Internet 技术与 GIS 技术的完美结合。在 Web 上发布空间数据，用户通过 Internet 浏览 WebGIS 系统的空间数据、制作地图及进行各种空间检索和分析，甚至提供预测和决策支持。WebGIS 提高了数据共享与开放程度，最大限度地发挥了有限数据资料的作用。

(2)三维、四维海洋 GIS 与虚拟现实技术结合。现阶段大部分海洋 GIS 平台以二维来提供处理、分析、表达和显示等功能的。海洋环境特殊，海洋数据空间属性强，用二维形式表达三维甚至四维海洋数据不够完整。同时，虚拟现实技术与海洋 GIS 结合可模拟现实中的海洋环境，形成虚拟的立体实体，进而改善数据成果表达与输出方式，提高海洋 GIS 的人机交互程度和空间数据表达的真实性，甚至可以通过视觉、听觉、触觉等来感知海洋环境。三维和四维海洋 GIS 的数据结构，空间对象描述方法，与虚拟现实技术的结合等都是海洋 GIS 的一个重要研究方向，也是海洋 GIS 发展的必然。

(3)多学科交叉综合。GIS 技术是多学科交叉派生的综合科学，3S(GIS、RS、GPS)和 5S(3S 加上数字摄影测量系统 DPS 和专家系统 ES)的集成，使得测绘、制图、地理、遥感、管理和决策科学相互融合，成为实时空间分析和决策支持的工具。

(4)全球尺度的海洋 GIS。全球性的海洋研究必须建立在大量的全球性、实时性、动态性的观测资料的基础上，常规方法很难处理而且不易提取专业信息，为了更有效地对全球尺度的海洋科学研究进行数据存储、分析和处理、输出，全球尺度的海洋 GIS 已是大势所趋。

9.3.2　海洋 GIS 的组成

海洋 GIS 的基本组成也包括计算机硬件系统、软件系统、空间数据、地学模型和人员。

计算机硬件是计算机系统的实际物理装置的总称，是 GIS 的物理外壳。GIS 硬件系统主要包括输入设备、处理设备、存储设备和输出设备四部分。

软件系统是指 GIS 运行所必需的各种程序，通常包括 GIS 支撑软件、GIS 平台软件和 GIS 应用软件三类。GIS 支撑软件即 GIS 运行所必需的各种软件环境，如操作系统、数据库管理系统、图形处理系统等；GIS 平台软件包括 GIS 功能所必需的各种处理软件和扩展开发包；GIS 应用软件一般是在 GIS 平台软件的基础上，通过二次开发所形成的具体的应用软件。

数据是 GIS 的核心内容。地理空间数据是指以地球表面空间位置为参照的自然、社会和人文景观数据，可以是图形、图像、文件、表格和数字等。由系统的建立者通过数字化仪、扫描仪、键盘或其他通信系统输入 GIS，是系统程序作用的对象，是 GIS 所表达的现实世界经过模型抽象的实质性内容。同一般的 GIS 数据相比，海洋数据通常还具有以下特点：

（1）多维性：海洋数据包括海底地形地貌、水体物理和化学性质、海洋生态环境、气-水结合面等研究对象，是三维甚至是四维的数据。

（2）动态性：海洋无时无刻不处于动态变化之中，海洋数据也不可避免的具有动态性的特征。海洋数据的动态性特征表现最明显的是海洋现象的动态性。

（3）时空过程性：海洋现象不仅存在于一定的空间范围内，还在时间上具有一定的持续性，也就是具有过程性。在海洋现象中，上一个时态的特征与下一个时态的特征有可能不同，以涡漩为例，上一时刻与下一时刻其涡漩中心、涡漩边界、涡漩面积等都可能会发生变化。

（4）模糊性：海洋数据的模糊性主要表现在概念和边界界定上，由于海洋是动态的，所以有些定义不像陆地上那么精确，由此从概念上就产生了模糊性。海洋中的边界很多是模糊的，如某一海区的温度变化，其区域边界是模糊的。

GIS 的地学模型是根据具体的地学目标和问题，以 GIS 已有的操作和方法为基础，构建能够表达或模拟特定现象的计算机模型。尽管 GIS 提供了用于数据采集、处理、分析和可视化的一系列基础型功能，而与不同行业相结合的具体问题往往是复杂的，这些复杂的问题必需通过构建特定的地学模型进行模拟。以空间分析为核心并与特定地学问题相结合的地学模型，正是其价值的具体表现形式。因此，地学模型是 GIS 的重要组成部分。GIS 地学模型的实现不依赖软件，相同功能的模型可以在不同的 GIS 软件中实现。建立不同的分析模型和辅助决策支持系统，可对各种开发项目，如港口建设、围海造地、海上油气开采、海水增养殖等，进行综合评价分析，提供多种可行方案，供管理部门决策参考。

人是 GIS 的重要构成因素之一。GIS 从其设计、建立、运行和维护的整个生命周期，均需要人进行系统的组织、管理、维护和数据更新、系统扩充完善、应用程序开发、并灵活采用地理分析模型提取多种信息，为研究和决策服务。按照作用的不同，可将人员分为科学研究人员、项目管理人员、软件设计人员、系统开发人员、数据维护人员和普通用户六类。

9.3.3　海洋 GIS 的功能

1. 海洋 GIS 基本功能

1）数据采集功能

数据是 GIS 的血液，贯穿于 GIS 的各个过程。数据采集是 GIS 的第一步，通过各种数据采集设备（如数字化仪、扫描仪、测量调查等）来获取现实世界的描述，并输入 GIS。

不同于陆地，海洋地形等信息的采集主要以声学手段为主。海洋遥感、多波束测深等先进手段的采用，使获取的海洋数据在数量、质量、分辨率、精度等方面都发生了革命性变化。但即便如此，目前获取的数据还多是离散的，需要能时空一体、大范围同步观测的方法。

2）数据编辑与处理功能

通过数据采集功能获取的数据称为原始数据，原始数据含有误差。为保证数据在内容、逻辑、数值上的一致性和完整性，需要对数据进行编辑、格式转换、拼接等处理。也就是说，GIS 系统应该提供强大的、交互式编辑功能，包括图形编辑、数据变化、数据重构、拓扑建立、数据压缩、图形数据与属性数据的关联等内容。

3）数据存储、组织与管理功能

数据必须按照一定的结构进行组织和管理，才能高效地再现真实环境和进行各种分析。由于空间数据本身的特点，一般信息系统中的数据结构和数据库管理系统并不适合管理空间数据，GIS 必须发展自己特有的数据存储、组织与管理功能。

海洋 GIS 的数据存储、组织与管理主要是指有关海洋空间数据和非空间数据的存储、检索和查询等功能。由于海洋环境的时空变化，需要提出有别于陆地 GIS 的方法和模型来存储和管理海洋时空数据。除了一般 GIS 常用的矢量数据和栅格数据结构外，海洋 GIS 还提出了比较有代表性的模型，包括基于特征的海洋时空数据模型和基于场的时空数据模型。

4）空间查询与空间分析功能

虽然数据库系统一般提供了数据库查询语言如 SQL。但对于 GIS 而言，需要对通用数据库的查询语言进行补充或重新设计，使之支持空间查询。空间分析是比空间查询更深层次的应用，内容更加广泛，包括叠置分析、缓冲区分析、网络分析、地形分析、决策分析等。

海洋现象常具有时空过程性，相对通用 GIS，增加了具有时态性的功能。忽略时空特性或现象间的时空关系，会造成分析结果的不可靠等。此外，由于环境因子有许多，故在寻求环境因子关系时，应用新技术、新理论，从多学科的融合交叉中寻求解算方法。

5）数据输出与可视化表达功能

通过图形、表格和统计图显示空间数据及分析结果是 GIS 的必备功能。作为可视化工具，不论是强调空间数据的位置还是分布模式乃至分析结果的表达，图形是传递空间数据信息最有效的工具。GIS 脱胎于计算机制图，因而 GIS 的一个主要功能就是计算机地图制图，包括地图符号的设计、配置与符号化、地图注记、图幅整饰、统计表制作、图例与布局等内容。此外对属性数据也要设计报表输出，并且这些输出结果需要在显示器、打印机、绘图仪上或以数据文件形式输出。海洋 GIS 软件亦应具有驱动这些设备的能力。

海洋信息的特殊性对多维、动态显示提出了比陆地 GIS 更高的要求，主要包括断面可视化，多维时空要素的多元、多尺度表达和动态显示，海洋过程、结果的多元、多尺度表达和输出等。海洋信息可视化不仅针对海洋数据的视觉表现，也是一种重要的分析手段，可以通过它完成可视化分析，获取蕴含在海洋环境中的物理、生物和化学特性、规律以及不同尺度的关系。海洋 GIS 的业务化对海洋信息可视化提出了新的需求，正向二维到高维，静态向动态，单尺度向兼容多尺度过渡。

2. 海洋 GIS 应用功能

1）海岸带管理

早期的海洋研究者只是简单地把 GIS 应用于海洋数据管理上，但随着 MGIS 发展，其在海岸带开发和管理方面的应用越来越广泛和深入。海洋 GIS 应用不再局限在海岸带管理，而是应用数据库、遥感和数学模型等技术，支持海岸带管理的合理规划、监测和分析等工作，同时对海洋图像、水文、水质及其他物理和化学数据进行处理。

2）海洋环境监测

随着海洋 GIS 技术的进一步发展，其在海洋环境研究、污染监测和保护等方面的应用也越来越广泛。利用优良的 GIS 工具和数据库管理系统，构成一个集成化的环境，可以满足海洋立体监测管理系统功能的需要。美国环境保护组织对马萨诸塞州海湾内采矿现场的放射性和危险废料进行了调查，利用一个区域性的相关海洋 GIS 数据库对相关信息进行处理，得出相应的规划和管理决策。

3）海洋渔业

通过海洋 GIS 对各种渔业资源的种类、数量、分布，渔业水域的划分，以及养殖区的分布，渔船状况等因子的数据采集、处理、存储、分析，可以全面、直观地掌握渔业资源的管理现状，提高工作效率。海洋 GIS 可用于检测环境分布模式及其变化，标识不同的地理种群并描述其主要分布，也可用于提高采样方案的科学性、选择最佳捕捞地、划定海洋保护区等。国内中国科学院地理科学与资源环境研究所苏奋振等在海洋"863"计划中通过集成遥感、数据库管理系统、专题分析模型和专家系统，为海洋渔业开发 GIS 平台，建立了东海渔业渔政综合管理系统。

4）海洋油气

要进行海洋油气勘探必须分析大量的各种各样的数据，这就需要有合适的管理和分析工具——海洋 GIS。有关资料表明，针对海洋油气资源综合预测的海洋油气资源预测集成系统已经研发成功，该系统以 GIS 为中心，通过集成各分享技术，形成了一整套经济、快速、有效的综合评价海洋 GIS，该系统的建立推动了海洋油气资源综合预测地理信息系统的产业化发展，为我国海洋地理信息系统的研究奠定了一定的基础。

5）其他方面

除上述应用外，海洋 GIS 还广泛应用于海运交通（电子海图显示与信息系统，ECDIS）、海洋划界、海战场环境建设、海洋工程和海洋监察执法等方面。

9.4　海洋 GIS 数据模型

海洋现象具有时空过程性。海洋数据源于不同的海洋部门，数据的粗细差别很大，有些在时空上或属性方面是高层次的，即概括的和大粒度的；有些是低层次的，即详细的和细粒度的。这些现象均表明海洋数据具有时空粒度上的差异。

海洋数据具有时空多维性，就需要建立适合其特点的数学模型，更好地反映海洋现象。目前用于 GIS 的时空数据模型归纳为时空立方体模型、时空快照序列模型、基态修正模型、时空复合模型和基于特征的时空模型。这些模型在表达海洋数据时均出现了一些问题，其原因是这些模型均源于陆地应用中发展起来的模型，而海洋数据又有其独有的特点，这些模型尚难以满足需求。为此，下面介绍适用于海洋的时空数据模型。

1. 基于特征的时空过程数据模型

基于特征的海洋数据包括两大部分：

一是海洋实测数据，包括离散点观测数据和连续扫描数据。

二是从海洋现象等数据中提取出来的点、线、面、体的过程特征数据，这些现象或对象具有时间、空间、形态、属性动态的特性，这类数据模型是海洋 GIS 与常规 GIS 数据模型的根本区别，根据特征数据的形状将其分为点、线、面、体四类。

点数据可分为点观测数据和点过程数据。点观测数据是指那些可离散成点的观测，对于这些数据可根据有无纵深和时间序列划分为无纵深无时间序列测点、无纵深有时间序列测点、有纵深无时间序列测点以及有纵深有时间序列测点。海洋点过程数据是指海洋现象中提取出来的一些特征点数据，如涡漩的中心点，对于这种海洋过程数据有时候可以用一些特征点来标识，这些点的数值和空间位置是随时间的变化而变化。

线数据同样分为线观测数据和线过程数据。线观测数据是指那些由点观测数据聚合而成的数据，例如一条水深的测线数据。线过程数据可以根据线上各点属性值是否相同再进一步分为两类。一类是线上属性一致的海洋过程的线描述数据，在这类数据中，线的属性值和空间位置是随着时间的变化而变化的；另外一类是线上每点的属性不一致的海洋过程的线描述数据，在这类数据中，线上点的属性值和空间位置是随时间的变化而变化。

面状数据较复杂，可看作是由一系列点数据聚合而成，也可以看作面状的过程数据，这些数据可能是一些扫描数据如声呐、照片、卫星资料等。对于面状过程数据可以进一步细分为面上属性一致的海洋过程数据和以及属性不一致的海洋过程数据。

体数据即立体观测数据，是由点观测、线观测和面观测构成的一个整体，也是一个过程数据。海洋过程的体数据划分为两类：一类是体上的属性值和空间位置不随时间变化，另一类则是随时间变化。前者体上属性一致，而后者体上属性不一致。

2. 基于场的时空过程数据模型

基于场的时空格网模型是一种多级格网数据模型。在该模型中，需要对海洋数据或海洋现象数据进行三方面的剖分，即在空间上采用栅格进行离散化、在时间上进行离散分段和在属性上要进行分层。海洋场数据可以分为两大类，一类是标量场数据，另一类是矢量场数据；前者只有大小，没有方向，如温度、盐度；而后者既有大小，也有方向。

不管是全球范围，还是近海区域，都可以使用这种基于场的时空格网模型来进行描述。在这种模型中，首先要对空间进行离散栅格化，具体栅格的大小要根据研究对象本身的特征以及要求来确定，对于范围大的区域，所取的网格要大一些，反之亦然。在这里，仅以全球的格网化方案为例，对离散栅格化的方法进行探讨。

格网化的解决方案通常包括两种，一种是等角格网系统，另一种是等面积的格网系统。方案一是标准情况使用的数据模型，适用于各种场数据；方案二是针对特殊应用需要，主要是针对高纬度地区和对格网的面积、形状要求特别高的使用情况而制定的。需要说明的是，这两种方案都是以数据的存储和处理分析为目的的，可以相互转换。

等角格网化方案是以全球经纬度作为基本格网来构建全球的格网系统，空间范围最大可以达到全球尺度，也可以小到非常狭小的研究海域，每个格网的大小根据具体问题而定。

等角格网化是一种地球投影方法，应用较为广泛。该投影变换中，经线和纬线之间永远保持垂直。赤道、子午线的长短都不发生变化；其他的特点则会发生变化，如除赤道外的纬线长度都会发生很大变化，特别是在高纬度地区，致使格网面积和形状等都发生非常大的变化。这种投影形式在卫星遥感领域经常被用到。在海洋研究中，特别是海洋遥感的研究中，经常需要面对海盆尺度甚至全球尺度的海洋现象，因此使用这种投影就更加符合实际需要。

等角投影在解决大尺度问题时满足要求，但当对格网面积和形状的视觉要求较严格时，一般会选用等面积格网系统。等面积格网化方案的特点在于不但可以形成具有基本排列规律的矩形格网体系，且兼顾到以后数据处理和存储能力的结合。

数据时空格网模型符合数据获取及存储规律，具有格网形式简单直观、高效灵活等优点。

9.5　海洋 GIS 主要技术方法

9.5.1　数据融合

数据融合(Data Fusion)被定义为针对应用目标，对多源信息进行多层次、多方面的信息处理，以提高数据或信息的质量。数据融合的应用目标是方向，数据处理方法是手段，信息质量提高是结果。融合可以消除多源数据间的冗余，获得比单一数据更加准确可靠的信息；通过多源信息互补性，获得比单一信息更丰富的环境信息；融合可弥补单一数据集在某个时间段或空间域上的缺失，扩展数据的时间和空间的覆盖范围，使数据更趋完整。

根据融合技术在信息处理中所在的不同层次，数据融合可分为信号层融合、数据层融合、特征层融合和决策层融合四个层次。上述分界并不是绝对的，如在海洋 GIS 系统中，多通道影像和海洋现象的某种属性信息常一起参与数据融合。从某种意义上讲，数据融合的模式由源数据集和应用问题共同决定，常跨越信息处理的多个层次。

一般数据层的融合是对获得的数据进行联合、相关分析，得到新的数据，新的数据具有原有数据优势特征或者互补信息，关键是得到新的数据层。

海洋观测数据具有多传感器、多源信息特点，数据融合可完成数据处理，形成崭新的信息层。数据融合方法较多，如彩色空间变换法、主成分分析法、高通滤波法、Brovey 融合法、统计 Bayes 方法、神经网络方法、Dempster-Shafer 等。

数据融合需解决如下问题：

1) 数据转换

不同传感器或观测方式输出的数据形式、对环境的描述和说明等均不相同，为综合处理这些信息，需首先将这些数据转换成相同形式、相同描述和说明，才能进行处理。数据转换的难点在于，不仅要转换不同层次的信息，还要转换对环境或目标的描述或说明不同和相似之处的信息，目标和环境的先验知识难以提取。其他的问题还包括多谱段、多尺度的数据转换，坐标变换，时间域的校准等。

2) 格网配准

对经过数据转换后的数据重新进行空间定位，目的是将各种数据综合到某个特定的格网中。格网体系中存在很多不同大小的格网，需要处理数据在每个格网中的归属和权重问题，特别是研究最优、次优算法，不同类型信息融合的符号处理方法等。此外，还需处理因传感器测量精度等引起的二义性问题，确保数据的一致性。

3) 态势数据库

态势数据库分为实时数据库和非实时数据库，需解决容量大，搜索快，互联性好，接口量化等难题，需开发有效的数据模型、查找和搜索机制以及分布式数据管理系统等。

4) 融合推理

融合推理是广义融合系统的核心，需解决的关键问题是如何针对复杂的海洋环境和目标时变特性，在难以获得先验知识的前提下，建立具有良好稳健性和自适应能力的目标——环境模型，以及如何有效地控制和降低递推估计的计算复杂性。此外还要解决与融合推理的服务对象——指挥控制的接口问题。

5) 数据损失

融合过程中的信息损失问题，如目标估计和处理中一旦出错，将损失定位信息，目标识别及态势评定等也将出错；若各种数据中没有公共的性质，则将难以融合。

9.5.2 时空插值

插值与拟合是海洋地理信息系统中广泛应用的一种时空数据处理方法，指通过时空上已知点的值推求与其时空相关位置上数值的方法。通常插值与拟合采用最近邻法、算术平均值、时空距离反比插值法、线性插值法、样条插值法、时空克里金法和时间插值法等。

1) 最近邻法

最近邻法将插值点的变量值与时空中距离它最近的测点的变量值赋予相同的值。设 v_e 表示待估点变量值，v_i 表示 i 点的变量值，则有：

$$v_e = v_i \tag{9.1}$$

该方法的优点是不需其他前提条件，方法简单，效率高。缺点是对时空连续变化因素考虑太少。受样本点的影响较大，有时容易产生不光滑过程。

2) 算术平均值法

用区域内所有测值的平均值估计插值点变量值。设 n 是给定时空区域内的点数，则有：

$$v_e = \frac{1}{n} \sum_{i \in \Omega} v_i \tag{9.2}$$

算术平均值简单，容易实现。但只考虑算术平均，根本没有顾及其他的时空因素，这也是其一个致命的弱点，因而在实际应用中效果不理想。

3）时空距离反比插值法

假设未知时空点 x_j 处属性值是在时空局部邻域内中所有数据点的距离加权平均值。时空距离反比插值方法是加权移动平均方法的一种。加权移动平均方法的计算公式如下：

$$\hat{z}(x_j) = \sum_{i=1}^{n} \lambda_i \cdot z(x_i)$$

$$\sum_{i=1}^{n} \lambda_i = 1$$

(9.3)

其中，权重系数 λ 由函数 $z[d(x_j, x_i)]$ 计算，要求当 $d \to 0$ 时 $z(d)$ 一般取倒数或负指数形式 d^{-r}、e^{-d}。其中 $z[d(x_j, x_i)]$ 最常见的形式是距离倒数加权函数，形式如下：

$$\hat{z}(x_j) = \frac{\sum_{i=1}^{n} z(x_i) \cdot d_{ij}^{-r}}{\sum_{i=1}^{n} d_{ij}^{-r}}$$

(9.4)

式中，x_j 为时空中未知点，x_i 为已知数据点。

4）线性插值法

线性插值是加权移动平均公式中最简单的形式，即

$$\hat{z}(x_j) = \frac{1}{n} \sum_{i=1}^{n} z(x_i)$$

(9.5)

该方法最大的优点是简便易行，且能够获得一个合理的插值结果，多项式插值，即利用一定的函数模型拟合研究区域。多项式的一般数学表达式为：

$$v_e = \sum_{k=1}^{m} a_k \phi_k(x_e, y_e, z_e)$$

(9.6)

式中，v_e 为待估点 (x_e, y_e, t_e) 的变量值，a_k 为第 k 项的系数，ϕ_k 为依据坐标 x_e，y_e，t_e 的第 k 项，m 为在上式中由拟合次数所决定的多项式的总项数。

5）样条插值法

多项式插值是一种逼近，而样条插值则需通过每一个用于插值的型值点。样条插值的目标就是寻找一表面，使它满足最优平滑原则。这种方法的优点是样条函数易操作，计算量不大，无需对空间方差结构做预先估计；无需做统计假设，而且表面平滑是不牺牲精度。缺点是难以对误差进行估计，点稀时效果不好。

6）时空克里金法

根据区域性变量理论，假设任何变量的时空变化都可以表示为与恒定均值或趋势有关的结构性成分、与时空变化有关的随机变量、与时空无关的随机噪声项或剩余误差项这三个主要成分的和。克里金方法的最大优点是以空间统计学作为理论基础，克服了内插中误差难以分析的问题，能够对误差作出逐点的理论估计，不会产生回归分析的边界效应。缺点是复杂，计算量大，尤其是变异函数是几个标准变异函数模型的组合。

7）时间插值法

以往的插值方法大多局限于空间上的插值，忽略了时间。时间插值方法是利用待求空间点在不同时间的已知值来求该点在某一时间的未知值。数据随着时间平稳变化时，数据点值基本保持在一定的范围，在变化幅度很小的情况下比较适合进行时间插值，可以利用

其他时间测得的该点值来代替待求时段的该点的值。常用的时间插值法有以下几种：

（1）最近时间距离法，将最近邻点在时间轴上投影进而实现插值。优点是无需其他前提条件，实施简单高效。缺点是对其他因素考虑太少，受样本点影响较大，有时容易产生不光滑问题。

（2）均值插值法，是算术平均法在时间维的约简。假设变量在给定的时间内是个常数，据此时间范围内所有值的平均值来估计插值点的变量值。该方法比较简单，容易实现；但只考虑算术平均，没有顾及其他的因素，所以应用时有时会出现较大的误差。

（3）周期性插值法，当数据存在一定的周期性时，这种有周期性的数据可以利用不同周期上的同一点值来代替待求时段的该点的值，也可以用经验公式来求得。

（4）替代法，类似于上面的最近时间距离法。区别是最近时间距离法是用时间上最近的点的物理值来代替该时刻物理值，而此方法是利用不同年份，相同时段的点的物理值来代替。该方法的优点是运用简单，不要运算；缺点是精度低，不考虑年际间的差别。

（5）拟合函数插值法，对于周期性变化的物理值可以用经验拟合函数来插值，不同的水域有不同的函数参数。所以确定插值函数的关键就是确定参数。拟合函数插值的优点是运用方便，唯一的工作就是确定参数；缺点是精度不高，没有考虑其他因素的影响。

9.5.3　海洋特征提取技术

海洋特征提取通常包括图像特征的检测和拟合两个部分。

针对图像中直线和椭圆曲线的特征检测，一般运用经典的边缘检测方法。边缘是图像的最基本特征，是灰度有阶跃变化的那些像素的集合。边缘检测的方法主要有：

（1）检测梯度的最大值。由于边缘发生在图像灰度值突变位置，早期的边缘检测基于图像差分算子、如 Robert 算子、Prewitt 算子，Sobel 算子等找出图像边缘及位置，但对噪声敏感，且其边缘的确定是通过对这些算子的输出取阈值进行的，存在重检情况。

（2）检测二阶导数的零交叉点。从最优滤波器的角度提出边缘检测三准则：信噪比准则、定位精度准则和单边缘响应准则，并给出了数学表达式。高斯函数的一阶导数可以近似为最优边缘检测算子，此方法从函数优化角度提出了面向问题的解决方法，是计算机视觉研究中"有目的视觉"的一种表现形式，因而在边缘检测的研究中取得了一定的成果。

（3）基于多尺度的方法。信号和它的前几阶导数的极值点，可以反映信号的基本骨架，是不同类型信号的一种精确的定性描述。在一维情况下，高斯滤波器是唯一满足单调性的滤波器，即当尺度减小时，会出现新的极值点，但已有的极值点不会消失。多尺度的思想为边缘检测的研究打开了更为广阔的空间。

（4）小波多尺度边缘检测。将计算机视觉领域中的多尺度分析引入小波函数的构造和信号小波变换的分解及重构，并将该算法有效地应用于图像分解与重构中。

针对椭圆图像的特征拟合，人们提出了很多算法，例如基于变换及其改进 Hough 算法的椭圆检测算法、最小二乘拟合算法、基于随机抽样一致性思想的算法、遗传算法以及结合椭圆几何特性的算法。

9.5.4　海洋时空过程可视化

海洋 GIS 支持不同维对象的可视化，如零维点、一维线、二维面、三维体，由此实现点过程、线过程、面过程、体过程的可视化分析。所谓过程可视化就是将点、线、面、体状对象及其属性表现在时间维上。

点过程可视化方法针对的是空间点对象，点可以是一个不占任何空间范围的空间位置，也可以是对具有一定体积的空间范围的抽象。此方法所表现的是空间点的物理值在时间维上的变化过程。如果用横坐标表示时间，纵坐标表示物理值，表现出来的是一条连续的曲线。为方便海洋研究，海洋工作者在海洋中布置许多测站。这些测站实时获得海洋数据并记录，每个站不同深度所获得的时间序列称为一个点过程(图 9.7)。

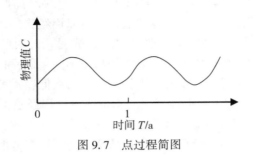

图 9.7　点过程简图

线过程方法是以线状目标为对象，线状目标可以是直线或曲线，可以是不同深度和方向线，常用的是水平线和铅垂线，是一条线上各点的物理值随着时间的变化过程。线过程的可视化分为两种，一种是空间的线放在空间坐标中，用颜色表示线上各点的要素值；另一种则将线放在直角坐标系中。后一种线状目标的可视化可以用静态和动态两种方法来表示。

(1)静态方法。用横坐标表示时间，纵坐标表示线段长度，不同颜色和色彩的饱和度表示物理值大小。把不同时刻对应的该线上的物理值相应地表示在坐标上，可以得到如洋流、温锋的季节性变迁规律、洋流运动周期以及发现各种异常现象等。

(2)动态方法。用横坐标表示线段长度，纵坐标表示值大小，把线段上每一点的物理值大小相应地表示在坐标平面上，每一时刻在坐标上都有一条表现物理值大小的曲线，设定一个时间间隔，连续播放每时刻物理值的曲线，即曲线的动态变化过程。

面过程方法以面状目标为研究对象，面状目标可以是水平面、斜面或竖直的剖面。如果用不同的颜色表示面上各点的物理值，或者根据面上各点的物理值绘制等值线，每一时刻该面上都有一个状态与之对应，将这些按时间序列由地理属性数据生成的图像通过应用程序生成过程文件，便可以动态地表现面状目标上物理值随着时间的变化过程，也可以动态地表现平面上等值线随时间的变化过程。面过程非常直观，便于研究海洋现象的发生规律。

体过程方法是一种三维时空过程重现的可视化方法。以一个空间范围作为研究对象，选取足够多的能够反映整个范围的特征点群，每个点根据其物理值大小的不同用不同的颜色表示，每一时刻该空间范围都有一个状态与之对应。将这些按时间序列由地理属性数据生成的三维图像通过应用程序或者三维动画工具处理后产生动画。这种方法也可以用来反映一个几何体中的统计信息，如用一个立方体表示一个规则的空间范围，用带有一定梯度的颜色来表示该空间范围中某种物理值的含量，随着时间的变化立方体的颜色发生变化，人们可以通过这种方法直观地感受到物理值含量的变化。

参 考 文 献

[1]冯士筰，李凤歧，李少菁．海洋科学导论[M]．北京：高等教育出版社，1999．

[2]侍茂崇，高郭平，鲍献文．海洋调查方法导论[M]．青岛：中国海洋大学出版社，2008．

[3]赵建虎，等．现代海洋测绘[M]．武汉：武汉大学出版社，2007．

[4]阳凡林，翟国君，赵建虎，等．海洋测绘学概论[M]．武汉：武汉大学出版社，2022．

[5]阳凡林．海洋测绘专业教育的发展现状[J]．海洋测绘，2017(2)：81-85．

[6]中国测绘学会．中国测绘学科发展蓝皮书(2009卷)[M]．北京：测绘出版社，2009．

[7]中国测绘学会．中国测绘学科发展蓝皮书(2010—2011卷)[M]．北京：测绘出版社，2012．

[8]宁津生，陈俊勇，李德仁，等．测绘学概论[M]．武汉：武汉大学出版社，2012．

[9]《中国海军百科全书》第二版[M]．北京：中国大百科全书出版社，2014．

[10]LURTON X，CUSCHIERI J M. An Introduction to Underwater Acoustics—Principles and Applications，(Second Edition)[J]. Noise Control Engineering Journal，2011，59(1)：106．

[11]刘伯胜，雷家煜．水声学原理[M]．第2版．哈尔滨：哈尔滨工程大学出版社，2010．

[12]赵建虎，刘经南．多波束测深及图像数据处理[M]．武汉：武汉大学出版社，2008．

[13]施一民．现代大地控制测量[M]．北京：测绘出版社，2008．

[14]胡明城，鲁福．现代大地测量学[M]．北京：测绘出版社，1994．

[15]NOAA/NOS/CO-OPS. Computational Techniques for Tidal Datums Handbook[M]. Massachusetts：NOAA Special Publication NOS-CO-OPS 2，2003．

[16]李建成，陈俊勇，宁津生，等．地球重力场逼近理论与中国2000似大地水准面的确定[M]．武汉：武汉大学出版社，2003．

[17]翟国君，黄谟涛，谢锡君，等．卫星测高数据处理的理论与方法[M]．北京：测绘出版社，2000．

[18]暴景阳，许军．卫星测高数据的潮汐提取与建模应用[M]．北京：测绘出版社，2013．

[19]黄谟涛，翟国君，管铮，等．海洋重力场测定及其应用[M]．北京：测绘出版社，2005．

[20]王正涛，姜卫平，晁定波．卫星跟踪卫星测量确定地球重力场的理论和方法[M]．武汉：武汉大学出版社，2011．

[21]宁津生，黄谟涛，欧阳永忠，等．海空重力测量技术进展[J]．海洋测绘，2014，34(3)：67-72．

［22］边刚．海洋磁力测量数据处理方法及其应用研究［M］．北京：测绘出版社，2015．

［23］高社生．组合导航原理及应用［M］．西北工业大学出版社，2012．

［24］吴永亭．LBL 精密定位理论方法研究及软件系统研制［D］．武汉：武汉大学，2013．

［25］刘经南．坐标系统的建立与变换［M］．武汉：武汉测绘科技大学出版社，1995．

［26］秦永元．惯性导航［M］．北京：科学出版社，2006．

［27］赵建虎，张红梅，吴永亭，等．海洋导航与定位技术［M］．武汉：武汉大学出版社，2017．

［28］田淳，周丰年，高宗军，杨鲲．海洋水文测量［M］．武汉：武汉大学出版社，2021．

［29］陈志高．长江口局域时空流场构建及实时流量精确估计［D］．武汉：武汉大学，2015．

［30］吕庆华．物理海洋学基础［M］．北京：海洋出版社，2012．

［31］胡建宇．物理海洋学基础教程［M］．厦门：厦门大学出版社，1994．

［32］方国洪，郑文振，陈宗铺，等．潮汐和潮流的分析和预报［M］．北京：海洋出版社，1986．

［33］陈宗铺．潮汐学［M］．北京：科学出版社，1980．

［34］黄祖珂，黄磊．潮汐原理与计算［M］．青岛：中国海洋大学出版社，2005．

［35］刘雁春．海洋测深空间结构及其数据处理［M］．北京：测绘出版社，2003．

［36］柯灏．海洋无缝垂直基准构建理论和方法研究［D］．武汉：武汉大学，2012．

［37］吕庆华．物理海洋学基础［M］．北京：海洋出版社，2012．

［38］胡建宇．物理海洋学基础教程［M］．厦门：厦门大学出版社，1994．

［39］阳凡林，暴景阳，胡兴树．水下地形测量［M］．武汉大学出版社，2017．

［40］AS K M. Kongsberg EM Series Multibeam echo sounder, EM datagram formats [J]. Kongsberg Maritime AS, Norway, 2016.

［41］LE BAS T P, HUVENNE V A I. Acquisition and processing of backscatter data for habitat mapping-Comparison of multibeam and sidescan systems[J]. Applied Acoustics, 2009, 70 (10): 1248-57.

［42］D AZ J V M. Analysis of multibeam sonar data for the characterization of seafloor habitats [D]. University of New Brunswick, Department of Geodesy and Geomatics Engineering, 2000.

［43］CLARKE J E H. Applications of multibeam water column imaging for hydrographic survey [J]. Hydrographic Journal, 2006, 120(120).

［44］CLARKE J H, DANFORTH B, VALENTINE P. Areal seabed classification using backscatter angular response at 95 kHz[C]//Proceedings of the SACLANTCEN Conf on High Frequency Acoustics in Shallow Water, F, 1997.

［45］REED S, PETILLOT Y, BELL J. An automatic approach to the detection and extraction of mine features in sidescan sonar[J]. IEEE Journal of Oceanic Engineering, 2003, 28(1): 90-105.

［46］MARQUES C R, HUGHES CLARKE J E. Automatic mid-water target tracking using multibeam water column[J]. CHC 2012 The Arctic, Old Challenges New Niagara Falls,

Canada 15-17 May 2012, 2012.

[47]DAN L, HAISEN L, YUKUO W, et al. Automatic outlier detection in multibeam bathymetric data using robust LTS estimation[C]//Proceedings of the Image and Signal Processing (CISP), 2010 3rd International Congress on, F 16-18 Oct. 2010.

[48]HAMMERSTAD E. Backscattering and seabed image reflectivity[J]. EM Technical Note, 2000.

[49]FANLIN Y, CHUNXIA Z, KAI Z, et al. Calibrating nadir striped artifacts in a multibeam backscatter image using the equal mean-variance fitting model[J]. Journal of Applied Remote Sensing, 2017, 11(3): 1-15.

[50]CAPUS C, RUIZ I T, PETILLOT Y. Compensation for changing beam pattern and residual tvg effects with sonar altitude variation for sidescan mosaicing and classification[C]// Proceedings of the 7th Eur Conf Underwater Acoustics, Delft, The Netherlands, F, 2004.

[51]ZHAO J, WANG X, ZHANG H, et al. A Comprehensive Bottom-Tracking Method for Sidescan Sonar Image Influenced by Complicated Measuring Environment[J]. IEEE Journal of Oceanic Engineering, 2016(99): 1-13.

[52]BIKONIS K S A A M M. Computer Vision Technique Applied for Restruction of Seafloor 3D Images from Side Scan and Synthetic Aperture Sonar Data[J]. Gdansk University of Technology, Department of Geoinformatics, Narutowicza, 2008, 11(12): 872.

[53]YANNICK P, JEAN G, ERWAN J. Convergence and divergence between two multibeam sonars (SIMRAD SM20 and RESON SeaBat 6012) used to extract the spatial, morphologic and energy parameters of fish schools[J]. Fisheries Research, 2010, 106(3): 378-85.

[54]LLEWELLYN K C. Corrections for beam pattern residuals in backscatter imagery from the Kongsberg-Simrad EM300 multibeam echosounder[D]. University of New Brunswick, 2006.

[55]COURTEMANCHE B, MONTPETIT B, ROYER A, et al. Creation of a Lambertian Microwave Surface for Retrieving the Downwelling Contribution in Ground-Based Radiometric Measurements[J]. IEEE Geoscience and Remote Sensing Letters, 2015, 12 (3): 462-6.

[56]CAPUS C G, BANKS A C, COIRAS E, et al. Data correction for visualisation and classification of sidescan SONAR imagery[J]. IET Radar, Sonar & Navigation, 2008, 2 (3): 155-69.

[57]ZHU P, ISAACS J, FU B, et al. Deep learning feature extraction for target recognition and classification in underwater sonar images[C]. Proceedings of the IEEE Conference on Decision and Control, F, 2017.

[58]SCHULTZ J J, HEALY C A, PARKER K, et al. Detecting submerged objects: The application of side scan sonar to forensic contexts[J]. Forensic Science International, 2013, 231(1-3): 306-16.

[59]SCHNEIDER VON DEIMLING J, PAPENBERG C. Detection of gas bubble leakage via correlation of water column multibeam images[J]. Ocean Science, 2012, 8(2): 175-81.

[60]MONTEFALCONE M, ROVERE A, PARRAVICINI V, et al. Evaluating change in

seagrass meadows: A time-framed comparison of Side Scan Sonar maps[J]. Aquatic Botany, 2013, 104: 204-12.

[61] COIRAS E, PETILLOT Y, LANE D M, et al. An expectation-maximization framework for the estimation of bathymetry from side-scan sonar images[M]. 2005.

[62] ARTUR G, ANDRZEJ F, MARIUSZ W. Experience with the use of a rigidly-mounted side-scan sonar in a harbour basin bottom investigation[J]. Ocean Engineering, 2015, 109(0): 439-43.

[63] GAO G, KUANG G, ZHANG Q, et al. Fast detecting and locating groups of targets in high-resolution SAR images[J]. Pattern Recognition, 2007, 40(4): 1378-84.

[64] SCHNEIDER VON DEIMLING J, BROCKHOFF J, GREINERT J. Flare imaging with multibeam systems: Data processing for bubble detection at seeps [J]. Geochemistry, Geophysics, Geosystems, 2007, 8(6).

[65] RIBEIRO P O C S, SANTOS M M D, DREWS P L J, et al. Forward Looking Sonar Scene Matching using Deep Learning[C]. Proceedings of the IEEE International Conference On Machine Learning And Applications, F, 2017.

[66] REED S, TENA RUIZ I, CAPUS C, et al. The fusion of large scale classified side-scan sonar image mosaics[J]. IEEE Transactions on Image Processing, 2006, 15(7): 2049.

[67] FONSECA L, CALDER B. Geocoder: an efficient backscatter map constructor [C]. Proceedings of the Proceedings of the US Hydrographic Conference, F, 2005.

[68] GARDNER J V, DARTNELL P, MAYER L A, et al. Geomorphology, acoustic backscatter, and processes in Santa Monica Bay from multibeam mapping[J]. Marine Environmental Research, 2003, 56(1): 15-46.

[69] INNANGI S, BONANNO A, TONIELLI R, et al. High resolution 3-D shapes of fish schools: A new method to use the water column backscatter from hydrographic MultiBeam Echo Sounders[J]. Applied Acoustics, 2016, 111: 148-60.

[70] VALDENEGRO-TORO M. Improving sonar image patch matching via deep learning[C]. Proceedings of the European Conference on Mobile Robots, F, 2017.

[71] YUFIT G, MAILLARD E. The influence of ship motion on bathymetric sonar performance in FM mode of operation[C]. Proceedings of the OCEANS 2011, F 19-22 Sept. 2011.

[72] MALEIKA W, PALCZYNSKI M, FREJLICHOWSKI D. Interpolation Methods and the Accuracy of Bathymetric Seabed Models Based on Multibeam Echosounder Data[M]//PAN J-S, CHEN S-M, NGUYEN N. Intelligent Information and Database Systems. Springer Berlin Heidelberg, 2012: 466-75.

[73] HUGHES CLARKE J E, LAMPLUGH M, CZOTTER K. Multibeam water column imaging: improved wreck least-depth determination[C]//Proceedings of the Canadian Hydrographic Conference, May 2006, F, 2006. Halifax Canada.

[74] LOCKHART D, SAADE E, WILSON J. New Developments in Multibeam Backscatter Data Collection and Processing[J]. Marine Technology Society Journal, 2001, 35(4): 46-50.

[75] WAITE A D. Sonar for Practising Engineers, 3rd Edition[M]. 3rd ed. Wiley, 2002.

[76]WYLLIE K, WEBER T, ARMSTRONG A. Using Multibeam Echosounders for Hydrographic Surveying in the Water Column: Estimating Wreck Least Depths[J]. In: Proceedings of the US Hydrographic Conference, National Harbor, MD, 2015: 16-19.

[77]董庆亮, 欧阳永忠, 陈岳英, 等. 侧扫声呐和多波束测深系统组合探测海底目标[J]. 海洋测绘, 2009, 29(5): 51-3.

[78]金绍华, 肖付民, 边刚, 等. 利用多波束反向散射强度角度响应曲线的底质特征参数提取算法[J]. 武汉大学学报（信息科学版）, 2014(12): 020.

[79]王爱学. 基于侧扫声纳图像的三维海床地形恢复[D]. 武汉: 武汉大学, 2014.

[80]严俊. 多波束与侧扫声呐高质量测量信息获取与叠加[D]. 武汉: 武汉大学, 2017.

[81]唐秋华, 周兴华, 丁继胜, 等. 多波束反向散射强度数据处理研究[J]. 海洋学报, 2006, 28(2): 51-5.

[82]欧阳壮志, 欧阳明达. 多波束图像与侧扫声纳图像的配准及融合[J]. 测绘技术装备, 2013(3): 28-31.

[83]严俊, 张红梅, 赵建虎, 等. 多波束声呐后向散射数据角度响应模型的改进算法[J]. 测绘学报, 2016, 45(11): 1301-7.

[84]郑双强, 刘洪霞, 阳凡林, 等. 多波束声纳水柱影像分析工具的设计与实现[J]. 海洋测绘, 2016, 36(6): 46-9.

[85]刘胜旋, 关永贤, 宋永志. 多波束水体影像的归位算法研究与实现[J]. 海洋测绘, 2016, 36(1): 43-7.

[86]李海森, 周天, 徐超. 多波束测深声纳技术研究新进展[J]. 声学技术, 2013, 32(2): 73-80.

[87]吴自银, 金翔龙, 郑玉龙, 等. 多波束测深边缘波束误差的综合校正[J]. 海洋学报, 2005, 27(4): 88-94.

[88]唐秋华, 陈义兰, 周兴华, 等. 多波束海底声像图的形成及应用研究[J]. 海洋测绘, 2004, 24(5): 9-12.

[89]邢玉清, 刘铮, 郑红波. 相干声呐多波束与传统型多波束测深系统综合对比与实验分析[J]. 热带海洋学报, 2011, 30(6): 64-9.

[90]张立华, 李改肖, 田震, 等. 海图制图综合[M]. 大连: 海军大连舰艇学院, 2014.

[91]韩范畴, 李春菊, 贾建军. 海洋测绘数据库支撑下的航海图书生产与保障[J]. 测绘科学技术学报, 2010, 27(3): 213-216.

[92]楼锡淳, 朱鉴秋. 海图学概论[M]. 北京: 测绘出版社, 1993.

[93]杜景海. 海图编辑设计[M]. 北京: 测绘出版社, 1996.